走在
理解数学
的路上

师前 著

复旦大学出版社

前言

张奠宙教授在文章《关于数学知识的教育形态》(《数学通报》,2001年第4期)中指出:"教师的任务是把知识的学术形态转化为教育形态.把数学知识转化为教育形态,一是靠对数学的深入理解,二是要借助人文精神的融合.数学理解不深入,心里发虚,讲起课来淡而无味.人文修养不足,只能就事论事,没有文采."人民教育出版社章建跃博士在2010年"第五届全国高中数学教师优秀课观摩与评比活动"的大会报告中提出了中学数学教学的"三个理解"——理解数学、理解学生、理解教学.随后,在2017年4月的"以'核心素养为纲的数学教学改革'全国初中数学教学研讨会"上,章博士在报告《核心素养统领下的数学教学变革》中,将其发展为"四个理解"——理解数学、理解学生、理解技术、理解教学.著名特级、正高级教师,上海市复旦中学李秋明校长说:"数学教育本质上还是数学!"从上述专家、学者的论断中我们可以看到"理解数学"对教师专业发展的极端重要性,有鉴于此,笔者将本书的书名定为《走在理解数学的路上》.

如何更好地理解数学呢?笔者认为其关键是"教师要学会反思".

美国实用主义教育家约翰·杜威在《我们怎样思维·经验与教育》(姜文闵译,人民教育出版社,2010年)中指出:"反省思维是最好的思维方式,必须以反省思维作为教育的目的."显然,欲使学生学会反省思维,教师必须拥有反省思维的习惯与能力,而做反思型教师是练就反省思维的必经之路,也是教师专业得以持续发展的必要条件.华东师范大学叶澜教授说:"一个教师写一辈子教案,不一定成为名师,如果一个教师写三年反思可能成为名师."注意此处"写反思"中的"写",意味着反思是要书面的,而不可止步于口头.另外,反思与总结往往相伴而行,在对过往的教学、学习、培训、进修等经历写总结的过程中,结合自己正在进行的教育教学行为,自然会生发出更多的思考,这种种思考大概也就是"反思"了.

由上海教育出版社出版的沪教版高中数学新教材于2020学年(2020年9月—2021年7月)开始在沪上高中全面试用,但该学年笔者任教高三(使用的是上海市二期课改教材).按学校安排,2021学年将会回到高一执教新教材.机缘巧合,2021年6月底长宁区教育系统新一轮创新团队(2021—2023)申报工作开始.7月11日笔者填报了相关申报表,7月20日经过专家面试、答辩等评审流程后,我领衔的"高中数学新教材教学的校本化实施研究团队"于2022年1月4日被中共长宁区教育工作委员会正式命名,并于2022年3月3日参加了区里组织的启动工作会.

团队的重点工作有四项.其一是学习及反思,对过往与现在教学、教研、参训等的回顾、总结和思考;其二是编写新学案,与二期课改教材配套的老学案已不适用,需在研读新课标、新教材及教参的基础上编写全新的学案,并结合教学实践不断完善;其三是积累研讨课,团队成员选择新教材中的相关内容,定期开设专题公开课;其四是将上述三项整理、修改形成较为正规的物化成果,如论文、教学设计、论著、录像等,便于交流与传承.

本书主要介绍第一项工作,共分四篇.

第一篇笔者回顾了以往听过的诸多专家的讲座,品味了数学教育大家是如何理解数学乃至教学的,在此基础上记录了自己的理解与思考. 第二篇首先回顾了自己在上海市第三期"双名工程"中学数学四组基地学习期间听过的同为学员的外校教师们执教的十节课,并给出了自己的解读与体会. 然后,结合听课体会,给出了在双新背景下,数学学科教师课堂教学转型的一条特色路径. 在第二篇的最后,介绍了一种加速专业成长的方式——主动比较,自觉改变,这种方式深深影响了自己的专业发展.

之所以想到写第一篇与第二篇,原因有二. 其一是对身边某些现象的反思. 第一种现象是"听时认真拍照,回去束之高阁". 我们一线教师在日常教学工作之余,肯定都参加过不少活动,常规的如市区级教研,其他还有讲台上的名师、新秀教师在讲台、各种校庆日的主题教学展示等等,肯定也听过很多次专家报告或讲座. 那么,这些活动对自身的启发何在? 推动作用又体现在何处? 产生了哪些看得见的效果? 我的观察是很无奈的几个字"听过拍过就算了". 为什么会出现这种情况? 其实,一部分教师是想着听过回去后好好总结一下,但通常都被其他事耽搁掉了,最后也就不了了之. 于是,以下就成了教育生活的常态:不断地被听一些讲座,然后留下一些照片,再然后生活照旧. 日复一日,年复一年,几十年也就这么逝去了. 第二种现象是"计划在拖延中永生". 人们都说"最难战胜的是自己",笔者对此也深有体会. 我最痛恨自己的习惯是"有很多计划,却总是游离与拖延". 例如,暑假中把历年高考中的代数推理题好好研究一下、这个周末把刚上过的公开课好好整理整理、昨天在网上听过的一节课感觉挺好今晚回去写一下心得体会、本学期"生活中的数学"拓展课开得挺成功寒假时把完整的教案整理出来、今天学生问的这道题当场没做出来晚上回去后再想一想等等,但通常的结果都是在手机冲浪、欣赏好歌曲、熬夜看球、追剧、看综艺节目中被冲淡了,而且这种情况很顽固地年复一年不断重现. 本书的前两篇算是对自己打破上述现象的一点交代.

撰写第一篇、第二篇的原因之二是对新与旧的认识:旧中有新,以旧启新. 陈之华(Yolanda Chen)女士在其著作《芬兰教育全球第一的秘密》(中国青年出版社,2011年)中说:"我从来没有想过,'有教无类'与'因材施教',这千百年来对我们再熟悉不过的教育基本理念,却在北欧国家扎扎实实地付诸实现! 芬兰只有一句'不让一人落后',而真实去执行之后,却总一直还觉得仍有许多不足之处的自我激励. 它在芬兰,真的不是一句口号. 对我们来说,过多的教育理想、名词、标语,总是停留在口号与高调阶段,更多时候像是歌颂似的填充词."在双新背景下,往年的成功经验、经典理论仍有用武之地,在很多情况下,我们缺的不是理论,而是"扎扎实实地付诸实现". "千金难买回头看",梳理过去有助于走好现在的路,也可为未来之路带来光明. 著名特级、正高级教师,原晋元高级中学书记王华老师在主持上海市第四期双名工程"高峰计划"期间,在做"上海市中小学数学专家型教师课堂教学表征"研究的过程中,带领团队系统梳理了新中国成立70年,特别是改革开放40年来,我国中小学数学教育课堂教学的形式,提出了三种课型:讲练导学式、互动掌握式、留白创造式. 于是,一种崭新的课型"留白创造式"横空出世,并在多校实践及理论提炼的基础上出版了著作《中小学数学"留白创造式"教学——理论、实践与案例》(王华,汪晓勤,华东师范大学出版社,2023年). 现在,该课题组的成员、实践学校与成果不断丰富,走出了一条以旧启新的康庄大道.

值得说明的是,以上论述看起来并无新意,只是将一个古老的学习理论"学而时习之,不亦乐乎"迁移到了教学与教研上来. 基于此,可将第一篇与第二篇称为"教而时习之,不亦乐乎". 但另一方面,若真正以书面反思的形式踏实做到却又很难. 因此,前两篇的呈现既是以实际行动将这种"习之"写下来与大家分享,更意在提醒这种习惯对教师专业发展的极端重要性.

如果说第一篇、第二篇是"反思他人",那第三篇与第四篇则是"反思自己". 释迦牟尼佛陀说:"我的道既非众学,亦非严律. 我的道,即自我觉知,自我感受."这两篇记述的便是笔者的自我感受、自我思考等,可称之为"教中之研". 第三篇聚焦于"如何用技术促进数学理解". 其中第一部分对信息技术与基于理解的数学教、学之间的关系做了整体论述,并从三大方面、九小方面阐释了信息技术如何有效地突破"不好想"、跨越"不好算"、促成"想得深"、帮助"说得清". 第二部分则提供了13个具体案例的研究过程及研究感悟. 此处对第二部分有两点说明:①新旧技术同时呈现. 前五个案例使用的是低版本的技术,后八个案例使用的是相对较高版本的技术. 意在说明无论新旧、高低,核心仍是人的思维,技术只是辅助,只不过在更新的技术支持下,人的思维可以在理解之路上走得更远、更深,可以产出更多的成果. ②还有笔者研究过的其他很多案例并未收录在第二部分中,它们散见于本书后所附"参考文献"中的[16]、[17]、[18]这三本书中,感兴趣的读者可以查询. 第三部分"拓展使用空间,规避使用误区"讲了在数学教育教学中运用信息技术的一些注意点.

第四篇立足"站在现在记录当下",行文33篇,全面分享了在双新背景下作者于一线教学中遇到的现象、困惑及认识,这些现象、困惑及认识影响了自己对数学(进而对教学、学生)的理解. 相信其中的很多场景或问题众多一线教师都曾遇到过,或者已有了自己的思考. 文中讨论的几乎所有问题或现象都来自学生,来自鲜活的课堂教学、课后辅导或随时随地(甚至跨越时空)发生的师生交流. 释迦牟尼佛陀说:"我已经醒来,见识了生命的奇观,眼中是世间的种种色彩. 我寻到一条将生命从诸苦中解脱的道路,我证得的道理,会毫无保留地授予众生."类似地每每经过思考有一些感悟,怎能不将它记录下来?事实上,笔者创作这些文稿时,每完成一篇就获得一些心灵的解脱,感觉自己与学生之间又进了一步. 若能与读者朋友交流,这种解脱的舒适感定会愈发清晰而强烈. 此处,并非笔者以伟大的佛陀做比,而是心向往之,行在路上.

本书没有系统的理论阐述,这也是笔者常年身在教学第一线最大的遗憾. 曾与大学教授、众多教研员有过面对面的交流,更拜读过他们的文章与著作,常常折服于他们理论与实践浑然一体的洋洋论述. 在漫漫长夜的梦境里,也常常发现自己变成了他们,在万人会场侃侃而谈,落笔即成美文,但醒来后仍是那个木讷的我. 是心中的信念支撑自己完成该书,算是写给自己来看吧,纵然只有一个读者也无悔.

感谢长宁区第五轮创新团队项目的资助!新教材校本化实施的研究之路还很曲折和悠长,但我们会义无反顾地走下去.

由于水平有限,书中定有诸多不妥之处,敬请读者朋友不吝指正.

师 前

2023 年 7 月

前言ㆍㆍ001

第一篇　仰视高山，涓涓琐思——体悟教育大家眼中的数学理解

术业有专攻，问道不可疏——听李秋明老师报告有感ㆍㆍㆍㆍㆍㆍㆍㆍㆍㆍㆍㆍㆍㆍㆍㆍㆍㆍㆍㆍㆍㆍㆍㆍㆍㆍㆍㆍ003
理清逻辑脉络，浸润数学文化——听李秋明老师报告有感ㆍㆍㆍㆍㆍㆍㆍㆍㆍㆍㆍㆍㆍㆍㆍㆍㆍㆍㆍ012
用上位思考引领教学设计——听于会祥老师报告有感ㆍㆍㆍㆍㆍㆍㆍㆍㆍㆍㆍㆍㆍㆍㆍㆍㆍㆍㆍㆍㆍㆍ027
想起了"没有教不好的学生"——听唐盛昌先生报告有感ㆍㆍㆍㆍㆍㆍㆍㆍㆍㆍㆍㆍㆍㆍㆍㆍㆍㆍㆍ033
优质数学课"质优"在何处？——听奚定华老师报告有感ㆍㆍㆍㆍㆍㆍㆍㆍㆍㆍㆍㆍㆍㆍㆍㆍㆍㆍㆍ035
激情成就追求——听胡仲威先生报告有感ㆍㆍㆍㆍㆍㆍㆍㆍㆍㆍㆍㆍㆍㆍㆍㆍㆍㆍㆍㆍㆍㆍㆍㆍㆍㆍㆍㆍㆍㆍㆍㆍㆍㆍ039
看到了别样的题目世界——听况亦军先生报告有感ㆍㆍㆍㆍㆍㆍㆍㆍㆍㆍㆍㆍㆍㆍㆍㆍㆍㆍㆍㆍㆍㆍㆍㆍㆍ041
要努力提升自身文化素养——听单墫教授报告有感ㆍㆍㆍㆍㆍㆍㆍㆍㆍㆍㆍㆍㆍㆍㆍㆍㆍㆍㆍㆍㆍㆍㆍㆍ047
教、学良性循环离不开合理的形成性评价——听桂思铭老师报告有感ㆍㆍㆍㆍㆍ051
学习曾容老师讲的话ㆍㆍㆍ062
我在芬兰看到与听到的ㆍㆍ064

第二篇　历历课堂，悠悠初心——品味同事诠释的数学理解

"运用平方差公式分解因式"听课有感ㆍㆍㆍㆍㆍㆍㆍㆍㆍㆍㆍㆍㆍㆍㆍㆍㆍㆍㆍㆍㆍㆍㆍㆍㆍㆍㆍㆍㆍㆍㆍㆍㆍㆍㆍㆍ073
一场函数性质研究的盛宴ㆍㆍㆍ075
感慨于数学课的"厚"与"薄"——听"利用一元一次方程解行程问题"有感ㆍㆍㆍ077
我看"王老师之问"——听"基本的图形运动"有感ㆍㆍㆍㆍㆍㆍㆍㆍㆍㆍㆍㆍㆍㆍㆍㆍㆍㆍㆍㆍㆍㆍㆍㆍ079
忽然想起了鸡、蛋之争——听"正切函数的图像与性质"有感ㆍㆍㆍㆍㆍㆍㆍㆍㆍㆍㆍㆍㆍㆍ082
欣赏"散慢"的数学教学——有感于课堂上的"后生无谓"与"教师迟钝"ㆍㆍㆍ084
"简单"是一种力量——"解析几何序言课"阅后感ㆍㆍㆍㆍㆍㆍㆍㆍㆍㆍㆍㆍㆍㆍㆍㆍㆍㆍㆍㆍㆍㆍㆍㆍ087
从一节课看数学课堂教学中的三个体现ㆍㆍㆍㆍㆍㆍㆍㆍㆍㆍㆍㆍㆍㆍㆍㆍㆍㆍㆍㆍㆍㆍㆍㆍㆍㆍㆍㆍㆍㆍㆍㆍ089
数学学科教师课堂教学转型的特色路径初探ㆍㆍㆍㆍㆍㆍㆍㆍㆍㆍㆍㆍㆍㆍㆍㆍㆍㆍㆍㆍㆍㆍㆍㆍㆍㆍㆍ093

主动比较，自觉改变——一种加速专业成长的方式 ⋯⋯⋯⋯⋯⋯⋯⋯⋯⋯⋯⋯⋯ 102

第三篇　以技为翼，探究之梯——以技术促进数学理解的自我探索

第一部分　信息技术与数学教、学 ⋯⋯⋯⋯⋯⋯⋯⋯⋯⋯⋯⋯⋯⋯⋯⋯⋯⋯⋯⋯⋯ 109
第二部分　信息技术促进数学理解案例解析 ⋯⋯⋯⋯⋯⋯⋯⋯⋯⋯⋯⋯⋯⋯⋯⋯⋯ 125
　　　　　寻找变量关系的利器——函数拟合 ⋯⋯⋯⋯⋯⋯⋯⋯⋯⋯⋯⋯⋯⋯⋯ 126
　　　　　让技术催生出联想的翅膀 ⋯⋯⋯⋯⋯⋯⋯⋯⋯⋯⋯⋯⋯⋯⋯⋯⋯⋯⋯ 129
　　　　　合理编程，迅速发现规律 ⋯⋯⋯⋯⋯⋯⋯⋯⋯⋯⋯⋯⋯⋯⋯⋯⋯⋯⋯ 132
　　　　　寻找符合要求的"吉祥数" ⋯⋯⋯⋯⋯⋯⋯⋯⋯⋯⋯⋯⋯⋯⋯⋯⋯⋯⋯ 135
　　　　　由两道题目引发的"链"想——兼谈TI"有形可依"的破题价值 ⋯⋯⋯ 138
　　　　　双网孔电路各支路电流及总电阻的计算 ⋯⋯⋯⋯⋯⋯⋯⋯⋯⋯⋯⋯⋯ 142
　　　　　繁并快乐着——例谈解析几何中的"机算" ⋯⋯⋯⋯⋯⋯⋯⋯⋯⋯⋯⋯ 146
　　　　　寻找直线 $y=kx$ 的"绝对二次曲线" ⋯⋯⋯⋯⋯⋯⋯⋯⋯⋯⋯⋯⋯⋯⋯ 152
　　　　　一组优美的孪生曲线 ⋯⋯⋯⋯⋯⋯⋯⋯⋯⋯⋯⋯⋯⋯⋯⋯⋯⋯⋯⋯⋯ 156
　　　　　由一道征解问题引发的思考与困惑 ⋯⋯⋯⋯⋯⋯⋯⋯⋯⋯⋯⋯⋯⋯⋯ 161
　　　　　能否大于2? ⋯⋯⋯⋯⋯⋯⋯⋯⋯⋯⋯⋯⋯⋯⋯⋯⋯⋯⋯⋯⋯⋯⋯⋯⋯ 168
　　　　　形成的是什么区域? ⋯⋯⋯⋯⋯⋯⋯⋯⋯⋯⋯⋯⋯⋯⋯⋯⋯⋯⋯⋯⋯ 176
　　　　　定量描述翻折过程的一种途径 ⋯⋯⋯⋯⋯⋯⋯⋯⋯⋯⋯⋯⋯⋯⋯⋯⋯ 182
第三部分　拓展使用空间，规避使用误区 ⋯⋯⋯⋯⋯⋯⋯⋯⋯⋯⋯⋯⋯⋯⋯⋯⋯⋯ 193

第四篇　思维为先，素养为核——我的所教、所思、所悟，理解数学永远在路上

分类讨论的四种类型 ⋯⋯⋯⋯⋯⋯⋯⋯⋯⋯⋯⋯⋯⋯⋯⋯⋯⋯⋯⋯⋯⋯⋯⋯⋯⋯ 197
充分必要与不重不漏——剖析解题致误的两大原因 ⋯⋯⋯⋯⋯⋯⋯⋯⋯⋯⋯⋯⋯ 202
一些"奇怪"的图像 ⋯⋯⋯⋯⋯⋯⋯⋯⋯⋯⋯⋯⋯⋯⋯⋯⋯⋯⋯⋯⋯⋯⋯⋯⋯⋯⋯ 205
学过导数后如何画函数的图像? ⋯⋯⋯⋯⋯⋯⋯⋯⋯⋯⋯⋯⋯⋯⋯⋯⋯⋯⋯⋯⋯ 210
导数的容颜之"化新为旧与极限运算" ⋯⋯⋯⋯⋯⋯⋯⋯⋯⋯⋯⋯⋯⋯⋯⋯⋯⋯⋯ 216
导数的容颜之"存在但解不出?"——兼谈"存在"的三种处理对策 ⋯⋯⋯⋯⋯⋯⋯ 222
导数的容颜之"分还是不分?" ⋯⋯⋯⋯⋯⋯⋯⋯⋯⋯⋯⋯⋯⋯⋯⋯⋯⋯⋯⋯⋯⋯ 233
导数的容颜之"当超越方程与多项式方程有等根时" ⋯⋯⋯⋯⋯⋯⋯⋯⋯⋯⋯⋯⋯ 243
导数的容颜之"从奇异的'点范围'到'隔离直线'" ⋯⋯⋯⋯⋯⋯⋯⋯⋯⋯⋯⋯⋯⋯ 253
当观察到两曲线相切后 ⋯⋯⋯⋯⋯⋯⋯⋯⋯⋯⋯⋯⋯⋯⋯⋯⋯⋯⋯⋯⋯⋯⋯⋯⋯ 261
在"只取等号算出来是对的"背后 ⋯⋯⋯⋯⋯⋯⋯⋯⋯⋯⋯⋯⋯⋯⋯⋯⋯⋯⋯⋯⋯ 266
用命题眼光教解题 ⋯⋯⋯⋯⋯⋯⋯⋯⋯⋯⋯⋯⋯⋯⋯⋯⋯⋯⋯⋯⋯⋯⋯⋯⋯⋯⋯ 271
缘何殊途无同归? ⋯⋯⋯⋯⋯⋯⋯⋯⋯⋯⋯⋯⋯⋯⋯⋯⋯⋯⋯⋯⋯⋯⋯⋯⋯⋯⋯ 277

一节复数公开课 ……………………………………………………………………… 279
我的暑期夏日小测及遇到的两个问题 ………………………………………… 288
悄无声息的错误 …………………………………………………………………… 293
对"单元视角下的沪教版高二立体几何教学"的思考 ………………………… 296
"被提前"的作截面 ………………………………………………………………… 299
启发学生认识空间四边形的教学步骤 ………………………………………… 304
学生的力量——记几次难忘的失误 …………………………………………… 310
走出"学生想的你想不到"的误区 ……………………………………………… 319
听教师日常对话一则及反思 …………………………………………………… 325
显而易见的几何事实的代数证明 ……………………………………………… 327
如何说明白这件事？ …………………………………………………………… 329
如何理解"有三个"？ …………………………………………………………… 332
从"搜到了却看不懂"到"代数眼光看几何的一次胜利" …………………… 339
椭圆规与参数方程 ……………………………………………………………… 348
从学生的"同题异构"看如何教解题 …………………………………………… 354
一次难忘的课堂生成——两个计数原理 ……………………………………… 369
简单化——澄清排列组合认识迷雾的一种对策 ……………………………… 374
对"二项式定理"第一课时的教学纪事 ………………………………………… 377
教学中道与术的平衡——多问学生，直面问题，改变风格 ………………… 380
学习李庾南老师的结构化板书 ………………………………………………… 383

参考文献 …………………………………………………………………………… 390

第一篇

仰视高山，涓涓琐思
——体悟教育大家眼中的数学理解

随着"双新"轰轰烈烈地推开，一系列新文件、视频、专著、培训讲座等需要老师们去学习、消化、实践.笔者也是，自行购买了好多书，如《普通高中数学课程标准(2017年版)解读》(史宁中，王尚志，高等教育出版社，2018年)、《高中数学新教材创新教学设计》(王国江，华东师范大学出版社，2021年)等.一日在找某本书时，偶然翻出几年前在上海市第三期双名工程中学数学四组做学员时的笔记本.在和煦的阳光下慢慢翻阅，一幕幕与教育大家近距离接触的往事像电影一样浮现在脑海中，禁不住浮想联翩，当时就有一种冲动，要花时间把以前听的专家的报告、讲座整理一下，肯定会对自己现今的双新教学有很多启发、借鉴、引领作用，随着回忆的深入，自己也会生发出一些感想.后来越来越清晰地发现这种判断的正确，认真体会领悟专家的话，可让我们对双新数学及教学的理解走在正确的快车道上.

术业有专攻,问道不可疏

——听李秋明老师报告有感

2013年6月28日,在复旦大学附属中学旦华楼一楼的会议室,李秋明老师的报告《中学数学教育中的"道"与"术"》振聋发聩,带给我深深的思考.

李老师从"高中老师不适应初中课堂、大学老师看不懂高中课堂"的现象说起,进而谈到普通高中与技校的差别在于"文化的不同",点出:道,指的是方向、方法,学术或宗教的思想体系;术,指的是技艺、技术.并一针见血地指出"我们老师的数学课'术'的成分太多,很少问道".李老师以体育教育做类比,指出:体育老师上主题为"跑步"的课时,一上来就让学生跑几圈,学生很快就学会跑步了.创造机会让学生去体验、去经历,学生在过程中自然会对"跑步之道"有所体会与领悟.反之,如果单纯地教一些所谓"如何跑步"的术,是很难让学生学会真正的跑步之道的.在该报告中,李老师的以下一些精彩语录让人印象至深.

一、数学教育本质上还是数学

李老师告诫我们:我们教的数学不像你想得那么简单,很多东西不知道从哪儿冒出来的.很多东西不要像英语教学中用"这是习惯用法、这是固定搭配"来糊弄自己、糊弄学生,数学是最讲道理的,数学是最容易讲清楚的一门学科.尽管有些道理在中学阶段只能用"混而不错"的方法告知学生,但作为教师自己一定要勇于"问道",勇于寻找答案,有的时候可能没有标准答案,但应该可以找到答案或合情合理的解释,要能讲得清楚那些"习惯用法、固定搭配"背后的些许道理.李老师举例说,高中数学第一章"集合"最难教,有一次他去云南讲学,当地的一位老师问"为什么要学习集合?".其实,很多老师对这个问题很不了解,这就是在问道! 如果数学教师对数学本身思考得不够,那么,在此基础上的教学设计常常是漏洞百出,甚至是胡说八道.这些教师妄想以己之昏昏,使人昭昭,误人子弟是在所难免的了.

以下是笔者的几点思考.

案例 1 为什么要学习集合?

集合论是现代数学的基石.恩格斯说:"在一切理论成就中,未必再有什么像17世纪下半叶微积分的发现那样被看作人类精神的最高胜利了.如果在某个地方我们看到人类精神的纯粹和唯一的功绩,那正是在这里."我们知道,微积分的基础最后归结为实数理论,这样实数理论自身的相容性(或不矛盾性、一致性、和谐性)就成为问题的中心.另外,非欧几何的产生也提出了它的相容性问题,经由德国数学家 F. 克莱因和法国数学家庞加莱等建立罗巴切夫斯基非欧几何(罗巴切夫斯基是俄罗斯数学家,非欧几何的早期发现人之一)的模型,把它的相容性归结为欧氏几何的相容性问题. 而欧氏几何的相容性,当建立坐标系后,点与坐标对应,直线与一次方程对应等,最后也归结为实数理论的相容性问题. 但是实数可表示为有理数的某种无穷集合,而有理数又可利用自然数来表示,这样实数理论的相容性,又归结为自然数理论与集合论的相容性问题. 然而自然数可利用集合来定义. 因此,不管来自几何或微积分的相容性最终都归结为集合论的相容性问题. 这就是说,只要集合论是不矛盾的,数学的各分支也不会产生矛盾. 大家从以上论述应该可以认识到集合论的极端重要性. 当然,集合的概念、语言与思想方法在中学数学中也有十分重要的用途,详细论述可参见拙著《高中数学教学"三思"》(上海交通大学出版社,2018 年)第二章.

案例 2 在"分式的意义"这一节为什么要专门讨论分式值为零的问题?

2017 年 11 月,笔者参加某区中级教师评审,27 日听了某校教师执教的"分式的意义",所用教材是沪教版九年义务教育七年级第一学期课本第十章"分式" § 10.1 "分式的意义". 教材中有一道例题 5:"x 取什么值时,分式 $\dfrac{2x+1}{3x-1}$ 的值为零?"教参在边款中对该例的说明是:"教学时要强调当分子为零,且分母不为零时,分式的值为零." 执教教师在教学过程的第一环节"创设情境,学习新知"的第 3 部分设计了"探求分式值为零的问题"这个环节,相应的教学设计摘录如下:

3. 探求分式值为零的问题

问题 当 x 取何值时,分式 $\dfrac{|x|-1}{1-x}$ 的值为零?

问 1:研究分式值为零的问题,对于分数,分数值为零,分数是在有意义还是无意义的情况下?

问 2:分式与分数一样,要使分式值为零,分式的分子、分母有什么条件?

> **设计意图**:启发学生分析原因,培养学生分析问题、解决问题的能力. 体会分式恒有意义的缘由,提高逻辑思维能力;类比分数得到分式值为零的条件,体会方程与化归思想. 让学生总结:在保证分式有意义的前提下,使分子为零,就能得到分式值为零. 所以要使分式值为零必须满足的两个条件是:①分式的分子为零;②保证分母的值不为零.

活动:(1) 当 x 取何值时,分式 $\dfrac{2x+1}{3x-1}$ 的值为零?

(2) 当 y 取何值时,分式 $\dfrac{y-4}{2y+3}$ 的值为零?

> **设计意图**:巩固分式值为零的问题.

可以看到,执教教师在该环节的设计很忠实地参考了教参在边款中的那条说明. 但笔者认为,教师在该环节教给学生的仅仅是解这类题的思考步骤与书写格式(教师很重视解题过程的书写格式),并没有渗透与之相应的"道".那么,此处知识点背后的"道"是什么?为什么教师没有采取相应的策略渗透这种"道"?如何改善其现有的教学设计以渗透这种"道"?以下逐一说明.

首先,为什么此处专门探讨分式值为零的问题,而不是分式值为 $1, 2, 3, -1, -2, \dfrac{1}{2}$, $\sqrt{2}$ 等等的问题?其背后的"道"其实是"化归思想".事实上,形如 $\dfrac{2x+1}{3x-1}=a$ 的分式,总可通过移项、通分化为一个新的分式为零的情况.这种思想在今后的学习中会大量用到,常会为问题的理解与解决带来柳暗花明之效.如在高中"不等式"中,"三等价原则"是所有不等式基本性质的理论基础,即"$a>b \Leftrightarrow a-b>0; a=b \Leftrightarrow a-b=0; a<b \Leftrightarrow a-b<0$",它把比较任意两个实数大小的问题转化为只需比较这两个实数的差(也是一个实数)与零的大小.比如,在一元二次方程的实根分布问题中,把两根均大于 6,即 $\begin{cases} x_1 > 6, \\ x_2 > 6, \end{cases}$ 转化为 $\begin{cases} x_1 - 6 > 0, \\ x_2 - 6 > 0 \end{cases}$ 后再思考,就不会犯 $\begin{cases} x_1 + x_2 > 12, \\ x_1 x_2 > 36 \end{cases}$ 这种错误.

再看历史上的一件大事.意大利数学家塔尔塔利亚首先找到了没有二次项的三次方程,即形如 $y^3+py+q=0$ 的三次方程的解法,接下来是另一位意大利数学家卡尔达诺通过一个神奇的变换 $x=y-\dfrac{b}{3}$ 消去了一般的三次方程 $x^3+bx^2+cx+d=0$ 中的二次项,即将其转化为塔尔塔利亚已经解决的情形,从而圆满地解决了三次方程的求解问题.用卡尔达诺的话说,想到这一变换是"神启",是"来自天国的礼物".

其实,借助韦达定理及上述小策略我们可以很轻易地心算出上述变换.设方程 $x^3+bx^2+cx+d=0$ 的三个根为 x_1, x_2, x_3,韦达定理告诉我们:$x_1+x_2+x_3=-b$,将其整理为右边为零的形式 $x_1+x_2+x_3+b=0$,即 $\left(x_1+\dfrac{b}{3}\right)+\left(x_2+\dfrac{b}{3}\right)+\left(x_3+\dfrac{b}{3}\right)=0$,从而,若令 $x+\dfrac{b}{3}=y$,则所得的关于 y 的三次方程的二次项系数必为零.而且这种做法很容易推广到更高次的方程(比如四次方程、五次方程).后来法国数学家拉格朗日的工作指出了这背后更为深刻的"道".

再如,无论是解方程还是解不等式(特别是高中阶段的解分式不等式),常常需通过移项先化归为右侧为零的情形.而把解方程问题纳入函数这面大旗下,亦即所谓的函数零点问题,就更是如此了.有的问题表面上是两个函数的关系问题(如函数图像的交点个数问题等),但通过移项将右侧化为零,也即刻化归为一个函数的零点(如零点个数)问题了!笔者在几年前曾借助 TI 手持教育技术组织学生研究过指数函数 $y=a^x$ 与其反函数 $y=\log_a x (a>0, a \neq 1)$ 的图像交点个数问题,即使有 TI-nspire CAS 这种彩屏、高清晰图形计算器的帮助,当 a 变化时观察两个函数的图像交点个数仍困难重重.因为当 a 的值在某个范围内时,两个函数图像的区分度不大,即使是不断局部放大也较难判断.此时若由方程组 $\begin{cases} y=a^x, \\ y=\log_a x \end{cases}$ 得 $a^x=\log_a x$,再继续化为 $a^x-\log_a x=0$.令 $f(x)=a^x-\log_a x$,则只需观察该

函数与 x 轴的交点个数即可,从而顺利探索得到如下结论:

若 $0<a<1$,则:①当 $0<a<m$ 时,指数函数 $y=a^x$ 与其反函数图像有三个公共点,其中一个点落在直线 $y=x$ 上,另外一对点关于直线 $y=x$ 对称;②当 $m\leqslant a<1$ 时,有一个公共点,并且这个点落在直线 $y=x$ 上.(其中 $m\approx 0.0659880359$,利用导数法可求得精确值为 $m=\mathrm{e}^{-\mathrm{e}}$)

如函数 $y=\left(\dfrac{1}{16}\right)^x$ 与 $y=\log_{\frac{1}{16}}x$ 的三个公共点为 $\left(\dfrac{1}{4},\dfrac{1}{2}\right)$,$\left(\dfrac{1}{2},\dfrac{1}{4}\right)$ 和 $(0.36425,0.36425)$,其中前两个点关于直线 $y=x$ 对称,第三个点在直线 $y=x$ 上.

若 $a>1$,则:①当 $1<a<n$ 时,指数函数 $y=a^x$ 与其反函数图像有两个公共点,且都落在直线 $y=x$ 上;②当 $a=n$ 时,有一个公共点,且落在直线 $y=x$ 上;③当 $a>n$ 时,没有公共点.(其中 $n\approx 1.444667861$,利用导数法可求得精确值为 $n=\mathrm{e}^{\frac{1}{\mathrm{e}}}$)

另外,"探求分式值为零问题"的另一个理由在于"零的重要性".已故数学家傅种孙先生曾说过:"在中学教代数,把根本的概念的难关通过了以后,每遇到困难即问道于零可耳.当教师的人,能对零谨慎小心,则受福无量矣!"零,这个数是实数中既简单又特殊的数,它使我们教数学的人和学数学的人经常受困,稍不留神就会影响问题的解决,甚至会得出错误的结论."问道于零"是培养学生良好思维习惯的重要途径.如分母不能为零、偶次被开方式不小于零、对数的真数大于零、零向量与任意向量都平行、一元二次函数的二次项系数不为零等等.

其次,为什么教师没有采取相应的策略渗透这种"道"? 在上过课之后的面试环节,笔者向执教教师提出问题:"为什么要探讨分式值为零的问题呢? 为什么不探讨分式值为1、为 -1、为2等等的情况呢?"教师是从"能训练逻辑思维能力"角度回答的.也难怪,教参中都没有对为什么在教材中安排此类例题说明其背后的深意,更何况一线教师呢?

最后,如何改善其现有的教学设计以渗透这种"道"? 笔者认为可以画龙点睛似地"点"一下.给出问题变式:"当 x 取何值时,分式 $\dfrac{2x+1}{3x-1}$ 的值为1?"但并不真的要求学生去解(这是后面的内容),而是由教师指出:$\dfrac{2x+1}{3x-1}=1$,即 $\dfrac{2x+1}{3x-1}-1=0$,通过后面知识的学习,同学们会明白左边是一个新的分式,因此这种问题总可化归为此处讨论的分式值为零的情形.

案例3 为什么比例式与等积式可以互化?

听过一节名为"比例"的课,这是沪教版六年级第一学期第三章第1节"比和比例"中"§3.3 比例"的第一课时,教师设计的"新课学习"分三个环节:情境引入、比例的意义和有关概念、比例的基本性质.在上述第三个环节,教师引导学生从特殊到一般做出猜测:如果 $a:b=c:d$,或 $\dfrac{a}{b}=\dfrac{c}{d}$,则 $ad=bc$,即比例式可以化为等积式.接着让学生互相讨论,师生共同做出证明(基本上完全是教师一人告知的).教学现场显示同学们对一般情况的证明感到十分为难,根本原因在于"想不到在比例式两边同乘以 bd".对于反过来,即等积式化为比例式的情况,情况也基本如此——想不到在等积式两边同除以 bd.笔者认为,教师在上述环节没有意识到比例式与等积式的"互化之道",从而在教学时丧失了一次"传道"的机会.其实,比例式与等积式之所以能够互化,其背后的原因就是乘法与除法这两种互逆运算之间的互化:$\frac{a}{b}=\frac{c}{d} \Leftrightarrow a=\frac{c}{d} \cdot b \Leftrightarrow ad=bc$. 当然,其中还涉及用字母表示数(字母可以像数一样参与运算)思想与整体思想.

案例 4 为什么在数学教材中安排"平均速度"这一节?

2018 年 1 月 6 日、7 日这两天,笔者很荣幸地作为考官,参加了上海市国家中小学教师资格考试面试工作,每位考生的面试过程共 20 分钟:5 分钟回答两个规定问题、10 分钟试讲、5 分钟提问答辩. 有两位考生试讲的课题是"平均速度". 笔者都问了这样一个问题:"在数学教材中安排这一节有何用意?"两位考生(看上去要么是大学应届毕业生,要么是已有几年工作经验的人员)的回答都停留在物理中,丝毫意识不到其为后续引入导数概念的奠基作用. 仔细想来,这可能也是长期接受应试教育的必然结果吧. 2017 年版《普通高中数学课程标准》强调要"提升学生的数学素养,引导学生会用数学眼光观察世界,会用数学思维思考世界,会用数学语言表达世界",显然,这是一项任重而道远的任务.

案例 5 为什么计算总体标准差的点估计值时,分母上是 $n-1$,而不是 n;但计算总体均值的点估计值时,分母上仍然是 n?

会套公式是"术",明白公式为什么是这样的才是"道". 沪教版高级中学课本高中三年级数学第 18 章"基本统计方法"第 3 节"统计估计"介绍了两种重要的参数估计:用样本的算术平均数和样本标准差来估计总体均值和总体标准差,如下:

如果样本为 $x_1, x_2, \cdots, x_n$,样本的容量为 n,那么可以用样本的平均值 $\bar{x} = \frac{x_1+x_2+\cdots+x_n}{n}$ 作为总体均值的点估计值,用样本的标准差 $s = \sqrt{\frac{(x_1-\bar{x})^2+(x_2-\bar{x})^2+\cdots+(x_n-\bar{x})^2}{n-1}}$ 作为总体标准差的点估计值.

很惭愧,尽管笔者曾经连续九年战斗在高三数学教学第一线,但至今仍不理解为什么在计算总体标准差的点估计值时,分母上是 $n-1$,而不是 n,$n-2$,…?(大学学的知识全部还给老师了)每次复习到这个知识点时也总有不少学生满怀疑惑地问起其背后的原因,但笔者总以课本边款中写的自己也不知所云的话"除以 $n-1$ 是为了消除系统性偏差"搪塞过去,接下来就是反复强调何时套除以 n 的总体标准差的计算公式,何时套除以 $n-1$ 的这个公式. 这与李老师警告的"这是规定动作、这是固定搭配"之类的教育方法何其相似. 那么,其背后的"道"是什么呢? 如何向学生解释这样做的"道"呢? 接下来,我们分别回答这两个问题.

先看第一个问题.

在容量为 N 的总体中,假设我们已经通过随机抽样的方式获得了一份容量为 n 的样本数据. 现在我们有两个任务需要完成:一是归纳样本本身这 n 个数据之间的分布状况;二是借助该样本来推测总体的分布状况,亦即尝试以局部推测总体,以偏概全.

出于简便的考虑,我们经常仅仅借助均值和方差这两个指标来简略地描述样本或总体的分布状况. 则对于第一项任务而言,为准确描述样本数据间的离散程度,样本方差计算公式中的除数应为"n". 类似地,为准确描述总体数据间的离散程度,总体方差计算公式中的除数应为"N".

然而，如果我们准备借助样本方差来推测总体的方差，则可以证明（证明大意附后）：以"n"为除数的样本方差计算公式不是总体方差的无偏估计值计算式，而只有以"$n-1$"为除数的样本方差计算公式才是总体方差的无偏估计值计算式. 因此在推断统计领域，样本方差计算式的除数应为"$n-1$"，而不应为"n". 当然，在 n 足够大的时候，样本方差这两种计算方法之间的差异也可以忽略不计.

我们可以将上述阐述归纳如下：

（1）若总体数据已知，则该总体的数字特征不存在推测的问题，只存在描述的问题，故总体方差计算公式中的除数应为"N".

（2）以"$n-1$"为除数的样本方差计算公式是总体方差的无偏估计值计算式.

（3）以"n"为除数的样本方差计算公式是总体方差的渐近无偏估计值计算式.

（4）如果只是要描述样本数据间的离散程度，则样本方差计算公式中的除数应为"n".

（5）当 n 足够大的时候，不必太在意样本方差计算公式中除数的这两种不同的选择. 随着样本的增多，两者都会收敛到真实的总体方差.

（6）在多数场合，习惯上总是采用以"$n-1$"为除数的样本方差计算方式.

最后，我们将大学《概率论与数理统计教程》（魏宗舒等编，高等教育出版社，1982 年版，第 25—26 页）中的相关说明摘录如下：

若记总体均值为 $E(\xi)$，总体方差为 $D(\xi)$，样本均值为 $\bar{\xi}$，样本方差为 S_n^2，则可证明它们之间有等量关系 $E(\bar{\xi})=E(\xi)$，$E(S_n^2)=\dfrac{n-1}{n}D(\xi)$. 从此可以看出，子样均值 $\bar{\xi}$ 是母体均值 $E(\xi)$ 的无偏估计. 但子样方差 S_n^2 不是母体方差 $D(\xi)$ 的无偏估计，$E(S_n^2)$ 比 $D(\xi)$ 略小一些. 这说明在重复取样下，S_n^2 看起来似乎在 $D(\xi)$ 周围随机地摆动，但它较多地在 $D(\xi)$ 的左边摆动. 这就是说 $E(S_n^2)$ 作为 $D(\xi)$ 的估计，除了含有随机偏差外，还存在一种系统性偏差. 这是我们的估计量所不希望具有的性质. 没有系统性偏差的性质在统计学上称作无偏性. 显然它可以作为衡量一个估计量好坏的一条准则.

若我们取 $S_n^{*2}=\dfrac{n}{n-1}S_n^2=\dfrac{1}{n-1}\sum_{i=1}^{n}(\xi_i-\bar{\xi})^2$ 作为母体方差 $D(\xi)$ 的估计，则有

$$E(S_n^{*2})=\dfrac{n}{n-1}E(S_n^2)=\dfrac{n}{n-1}\cdot\dfrac{n-1}{n}D(\xi)=D(\xi),$$

由此推出 S_n^{*2} 是母体方差 $D(\xi)$ 的无偏估计.

下面再看第二个问题.

怎么样浅而不错地给学生以直观易懂的解释呢？因为，若用高等数学的知识在中学数学课堂上推导，尽管是严密的却是不现实的. 所以作为教师，要多用心思来构建一个比较直观的说法帮助同学们体会数学之美.

建议 1 可特殊化处理. 对于样本方差来说，假如从总体中只取一个样本，即 $n=1$，那么样本标准差公式的分子分母都为 0，标准差完全不确定. 这个好理解，因为样本标准差是用来估计总体中个体之间的变化大小的，只拿到一个个体，当然完全看不出变化大小. 反之，如果公式的分母不是 $n-1$ 而是 n，计算出的方差就是 0——这是不合理的，因为不能只看到一个个体就断定总体的个体之间变化大小为 0.

建议 2 可定性说理. 总体的方差和样本的方差是不同概念,计算方式也不同. 当总体的所有元素个数较少,都知道大小时,可以直接计算总体的均值和方差. 然而实际情况通常是总体的元素非常多,甚至是无穷个,这个时候就无法直接计算. 但是我们通常能够获得总体的部分数据,也就是所谓的样本数据,虽然样本可以有多个,但是其元素个数是有限的,而我们希望通过样本去估计总体的均值和方差,毕竟这才是我们最终的目的. 用求和取平均得到的样本均值,比较接近总体的均值,至少我们可以证明,许多个样本均值的期望就等于总体的均值,我们称样本均值是总体均值的无偏估计. 而方差是用来刻画集合中数据的离散程度的,随着集合元素增加,集合本身就可能越离散,方差越大,所以样本集的方差相对总体的方差一般是偏小的,比较显然的是当样本等于总体时,就不存在偏差了,换句话说,这种偏差的大小和样本元素的个数有关. 因此我们希望通过样本元素个数 n 来修正这种偏差,把原来的偏小的样本方差"放大"一点点,使其更接近总体方差. 由于受样本本身局限,无论什么样的修正都无法确保一定等于总体的方差,但是,我们可以证明,用 $n-1$ 修正后的样本方差的期望等于总体的方差,因此,修正后的样本方差称为总体方差的无偏估计.

建议 3 可以这样理解"无偏估计". 因为均值你已经用了 n 个数的平均来做估计,在求方差时,只有 $n-1$ 个数和均值信息是不相关的. 而你的第 n 个数已经可以由前 $n-1$ 个数和均值来唯一确定,实际上没有信息量,所以在计算方差时,只除以 $n-1$. 再详细点可叙述如下:首先要说明的是,在样本背后存在着一个总体,这个总体其实是冥冥中存在的,你可以把它想象成一种玄之又玄的东西,我们基本上没法测定总体,但是我们可以用可以测定的样本去估计总体,这是样本与总体之间的关系. 其次要理解,我们之所以能够通过样本估计总体,本质上是因为样本中带有总体的信息,把握住信息这个词,能够更好地理解. 大家可以想象 n 个样本其实是 n 条关于总体的信息. 接下来,大家应该注意到,我们求样本方差时,之所以用到了样本均值,实质上是因为用样本均值估计总体均值. 那么样本均值包含多少信息呢? 其实样本均值包含一条信息,因为你用 $n-1$ 个样本和样本均值与你知道 n 个样本是等价的. 那么现在一切其实都顺理成章了,我们用一条信息去估计均值,手头就剩下 $n-1$ 条可以用了,这就是为什么分母取 $n-1$. 反过来想,如果我们知道了总体均值,手头的 n 条信息都可以用来估计总体方差,那么分母就是 n. 其实在其他场合,可能还有 $n-1$ 的自由度什么的,都可以依此类推,看用几条信息估计估计量就可以了.

建议 4(与建议 3 思路相似) 采到 n 个样本,其中一个用来估计了均值,消耗掉了,剩下 $n-1$ 个样本;当然这里消耗掉的一个并不一定就是均值(几乎肯定不是均值),所以最好的办法是用样本均值当作均值,但消耗掉一个数据的事实是没有变化的,还是得扣掉一个样本. 其实这里边就是自由度的问题了,然后问题就变成了已知均值求方差,与均值作差的平方的平均数,有几个就除以几,所以除以 $n-1$. 学过高等代数的读者还可以当成向量组的秩来考虑:原本整个样本是满秩的,即数字与数字间没什么联系,但均值是一个线性组合,加入这个向量后大家发生了联系,所以去掉任何一个后,向量组才会变回原来没有联系的状态.

建议 5 什么时候用 n? 什么时候用 $n-1$?

从"术"的角度来看,求总体方差(或标准差)时用 n,求总体标准差的点估计值时用 $n-1$. 从"道"的角度来看,可作如下回答:

(1) 当我们已知前人总结的大量实验结果,即提前知道实验结果的期望(均值)时(比如沸水的温度为 100℃),用 n,且期望值一定要直接代入这个已知期望. 这叫总体方差(或标准差).

(2) 当我们不知道实验数据的期望时,用样本的平均值代替期望,用 $n-1$ 作分母. 这叫样本方差.

从再深层次的理解上来看,也可这样说:

(1) 当我们 n 个实验数据相互独立时(期望已经由前人得到了),使用 n;

(2) 当我们 n 个实验数据不独立时(因为引入了平均值代替期望),使用不独立数据的个数: $n-1$.

即,关键在于实验数据的相关性,也就是所谓的"自由度",自由度数目的判定,又是由"期望是否用平均值代替"来决定.

写到这儿,笔者不由地想起北京航空航天大学李尚志教授对负负得正及虚数单位 i 的精彩解读,参见案例 6.

案例 6 负负得正与 -1 的平方根

初中数学引入了负数表示相反方向的量. $(-1)+(-1)=-2$ 容易理解:先退一步再退一步,总共退了两步. 这是用物体运动的模型来解释代数运算,也是代数运算的数学模型. 千万不要教学生:这是书上讲的,把它背熟.

相比起来,负数乘法 $(-1)\times(-1)=+1$ 对很多人来说就难以理解了. 能不能也用物体运动的模型来解释? 我在教初中的时候编了两句顺口溜,用运动模型解释负数的加法与乘法:退步再退步,负加负更负. 后转两次转向前,负得正很显然. 退步再退步,解释负数的加法. 比如 $(-3)+(-2)$ 就是先退 3 步再退 2 步,共退了 5 步,就是 $(-3)+(-2)=-5$,"更负"就是退得更多. 乘 -1 表示向后转,旋转 $180°$. $(-1)\times(-1)$ 就是连乘两个 -1,后转两次,转两个 $180°$,一共转了 $360°$,仍然朝向前方,恢复原来的方向,相当于乘 1,这就解释了 $(-1)\times(-1)=+1$. 也就是 $(-1)^2=+1$.

既然 -1 的平方是转两个 $180°$,那么 -1 的平方根就是转半个 $180°$,也就是转 $90°$. 高中数学强行规定一个符号 i 代表 -1 的平方根. 大部分学生也不觉得不对,因为他们已经被教育成"对强词夺理习以为常了",觉得书上就是可以不讲道理随便规定. 如果有的学生提出疑问:"以前说 -1 没有平方根,现在怎么又可以规定出一个平方根了?"很多老师也许会批评这个学生:"听书上的,不要胡思乱想."但是,如果用运动模型让乘 -1 刻画旋转 $180°$,再规定一个符号 i 代表旋转 $90°$,很自然就有 $i^2=-1$,代表的运动模型是:连续旋转两个 $90°$ 就是旋转 $180°$. 我把这个模型也编成顺口溜:平方得负岂荒唐,左转两番朝后方."左转"就是逆时针方向旋转 $90°$,用 i 表示,左转两番就是 $i^2=-1$. 右转两番也是朝后方,表示 $(-i)^2=-1$,$-i$ 是 -1 的另一个平方根.

由"左转两番朝后方"的现象出发,用 i 表示"左转"这个动作(即 i 是一个旋转量),得出它的性质 $i^2=-1$,这是通过数学抽象引入虚数单位 i. 这样来理解 $i^2=-1$,也是"利用图形理解和解决数学问题",培养了直观想象的核心素养.

李老师在报告时再三强调,学术是最根本的,数学教育本质上还是数学,只有当数学本体知识过关了,只有把很多问题思考清楚、因果关系理顺,才可能上出节节好课来. 否则,如果只会盲目地追逐那些所谓的时髦的教育理论,就会本末倒置,使自己的专业发展之路走入死胡同. 作为一名数学教师,我们要经常问自己:"我懂数学吗?". 还要不断反思:"怎样使自己成为一名懂数学的数学教师?"

二、"数学＋认知规律＋教育＝好课"

"木桶效应"告诉我们,一名教师某方面素质的缺失,就会影响其全部能力的发挥.沪上著名思政特级教师、复旦附中方培君老师在其公众号"孔夫子的教育追求"2018年1月1日推送的文章"我的2017"中曾感叹:"要上好政治课,要成为一名优秀的政治教师实在太难了."那么,数学又何尝不是如此呢?李老师语重心长地说:"数学教学的发展是无底的!"同时给我们提供了上出一节好课的三条基本要素:数学、认知规律、教育.笔者自己理解应该分别是:掌握数学本体知识,掌握学生认知规律,掌握必要的教育教学理念、策略或方法.

三、要研究真问题

李老师强调,教学研究要立足自己的日常教学,研究真问题,并举例说,"通过数独怎样培养学生的数学兴趣"这种问题就反了,应该是"数学学得好了去解决生活中的概率问题".还提到教育界热烈开展的"数学中的创新教育",并一针见血地指出:"羊毛剪下来织成羊毛衫再套在羊身上,这叫创新?原生态的创新才是最有价值的!"美国的教育很擅长把各种素养加入到不显眼的教学活动中,润物细无声,这样的数学教学才可以起到提高国民素质之效,才使数学真正发挥了它应该发挥的作用,体现其应该体现的培养人的价值,这值得大家好好研究.最后,李老师要求大家从以下五个主题中选择自己最擅长的一个或两个展开研究并形成文本,择日进行论坛汇报:数学教育的育人价值的思考与实践、数学学习兴趣的培养的思考与实践、数学学法指导的思考与实践、数学教育评价的思考与实践、数学教师专业发展的方向与途径.

四、只有在自己对专业痛苦的探索过程中才能促进专业发展

李老师说,教师要能够把本学科知识变成自己的一种学术造诣,从而不断提升自身学科素养.要能够根据自己的教育教学情况制定自主研修的方向,不仅劳力更要劳心,要在自己的最近发展区附近做出一些实实在在的成果来.

教师的专业化发展是一个没有止境的过程,李老师要求大家把教学研究作为自己的生活常态甚至是一种生活方式,这是为人师表需要的一种态度,也是教师应具备的一种职业精神.做教研要有面壁十年的准备,只有在自己对专业痛苦的探索过程中才能促进专业发展!

老子曰:"有道无术,术尚可求也;有术无道,止于术."术合于道方可相得益彰.在本文的最后,笔者忽然想到这样几个词:无道、悟道、妩道、务道.不做无道之师,勤于悟道,学会欣赏道之妩媚(道的美丽与魅力),善于传道(此处"务道"中的"务"与"务农""务工"中的"务"意近),与大家共勉.

理清逻辑脉络，浸润数学文化
——听李秋明老师报告有感

2014年3月12日下午，春光明媚，长宁区高中数学教研活动如期举行．长宁区教育学院教科室沈子兴主任邀请了复旦大学附属中学数学教研组长、上海市名师基地主持人李秋明老师来给全区数学教师做报告．李老师报告的题目是《数学教育中的文化思考》．

李老师一开口提到的现象就给我们以深深的触动，他说："社会认同唐诗、宋词、音乐、美术，认为这些都是文化，但数学的待遇并非如此．""很多数学专家为了体现数学的用处编制了不少应用题，但到处都是假的应用．"李老师认为，作为数学教师，我们要经常反问自己"这个问题你讲得清楚吗？"，不要让人家说"你这个人，有知识没文化"，改变我们自己，则这个世界就会变得更好！德裔美籍数学家柯朗在其名著《什么是数学——对思想和方法的基本研究》中曾说"数学是一个有机整体，是科学思考与行动的基础"，数学文化的落实和数学在公众中形象的改变有赖于各位老师的努力．以下摘录李老师的一些精彩语录，并给出自己的点滴理解．

一、厚实的数学文化修养有赖于教师对数学本身理解水平的提升

李老师认为，目前教师对数学本身的理解仍有很大问题，需要努力提升．

案例1 $x\in\varnothing \rightarrow -1\leqslant x\leqslant 3$ 吗？

在沪教版二期课改教材高级中学课本高中一年级第一学期第1章"集合和命题"第三单元§1.6"子集与推出关系"中，教材由特殊到一般给出了子集与推出关系的联系（并做了证明，分成两步分别证明充分性与必要性，此处略）：

设 A,B 是非空集合，$A=\{a\mid a$ 具有性质 $\alpha\}$、$B=\{b\mid b$ 具有性质 $\beta\}$，则 $A\subseteq B$ 与 $\alpha\Rightarrow\beta$ 等价．

本节作为集合语言的一种应用，体现了数学中重要的转化思想，其转化依据即为上述已做出证明的等价关系，或简述为：集合间具有包含关系的充要条件是这些集合的性质具有推出关系．

现在的问题是，若允许 A 或 B 为空集（若 $B=\varnothing$，必有 $A=\varnothing$），上述等价关系还成立不成立？更具体一些，类似下面问题1，需要不需要讨论 $A=\varnothing$ 的情况？还是说"因为课本中要求 A,B 非空，故题目隐含了 $A\neq\varnothing$"？ 问题2也会遇到空集的情况．

问题1 设 $\alpha: m+1 \leqslant x \leqslant 2m+4 (m \in \mathbf{R})$，$\beta: -1 \leqslant x \leqslant 3$，若 α 是 β 的充分条件，求 m 的取值范围.(该题中的集合 $A=\{x \mid m+1 \leqslant x \leqslant 2m+4\}$，$B=[-1,3]$)

问题2 若 $p: x^2+x+1<0$，$q: 1<x<2$，则 p 是 q 的什么条件？

这就涉及逻辑中的蕴涵关系.

对于问题1，若 $m+1>2m+4$，即 $m<-3$ 时，就是要看"$x \in \varnothing \Rightarrow -1 \leqslant x \leqslant 3$"是否正确. 若正确，则 $m<-3$ 也是所求范围的一部分，否则就不是. 问题2也是类似的. 我们可以从两个角度理解蕴含关系"$x \in \varnothing \to -1 \leqslant x \leqslant 3$".

角度1 教材中有这样一段话"我们规定，空集包含于任何一个集合，空集是任何集合的子集". 那么"子集"这个概念又是如何定义的呢？——对于两个集合 A 和 B，如果集合 A 中任何一个元素都属于集合 B，那么集合 A 叫作集合 B 的子集. 我们知道定义是充要条件，即有 $A \subseteq B \Leftrightarrow \forall x \in A$，总有 $x \in B$. 那么，由于上述蕴含关系"$x \in \varnothing \to -1 \leqslant x \leqslant 3$"中的 $A=\varnothing \subseteq [-1,3]=B$，故由子集的定义就必然得到蕴含关系"$x \in \varnothing \to -1 \leqslant x \leqslant 3$"是正确的！即 $m<-3$ 确是所求范围的一部分.

角度2 我们知道，复合命题"如果 α，那么 β"叫作假言命题，记作 $\alpha \to \beta$，也称为 α,β 的蕴含式，其中 α 叫作该蕴含式的前件，β 叫作该蕴含式的后件. 蕴含式 $\alpha \to \beta$ 的定义是用真值表(表1.1)给出的：

表 1.1

α β	$\alpha \to \beta$
T T	T
T F	F
F T	T
F F	T

即只有当 α 为真且 β 为假时，$\alpha \to \beta$ 为假，其他情形 $\alpha \to \beta$ 都为真. 现在令 $\alpha: x \in \varnothing$，$\beta: -1 \leqslant x \leqslant 3$. 显然，前件 $\alpha: x \in \varnothing$ 为假，因为任何一个实数 x 都不可能成为空集的元素. 故此处的蕴含式 $\alpha \to \beta$ 为真. 或这样理解，该蕴含式不断言 $x \in \varnothing$，也不断言 $-1 \leqslant x \leqslant 3$，它只是断言当 $x \in \varnothing$ 时 $-1 \leqslant x \leqslant 3$. 这当然是真的，因为空集是任何集合的子集.

何谓正确有效的推理形式？事实上，如果由真的前提不可能推出错误的结论，那么这个推理形式就是正确有效的(这句话可视为"一个推理形式是正确有效的"的定义). 换句话讲，一个推理形式是正确有效的，由真的前提一定得出真的结论，但也可能由假的前提得出真结论或假结论. 例如，"若所有的 M 是 P，且所有的 S 是 M，则所有的 S 是 P"是正确的推理形式，M,P,S 无论代入什么都成立. 因此，推理"若所有的动物都是有翅膀的，且所有的人都是动物，则所有的人都有翅膀"就是正确的推理. 但在这个推理中，前提之一是假命题，结论也是假命题. 所以，我们应该有这样的认识，一方面不能把推理形式的正确性与命题的真假混为一谈；另一方面推理形式的正确与否与命题的真假有密切关系，推理形式是正确的，一定能从真前提推出真结论，这正是我们在推理论证中所希望的.

享誉世界的澳大利亚籍华裔天才数学家、2006年菲尔兹奖获得者陶哲轩(Terence Tao)在其名著《陶哲轩实分析》(陶哲轩著，王昆扬译，人民邮电出版社，2013年)的附录A"数理逻辑基础"中,专门有一节讨论蕴含,即"§A.2 蕴含".文中有几段精辟的论述摘录如下.

如果 X 是命题,Y 是命题,那么"若 X 则 Y"是从 X 到 Y 的蕴含.当 X 假时,命题"若 X 则 Y"关于 Y 的真假不提供任何信息;此命题是真的,却是空的(也就是说,除了前提是假的这一事实外,它不能传递任何新的信息).

设 x 是整数.命题"若 $x=2$ 则 $x^2=4$"是真的,不管 x 确实等于 2 或是不等于 2(尽管这个命题仅当 $x=2$ 时才像是有用的).这个命题并不断言 $x=2$,也不断言 $x^2=4$,只是断言当 $x=2$ 时 $x^2=4$.如果 x 不等于 2,那么命题依然是真的,但不提供关于 x 和 x^2 的任何说法.上述蕴含关系的一些特例是:蕴含关系"若 $2=2$ 则 $2^2=4$"是真的(真命题蕴含真命题).蕴含关系"若 $3=2$ 则 $3^2=4$"是真的(假命题蕴含假命题),蕴含关系"若 $-2=2$ 则 $(-2)^2=4$"是真的(假命题蕴含真命题).后两个蕴含关系被认为是空的——由于它们的前提是假的,它们不提供任何新信息.(不管怎么说,在一个证明中使用空的蕴含关系而获得好的结果还是可能的——一个空的真命题毕竟是真的.)

如我们所见到的,前提的虚假并不破坏蕴含关系的真确性,事实上,情况恰恰相反!(如果前提是假的,那么蕴含关系自动地成立.)推翻一个蕴含关系的唯一途径是证明前提是真的而结论是假的.如命题"若 $2+2=2$ 则 $4+4=2$"是假的(真不蕴含假).

即使前提与结论之间毫无因果关系,蕴含关系也可以是真的.命题"如果 $1+1=2$,那么华盛顿是美国的首都"是真的(真蕴含真),虽然相当怪僻;命题"如果 $2+2=3$,那么纽约是美国的首都"也同样是真的(假蕴含假).当然,这样的命题可能是不稳定的(美国的首都可能在某一天改变,而 $1+1$ 却永远等于 2),却是真的,至少此刻是真的.在逻辑论述中使用非因果性的蕴含关系是可能的,但我们不推荐这样做,因为可能引起不必要的混淆.

下面是一个真命题的正确的证明,尽管这个命题的前提和结论都是假的.

求证:若 $2+2=5$,则 $4=10-4$.

证明:设 $2+2=5$.用 2 同时乘两边得 $4+4=10$.从两边同时减去 4,就得到所要的 $4=10-4$.

案例 2 为什么规定函数是单值的?

高中老师在教授函数这章时总是反复强调"对任意的 x,通过对应法则 f,都有唯一的 y 与之对应".自然就会有这样的问题:为什么要"一对一""多对一","一对多""多对多"不行吗?我们知道,数学概念是反映一类事物在数量关系和空间形式方面本质属性的思维形式.它是排除一类对象的具体物质内容以后进行抽象的结果,这种抽象性是数学概念内在的、本质的属性.数学既然是现实的抽象,那么在现实问题的解决中,就不会遇到"一对多""多对多"的情形吗?(如一个人可能会有多个名字、从甲地到乙地可能会有多种到达方式等均属于一对多.)

其实,在早期函数的定义中,并没有"'一对多'不是函数的限制"."一对多"也是函数,叫作多值函数.之所以只能"一对一""多对一",其实这只是在中学范围所做的限制.中学的函数有二个限制:实数范围;一元;单值.严格来说叫作一元单值实函数.这是函数世界里最基础、最简单、最易学、应用最广泛的函数.一般地说,一个多值函数通常都可以分成若干个单值函数(一般要求它们是连续的)来进行研究.因此我们主要研究的是单值函数,且除非特别声明,今后所说的函数都是指单值函数.对于多值函数,人们习惯于不再使用"函数"的名称而使用"对应"或"关系"了.

案例3 不对称就不美吗?

在上"函数的奇偶性"这节课时,很多教师都是先出示若干具有轴对称或中心对称的景观图片(或汉字,如"喆"字、"回"字等),说明很多函数的图像也具有这种对称美,同时出示具有这些对称性的函数的图像,进而引入新课. 在职称评审的课后答辩环节,几乎所有老师都是从"具有奇偶性的函数的图像很美"这个角度回答"为什么要研究函数的奇偶性"的. 对此,李老师说:"对称是美,不对称就不美吗?!"确实,这些老师忽视了否命题与原命题不等价的常识. 奇偶性不是简单的"对称就美",教师要认识到其背后的数学本质. 笔者仔细思忖李老师的话,有以下几点认识.

认识1 不对称也可能是美的

美是客观世界在人主观中的感受. 如果人感受客观现象后,觉得愉悦舒服,感受者就觉得美,感受对象就被感受者界定为美的对象. 对称在艺术领域普遍被认为是美的,但非对称也是美的,不少艺术家创造的非对称作品也让人觉得美。

其实,在我们的生活中和艺术作品中,随处都可以见到不对称形式美的事物和图形,它们无论在构图上,还是在色彩上,都能给人一种既有对比又和谐统一、既稳定又生动活泼、饱含自由变化律动的美感. 文学世界里,不对称的宋词与对称的唐诗一样成为美丽的经典;传统曲艺表演形式"三句半"因其"半"所带来的不对称常让听众有"出乎意料"之感而哈哈大笑,带来心灵的愉悦.

再如,在设计学中,对称设计往往被称为消极的空间,而不对称设计则被称为积极的空间,容易使人联系到动态和活力. 在中国一些新建筑中,不对称设计大行其道,比如俗称大裤衩的央视大楼、著名建筑师马岩松的"梦露大厦"以及广州琶洲的中洲中心等,都已打破了对称带来的一成不变.

在室内设计和家具设计领域,不对称已成为一种潮流,目前很多大牌设计师正在制造出一种不平衡、不对称的另类美感. 2012年的"红点"奖由德国设计师Stefan Heiliger设计的Parabolica旋转扶手椅获得,获奖原因则是其不对称的造型,为室内空间增添了迷人的魅力与时尚气质. 中央美术学院建筑学院副院长王铁教授表示,对称在中国古典建筑中常见到,但不对称这种打破平衡的设计更符合当代人的审美,也是个性美的构成形式之一. 业内有一种观点认为,对称设计是一种世界标准,因为其加工过程简化并降低了成本. 如果从这种观点看,不对称设计或许可以被看作一种奢侈的时尚潮流和审美取向.

全俄罗斯最美建筑的圣瓦西里大教堂由九座彼此相接的小教堂构成,是1555—1561年为纪念战胜喀山汗国而建的. 围成口字形的八座小教堂(纪念八天血战)和中央高顶教堂建在统一的地基上,由外廊和内廊联成一个整体,墙用红砖白石砌成,九个葱头顶的高矮、形状、花纹和色彩完全不一样,给人以亲切、朴拙之感,体现了不对称和多样化之美.

认识2 高中函数中为什么要研究函数的奇偶性?

首先,研究函数的性质是从初中到高中函数概念的进一步发展. 学生在初中学习了函数概念. 定义采用"变量说";介绍了三种表示法;以一次函数(包括正比例函数)、反比例函数和二次函数为具体函数模型,借助图像讨论了这些函数的一些简单性质;要求用所学函数知识解决简单实际问题;不涉及抽象符号 $f(x)$,不强调定义域、值域;等等. 初中所学的函数知识,与代数式、方程等联系紧密,而对"变量""变化""对应关系"等涉及函数本质的内容的要求是初步的. 高中在初中学习函数的基础上,进一步理解函数是变量之间相互依赖关系的反映;学习用集合与对应的语言刻画函数,再从直观到解析、从具体到抽象研究函数的性质,并能从解析的角度理解有关性质.

其次,函数图像作为一种特殊的平面图形,它是否具有初中所学的平面几何图形的某些性质呢?沿着这条脉络思考,一方面把函数图像纳入图形大家庭中,另一方面此处用解析法刻画图形也体现了研究图形手段的进一步丰富. 初中平面几何中的图形具有哪些特殊性质呢?最突出的就是对称性. 再考虑到平面直角坐标系中具有轴对称性或中心对称性的函数图像总可通过坐标系(或图像)平移(或旋转),而使得在新坐标系中,这个图像的对称轴为 y 轴(或对称中心为坐标原点). 这也就是所谓的偶函数或奇函数的情形了.

认识3 学习函数奇偶性概念的本质

首先,利用对称性可以事半功倍地解决问题. 笔者曾就函数的性质与图像的关系写过一首打油诗:奇偶看一半,最值单调先;若有图像画,两者放一边. 有位老师在引入奇偶性这一课时,先让学生观察汉字"喆",再问大家这个字笔画有几画,显然是在引导学生体会对称性的这种功能——只需数左半边(或右半边)有几画就可以了!

其次,在平面直角坐标系中,图像为轴对称图形或中心对称图形的函数千千万,为什么单单研究图像对称轴为 y 轴的函数与对称中心为坐标原点的函数?这里面的"道"确实意味深长! 在上面的"认识2"中已有说明,其中内蕴的化归思想值得好好品味. 与之类似地,为什么将形如 $y=x^{\alpha}(\alpha\in\mathbf{Q})$(特征是两个1:系数是1,只有1项)的函数定义为幂函数?函数 $y=x^{\alpha}+6$ 为什么就不叫幂函数呢?再如,为什么只把函数 $y=\sin x, x\in\left[-\dfrac{\pi}{2},\dfrac{\pi}{2}\right]$ 的反函数叫作反正弦函数?其中的道也是类似的,因为求正弦函数在其他单调区间上的反函数问题总可以通过诱导公式化归为 $\left[-\dfrac{\pi}{2},\dfrac{\pi}{2}\right]$ 上的反函数问题.

最后,函数的奇偶性可以实现原点两侧彼此互为相反数的两个自变量的函数值的互化,亦即 $f(-x)$ 与 $f(x)$ 的互化. 这点功能与函数的对称性、周期性是相通的——对称性可以实现关于对称轴对称的两个自变量的函数值的互化. 而周期性可以实现相差周期的整数倍的两个自变量的函数值的互化(笔者称之为可以实现大跨度转化).

认识4 偶函数为什么不这样定义:图像关于 y 轴对称的函数叫作偶函数

我们知道,一个函数为偶函数当且仅当该函数的图像关于 y 轴对称. 那么,利用"图像关于 y 轴对称的函数叫作偶函数"来定义偶函数有何不妥?事实上,这种基于直观的定义方法会给"利用定义解决问题"带来不便. 试问,有一幅图放在我们面前,仅凭肉眼如何判断它是否关于某直线对称?著名数学家华罗庚先生讲得好"形缺数时难入微". 况且,世上函数有无穷多个,它们的图像都能作出来吗?比如狄利克雷函数 $f(x)=\begin{cases}1, & 若 x 为有理数,\\0, & 若 x 为无理数,\end{cases}$ 黎曼

函数 $f(x)=\begin{cases} \dfrac{1}{q}, & \text{若 } x=\dfrac{p}{q}(p,q \text{ 为正整数},\dfrac{p}{q} \text{ 为既约分数}), \\ 0, & \text{若 } x=0,1 \text{ 及无理数} \end{cases}$ 等就无法作出. 单调性、周期性等概念不也是如此吗？学生经常会听到这样的忠告"做解答题时,解题过程不要用画图的方法",显然也是基于"有些道理用图形讲不清楚或说理不严密"的考虑.

认识 5 奇函数、偶函数名称中的"奇""偶"有何深意？

在人们最为熟悉的幂函数中,指数是奇数的幂函数 $y=x^{2k-1}(k\in \mathbf{Z})$ 都是奇函数,指数是偶数的幂函数 $y=x^{2k}(k\in \mathbf{Z})$ 都是偶函数,因此这样的命名最为自然.

华东师范大学教师教育学院汪晓勤教授在《"奇、偶函数"考源》一文(《数学通报》,2014年第 3 期)中详细地考证了如下问题:是谁最早引入"偶函数"和"奇函数"这两个名称？命名的依据是什么？早期数学家在讨论奇、偶函数性质时遇到怎样的困惑？两个名词有着怎样的传播路径？对于前两个问题,其得出的结论是:欧拉最早命名"奇函数"和"偶函数",其依据是幂函数的指数的奇偶性；最初的奇、偶函数概念只是针对代数函数而言,尽管欧拉后来有所扩充,但仍未涉及三角函数、反三角函数等. 最后,汪教授在文末的一段话让笔者受到深深的启迪:①"为什么称一个数学概念为某某",这样的问题毫无例外都属于"历史上的为什么",而不是"逻辑上的为什么",这是数学教学不能割裂数学历史的证据之一. ②"偶函数"和"奇函数"这两个名词最初源于幂函数的指数的奇偶性,但今天,它已不再局限于代数函数、三角函数、反三角函数(注意,中学里我们并不考虑函数的幂级数表达式)这样的超越函数与"奇""偶"之间并没有直接的关联,名称与内涵实际上已经发生了分离. 这就是数学上所谓的"旧瓶装新酒现象". 了解这种现象,有助于我们更好地理解所讲授的数学概念.

认识 6 对称与不对称的辩证法

首先,现实世界中,对称是相对的,不对称是绝对的. 例如,虽然人体总的来说是左右对称的,可是这种对称永远不是完全的. 每个人左右手的粗细不一样,一只眼睛比另一只眼睛更大或更圆,耳垂的形状也不同. 最明显的,就是每个人只有一个心脏,通常都是在靠左的位置(当然也有极少数人的心脏在右侧).

其次,对称性的破坏是事物不断发展进化、变得丰富多彩的原因. 杨振宁教授 1951 年与李政道教授合作,并于 1956 年共同提出"弱相互作用中宇称不守恒"定律. 这个定律所反映的道理可做如下理解. 对称性反映不同物质形态在运动中的共性,而对称性的破坏才使得它们显示出各自的特性. 如同建筑和图案一样,只有对称而没有它的破坏,看上去虽然很规则,但同时显得单调和呆板. 只有基本上对称而又不完全对称才构成美的建筑和图案. 大自然正是这样的建筑师. 当大自然构造像 DNA 这样的大分子时,总是遵循复制的原则,将分子按照对称的螺旋结构联接在一起,而构成螺旋形结构的空间排列是全同的. 但是在复制过程中,对精确对称性的细微的偏离就会在大分子单位的排列次序上产生新的可能性,从而使得那些更便于复制的样式更快地发展,形成了发育的过程. 因此,对称性的破坏是事物不断发展进化、变得丰富多彩的原因.

李政道博士 1996 年 5 月 23 日在中央工艺美术学院的演讲中曾指出:"艺术与科学,都是对称与不对称的巧妙组合."确实,对称与对称破缺的某种组合才是美.单纯对称和单纯不对称都是单调.一个对称的建筑只有放在不对称的环境空间中才显得美,反之亦然.

最后,在数学变形等推理中,把不对称转化为对称、非标准转化为标准、不整齐转化为整齐是重要的数学思考.

例 1.1 解一元二次方程 $ax^2+bx+c=0$ 时可通过变换 $x=y-\dfrac{b}{2a}$,消去原方程中的一次项,使其变为各项均为偶次方项的形式:$ay^2+\dfrac{4ac-b^2}{4a}=0$. 历史上三次方程、四次方程求根公式的获得也是基于消去次高次数项而寻得突破.

韦达定理是初中要求的基础知识,到了高中,它的作用日趋明显,在解析几何的解答题中有着不可或缺的地位.对于直接运用韦达定理的运算,学生已经非常熟练,但在有些问题的求解中有时会遇到不对称的情形.如下面的例 1.2.

例 1.2 如图 1.1,已知椭圆 $C:\dfrac{x^2}{a^2}+\dfrac{y^2}{b^2}=1(a>b>0)$ 的左、右焦点分别为 $F_1(-c,0),F_2(c,0),M,N$ 为左右顶点,动直线 $l:x=ty+1$ 与椭圆 C 交于 A,B 两点,当 $t=-\dfrac{\sqrt{3}}{3}$ 时,A 是椭圆 C 的上顶点,且 $\triangle AF_1F_2$ 周长为 6.

(1) 求椭圆 C 的方程;

(2) 设点 A 在 x 轴上方,且 AM,BN 交于一点 T,求证:点 T 的横坐标为定值.

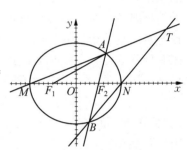

图 1.1

(1) **解** 可得 $C:\dfrac{x^2}{4}+\dfrac{y^2}{3}=1$.

(2) **证明** 由 $\begin{cases}x=ty+1,\\3x^2+4y^2=12\end{cases}$ 得 $(3t^2+4)y^2+6ty-9=0$,由韦达定理可知

$\begin{cases}y_1+y_2=\dfrac{-6t}{3t^2+4},\\y_1y_2=\dfrac{-9}{3t^2+4}.\end{cases}$ 又直线 $AM:y=\dfrac{y_1}{x_1+2}(x+2)$,$BN:y=\dfrac{y_2}{x_2-2}(x-2)$. 联立这两个方程消去 y 得 $\dfrac{y_1}{x_1+2}(x+2)=\dfrac{y_2}{x_2-2}(x-2)$,从而 $\dfrac{x+2}{x-2}=\dfrac{y_2}{x_2-2}\cdot\dfrac{x_1+2}{y_1}=\dfrac{y_2(ty_1+3)}{y_1(ty_2-1)}=\dfrac{ty_1y_2+3y_2}{ty_1y_2-y_1}$ $(*)$.

此时,我们遇到不对称型的韦达定理了,直接应用肯定行不通了,可以考虑是否能转化为韦达定理所要求的对称形式.事实上确实可以,这只需利用"点在椭圆上"这个性质.

因为点 A 在椭圆 C 上,故 $\dfrac{x_1^2}{4}+\dfrac{y_1^2}{3}=1$,$1-\dfrac{x_1^2}{4}=\dfrac{y_1^2}{3}$,$\dfrac{4-x_1^2}{4}=\dfrac{y_1^2}{3}$,从而就有 $\dfrac{2+x_1}{y_1}=\dfrac{4}{3}\cdot\dfrac{y_1}{2-x_1}$. 这样 $(*)$ 中的 $\dfrac{x+2}{x-2}$ 就可变为

$$\frac{x+2}{x-2}=\frac{y_2}{x_2-2}\cdot\frac{x_1+2}{y_1}=\frac{4}{3}\cdot\frac{y_1y_2}{(x_2-2)(2-x_1)}$$
$$=\frac{4y_1y_2}{-3[t^2y_1y_2-t(y_1+y_2)+1]}.$$

至此,又回归到了对称型的韦达定理,可以利用原来的方法进行求解,易得 $\frac{x+2}{x-2}=3$,$x=4$.

当然,至(*)处也可以采用整体代入消元的思想获解,此处从略.

案例4 函数的单调性

李老师说,他曾经听过一位老师这样来引入"函数的单调性":"小孩的体重随月份而递增,再如函数 $y=2x+1$,当自变量 x 变大时,函数值 y 也变大.现在我们把单调性数学化."于是,李老师问:"为什么呢?不如初中描述的好吗?我认为她的情境引入很有问题.学生需要知道为什么出了这样一个奇怪的定义来刻画增函数(新教材称为'严格增函数'):$\forall x_1$,$x_2\in I$,当 $x_1<x_2$ 时总有 $f(x_1)<f(x_2)$."李老师说他以前去余姚中学听课时,发现他们的学生可以完全自主地引入单调性的定义.以下是他们师生之间的几句对话:

师:请大家描述一下函数 $y=x^2$ 在 y 轴右侧的图像.

生:从左向右看呈逐渐上升趋势.

师:会不会出现"后面跌下来一部分"这种情况?

生:不会!

师:你证给我看.

慢慢地学生就把单调性的定义摸索出来了!

对函数单调性的学习,笔者还有以下一些思考和说明.

函数单调性的概念是研究具体函数单调性的依据,函数单调性的本质在于用局部描述整体(用任意两点描述整个区间)、用静态描述动态(用自变量值的大小与函数值大小的关系描述函数的变化)、用有限刻画无限(之所以要任取 x_1,x_2,究其根源是在于区间 $[a,b]$ 是无限集合,函数单调性的定义与极限的定义一样是用有限形式的定义反映了无限的内涵).其既是函数概念的延续和拓展,又是后续研究具体函数如指数函数、对数函数、三角函数等单调性的基础,在研究函数的值域、最值等问题中有重要作用(内部);此外,在比较数的大小,解、证不等式以及数列的性质等数学的其他内容的研究中也有重要的应用(外部),因而它是整个高中数学中起着承上启下作用的核心概念之一.

在开始学习时学生习惯于作出函数的图像,再根据图像来判断函数的单调性,这是从"形"到"数"的重要一步,这个过程要持续好长时间,但要让学生明白我们对函数单调性学习的结果是要能根据常用的函数的解析式直接看出函数的单调性,要能跨越"形"的阶段直接得到"数"的结果,只有这样才能达到应用的要求.应该说,企图在一节课中完成学生对函数单调性的真正理解可能是不现实的.在今后,学生通过判断函数的单调性,寻找函数的单调区间,运用函数的单调性解决具体问题等一系列学习活动,可以逐步理解这个概念.

教师要善于引导学生把新学的函数的单调性与以前学过的相关知识做类比,从而通过"换一个角度看旧问题"实现新旧知识的及时联系,进而获得认识的升华.

比如,学生在小学时学习过比较两个正分数大小的方法:分母相等的分子大的值大,分子相等的分母大的反而小；我们可以引导学生用现在所学的知识来解释这种方法的正确性，分母相等的两个正分数比较大小的问题实际上是系数为正数的正比例函数是增函数的表现，分子相等的两个正分数比较大小的问题实际上是系数为正数的反比例函数在$(0, +\infty)$上是减函数的表现. 对于分子和分母都不相等的两个分数，如何比较大小？通分，就是让两个分数的分母变成相等的，将问题转化为分母相等的分数比较大小的问题，这是学生已经学习过的方法. 其实，通分就是"通"分母，也可以"通"分子. 对于根式比较大小的问题，我们也可以仿此方法来处理.

到了高中，学生已经学习过的不等式的基本性质，如加法保序性、乘法单调性、倒数法则、乘方保序性和开方保序性等，都可纳入函数单调性这面大旗下给予全新的审视和认识.

这样，学生就能把现在所学的知识与已有的经验联系起来，这就是建构主义的学习方法.

案例5 单调性和奇偶性先学哪个好？

在数学学习中，可以发现每个重要概念学习的同时，必然伴随对其性质的研究. 不等式、等差（比）数列、向量的数量积、椭圆等均是如此. 由于函数在数学大家庭中的特殊性，其性质的研究尤为重要. 除定义域、值域、最值、零点外，奇偶性、单调性、对称性、周期性、凹凸性都是函数的重要性质. 其中，奇偶性、对称性和周期性是整体性质，单调性、凹凸性是局部性质. 奇偶性和单调性是高中阶段针对一般函数重点讨论的两种性质.

既然奇偶性和单调性描述的都是函数的性质，那么我们的分析起点就要从函数开始. 我们知道，函数是描述事物运动变化规律的数学模型，如果了解了函数的变化规律，那么也就基本把握了相应事物的变化规律. 对于运动变化问题，最基本的就是要描述变化的快慢、增或减……相应地，函数的重要特征就包含：函数的增与减（单调性），函数的最大值、最小值等. 基于上述认识，在研究过"函数的概念""函数关系的建立""函数的运算"后，要研究的函数的第一种性质应该就是单调性了. 但从学生学习的难度上来看，奇偶性显然要低于单调性. 从形上来看，学生在初中都有相应的认知基础，但在由形走向数、由感性走向理性、由图形直观走向符号抽象的过程中，显然单调性要难于奇偶性——奇偶性的代数刻画本质上是等式的恒成立，而单调性的代数刻画本质上是不等式的恒成立（而且还是双变量不等式）. 比较符合认知规律的台阶应该是先有等式，再有不等式，这正如先在初中学习乘法公式（恒等式），再在高中学习恒不等式（基本不等式）一样.

学生对函数单调性的学习存在以下一些难点：首先是函数单调性形式化定义的形成. 其中对任意的理解、符号语言的抽象是难点；其次是运用定义证明函数的单调性，学生对用解析方法研究函数不熟悉、比较大小能力不够.（单调性的证明是学生在函数内容中首次接触到的代数论证内容，而学生在代数方面的推理论证能力是比较薄弱的.）

分析先学奇偶性还是先学单调性的另一个途径是就人对事物的认识而言，是先整体再局部好，还是先局部再整体好？

其实，就像哲学有唯心与唯物之争一样，认知也有从局部到整体、从整体到局部之争. 两个派系各有各自的道理，争论数百年没有结果. 比如生物化学，既要生物知识又要化学知识，两个知识体系一起学比较困难，当然要分别学习，从局部到整体. 再比如企业管理，那就必须从大局出发，先把握大方向正确，再调整各个局部细节. 有些时候，把握大局比着眼局部更有效;而有些时候细节决定成败.应该具体问题具体分析.如看一个人或看一栋房子等往往先远观再近察.具体到数学范畴,人们认识空间图形也通常是从整体到局部,如先认识体,再认识面,再认识线,最后认识点.但在高中阶段具体学习空间几何时,却是先学"空间直线与平面",再学"简单几何体".整体着眼往往给人一种粗糙、大概的感觉(但未必真实),而局部入手的研究则可入微.

应该说,奇偶性和单调性没有逻辑上的因果关系.至于历史上哪种性质先被提出并研究,就要有赖于数学史专家的考源了.

基于以上分析,从降低学生入门门槛、学习难度及"学习了奇偶性可以使学生有重点地思考问题"角度出发,笔者认为先学奇偶性可能更好些.当然,也正是基于上述分析,笔者对"不同的教材对奇偶性与单调性的学习顺序的安排会有区别"也十分理解.如沪教版高一教材是先讲奇偶性,紧接着讲单调性;人教版高一教材是先讲单调性、最值再讲奇偶性.

案例6 坐标的价值

平面直角坐标系的本质有三:其一是"确定位置"——点和坐标的对应;其二是"表示对象"——用数量关系来表示几何图形;其三是"提供方法"——用代数方法解决几何问题.已故著名教育家、华东师范大学张奠宙教授认为,欣赏坐标系的价值,可以源于""定位",但一定要高于定位.以下是张教授的一些精彩论述:

大量的"坐标"教学设计,都把"用一对数确定平面一点的位置"作为教学重点.还常常让学生站成几排,用第几排第几个的一对有序的自然数来表示位置,一时上上下下好不热闹.其实,这些都是生活常识,不教也会.就像打电话,用不着一本正经地在课堂上教,自己看看就会了.

小学教学中引入坐标系,学习的重点和难点是坐标系的建立,尤其是坐标原点的设置.初中水平的坐标系教学,要高于"定位".坐标的价值在于表示各种几何图形,而且在第一课时就要涉及.

请看上海长宁区的老师做法.先把教室的课桌椅并拢,以某同学为原点,两条绑有箭头的塑料绳按相互垂直的方向摆放形成坐标轴.于是每个同学都有坐标(尽管坐标都是整数),但已经完成了"用一对数确定位置"的地理学的任务.然后,老师请"两个坐标都是负数的同学站起来(第三象限)""两个坐标都相同的同学站起来(直线 $y=x$)""第一个坐标为零的同学站起来(y 轴)"……这让人震撼,也体现坐标的真正价值.另外,坐标原点是可以选择的.换一个同学做原点,人没有动,坐标变了.这样"玩坐标",用坐标表示"数学对象",才是坐标系的数学价值所在.

二、这个东西的前世今生是什么?

李老师说,学习任何一个知识点时,一定要搞清楚其发展的来龙去脉,理清其前世今生的演变.从哪里来?为什么来到此处?又要到哪里去?其实,数学教学每天面对的解题活动也是如此.每解完一道题,都要问一下自己:解决问题的方法是什么(是否有多种解法)?课本原型是什么?此问题的核心知识是什么?此题还可以发展为什么问题?

案例 7 为什么讲完直角坐标就研究极坐标？

极坐标和直角坐标一样都具有以下功能：①描述点的位置．直角坐标是用两个（有符号的）距离，极坐标是用方向（角度）和距离．②表示数学对象，如各种曲线等．有的用直角坐标表示简单（如正弦曲线、余弦曲线等），有的用极坐标表示简单（如阿基米德螺线、玫瑰形曲线、对数螺线等）．作为极坐标的一点独特之用，我们知道，圆锥曲线在极坐标系下拥有统一的方程，这在直角坐标系下是办不到的．

但李老师认为，之所以学完直角坐标后再学习极坐标，一个重要原因是"想说明可以不一对一到什么程度"．直角坐标系下的点与坐标是一对一的，但在极坐标系下却不是这样——一个点对应多个坐标（其实是无穷个），一个坐标对应一个点．李老师问："为什么这样做允许？倒过来行不行？甚至多对多行不行？"在"极坐标概念"教学中如果能略微涉及一点点，这堂课的境界就不一般了！在上海市的高考试题中曾出现过"距离坐标"的问题（2006年理科第16题）．在这种坐标系下，一个点对应一个坐标，反之一个坐标却可以对应好几个点，这种做法在当年遭到大学教授批评，认为这不是数学！为什么这样就不是数学了呢？这里面有数学思想．试想当刻画同一对象的方式不唯一时要紧吗？譬如一个人可能会有几个名字，张三、阿毛、阿狗等．但倒过来就会闯祸的．就如一个教室中叫同一个名字的有两个人就很麻烦．一个点有很多个坐标不要紧，反而很好玩，此时一条曲线的方程的表现形式就有多种．比如在极坐标系中，圆心在极点的单位圆的方程可以是 $\rho=1$，也可以是 $\rho=-1$，还可以是 $\rho^2-1=0$．当然，若想维持像直角坐标系一样的一对一也是可以的，这只需规定极径 ρ 非负且极角 $\theta\in[0,2\pi)$ 即可．但代价很大，有得有失．那么，得的是什么？失的是什么？笔者想，得的是"点与坐标能够做到一对一了""极坐标系中曲线和方程的关系的描述和直角坐标系中曲线和方程的描述相同了"．但也多有不便，如：阿基米德螺线 $\rho=\theta$ 就需写成 $\rho=\theta+2k\pi,k\in\mathbf{N},\theta\in[0,2\pi)$，还有对数螺线等等的方程也变得烦琐了．

案例 8 为什么是这三种变换？

初中所学的平面图形的运动包括三种：平移、旋转与翻折．李老师问："你告诉我为什么是这三种变换？还有没有第四种？其实只要一种翻折就够了，为什么？""为什么这些变换是合同变换？怎么证明？"对于上述问题，笔者有如下一些粗浅的认识，供大家研讨．

认识 1 合同变换及其表现

简单而言，一个集合到它本身的映射叫作这个集合的变换．仅改变图形的位置，而不改变图形的形状和大小的变换称为合同变换．合同变换来源于刚体运动．一个刚性的物体经过运动后，物体上任两点间的距离不变．平面上的合同变换是指：

一个平面到其自身的变换 W，如果对于平面上任意两点 A，B，其距离 $d(A,B)$ 总等于它们的对应点 A'，B' 间的距离 $d(A',B')$，则称 W 为平面上的合同变换．

依据上述定义可以证明，在合同变换下，直线变为直线，射线变为射线，线段变为线段，角变为角，且对应的线段相等，对应角相等．也就是说，两点之间的距离、两直线的交角大小是合同变换下的基本不变量．元素的结合性、同素性，直线上点的顺序性，两直线的平行性、正交性是合同变换下的基本不变性．在合同变换下的不变性与不变量，正是初等几何的研究对象.

平面上的合同变换由不共线的三双对应点确定,由上述不变性与不变量,这句话也可说成:平面上的合同变换由一双全等三角形完全确定.但这两个三角形可能定向相同(相对应的顶点同为逆时针或顺时针排列),亦可能定向相反,因此平面上的合同变换可以分为两类:第一类合同变换把△ABC变为与其定向相同的△A′B′C′;第二类合同变换把△ABC变为与其定向相反的△A′B′C′.相应地,合同图形也可分为两类.若两个合同图形的对应三角形定向相同,我们说它们是真正合同(或本质相等)的;若两个合同图形的对应三角形定向相反,我们就说它们是镜像合同(或镜照相等)的.

平移、旋转与反射(翻折)是三种基本的合同变换,它们都是合同变换的特殊类型,反射变换是这三种合同变换的基变换.详见认识2.

认识 2　三种变换之间的关系

我们把接连施行两次变换称为变换的乘法,其结果叫作变换的积.可以证明下面一些结论:

(1) 每个平移均可表示为两个反射轴平行的直线反射的乘积.两条反射轴互相平行且垂直于平移方向,两反射轴之间的距离等于平移距离的一半,第一条轴到第二条轴的移动方向与平移方向相同,其中一条反射轴可以任意选取.

(2) 每个旋转都可以表示两个反射轴相交的直线反射的乘积,这两个反射的反射轴都通过旋转中心,两反射轴的夹角等于旋转角的一半,第一条轴到第二条轴的方向与旋转角的方向相同,并且其中一条反射轴可以任意选取.

(3) 每个合同变换都可以表示为不多于三个反射的乘积.具体来讲,第一类合同变换总可以表示为两个反射的积,因而它不是平移就是旋转;第二类合同变换总可以表示为三个反射的积(特殊地,它本身就是一个反射),因而它或者是一个平移与一个反射之积,或者是一个旋转和一个反射之积.

(4) 对于具有不同旋转中心的两个旋转变换,其积变换或为旋转,或为平移.具体来讲,若其旋转角之和不是2π的整数倍,则它们的积是一个旋转;若其旋转角之和是2π的整数倍,则它们的积是一个平移.

由(3)我们知道,平面上的合同变换只需要平移、旋转、反射这三种就够了,再由(1)(2)知,只要反射这一种也就够了.这种现象类似于幂的运算性质,通常是说三条"$a^m \cdot a^n = a^{m+n}$""$(a^m)^n = a^{mn}$""$(ab)^n = a^n b^n$",其实这三条并不是彼此独立的.高中的三角公式也有这种情况.这和公理体系中对公理的叙述要求是不一样的.

初中所讨论的平面图形的运动均可纳入合同变换的范围(即把每一个图形变到与它合同的图形),因此只需上述三种基本变换.但平面图形的变换并非只有合同变换,还有一般的相似变换(合同变换与位似变换均为其特殊情形)、反演变换(即平面对圆的反演,它是对直线的普通反射的推广,由直线为反射镜面到圆为反射镜面)等.详见下面的认识3.

认识 3　其他变换

平移、旋转、反射三种变换生成了所有的合同变换,保持了图形的合同性.合同变换又称为运动变换、保距变换(一般地,运动变换还分为正常运动变换即刚体运动变换亦即第一类合同变换,和非正常运动变换即第二类合同变换.刚体运动可看成旋转与平移的乘积,非正常运动可看成反射与刚体运动的乘积).更一般地还有相似变换、仿射变换、射影变换、拓扑变换.合同变换是特殊的相似变换,相似变换是特殊的仿射变换(平行投影变换),仿射变换是特殊的射影变换(中心投影变换),射影变换是特殊的拓扑变换(连续变形).一般的几何学就是研究那些通过相应的变换能等价的图形的共同性.欧氏几何学是研究在运动变换下图形的不变性质和不变量的科学,仿射几何学是研究在仿射变换下图形的不变性质和不变量的科学,射影几何学是研究在射影变换下图形的不变性质和不变量的科学,拓扑学是研究图形在拓扑变换下保持不变性质的几何学.从欧式几何学走向其他几何学,等价性概念是合同性概念的推广.每一种几何学都用其相应的变换把平面上所有的图形分成若干等价类,同一等价类中的任两个图形,其中一个可以通过相应的变换变为另一个,且具有相同的该几何学中独有的性质.

拓扑变换下主要的不变性质有:点与线的结合关系、曲线与曲面的闭性质(曲线没有端点、曲面没有边界)、简单闭曲线的性质(把平面分成内外两个区域)等.

射影变换下主要的不变性质有:点和直线及其结合性、点列和线束及其射影对应、共线四点或共点四线的交比(一种特殊的比).

仿射变换下,图形除保留射影不变性外,还具有纯仿射不变性,主要的有:共线三点的简比(或线段的定比分点)、两直线间的平行性、向量的线性运算(若 $u \to u'$, $v \to v'$,则 $u \pm v \to u' \pm v'$, $\lambda u \to \lambda u'$).

运动变换下,图形除保留射影不变性和仿射不变性之外,还具有纯运动不变性,主要的有:两点间的距离(或线段的长度)、两直线间的交角、两向量的数量积 $u \cdot v = u' \cdot v'$.

最后,随着相应坐标系的建立,所有这些变换均有相应的代数化表示,其中丰富的内容可能要到"高等几何"书中去寻找答案了,但我们也可从身边的教材中一窥端倪.在沪教版二期课改教材高级中学课本高中二年级第一学期第 9 章"矩阵和行列式初步"第一单元"矩阵"的"探究与实践"部分,我们可以找到这样的课题:平面图形的矩阵变换,请看下面的认识 4.

认识 4　图形变换的矩阵表示

所谓"平面图形的矩阵变换",其实就是"图形变换的矩阵表示",或者说"用矩阵的语言来刻画平面图形的相关变换".本课题在叙述中分成 3 小段:①向量变换与坐标变换;②坐标变换与图形变换;③实践与探索.前两小段的标题可理解为:①变换向量与变换坐标;②变换坐标与变换图形.或者理解为:①对向量变换与对坐标变换;②对坐标变换与对图形变换.第 1 小段中得出结论"向量的变换也可以看作点的坐标的变换",但由于变换矩阵的引入,使得对坐标的变换实现了"批量处理"(即同时对多个点的坐标给出变换方式).第 2 小段中通过一个简单图形(小三角旗),借助于图上的某些关键点坐标的变换揭示了几种特殊的变换矩阵所对应的图形变换,可以看到每一个变换矩阵都对应了一种图形变换方式,详述如下.

(ⅰ) 相似变换矩阵 $A_1 = \begin{pmatrix} 2 & 0 \\ 0 & 2 \end{pmatrix}$ 将坐标 (x, y) 变换为 $(2x, 2y)$.这是因为 $\begin{pmatrix} 2 & 0 \\ 0 & 2 \end{pmatrix} \begin{pmatrix} x \\ y \end{pmatrix} = \begin{pmatrix} 2x \\ 2y \end{pmatrix} = \begin{pmatrix} x' \\ y' \end{pmatrix}$.

(ii) 轴对称变换矩阵 $A_2 = \begin{pmatrix} -1 & 0 \\ 0 & 1 \end{pmatrix}$ 将坐标 (x, y) 变换为 $(-x, y)$，这是关于 y 轴的轴对称变换. 因为 $\begin{pmatrix} -1 & 0 \\ 0 & 1 \end{pmatrix} \begin{pmatrix} x \\ y \end{pmatrix} = \begin{pmatrix} -x \\ y \end{pmatrix} = \begin{pmatrix} x' \\ y' \end{pmatrix}$. 同样道理可知，轴对称变换矩阵 $A_3 = \begin{pmatrix} 0 & 1 \\ 1 & 0 \end{pmatrix}$ 实现了关于直线 $y = x$ 的轴对称变换，它将坐标 (x, y) 变换为 (y, x).

(iii) 变换矩阵 $A_4 = \begin{pmatrix} 1 & 0 \\ 0 & 2 \end{pmatrix}$ 将坐标 (x, y) 变换为 $(x, 2y)$，这是因为 $\begin{pmatrix} 1 & 0 \\ 0 & 2 \end{pmatrix} \begin{pmatrix} x \\ y \end{pmatrix} = \begin{pmatrix} x \\ 2y \end{pmatrix} = \begin{pmatrix} x' \\ y' \end{pmatrix}$，这种变换可理解为向量沿 y 轴方向伸缩的变换. 该变换在一定程度上改变了原图形的形状（如长度、夹角），但也保留了原图形的某些性质（如联结关系等），这是一种仿射变换.

(iv) 旋转变换矩阵 $A_5 = \begin{pmatrix} \cos\frac{\pi}{4} & -\sin\frac{\pi}{4} \\ \sin\frac{\pi}{4} & \cos\frac{\pi}{4} \end{pmatrix}$ 将坐标 (x, y) 变换为 $(x\cos\frac{\pi}{4} - y\sin\frac{\pi}{4}, x\sin\frac{\pi}{4} + y\cos\frac{\pi}{4})$，这是逆时针旋转 $\frac{\pi}{4}$ 的旋转变换. 因为由复数的乘法运算我们有 $(x + yi)(\cos\frac{\pi}{4} + i\sin\frac{\pi}{4}) = (x\cos\frac{\pi}{4} - y\sin\frac{\pi}{4}) + i(x\sin\frac{\pi}{4} + y\cos\frac{\pi}{4})$，再据复数乘法的几何意义即可知. 同样道理可知，变换矩阵 $A_6 = \begin{pmatrix} \cos\frac{\pi}{2} & -\sin\frac{\pi}{2} \\ \sin\frac{\pi}{2} & \cos\frac{\pi}{2} \end{pmatrix}$ 实现了逆时针旋转 $\frac{\pi}{2}$ 的旋转变换. 一般地，变换矩阵 $A = \begin{pmatrix} \cos\theta & -\sin\theta \\ \sin\theta & \cos\theta \end{pmatrix}$ 实现了逆时针旋转 θ 的旋转变换.

在上述"探究与实践"所介绍的课题中，六个变换矩阵其实均属于仿射变换矩阵. 一般地，在同一个仿射坐标系下，两个仿射对应点的坐标之间的变换式为 $\begin{cases} x' = a_{11}x + a_{12}y + a_{13}, \\ y' = a_{21}x + a_{22}y + a_{23}, \end{cases}$ 即 $\begin{pmatrix} x' \\ y' \end{pmatrix} = \begin{pmatrix} a_{11} & a_{12} \\ a_{21} & a_{22} \end{pmatrix} \begin{pmatrix} x \\ y \end{pmatrix} + \begin{pmatrix} a_{13} \\ a_{23} \end{pmatrix}$，其中 $\Delta = \begin{vmatrix} a_{11} & a_{12} \\ a_{21} & a_{22} \end{vmatrix} \neq 0$.

上述六种变换中，均有 $a_{13} = a_{23} = 0$，相应地矩阵 $\begin{pmatrix} a_{11} & a_{12} \\ a_{21} & a_{22} \end{pmatrix}$ 对于 $A_1, A_2, A_3, A_4, A_5, A_6$ 分别为 $\begin{pmatrix} 2 & 0 \\ 0 & 2 \end{pmatrix}$, $\begin{pmatrix} -1 & 0 \\ 0 & 1 \end{pmatrix}$, $\begin{pmatrix} 0 & 1 \\ 1 & 0 \end{pmatrix}$, $\begin{pmatrix} 1 & 0 \\ 0 & 2 \end{pmatrix}$, $\begin{pmatrix} \cos\frac{\pi}{4} & -\sin\frac{\pi}{4} \\ \sin\frac{\pi}{4} & \cos\frac{\pi}{4} \end{pmatrix} = \begin{pmatrix} \frac{\sqrt{2}}{2} & -\frac{\sqrt{2}}{2} \\ \frac{\sqrt{2}}{2} & \frac{\sqrt{2}}{2} \end{pmatrix} = \frac{\sqrt{2}}{2}\begin{pmatrix} 1 & -1 \\ 1 & 1 \end{pmatrix}$, $\begin{pmatrix} \cos\frac{\pi}{2} & -\sin\frac{\pi}{2} \\ \sin\frac{\pi}{2} & \cos\frac{\pi}{2} \end{pmatrix} = \begin{pmatrix} 0 & -1 \\ 1 & 0 \end{pmatrix}$.

德国数学家菲利克斯·克莱因说:"几何变换无非是简单的函数概念的推广."[《高观点下的初等数学》(第二卷),复旦大学出版社,2008 年]我们从以上关于几何变换的代数表示可以体会到此言不虚.

三、数学文化的体现是多方面的,还应该是内在的,需要教师的数学素养

《普通高中数学课程标准(2017 年版)》对课程目标的阐述中有这样一段话:"通过高中数学课程的学习,学生能认识数学的科学价值、应用价值、文化价值和审美价值."要想达成这些目标,教师要善于挖掘数学教材中的数学文化,学会基于数学文化的教学模式,了解数学文化在数学学习中的表现形态等,不断修炼自己,逐步提升自身数学文化修养.即要想使学生成为文化人,自己必须先要成为文化人!

写到此处,忽然想起著名文化学者余秋雨先生在其著作《何谓文化》(长江文艺出版社,2012 年)中说过的一段话:"我们经常会闹的一个误会,是把'专业'当作了'文化'.其实,'专业'以狭小立身,'文化'以广阔为业,'专业'以界线自守,'文化'以交融为本,两者有着不同的方向.当然,也有一些专业行为,突破了局限,靠近了文化.遗憾的是,很多专业人士陷于一角一隅而拔身不出,还为此沾沾自喜."是啊,脱离了广阔文化视野的数学学习与数学教育是比较狭小的、走不远的."让自己越来越文化"是数学教师突破发展瓶颈的必经之路.

每次听李老师讲话,都会深深被其深邃的数学思考与见解所折服,他时而用简而又简的类比精确地诠释出一个个抽象的概念,时而在凡人看来互不相干、老死不相往来的数学对象之间架起座座"飞架南北"的桥梁,他于司空见惯的生活、教育、教学现象中洞见非凡道理的习惯与能力值得我终身效仿与学习.

用上位思考引领教学设计
——听于会祥老师报告有感

2012年11月14日,在北京市育英学校的礼堂,于会祥校长用他30岁获评特级教师的专家风采让赴京考察学习的名师基地学员们深深折服.

于校长经常深入教师教学现场. 有一次听课时,教师在分析试卷上的一道阅读理解题:题目中出现这样两行数

$$\sqrt{2} \quad 1 \quad \sqrt{2}-1$$
$$\sqrt{4}<\sqrt{7}<\sqrt{9} \quad 2 \quad \sqrt{7}-2$$

教师讲完题目后就想进入下一题,这时于校长急了,上讲台亲自为同学们授课(同时也是在给教师现场示范). 于校长做了以下处理:

(1) 不给材料会做吗?

(2) 为什么试卷上出这个阅读材料呢? 意在诠释无理数整数部分与小数部分的表示,教师板书"表示".

(3) 在数学中怎样表示问题? 有三种方式"文字"、"图形"、"符号".

(4) 所给材料中有没有用符号表示? 教师板书"特殊". 那么你能概括出一般情况吗? 由特殊到一般,那就是 $\sqrt{a}$ m $\sqrt{a}-m$. 这就成了公式了!

一个数学教师每天要面对很多数学题目,但一个优秀的数学教师绝不可忽略题目背后的教育价值. 纠正学生的运算错误不是试卷讲评课的重点. 于校长接下来继续说:"其实我们也可以把教材变成阅读理解题."如整式的乘法,阅读教材中的某一页,引导学生将 $10^7 \times 10^3 = \underbrace{10 \times 10 \times \cdots \times 10}_{10 \uparrow 10} = 10^{10}$ 等等具体例子进行一般化、抽象化,猜想出 $a^m \cdot a^n = a^{m+n}$. 通过这些做法可以让学生明白,数学就是这么回事,从现象抽象出规律再到应用,让学生明白一些数学概念、公式、定理是如何自然而然地出现的. 教师应该知道,形成方法、素养的关键在思维、提炼的过程,而不在很短视地得出某道题目的答案. 教师在上课时教的应该是一些更上位的东西,比如由特殊到一般、由一般到特殊、类比等思考问题的方法,克服计算问题是下课后学生反复训练的结果. 方法是相通的,通一个则通一片. 若教师在上课时经常能以方法为主,久而久之,就可以达到"不教而教"的境界,即学生面对教材已无须老师再教!

接下来,于校长继续"以例说法""以例示道":这是我上过的一节公开课"从分数到分式".这节课的思维价值在哪儿? 我怎么处理这节课? 这儿是重要的数学发现方法"类比"的

学习载体.

(1) 请同学们回忆小学关于分数学过哪些知识？（学生的回答比较散、乱.）

(2) 师：板书调控.

①分数 $\begin{cases} 概念, \\ 基本性质, \\ 运算(+,-,\times,\div); \end{cases}$ ②若基础不好就加入这一环节：整数→整式.

(3) 数式同性.同学们猜猜对分式我们可以学哪些东西？（类比分数的研究内容，让学生畅所欲言地回答.）

(4) 师：真的有这些内容吗？还有哪些没有猜到？

于校长说，我们直接给学生的应该是一棵树，而不是一片叶！我们天天让学生在黑暗中摸索，教师在自己所教的知识面前总是单相思地认为学生可以学会，很多种情况下总是责怪学生不配合，其实绝大多数情况下都是教师教学设计的问题.我们学的知识要不断纳入学生的认知结构中去，要养成将知识随手归类的习惯，就像在家中对藏书的处理.另外，教师要学会站在衔接（知识的前后衔接、学段之间的衔接、知识与思想方法的衔接、数学与生活的衔接、教师教的和学生实际情况的衔接等）的角度看问题，要有自己的想法，不要讲正确的废话，不可埋怨学生.首先自己对所教的数学知识理解要到位，然后通过合理的教学设计让学生体会到数学内在的东西，题海战术不可取，伤其十指不如断其一指，多把那些上位的东西渗入学生内心.要想做到这些，提升教师自身的数学素养至关重要.不能一步一趋地讲自己的课，要不断地思考，反思是使内心强大的源泉.

俗话说"英雄所见略同"，写到此处，忽然想到章建跃博士的一些见解.在章博士为《中小学数学》杂志写的编后漫笔中，有一篇中有这样一段话："日常教学，概念一个个地教，定理一个个地学，容易迷失在局部，见木不见林.长此以往就会导致坐井观天、思路狭窄、思维呆板、局限于一招一式的雕虫小技而不能自拔.把握好整体性，对内容的系统结构了如指掌，心中有一张'联络图'，才能把准教学的大方向，才能使教学有的放矢.也只有这样，才能使学生学到结构化的、联系紧密的、迁移能力强的知识."笔者在拙著《师说高中数学拓展课》（复旦大学出版社，2016 年）§5.4.1"不识数学真面目，只缘身在本章中"中通过实例诠释了与上述类似的见解.

我们经常讲"数学重在理解""学数学理解万岁"，但何谓理解？于校长很严肃地指出："学生仍不理解什么叫理解、什么叫掌握.对于教师，在业务、学术上我是不让步的！"接着，于校长给出了促进理解或判断是否理解的几个标准：①能写出推导过程.②能用数学的三种语言描述.③应用时注意点是什么？④能和哪些公式经常在一起使用？只有让学生明白了理解的途径与标准，学生才可以自我评价，以后就可以自学了.教师对教材处理的水平影响了学生，对知识理解的灵活性决定了学生的迁移速度；深刻性决定了学生迁移空间的大小.

笔者细细想来确实如此，比如对余弦定理的学习，如何判断学生是否理解了这个定理？首先教师要扪心自问以下这些问题：

(1) 我能写出推导过程吗？能写出多少种推导过程？对于"通过添加辅助线转化为初中学过的勾股定理这种自然过渡的方法""几何问题代数化处理建立坐标系的方法""与证明正弦定理、射影定理统一处理的向量方法"这些最常用的证明余弦定理的方法都掌握了吗？这些方法在数学与数学教学上孰优孰劣，如何选择？

（2）我能用三种数学语言描述吗？首先，用文字语言描述往往体现了属于自己的理解，因为这时靠的不是背、不是纯粹的记忆，而是在理解的基础上正确地描述出来，描述是理解的起点。笔者参加过不少对职前教师、在职教师的面试工作，发现用"文字语言叙述余弦定理"对很多教师来讲仍然存在困难。其实，要想用文字语言正确地叙述出来，脑海中首先浮现出来的一定是相应的图形与符号串联的公式。因此，一般来讲，只要会用文字语言正确描述了，相应的图形语言与符号语言自然也已经掌握了。当然，在具体解决问题时还是要靠简明的符号语言和形象的图形语言。值得强调的是，数学教师在教学中，容易犯"重图形与符号轻文字"的错误，认为三种数学语言中，文字语言最烦琐、无用。我们的上述分析说明并非如此。另外，面对不同学段的学生、不同的教学内容，三种语言对教学的主次作用会有差别。而且，有的数学对象用文字语言描述确实要优于符号和图形语言，如在沪教版九年义务教育课本六年级第二学期第五章"有理数"第 2 节"有理数的运算"中，"有理数加法法则"是用文字语言给出的：

同号两数相加，取原来的符号，并把绝对值相加。

异号两数相加，绝对值相等时和为零；绝对值不相等时，其和的绝对值为较大的绝对值减去较小的绝对值所得的差，其和的符号取绝对值较大的加数的符号。

一个数同零相加，仍得这个数。

该法则若用符号表示，可以写为：

若 a, b 都是有理数，则 $a+b=\begin{cases} |a|+|b| & (a>0, b>0), \\ -(|a|+|b|) & (a<0, b<0), \\ 0 & (a>0, b<0 \text{ 且 } |a|=|b|), \\ |a|-|b| & (a>0, b<0 \text{ 且 } |a|>|b|), \\ -(|b|-|a|) & (a>0, b<0 \text{ 且 } |a|<|b|), \\ a & (b=0). \end{cases}$

显然，无论是学习还是教学，哪个更清楚易懂，孰优孰劣，立见分晓。鉴于此，教材中没有给出相应的符号语言实乃明智之举。那么，在此处，图形语言似乎就更难描述得清楚了。

除了上述加法法则，大家可以仔细比较一下教材"有理数的运算"这一章中其他法则、运算律等的给出方式，应当对三种数学语言会有更深刻的理解，请见表 1.2。

表 1.2

数学对象	数学对象的描述	数学语言
有理数加法的运算律	交换律：$a+b=b+a$. 结合律：$(a+b)+c=a+(b+c)$	符号语言
	在边款中给出解释： 两个有理数相加，交换加数的位置，其和不变。 三个有理数相加，先把前两个数相加再与第三个数相加，或者先把后两个数相加再与第一个数相加，其和不变	文字语言
有理数减法法则	减去一个数，等于加上这个数的相反数。 $a-b=a+(-b)$	文字语言和符号语言
两数相乘的符号法则	正乘正得正，正乘负得负，负乘正得负，负乘负得正	文字语言

(续表)

数学对象	数学对象的描述	数学语言
有理数乘法法则	两数相乘,同号得正,异号得负,并把绝对值相乘. 任何数与零相乘,都得零	文字语言
乘法运算律	交换律:$ab=ba$. 结合律:$(ab)c=a(bc)$. 分配律:$a(b+c)=ab+ac$	符号语言
有理数除法法则	两数相除,同号得正,异号得负,并把绝对值相除. 零除以任何一个不为零的数,都得零	文字语言
有理数的混合运算法则	先乘方,后乘除,再加减;同级运算从左到右;如果有括号先算小括号,后算中括号,再算大括号	文字语言

2011年陕西省高考数学文理科第18题是"叙述并证明余弦定理",此题能从多个不同角度测试学生的数学素质和能力,是一道区分度较高的试题. 余弦定理的使用对学生来说并不陌生,但是,如何规范地叙述它,确实难住了一些学生. 用于校长的标准来看,这说明这些学生还没有真正理解这个定理,或者说教师在平时的教学过程中对"数学理解"的训练仍未到位. 再看证明方法,北师大版高中教材用向量法证明了这个定理,学生在考场上有用勾股定理通过分类讨论证明的,也有建立坐标系利用解析法证明的. 由于这个定理的证明方法有简有繁,恰好可以从多个角度测试学生的数学理解,可以很好地考查出学生的学习过程. 重视教材的学生基本上都会用向量法证明;用勾股定理或解析法证明的学生虽然没有照搬教材,但是能用学过的知识解决对他们而言比较新颖的问题. 当然,还有相当多的考生不会证明或是不能给出比较完整规范的证明,这都可以折射出平时关于"理解"的数学教学与学习是否落到实处.

其实,在高考中以"数学公式的叙述与证明"形式考查数学语言的并不只有上述陕西这一例,比其更早的,在2010年,四川高考卷文理科第19题亦是如此:

(Ⅰ)① 证明两角和的余弦公式 $C_{(\alpha+\beta)}:\cos(\alpha+\beta)=\cos\alpha\cos\beta-\sin\alpha\sin\beta$;② 由 $C_{(\alpha+\beta)}$ 推导两角和的正弦公式 $S_{(\alpha+\beta)}:\sin(\alpha+\beta)=\sin\alpha\cos\beta+\cos\alpha\sin\beta$.

(Ⅱ)已知△ABC的面积 $S=\dfrac{1}{2}$,$\overrightarrow{AB}\cdot\overrightarrow{AC}=3$,且 $\cos B=\dfrac{3}{5}$,求 $\cos C$.

在二期课改时期,《教学大纲》中的"教学目标"、教科书中的"学习要求"和《考试大纲》中的"考试要求"都强调要"掌握两角和与两角差的正弦、余弦、正切公式". 怎样才算掌握呢?《教学大纲》指出:掌握,一般来说,是在理解的基础上,通过练习形成技能,能够用它去解决一些问题. 而理解则是对概念和规律(定律、定理、公式、法则等)达到了理性认识,不仅能够说出概念和规律是什么,而且能够知道它是怎样得出来的,它与其他概念和规律之间的联系,有什么用途. 两角和的余弦公式是所有的"和差倍半公式、万能置换公式、积化和差公式与和差化积公式"的基础,它们一起刻画了三角比运算的诸多性质. 两角和的余弦公式的推导过程,主要有"单位圆内作角—利用三角比定义写出各角终边与单位圆的交点坐标—利用同圆中等圆心角对等弦和两点间的距离公式建立等式—化简"四步. 这些都是中学数学的基础知识、基本方法、基本技能. 对三种数学语言的互相支持与转化的考查也都尽在其中了.

（3）应用时注意点是什么？教学实践表明，学生对余弦定理的应用存在以下一些需要改善的地方：① 常常只会使用公式的原型 $\begin{cases} \cos A = \dfrac{b^2+c^2-2a^2}{2bc}, \\ \cos B = \dfrac{a^2+c^2-2b^2}{2ac}, \\ \cos C = \dfrac{a^2+b^2-2c^2}{2ab}, \end{cases}$ 而对其变形公式 $\begin{cases} a^2 = b^2+c^2-2bc\cos A, \\ b^2 = a^2+c^2-2ac\cos B, \\ c^2 = a^2+b^2-2ab\cos C \end{cases}$ 没有养成直接使用的习惯；② 不会用余弦定理判定一个三角形何时是锐角三角形、直角三角形或钝角三角形；③ 不会灵活根据所给三角形的相关要素选择使用余弦定理还是正弦定理，对多解问题不会结合三角形全等的相关知识数形结合地做出分析；④ 不会将实际问题有效地转化为数学问题；⑤ 余弦定理使用的母体是三角形，不会在陌生的背景下（如椭圆、极坐标、空间中的三角形）想到余弦定理．

对于第⑤点，笔者曾参加过某区组织的新教师面试，其中有这样一道面试题，是考查应聘初中数学教师岗位的教师的．这道题在笔试时先让教师做过，然后在面试时考官询问其如何思考，又如何给学生讲解．题目如下：

如图1.2，AE 是半圆 O 的直径，弦 $AB = BC = 2\sqrt{2}$，弦 $CD = DE = 2$，联结 OB，OD，求图中两个阴影部分的面积之和．

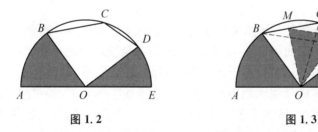

图1.2　　　　　　　图1.3

对于这个问题，真正最终能做出正确答案的教师少之又少，基本上能说出大致思路就已经不错了．他们都能看出 $\angle BOD = 90°$，所求的阴影部分的面积等于半圆面积的一半，因此关键是求出圆的半径，但如何求圆的半径呢？按照初中几何问题的惯用思路，想到要作辅助线．而在圆中，取弦的中点利用垂径定理是重要途径．因此可分别取弦 BC，CD 的中点 M，N（图1.3），联结 MN，OM，ON．在 $\triangle MON$ 中我们有，

$$OM = \sqrt{r^2-2},\ ON = \sqrt{r^2-1},\ \angle MON = \dfrac{\angle BOD}{2} = 45°,\ MN = \dfrac{BD}{2} = \dfrac{\sqrt{2}r}{2},$$

故由余弦定理可得关于未知量 r 的方程为

$$\left(\dfrac{\sqrt{2}r}{2}\right)^2 = (r^2-2) + (r^2-1) - 2\sqrt{r^2-2}\sqrt{r^2-1}\cos 45°,$$

解之即得 $r = \sqrt{10}$，故所求为 $S_{阴影} = \dfrac{1}{4}\pi(\sqrt{10})^2 = \dfrac{5}{2}\pi$.

当然，跳出初中平面几何的惯性思维，利用简单的三角比(二期课改教材中的名称)知识求解也颇为简洁明快. 设 $\angle AOB=\alpha$，则 $\angle DOE=\dfrac{\pi}{2}-\alpha$（因为是教师做题，无须顾忌是否在初中学没学过弧度制，换成角度形式书写也是类似的）. 由条件立得 $\begin{cases}2\sqrt{2}=2r\sin\dfrac{\alpha}{2},\\ 2=2r\sin\left(\dfrac{\dfrac{\pi}{2}-\alpha}{2}\right),\end{cases}$ 即

$\begin{cases}\sqrt{2}=r\sin\dfrac{\alpha}{2},\\ 1=r\sin\left(\dfrac{\pi}{4}-\dfrac{\alpha}{2}\right),\end{cases}$ 消去 r 得 $\sqrt{2}\sin\left(\dfrac{\pi}{4}-\dfrac{\alpha}{2}\right)=\sin\dfrac{\alpha}{2}$，解得 $\tan\dfrac{\alpha}{2}=\dfrac{1}{2}$，故 $\sin\dfrac{\alpha}{2}=\dfrac{1}{\sqrt{5}}$，$r=\sqrt{10}$，$S_{阴影}=\dfrac{5}{2}\pi$.

令人难忘的是有几位面试教师竟然认定 $\angle AOB=60°$，$\angle EOD=30°$. 虽然他们自己也说是猜的，但毫不怀疑这样猜的合理性：其实，若真是这样，就有 $\triangle AOB$ 为正三角形，$r=AB=2\sqrt{2}$. 从而在 $\triangle COD$ 中 $OC=OD=2\sqrt{2}$，$CD=2$，$\angle COD=30°$. 但由余弦定理或直角三角形中的三角比知识，立知这是不可能的！大胆猜测本来无可厚非，但切记还要小心求证.

我们说，在"对数学知识的理解、对数学现象的认识"的素养提升上，教师要走的路是永无尽头的.

（4）能和哪些公式经常在一起使用？在处理解斜三角形问题时，和余弦定理常常一起使用的有正弦定理及三角形面积公式，除此之外，向量与余弦定理也有着密切的联系.

于校长经常深入各科教师的课堂听课，并且听课时在教室里"瞎转"，观察学生. 他听了很多节英语课，发现 80% 的学生不划不写，他会统计哪些学生划了，答对的比例有多少，没划的同学答对的比例有多少. 教学不在于教师教给了学生多少技巧，其实这些技巧只是教师情有独钟的，却并不是学生情有独钟的，教师千万不能把最重要的东西忘了."这并不是我当上校长之后才有的习惯，"于校长强调说，"一个数学教师囿于本学科不知道其他学科的精彩，他肯定是走不远的. 做教师要'三心二意'，要做杂家，不要太情有独钟."

短暂的北京之行，收获于校长这些谆谆教诲，没有机会去看长城和故宫倒也毫无遗憾！

想起了"没有教不好的学生"
——听唐盛昌先生报告有感

2012年10月18日,在上海中学影视传媒中心报告厅,唐盛昌先生和他的报告《中学数学教育的国际化视野》令在座的我景仰而震撼、醍醐而感慨!

唐先生是中国当代屈指可数的教育家之一,上海市数学特级教师、特级校长,这些称号对我来讲当然是望而兴叹!名师基地的好几位主持人都师出唐先生门下,这一个个令人难以逾越的高山带给我的唯有膜拜与敬仰.待听说唐先生三十年前就已经在数学课上用纯英文上课了,业余时间还弹得一手专业级别的好钢琴,我的感觉就只有惊诧、震撼与暗自惭愧了!

唐先生说:每一位教师都应该多动些脑筋,让对数学感兴趣的学生学好数学,让讨厌数学的同学不那么讨厌数学,让每一位同学放不下数学.平凡的话语却令我醍醐灌顶、茅塞顿开!听到"没有教不好的学生,只有不会教的老师"这句话好久了,却从来没有认真地研究过它的深层含义,现在想来,真的是虚度青春了!

以前在杂志上看到于永正先生(江苏省语文特级教师)曾说过"没有熏不黑的锅屋",我的理解是:只要常时间地对一个人施加某种影响,总会使他有某种改变.迁移到数学教学上来,"没有熏不黑的锅屋"与"没有教不好的学生"给我的理解是:只要反复地给学生讲、反复地让学生练就总会让学生的数学成绩有起色,这也是大多数教师的理解.君不见,为了让学生考出好成绩,挤占学生的自修课、体育课、午休课、活动课甚至政治课,拖课现象屡禁不止,铃声响过仍在讲、其实学生心已凉,教师与教师之间你方唱罢我登场、校外家长等断肠,假期时间补课忙、学生匆匆来赶场等现象已成为习惯与正常的事情."向课堂40分钟要质量"已喊过多年,但仍然没成为法律一样必须遵循的规则.教学俨然成了傻大哥(姐)摆布傻小子的游戏!确实,从蛮干中走出来需要态度、方法与智慧……

一、高屋建瓴才能深入浅出——打牢数学功底最关键

唐先生在这次报告中数次强调:每一位教师都需要教学改革,但只有丰富自己的数学功底才谈得上教学改革!这儿的数学功底包括对高等数学方方面面的学习与掌握,如最基本的微积分、概率统计、微分方程、数论等.只有这样才能明了中学数学之后的背景知识,才能在教学中抓住知识的本质,以最初等的、最浅显的语言来解释比较抽象的、学生普遍感到困难的数学概念或方法.另一方面,只有强化自己的数学功底才能不断提升自己的解题水平以

及对"如何教解题"的理解. 众所周知,解题能力是数学教师的重要能力,只有拥有较强的解题能力才能树立自己在学生心目中的好印象,否则教师的威信很难树立,教学质量必将大打折扣. 几年前读过陈忠实先生大作《白鹿原》,白嘉轩面对雪地中的一幅图案苦思数日而不解,但冷先生的一句话"这是一只鹿啊"立刻令他恍然大悟!这就是所谓的"高人"指点. 教师若想自己成为高人,提升数学功底是一道绕不过去的坎. 复旦附中已故著名特级教师曾容老师这样讲解直线的倾斜角和斜率:平面直角坐标系中的角怎样研究呢?因为角可以看成两条直线的夹角,若能知道它们各自与第三条直线所成的角,则可算出它们之间的角. 而第三条直线可统一选为 x 轴,从而研究直线的倾斜角和斜率. 这样,在解析几何里,研究有关角的问题,一般都利用斜率,为了应用方便,就将斜率"安装"到直线方程上去(用斜率确定直线),使它包含在方程的系数之中,即"请"方程"随身带着"斜率. 真是"听君一席话,胜读十年书"啊!这种解读数学概念的内力绝非一日之功!

二、学生的转变需要教师的耐心与方法 —— 勇于换位才能准确定位

在区重点中学,特别是在普通中学,教师批作业或试卷时心里常想的话是"哪能噶笨啊""被伊气得要死"…… 这时教师只有换位思考才能抓住学生错误的本质对症下药才能渡过难关. 可以回忆一下自己读高中时的情况,是否也曾被老师叫进办公室而彼此面红耳赤? 唐先生三十年前执教文科班时曾经为女生对数学的讨厌颇为纠结,但采用了一些小小的方法就令这些女同学爱上了数学,甚至上其他科目的课时也陶醉于数学的熏陶之中欲罢不能! 由此开展的课题"数学学习中的性别差异"也取得重要成果. 确实,教育需要智慧与方法,许多现象看起来顽固不化,但在有心人面前却可以轻松化解,无他,唯认真尔……

三、尝试、筛选、重组,合适的才是最好的 —— 好教学是以生为本琢磨出来的

唐先生在报告中提到:课程改革的核心是让不同的学生学习不同的数学. 但同时也强调,这在目前中国现行的教育体制下是难以实现的,我们要做的是尽量教给学生最适合他们的数学,让数学尖子生脱颖而出,让不太喜欢甚至讨厌数学的学生与数学为友. 是啊,因材施教是中华民族伟大的教育思想,应该为我辈传承并发扬. 但现实并非如此,千人一面的数学教学仍然大面积存在着. 笔者曾于前几年在高三数学教学中试行分层作业(如动态竞争作业等)、分层辅导(如在全年级开设提高班、基础班等),取得了很好的成绩. 比较出真知、比较分优劣、比较见真伪,只有在充分分析学情的基础上,历经尝试之后的比较才能探索出最适合自己学生的教学流程. 在担任高三数学备课组长期间,笔者经常这样对老师们讲:请每一位教师根据自己任教班级的具体情况,充分发挥自身的智慧,想出自己的办法来,帮助班级每一名同学在数学上获得最大的发展. 大家不要有顾虑,不要担心与其他班级不统一,记住最合适的才是最有效的! 近两年,我校高三年级每年高考都取得了可喜的成绩,这与每位教师在一定程度上基于自己班级的分兵作战密不可分!

为了不让自己成为"不会教的老师",我们要从读好每一本书、解好每一道题、研究好每一个学生、琢磨好每一节课踏实做起!

优质数学课"质优"在何处？
——听奚定华老师报告有感

2012年5月31日,基地组织我们听了奚定华老师关于《谈优质数学课》的报告,听过之后感触颇深,让我更深入、更全面地了解了评价优质数学课的标准及如何上好优质数学课.

对于什么样的课是优质数学课,奚老师首先给出了数学课堂教学评价的理念:教师主导和学生主体、过程和结果、预设和生成、学科本质和教学理念、还原论和系统论.接着给出了自己所认识的好课的判断标准:深刻、活跃、扎实、创新.对于如何上出一节优质数学课,奚老师结合丰富的教学实例重点从以下几个方面做了阐述:凸显本质、经历过程、创意设计、激活课堂、学生发展.奚老师认为数学本质的内涵主要体现在以下四个方面:数学知识的内在联系、数学规律的形成过程、数学思想方法的提炼、数学理性精神的体验.对于"经历过程",奚老师结合实例介绍了如何引领学生经历概念与原理的学习过程、数学问题的解决过程.对于如何使自己的教学设计富有创意,奚老师从以下九个方面做了详细解读:方案设计、情境设计、问题设计、引入问题设计、提问问题的设计、变式问题的设计、多层次问题的设计、原始问题的设计、探究过程的设计.

下面笔者着重从预设与生成方面谈一下自己的感想.

众所周知,课堂是千变万化的,不论教师做了多么充分的预设,课堂上总会不可避免地出现一些意外的事情.但另一方面,有全面的预设,才有美丽的生成,"美丽的生成"是优质数学课不可少的亮点!

课堂教学是有目标的,但学生的兴奋点往往与教学目标不一致.如果没有高质量的预设,就不可能有十分精彩的生成.如果不重视生成,那么预设必然是僵化的,缺乏生命力的.我们应该在预设中体现教师的匠心,在生成中展现师生智慧互动的火花,追求课堂教学的动态生成,促进学生全面、持续、和谐地发展.

新一轮课程改革的核心理念是"一切为了每一个学生的发展".作为新课改的前沿阵地课堂,更应"以生为本",应充满生成性.这样的课堂,学生才会让激情之流四溢,思维之花闪耀,睿智之言流淌;这样的课堂才是真正的"以生为本",才是新课改所需要的理想课堂.精彩的生成是一种以学生为本的预设,人性化的预设,同时又是一种富有弹性的预设.预设与生成是水火交融,似一对孪生兄弟.用动态生成的观念重新认识、组织课堂教学,并正确地把握好预设与生成的关系,建立让师生情感共鸣、智慧碰撞的,充满生命活力的新课堂,是十分有意义、有价值的事情!

当课堂生成新的教学资源时,无论是已经预设的还是未曾预设,教师要给自己一个平静的心态,不慌不忙,从容不迫,相信自己已经充分地预设学生,预设课堂;面对如此的生成,已是胸有成竹,一定会在与学生、与课本的平等对话与合作中迎刃而解.其次是学会倾听,目的有两个:一是用来从那转瞬即逝、稍不留神就被忽视的生成性资源中捕捉有效的信息;二是给自己一个平静心态以及对捕捉的信息进行思考、分析的时间与空间.倾听时,教师要用自己的眼睛注视着说话的学生,用点头、微笑等方式来表达自己的理解与赞同,并做出适当的鼓励.在捕捉有效信息的同时,更传递着对学生的尊重.

在上"直线的方程"习题课时笔者曾要求学生做过一道课堂练习题,该题是以填空题形式出现的(它在很多参考资料里也都出现过).如图1.4,直线 l 绕其上一点 P 逆时针旋转 $35°$ 后得直线 $l_1:3x-2y+6=0$,按同样方向绕同一点再旋转 $55°$ 后得直线 $l_2:x+3y+2=0$,则 l 在两坐标轴上的截距之和为_____.应该说,在笔者以及绝大多数同学的眼中,本题是比较简单的:

解 由 $35°+55°=90°$ 得 $l \perp l_2$,故 $k_l=3$,再将 l_1 和 l_2 的方程联立可解得 $P(-2,0)$,故 l 的方程为:$y-0=3(x+2)$ 即 $y=3x+6$,因此所求为 $6+(-2)=4$.

该题目除了用到线线垂直的条件及交点的求法外并无什么特别,我在讲评时还特意指出:解题时要抓主要矛盾,淡化次要因素.如本题中 $35°$ 与 $55°$ 的条件并没有单独用到,关键是要抓住 $35°+55°=90°$ 整体处理! 最后评价说:此题出得很巧妙! 答案是4.但答案刚一报出,下面就有同学窃窃私语.我看到刘同学正拿着 TI 图形计算器向同桌讲着什么.我说:请好好听讲,不要玩弄TI! 这时,该同学站起来对我说:老师,本题是道错题! 我愣了一下随后示意他详细道来,他说:我刚才本来也算出答案是4,算好之后,忽然想到用 TI 画个图看看.从图形上明显可以看出,l 到 l_1 并不是逆时针旋转,角度也不是 $35°$! 所以,我认为本题是一道错题! 下面是示意图(图1.4).

事实证明,该同学的看法是正确的! 这种即时性生成令我受到深深的震撼:是什么促成学生解题后的反思? 是什么使学生有勇气面对老师质疑? 是什么在逐步优化他们的思维品质与解题习惯? 很显然,正是 TI 的独特功能在潜移默化地影响着他们! 对老师不也是如此吗?

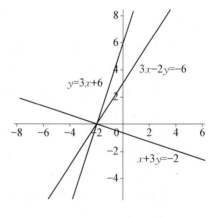

图 1.4

无独有偶,事隔不久,在讲授"椭圆"这一单元时,我又"遭遇"了类似的事情.这源于我要求学生做的一道补充作业题,这是我从一本比较经典的辅导用书里挑选出来的,原题如下:

椭圆 C 的两个焦点为 $F_1(0,-3)$,$F_2(0,3)$,点 P 在椭圆上,若 $PF_1 \perp PF_2$ 且 $S_{\triangle PF_1F_2}=16$,求椭圆的方程.

很显然,这是一道椭圆中的"焦点三角形"问题,其解法同学们都耳熟能详(大部分同学都是盲解的,即没有画图).设 $PF_1=m$,$PF_2=n$,则有 $m+n=2a$,$m^2+n^2=36$,$mn=32$.第一式平方后再将后两式代入可得 $a^2=25$,又 $c=3$,故有 $b^2=a^2-c^2=16$,椭圆方程为 $\dfrac{y^2}{25}+$

$\frac{x^2}{16}=1$.

由于刚讲过"焦点三角形"问题的解法,全班所有同学都按照上述方法得出了相同的结果: $\frac{y^2}{25}+\frac{x^2}{16}=1$.

讲评作业过程中,就在我刚想跳过此题准备分析下一道作业题时,黄同学突然冒出这样一句话:老师,这道题实际上是无解的!……在接下来的交流过程中,我认识到了黄同学看法的正确,但同时也为他当初已经意识到这一点却由于不相信自己而违心地随波逐流感到惋惜!与一个月前的刘同学一样,也是忽然想到的TI作图使他意识到了题目的无解,如图1.5.

从图1.5中明显可以看出,从椭圆上一点到两个焦点的最大张角小于90°,因而原题无解!

上述课堂中的一切意外引起了我长时间的反思:在TI正逐步调整着学生的解题习惯的同时,作为教师的我的作用似乎远远没有发挥出来,尽管黄同学在课堂上勇敢地发表了自己的看法,但他当初在真理面前的退缩难道没有我的责任吗?

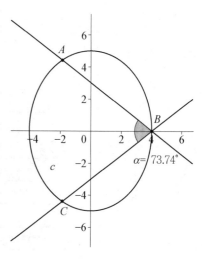

图 1.5

此后,我投入了一定的精力,着重研究并实践了TI对优化解题习惯、改善思维品质的作用及具体做法,并用于实际教学中,取得了很好的效果!

有的老师认为,美丽的生成必须在拥有数学优秀生的班级中才会发生,我认为并非如此.

2007年我参评中学高级职称教师时,在普通班中上了一节"程序框图"的课.其中有这样一道例题:"作'计算 $1+\frac{1}{2}+\frac{1}{3}+\cdots+\frac{1}{1000}$' 的程序框图."

下面的程序框图是很容易作出的[图1.6(a)]:

显然,本例重在对循环结构的学习.本例中的循环变量是项数 n, n 从1开始,循环每执行一次,n 的值就增加1,当 $n \leqslant 1000$ 时继续循环,当 $n > 1000$ 时退出循环,输出 s.

针对此流程图我设计了如下问题:

(1) 请回答:当计算过程第一次到达判断框时,$s=$? $n=$? 第二次到达判断框时,$s=$? $n=$? 第100次到达判断框时,$s=$? $n=$?

(2) 若改为"计算 $1+\frac{1}{2}+\frac{1}{3}+\cdots+\frac{1}{k}(k\in \mathbf{N}^*)$",则上述程序框图应如何改动?

(3) 若改为"计算 $1+\frac{1}{3}+\frac{1}{5}+\cdots+\frac{1}{1001}$"呢?改为"计算 $1+\frac{1}{3}+\frac{1}{5}+\cdots+\frac{1}{2k-1}(k\in \mathbf{N}^*)$"呢?

(4) 若改为"计算 $1-\frac{1}{3}+\frac{1}{5}-\frac{1}{7}+\cdots+(-1)^k\frac{1}{2k-1}(k\in \mathbf{N}^*, k\geqslant 2)$"呢?

学生对这四个问题进行了热烈的讨论,其中,平时一个所谓的数学后进生对(4)设计了令人叫好的程序框图如图 1.6(b).

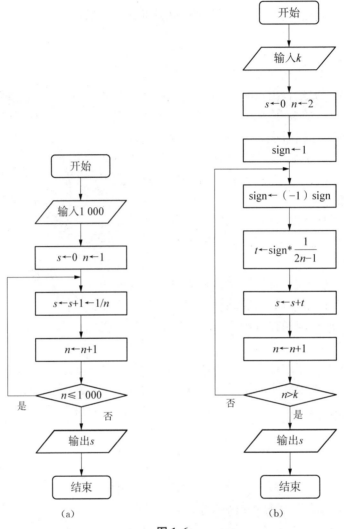

图 1.6

因此,我觉得,只有课前在认真分析学生的基础上精心预设,才能在课堂上收获既属于教师更属于学生的美丽生成!

当然,奚老师的报告中有太多的地方都让我受到深深的启发,比如如何对中学数学中的每一个章节的内容有更深入、更本质的理解,这方面我做得还远远不够!接下来的暑假,我一定要把以前基地下发的相关书籍找出来好好研读,以尽快丰富自己的本体知识及相关技能,让自己在新教材教学中获得更进一步的发展!

激情成就追求

—— 听胡仲威先生报告有感

一直有两个名字让我以膜拜之心满怀向往 —— 胡仲威和严重威. 也许是他们相像的名字让我把他们联系在一起,但显然是他们作为上海市特级教师在教育教学上的造诣让我神往. 分别作为中学数学与生物两个学科的专家,他们有着哪些可以带动自己成长的秘笈呢? 我曾经拜读过他们的文章,但更希望近距离聆听他们的教诲!

感谢名师培养基地给了我这样的机会! 2012 年 4 月 26 日,温暖的阳光伴着习习和风,在华东师范大学第二附属中学的报告厅,胡先生的讲话似煦煦春风如期而至.

让我感到惊诧的不是胡先生讲话的内容与流畅的表达,而是他作为 70 多岁高龄老人自始至终令人难以相信的激情! 我知道,这绝对不是临场发挥的结果.

这让我马上想到曾容老师和于漪老师. 曾老师和于老师都曾到我校做过教学指导,他们的讲话除了一针见血的见解让人惊叹外,更让人难忘的就是他们一开口就油然而生的激情!

我在想:是什么成就了这种生命的激情? 激情又成就了什么? 仔细聆听胡先生的讲话,我找到了答案.

一、对生活、学生、事业的热爱孕育了这种激情

胡先生热爱生活,喜欢运动,这就是需要我学习的. 写到这儿忽然想到江苏省锡山高级中学唐江澎校长讲过的名闻全国的"四个者"——好的教育要培养终身运动者、责任担当者、问题解决者、优雅生活者. 也许是自身性格与能力所限,我于静、动之间似乎总是找不到一个最佳的平衡点. 我总想在学习与教学上多花些时间以期有所成就,有时就会忙碌于家校之间,这如往复的直线运动常使我感单调乏味,逢周末或节假日我又喜欢蜷缩在家懒得运动. 如今看来,这便是对生活缺乏热情所致. 实际上,工作就是生活的一部分,正如胡先生一样,生活与工作完全可以相辅相成、相互促进!

长期的教学实践也曾使我体会到,只有对学生倾注热情,才能让自己的事业永不褪色. 那么,正如胡先生所言,融入学生,做他们的一分子,不断让自己的教学为学生所喜爱,才能让这种激情日渐浸淫于自己内心,最终成为生命的一种习惯!

二、激情让人勇于坚持永不退缩、善于总结积极实践、日积月累自成大家

只有满怀激情才能韧性坚持. 近几年,我校正处于自身发展的关键时期. 校领导赋予了

我高三教学与班主任的艰巨任务.面对学生很不令人满意的成绩,"生源不佳、先天不足"是老师们常常挂在嘴边的话.现在想来,正是内心不时萌发的些许激情,才让我得以及时调整,不弃不离,最终在高考中获得佳绩.我觉得,"激情＋方法"真的是任何成功的秘诀!

对生活与工作的激情让胡先生勤于总结、勇于实践,最终在事业上硕果累累、声名远播.胡先生总结了教师要想在教育教学领域取得一定成就,必须具备以下四种基本素养:一要有职业理想与高尚的师德(最终铸造为师魂),让自己成为学生崇拜的偶像,用自己的人格魅力影响学生;二要具备丰厚的教学知识水平,包括本体知识、文化知识、与教育教学相关的条件性知识和实践知识;三要有正确的教育观念,少一些功利;四要有教学监控能力及良好的教学策略.

很羡慕那些数学名师,内心最深处也多么希望自己有朝一日能成为他们之中的一员.几年前就想:成为名师培养基地中的一名,是否为自己实现理想铺平了道路?胡先生语重心长地告诫我们:名师不是培养出来的!名师是日积月累逐渐锤炼自然而成的!胡先生的话像一记警钟,让我意识到:在今后的道路上,我一定要充分发挥自己的主观能动性,立足本身工作,多实践、勤反思、善交流,通过专家指导寻求自主发展,从胡先生指出的"本体知识、文化知识、与数学教学相关的条件性知识、实践知识"四个方面不断提升自身知识水平,最终使自己成为具有崇高师德修养、先进教育理念、厚实专业素养、有很强教学研究与教育创新能力的数学教师.

我知道,任何大家的成功之路都不可复制,自己的路也只有自己在摸索中前行,尽管曲折、漫长、无迹可循,但如果真正像胡先生一样乐在其中,让自己的工作成为快乐自己人生必不可少的一部分,又有什么能阻碍自己前行的步伐呢?我曾经是一个多愁善感的人,多少次曾梦想自己是一个雄辩家,在万人大会上激情演讲,醒来却发现自己还是那个讷于言的无名小卒.现在想来,且不讲"讷于言"可以用心克服,难道真的是它制约了自己的发展?反思一下自己,如果真的把"敏于行"做到极致,还有什么追求不能实现呢?!

应该对自己满怀期待,在如今大好的"双新"背景下,相信行动起来一定会收获更多的精彩……

看到了别样的题目世界

——听况亦军先生报告有感

2013年3月14日,我在早已神秘于心的上海中学听了况亦军先生的报告,虽长途跋涉,却感觉有很多令我震撼的收获. 小小一道题目,经况先生稍加分析,马上在我面前呈现出迷人的美,令我赞叹不已. 一种学无止境、研无止境、乐无止境的感觉油然而生. 心中感慨:高人眼中的题目世界令人敬畏却散发出令人向往的神秘的美丽. 从况先生的报告中,我学到了好多:如何看一道题目,它的内涵、作用怎样? 如何编一道题目,它的本质、指向怎样?

如问题:在试题"$\dfrac{5+\sqrt{6}+\sqrt{10}+\sqrt{15}}{\sqrt{5}+\sqrt{2}}=$ _____"中,你认为包含了哪些知识和能力的教学目标?

况老师告诫我们:

(1) 要多想一想每一个具体问题是如何体现课程标准的.

(2) 可以用浅显的知识背景考查重要的数学思想. 如上海市2010年高考理科第11题"将直线 $l_1:nx+y-n=0$,$l_2:x+ny-n=0(n\in \mathbf{N}^*,n\geqslant 2)$、$x$ 轴、y 轴围成的封闭图形的面积记为 S_n,则 $\lim\limits_{n\to\infty}S_n=$ _____"考查的是重要的极限思想. 无独有偶,上海市2015年高考理科第18题的命题思想也在于此:设 $P_n(x_n,y_n)$ 是直线 $2x-y=\dfrac{n}{n+1}(n\in \mathbf{N}^*)$ 与圆 $x^2+y^2=2$ 在第一象限的交点,则极限 $\lim\limits_{n\to\infty}\dfrac{y_n-1}{x_n-1}=$ (   ).

A. -1 B. $-\dfrac{1}{2}$ C. 1   D. 2

(3) 出题是一种技术,要有技术储备.

(4) 什么叫作包含了探究能力的题目——要用到在条件和结论中都没有的东西.

确实,一位教师对于数学习题的理解和态度,将直接影响对于数学教学方法的采用,从而影响学生对数学习题的积极的态度以及从容不迫地应对各种问题的良好习惯.

首先应该认识到,数学习题也有发展过程,我们自己完全有能力把一道题目加工优化,让它变得更富有教育价值. 教师除了要努力提高解题能力以外,更要学会如何利用解题教会学生正确理解数学. 另一方面,许多数学题其实可以由一个模型演变而来. 这就要求我们要注意多读书,多了解数学发展的历史,不仅要从宏观上了解数学发展的主线,还要关心中学数学的核心内容中的历史,这样就可以帮助学生们养成良好的数学文化观,从而就不必对数学解题产生恐惧,进而会更加欣赏数学.

我比较欣赏况老师提出的改题观念.改题就是以一道现成的题目为基础,将其改造成一个适用的试题.如,在开放题的改造过程中,下面的方法经常使用:弱化陈题的条件,使其结论多样化.隐去陈题的结论,使其指向多样化.在给定的条件下,探求多种结论.给出结论,寻求使结论成立的充分条件.比较某些对象的异同点.利用不同知识的联系与区别进行推广或类比.考虑原命题的逆命题.在实际情境中,寻求多种解法与结论.事实上,近年来,不少高考题就是对课本原题的变形、改造及综合:有的将课本上的题目改造,直接考查数学概念;有的将题目的外在的设问形式加以改造,着重考查思维能力,而未改变原来的思想意图,却减少了运算量,体现了试卷的整体设计思想.其实,教材丰富的内涵是编拟高考数学试题的主要来源,如将直线方程代入圆锥曲线方程,整理成一元二次方程,再利用根的判别式、求根方式、韦达定理、两点间距离公式等可以编制出很多精彩的试题.多年来,我国中学数学命题领域积累了很多种具体的编题技术和方法.如:①利用推演法来编制试题.推演法是一种从一般性的真命题或一组条件出发,通过逻辑推理的演绎方式来编制试题的方法.②利用变换来编制试题.变换条件和利用几何变换是编制试题的一种常用方法.变换条件的方法主要有两种:一是将问题的条件与结论或它们其中的一部分互换;二是采用等价变换的方法,即在保持原有结构关系不变的情况下,通过将试题中的某个条件用其等价的形式进行替换而编制新的试题.③利用类比与逆向思维的方法来编制试题.类比是一种思维模式,是一种由某个事物具有某一性质而推想出另一与此相似的事物也具有这同一性质的推理方法,是一条产生新思路的良好途径.用类比法来构造问题时,可在其他条件保持不变的情况下,将其中的一个元素用另一与此相似的元素来代换,从而构造出新的试题.逆向思维是一种沿着相反方向进行思考的方法,用逆向思维法编题即沿着原问题的设计思路的相反思路进行思考而编制新的试题.用此两法,可产生许多崭新的试题.④由叠加法来编制试题.叠加就是将两个不同的对象组合在一起,用叠加法来编制试题就是将两个不同的数学对象(两个图形、两种操作、两个统计图或表格、两个命题等)组合在一起,以此为基础,或稍做修改,或做进一步的添加、改变来编制试题.叠加法是一种构造问题的常用思路.⑤利用特定背景来编制试题.这里的特定背景可以是网格、点阵或其他的背景.有时还可以保持或部分地保持试题的结构不变,而将问题的情景适当予以更换,也可以构造出一道新的试题.对一些几何问题赋予一定的情景,既给试题增添了生活气息,又可考查学生对数学模型的理解与把握.采用此法亦可以编制出新的试题来.编制试题的方法还有很多,如一般化、特殊化、简单化等手段也是编制试题的常用技巧.

下面,笔者重点谈一下自己通过嫁接法改编试题的做法,以下面这篇短文与大家分享.(注:该文中的例题独立编号)

习题嫁接,比翼双飞
——浅谈高三数学习题教学中的"嫁接法"

中学数学教学是伴随着分析和解决问题进行的,教师以题目为载体将方法授予学生,通过解题,优化其思维品质,锻炼其思维能力.因此,习题教学就成为"传授方法、启迪思维"的主渠道,选题自然也就格外重要!教学实践使我体会到,对众多题目"去粗存精"式的筛选和对同一问题"横向纵向式"的延伸固然重要,但若教师能针对若干"不同"的问题选择适当的角度将它们"嫁接"在一起,有时则更会收到"落霞与孤鹜齐飞,秋水共长天一色"的好效果.

一、"附加功能"嫁接

把某些看似毫无联系的题目融合在一起,可增加知识与方法容量,赋予"新题"更多的内涵及功能.

例1 由题目:①已知 $f(x)$ 的值域是 $\left[\dfrac{3}{8},\dfrac{4}{9}\right]$,试求函数 $y=f(x)+\sqrt{1-2f(x)}$ 的值域;②方程 $\sin x+\cos x=k$ 在 $x\in\left[\dfrac{\pi}{3},\dfrac{2\pi}{3}\right]$ 上有两相异解,求实数 k 的取值范围"融合嫁接"则得新问题:"若关于 x 的方程 $\cos x+\sqrt{1-2\cos x}=k$ 在 $\left[\dfrac{\pi}{3},\dfrac{2\pi}{3}\right]$ 上有两相异解,求实数 k 的取值范围."

首先我们由题目结构联想到对 $\cos x$ 换元,使形式简化.设 $t=\cos x$,则 $t\in\left[-\dfrac{1}{2},\dfrac{1}{2}\right]$,问题转化为"若关于 t 的方程 $t+\sqrt{1-2t}=k$ 在 $\left[-\dfrac{1}{2},\dfrac{1}{2}\right]$ 上有两相异解,求实数 k 的取值范围".

其次由问题的提法联想到一元二次方程的实根分布理论,但须实施"有理化",变成二次形式,于是联想到"$y=ax+b+\sqrt{cx+d}$"型函数值域的求法,故令 $\sqrt{1-2t}=u$,则 $t=\dfrac{1-u^2}{2}$,$u\in[0,\sqrt{2}]$.将 t 代入①中方程,则问题继续转化为"若方程 $u^2-2u+2k-1=0(*)$ 在 $[0,\sqrt{2}]$ 上有两相异解,求实数 k 的取值范围".从而设 $g(u)=u^2-2u+2k-1$,则有 $\begin{cases}\Delta=(-2)^2-4(2k-1)>0,\\ g(0)\geqslant 0,\\ g(\sqrt{2})\geqslant 0\end{cases}\Rightarrow \sqrt{2}-\dfrac{1}{2}\leqslant k<1.$

考虑到问题②的数形结合解法,我将新题中的"有两相异解"改为"有解",则其内涵更为丰富!此时,若循上述思路,则对方程(*)的讨论较复杂.重新考虑问题的提法,从"解的个数"角度联想到构造函数 $y=\cos x+\sqrt{1-2\cos x}$ 与 $y=k$.尽管前者图像不易作出,但通过"随便"作出的曲线观察可知:视 k 为 x 的函数,$k=\cos x+\sqrt{1-2\cos x}$ 的值域即为所求!

对"新题"的分析和解决过程充分体现了解题的根本原则——多角度联想转换.且其中蕴含着如"换元、构造、数形结合、函数方程互化"等重要的数学思想方法,较好地锻炼了学生思维的层次性及灵活性,这比原来的两个问题在孤立状态下的"容量"及"功能"显然要可观得多!

二、"思路方法"嫁接

俗话说"他山之石,可以攻玉",把处理某个问题的特殊方法纳入与之结构不完全相似的问题中,构造新题,能给学生新鲜感,从而有利于学生对典型方法的巩固和再认识.

例2 由题目:①已知 $\cos\alpha+\cos\beta-\cos(\alpha+\beta)=\dfrac{3}{2}$,$\alpha,\beta$ 均为锐角,求 α,β 的值;②解

方程 $x-4+2\sqrt{x-1}=0$ "改造嫁接"可得新问题"解方程 $x+2\sqrt{x-1}\sin xy=0$".

容易看到,新题与①类似,均属多元不定方程,其解决方法一般要走配方、化平方和为零的思路,但新问题又不完全类似于①,借来一个"母本"②,则新问题的思路便由这种巧妙的嫁接中显露端倪!

解 设 $t=\sqrt{x-1}$,则 $x=t^2+1(t\geqslant 0)$,原方程变为 $t^2+1+2t\sin(t^2+1)y=0$,从而,$[t+\sin(t^2+1)y]^2+\cos^2(t^2+1)y=0$,故有 $\begin{cases} t+\sin(t^2+1)y=0,\\ \cos(t^2+1)y=0, \end{cases}$ 求得 $t=1$,$x=2$,$y=k\pi-\dfrac{\pi}{4}$,$k\in\mathbf{Z}$.

三、"同中求异"嫁接

将处理同一类问题的有限几种解法融入嫁接前后的几个题目中,可对比理解,明确差异,使知识系统化.

例 3 将题目:①求证不等式 $\sqrt{x}+\sqrt{1-x}\leqslant\dfrac{\sqrt{13}}{2}$ 在 $\left[\dfrac{1}{2},1\right]$ 上恒成立;②m 为怎样的实数时,关于 x 的不等式 $(m^2-5m+6)x^2+2(m-2)x+1\geqslant 0$ 恒成立."组拼嫁接"可得新问题:"m 为怎样的实数时,关于 x 的不等式 $(m^2-5m+6)\sqrt{x}+2(m-2)\sqrt{1-x}\geqslant 0$ 在 $\left[\dfrac{1}{2},1\right]$ 上恒成立?"

显然,三个问题均属恒成立问题,但处理问题的方法有所不同,对于新题我们有如下解法.

解 $x\in\left[\dfrac{1}{2},1\right]$,故可设 $x=\sin^2\theta$,$\theta\in\left[\dfrac{\pi}{4},\dfrac{\pi}{2}\right]$,原不等式变为 $(m^2-5m+6)\sin\theta+2(m-2)\cos\theta\geqslant 0$,即 $(m-2)(m-3)\sin\theta+2(m-2)\cos\theta\geqslant 0$. (**) ① 当 $m=2$ 时,(**) 成立;② 当 $m>2$ 时,(**) 变为 $(m-3)\sin\theta+2\cos\theta\geqslant 0$,即 $\cot\theta\geqslant\dfrac{3-m}{2}$ 恒成立. 因 $\cot\theta\in[0,1]$,必须 $\dfrac{3-m}{2}\leqslant 0$,有 $m\geqslant 3$;③ 当 $m<2$ 时,(**) 变为 $(m-3)\sin\theta+2\cos\theta\leqslant 0$,即 $\cot\theta\leqslant\dfrac{3-m}{2}$ 恒成立,必须 $\dfrac{3-m}{2}\geqslant 1$,有 $m\leqslant 1$. 综上 $m\in(-\infty,1]\cup\{2\}\cup[3,+\infty)$.

上述三题融旧于新、以新映旧,同学们对处理"恒成立"习题的一般方法(图像法、极端处理法)有了一个较为清晰的认识,这样做,要比机械地罗列几个孤立的题目更具吸引力,更能激发起学生探索的兴趣!

四、"异中求同"嫁接

把解题思路类似但因概念差别而易混淆的题目组合在一起,将加深学生对相关知识的理解,培养其由表及里洞察问题本质的能力.

例4 由题目:① 二次方程 $(1-i)x^2+(\lambda+i)x+1+\lambda i=0(\lambda\in\mathbf{R},i$ 是虚数单位) 有两个虚根的条件是_____;② 若 $A=\{x|x^2+(2+a)x+1=0,a\in\mathbf{R},x\in\mathbf{R}$ 且 $A\cap\mathbf{R}^+=\varnothing$,求 a 的范围"提炼嫁接"可得新问题:"设 $M=\{\lambda|(1-i)x^2+(\lambda+i)x+1+\lambda i=0$ 有两个虚根,$\lambda\in\mathbf{R},i$ 是虚数单位$\}$,$N=\{x|x^2+(2+a)x+1=0,x\in\mathbf{R},a\in M\}$,问 $N\cap\mathbf{R}^+\neq\varnothing$ 吗? 说明理由."

对集合 M,由代数基本定理,问题的反面是"有实根",求得 $\lambda=2$,从而 $M=\{\lambda|\lambda\in\mathbf{R},\lambda\neq2\}$. 对集合 N,先不考虑 $a\in M$,假设 $N\cap\mathbf{R}^+\neq\varnothing$,即集合中方程有正根,较难处理. 考虑其反面"无根"或"有两负根"易求得 $\lambda>-4$,故当 $\lambda\leqslant-4$ 时,$N\cap\mathbf{R}^+=\varnothing$,当 $\lambda>-4$ 且 $\lambda\neq2$ 时 $M\cap\mathbf{R}^+=\varnothing$.

由上述解题过程可以看到,尽管方程之间"实""虚"有别,但可依赖"补集思想"而获解,将它们汇成一题,更激发了学生思维的能动性,培养了他们肢解问题的能力.

五、"化静为动"嫁接

使静止的图形运动起来,可实现跨域嫁接,有助于培养学生静中求动、数形结合的解题意识.

例5 由题:① 作出方程 $\sqrt{3}|x|+|y|=\sqrt{3}$ 表示的曲线;② 图形 $x^2+y^2-2x\leqslant0$ 的面积是多少? 拼组并改造可得新题:"求平面点集

$$\{(x,y)|\sqrt{3}|x|+|y|\leqslant\sqrt{3},x^2+y^2-2x\leqslant0,y\geqslant0\}$$

绕 x 轴旋转一周所成的旋转体的体积."

本题寓静于动,将代数、空间几何、解析几何融为一体,克服了原题的呆板,锻炼了学生思维的广阔性,经常练习这样的题目,将有利于促进学生对知识的融会贯通. 限于篇幅,本例之解答略.

以上只是我在教学中的一点尝试,还有待改进. 我觉得"嫁接"并不是形式上的简单堆砌,而是"神"与"筋"的提炼,是知识和方法的浓缩,由此所生出的新题应能调动学生探索的兴趣与欲望,锻炼其分解问题及知识迁移的能力,从而有效地提高习题教学的效率和质量,于潜移默化中发展数学核心素养.

作为畅销书《高中数学多功能题典》主编的况老师曾两次受邀为我校高三学生做考前指导,分别是在2016年5月17日与2017年5月18日. 还记得2016年那一次讲座,况老师从近10年的上海市高考数学命题谈起,过渡到最后20天的复习策略,给我们以下一些谆谆教诲:一、高考是选拔性考试,取胜的关键不在于当年试卷的难易,而在于你要在竞争的大环境中尽可能排在前面. 二、近几年的上海高考数学中几乎没有不公平的老问题,这启发我们,在一定程度上高考不是考题,而是考方法、考能力、考毅力,因此要不断锤炼自己学会解题的本领. 三、在最后的20天,要做好以下三点:① 做好一个判断. 面对一张试卷,要能迅速地判断出哪些题我是会做的,哪些题是不会做的,哪些题是自己根本看不懂的. 对于自己会做的题目要做到一做就对. ② 梳理一些经典. 这包括:规范数学语言,学会对解题过程的规范表达;背诵一些经典题目类型的解题架构等. ③ 掌握基本方法. 在考场上最基本的方法就是最好的方法.比如,无论是复数问题还是向量问题"见模想平方""见模想距离",看到函数想图像,数列问题"列中出英雄",看到三角形(不管它出现在什么背景下)要想到两个定理、一个公式(正弦定理、余弦定理、面积公式),等等.

  总之,况先生的每次报告都告诉我们这样一个真理:只有与题目紧密结缘的数学教师才可能成为一名数学优师,只有与题目紧密结缘的学生才可能成为一名数学优生.我们将不断努力!

要努力提升自身文化素养
—— 听单墫教授报告有感

2013年11月8日,上海市第三期双名工程中学数学一、二、三、四组的导师与学员们赴南京师范大学附属中学访学,著名数学家、南京师范大学单墫教授为教师们做了题为"谈教师的文化素养"的学术报告.其中启人心智的见解甚多,现摘录数语如下,并谈一下笔者自己的粗浅体会.

1. 很多国人缺乏必要的文化素养

单教授从当时俄罗斯总理梅德韦杰夫来华访问时说的几段话谈起.梅德韦杰夫10月22日做客新华网,回答了网友们的问题,其中谈到"多言数穷,不如守中""知人者智,自知者明"这两句老子的话.但遗憾的是,翻译不懂这些话的意思,翻译不出.单教授说这不仅是缺乏文化素养,而是缺乏人文精神,没有责任心了!

"多言数穷,不如守中"语出《道德经》第五章,本义是"政令繁多反而更加使人困惑,更行不通,不如保持虚静".或者说,讲话,没有经过深思熟虑,尤其是关系到国计民生的大事,不经过再三思考就说话,后果可能是很可怕的.这句话是教诲我们,从心上来讲,要修养诚敬谦和的仁德.诚是真诚,敬是恭敬.内心有真诚,外面言行都表现得恭敬,敬人、敬事、敬物.自己能够谦卑,必定能够跟人和谐相处,这是仁德.有这种诚敬谦和的仁德,一个人自然就能够敏于事而慎于言.不用人教,不用刻意,他言语自然就会谨慎.所以这句话实际上是从事上来教我们存养仁心.

"知人者智,自知者明"语出《道德经》第三十三章,意思是"了解他人和了解自己都是智慧,然而了解自己比了解他人更胜一筹".

2. "中体西用"思想有其教育价值

单教授接着又谈到晚清洋务派的主要代表人物张之洞的"中学为体,西学为用"思想."中体西用"给人们思想以新的启示,即学习外国的东西,必须结合本国的实际."中体西用"的本意没有这个内容,但它的思维逻辑,却在客观上使人们得到了启示.洋务运动后,拒绝学习外国的盲目排外思想固然没有市场了,而全盘西化的主张,也被多数人所否定.结合本国实际学习外国的东西,已经逐渐成为人们遵循的法则.单教授强调说,我们中国教育有很多好的做法,在借鉴西方教育思想的同时要不断总结、发扬本民族的优秀理论与实践经验.在数学上,中国古代数学比较侧重于应用,而且是一题一法,对数学的理性思维价值与普适性关注不够.

3. 数学最大的用处是不用之用

单教授说,道德求善、艺术求美、科学求真,数学兼具真、善、美,其最大的用处是"不用之用". 数学教给人思想,训练人的思维,我们从以欧几里得为代表的演绎科学中可以深深体会到思维的力量. 经典名著《几何原本》诠释的不就是老子"道生一,一生二,二生三,三生万物"的智慧论断吗? 在西方文明中,希腊人的理性精神、文艺复兴的人文精神和宗教精神远播世界各地.

如何理解单教授此处说的"数学最大的用处是不用之用"? 其实把数学换成别的学科可能也是对的,如社会学、文学、艺术等. 数学是有用的,这毋庸置疑. 华罗庚说:"宇宙之大,粒子之微,火箭之速,化工之巧,地球之变,日用之繁,无处不用数学."这也就意味着数学不仅仅是一堆堆枯燥的数字或图形,它与生活有着千丝万缕的联系. 但对于大多数数学家来说,研究数学的目的可能就是为了好玩. 这种心情和宅男们对网络游戏的感情(尽管不值得提倡)在本质上是没有什么不同的. 如果我们去问爱因斯坦,相对论有什么用? 去问陈景润,哥德巴赫猜想有什么用? 估计他们也都说不出来. 抽象的数论曾被认为是数学家的游戏,是似乎永远还不会有什么应用价值的分支. 但现在随着网络加密技术的发展,数论也找到了自己用武之地——密码学. 所谓数学的"用处",不过是一个副产品罢了.

中国著名社会学家、北京大学郑也夫教授有一段"无用之学才有最大的用处"的论述,如下:

科学研究的动力是什么? 科学家走入科学殿堂的动力是什么? 其实不是追求有用,乃至于不是为了经世济民. 是受他的好奇心驱使,他没有办法,只有去从事这样的工作,不然自己无法解脱. 为什么说不是为了有用? 他不能告诉我们用处在什么地方.

是有用的东西对人类的用处大,还是无用的东西对人类的用处大呢? 其实,眼下无用的东西日后可能有大用. 眼下有用的东西,对我们充其量是个小用. 庄子说:"人皆知有用之用,而莫知无用之用."他说,你老说有用没用,你脚下踩的一块地方是对你最有用的地方,你把你脚下没踩的地方都去掉,怎么样? 你就像站在山头上一样,寸步难行了. 如果我们把很多无用的知识都扔掉,我们就不能在这个世界上立足.

反过来说,最实用的东西也意味着最常规的东西. 一亩地多产几斤粮食,多实用啊. 水稻专家袁隆平培养的良种每亩产一千多斤,太伟大了. 但是如果人类只有农业文明,没有任何别的文明形态,行吗? 换句话说,如果人类眼睛只盯着农业,那就连农业自身都发展不了. 农业自身的发展尚且依赖于物理学、化学、生物学. 所以说,实际上对我们最有用的东西对我们只有小用处. 我们开发了很多很多暂时看起来无用的东西,这些东西最后可能转化成一个个副产品,这些副产品将极大地造福于人类. 谁能否认文字的功效? 文字原来是干什么的? 文字原来是个很滑稽的东西. 知识分子的前身是什么? 知识分子的前身是巫. 什么是巫呢? 巫是搞预卜的. 部落要打仗,打仗风险太大了. 打不打呀? 该不该打呀? 你来给算一卦,于是在篝火边上烤起了牛的肩胛骨或龟甲,烤完以后看看那个裂纹,预言一下,然后把它记录下来. 记录的那东西叫什么呢? 后来叫甲骨文. 占卜有什么用处? 打胜仗和它有什么关系啊? 打胜仗不是取决于膂力过人吗? 不是取决于刀刃坚硬吗? 它不取决于这些东西,算卜有什么用处? 我们可以有把握地说,它是当时的无用之学,但又肯定不是一点用处没有. 马林诺夫斯基告诉我们,当水手们遇到风浪的时候,巫术使大家信心倍增,从而有助于他们战胜暴风. 没有信心,可能很早就溃败了. 所以你不能说巫术没有用. 同样,占卜可以鼓舞士气. 已经占卜过了,我们是天命所系,这股劲儿便陡然增长.占卜过后,要煞有介事地记下一些符号.那些符号当时不过是服务于占卜的,但最后走出了一条康庄大道,变成了文字.可以说,文字产生于一种无用之学.如果当年的部落首领都是高度实用,那就没有巫的出现,就没有甲骨文,也就没有日后的文字.文字出台时用处狭窄,后来才光大.人类的文明很大程度上是"副产品"造就的,不是有直接用途的那些东西造就的.有些东西看起来没有直接的用途,但其演绎出来的副产品不得了.

再比如,孔子游历一生始终也没有达成他的政治理想,这是因为他处在一个错误的时代,在那个时代里,他的才能无所可用,他的理想与时代相背.孔子听了楚国狂人接舆的劝告,没在楚国逗留多久就返回鲁国,专心教学编书,为我们留下文明的火种直到今天.假如孔子依然汲汲于功名,想要施展政治抱负,也许他穷困一生也没有什么所得.他人生最后的十年里,专心教学编书,这些看似当时无用的事情,却成就了他千古以来最伟大的事业.有用与无用之分,界限又哪里有那么明显呢?

余秋雨说:"一个人真正有了文化,就不会再'扮演'文化."数学之用也是如此.凤凰网曾登出一篇《网友呼吁数学"滚出"高考:除数钱外从来用不着》的文章.简单粗暴的一个"滚"字,足以看出当下国人对于知识与文明是多么的鄙夷与不屑,令人痛心!

从小学数学,到中学数学,再到大学的高等数学,都是有紧密联系的,这种联系不在于表面上的题目如何,更重要的是一种内在的逻辑上升.网友一一列举数学之罪过:买菜用不着,走路用不上!试问会计师用得着么?工程测量用得着么?密码学用得着么?金融学用得着么?作为一个中学生,你知道你将来会做什么职业么?173年前,英国的大炮轰开了古老中国的大门,中国军队一败涂地,我们也开始了一段耻辱的历史.为什么中国会败给英伦三岛?原因无非就是人家是工业社会,而我们是农业社会.他们为什么会成为工业社会?无非就是自然科学发达,例如物理、化学,而数学恰恰就是这些学科的钥匙.数学这门工具都不会,想搞成工业文明简直就是痴人说梦.中国人一夜暴富的太多了,他们没有西方几百年工业文明的积淀,没有认识到数学对人类文明的推动作用.现在用的都是从西方买来的、现成的,有钱就行,无须思考,所以数学对他们来讲,只是数钱.

数学乃是人类和上帝对话的语言,数学是人类进步的动力!不要因为自己曾为高考所苦而殃及数学,须知一种制度和一门自然学科是两码事.

作为一名中学数学教师,如何引领学生欣赏数学的真善美呢?张奠宙教授在《欣赏数学的真善美》[《中学数学教学参考》,2010年第1—2期]一文中给出了以下四点建议:对比分析,体察古今中外的数学理性精神;提出问题,揭示冰冷形式后面的数学本质;梳理思想,领略抽象数学模型的智慧结晶;构作意境,沟通数学思考背后的人文情境.

4. 写文章要有自己独有的东西

单教授声音洪亮、语言幽默生动,像讲故事一样,不时品口茶谈上一段,但说理深入浅出、直抵人心.谈到如何写好文章时,先生阐述了以下观点.首先最关键的一点是要有自己独有的乃至独创的东西,哪怕是普及的东西也要写出新意来.比如翻译过来的两本有关匈牙利传奇数学家埃尔德什的书《我的大脑敞开了》《数字情种》.其次要尽可能多地掌握有关材料,即尽可能多地占有别人的东西,在此基础上拥有仅属于自己的东西:不同的见解或解释、另一种方法或途径、崭新的成果或结论等.单教授举了他上半年刚看过的一本杂志《书屋》,里面有采访108岁高龄的周有光先生的文章,主题是谈上海光华大学与圣约翰大学的情况.还有一篇文章是写陈寅恪的,但里面根本没有新的观点,反而说了这样一句很奇怪的话:"陆健东以少年不识愁滋味的心情,为当年精神世界树立了一个顶礼膜拜的偶像."这完全是胡说!这篇文章的作者显然没有充分地占有资料,实属坐井观天之语.陈寅恪先生提倡独立之精神、自由之思想,其人格力量和学术成就有据可考.有两部写陈寅恪先生的传记比较好,一是蒋天枢的《陈寅恪先生编年事辑》,另一部是陆健东的《陈寅恪的最后二十年》,建议各位老师可以阅读.

单教授谈到自己的科研习惯,他每年坚持写一篇文章和一本书,但11个月用来搞普及,1个月搞科研,并介绍了自己做科研的特点是习惯把高等的变成初等的,接着与大家分享了自己认为做得最好的学术成果之大意,并语重心长地说:"无论身在何处,要对自己合适定位.你认为自己是二流数学家,去做三流的数学,可能会能做出一流的工作."

5. 答教师问摘录("单"代表单墫教授)

问:如何提高数学素养与人文素养?

单:要多读书,养成读书的习惯,获得生活的乐趣.英国人说:我们是读书的,美国人是读杂志的.杂志是快餐,退一步也是可以读的.读书是天下第一件好事,读好书是人生第一件乐事,好读书,读好书,进步就迅速.有些教师教数学,只做题,从不看书,这种做法是难以进步的.大家除了看专业书外,还可以看一些传记,比如《美丽心灵:纳什传》(上、下册).

问:当前的数学教育有哪些好的?哪些不好的?

单:李岚清副总理全面推进的素质教育有些"理难清",我认为教育最好能回到1990年以前去.比如几何的价值是培养学生的理性思维,是人思维的产物,而不是要做实验.要搞好数学教育,一要懂一点理念;二要有相当的教学经验;三要有一定的人文素养.教师的本事是要把学生的兴趣调动起来,对知识、方法、思想的解读深入浅出,而且也没有作业,这才是真正的素质教育.讲课时要注意三刻钟的课堂时间一刻钟就应该讲完,余下的时间是布置习题,因为学生的注意力就一刻钟.我当了14年中学教师,深深体会到,做教师的自己的数学功底一定要过关,解题能力一定要强,因为在一定程度上讲"数学就是解题".

很早就深知单墫教授在数学界的鼎鼎大名,这次报告让我们看到了大师的另外一面,其深厚的、如影随形的文化素养永远是我们不断学习的榜样.

教、学良性循环离不开合理的形成性评价
——听桂思铭老师报告有感

2013年11月6日下午,两周一次的常规教研活动在长宁区教育学院如期举行,曹杨二中数学特级教师、TI手持教育技术应用专家桂思铭老师受邀为我们做了题为"对形成性评价的若干思考"的报告.两周后的20日下午,桂老师又为我们做了与之相关联的第二场报告"优化我们的教学".

这两场报告的目的性很明确,都是为12月25日要举行的长宁区教育系统2013年教师专业素质专项调研测评做培训.

桂老师从目前学校教育存在的一些"抱怨"现象谈起:学生抱怨作业越来越多、题目越来越难;教师抱怨学生能力越来越差、缺乏主动性,自己的活越干越累,越来越没有时间静下心来思考;网络调研显示有七成的人呼吁"让数学滚出高考".这些抱怨带给我们深深的思考.首先是对数学价值的认识,数学的用处绝不只在于其实用价值,其弘扬的理性精神教会我们有条理地进行思考,公理体系让我们平等地与科学对话.数学的文化内涵在于其不断地批判自己、发展自己.其次,我们的教学评价给了学生多少理性的思考?关注教学过程,进行科学评价我们做得还很不够.

以下分别介绍桂老师报告中的几块具体内容及自己的学习体会.

一、对形成性评价的认识

1. 何谓形成性评价?

形成性评价主要指在教学进行过程中为改进和完善教学活动而进行的对学生学习过程及结果的测定,其目的是为了做出教学决策.需要注意的是:形成性评价主要是提供信息,而不要把它简单地作为激励学生学习或评定成绩等第的手段.但目前各校在教学过程中的评价主要是为了激励学生,像鞭子一样催赶学生.那么,如何利用形成性评价进行教学决策呢?要把形成性评价与日常观察结合起来,根据测试的反馈信息和观察的反馈信息对教学做出判断和改进.

形成性评价的信息采集时间是教学前或教学中,比如在教学前搜集一些信息,看看学生已有的认知基础是什么,哪些知识点是学生容易混淆的,它们也就是教师要重点关注的.所采集的信息的类型包括与学生先前知识和教学过程有关的信息.信息的使用方式是帮助教师做出相应的决策.笔者在从事高三数学教学时,在复习一个新的章节前总是要先做一次前

测,将该章所涉及的重要知识点和思想方法以典型题目为载体做一次考查(考前一周通知学生事先做好预习),这样在正式复习前就可做到有的放矢,避免了盲目用力.

2. 教学评价的主要类型

通常认为,教学评价包括诊断性评价、形成性评价和总结性评价.

诊断性评价是指在教学活动开始前,对评价对象的学习准备程度做出鉴定,以便采取相应措施使教学计划顺利、有效实施而进行的测定性评价.诊断性评价的实施时间,一般在课程、学期、学年开始或教学过程中需要的时候.其作用主要有二:一是确定学生的学习准备程度;二是适当安置学生.如以前很多学校进行的开学前的摸底考试(现已被明令禁止).

总结性评价是以预先设定的教学目标为基准,对评价对象达成目标的程度即教学效果做出评价.总结性评价注重考查学生掌握某门学科的整体程度,概括水平较高,测验内容范围较广,常在学期中或学期末进行,次数较少.如每学年的期末考试、中考、高考等.

例 1.3 (2013 年上海市高考理科第 23 题)

给定常数 $c>0$,定义函数 $f(x)=2|x+c+4|-|x+c|$,数列 $a_1,a_2,a_3,\cdots$ 满足 $a_{n+1}=f(a_n),n\in \mathbf{N}^*$.

(1) 若 $a_1=-c-2$,求 a_2 及 a_3.

(2) 求证:对任意的 $n\in\mathbf{N}^*$,$a_{n+1}-a_n\geq c$.

(3) 是否存在 a_1,使得 $a_1,a_2,\cdots,a_n,\cdots$ 成等差数列?若存在,求出所有这样的 a_1;若不存在,说明理由.

某一学校把这道题作为高三期中考试题,从一般的评价的角度来看,期中考试更多的是形成性评价.该学校考下来本题的均分为 6 分不到,也就是说,第(2)(3)小问基本是拿不到分的.第(2)小问需要的分类讨论不仅有知识在里面,更多的是能力蕴藏其中.第(3)小问把问题想清楚并不难,但写清楚并不容易.有的学生懵懵懂懂懂了,但不一定写得好.本题放在期中考试试卷中并不合适,从评价的角度看这个题目只能作为激励学生的一条鞭子,而且这道题在考试中让学生做过了更多地是失去了一次教学机会,因为它可以作为诱发学生良好解题意识的一个教学载体.考过后,教师花了九牛二虎之力讲了、评了,但学生似乎仍然不会.桂老师认为,本题第(2)(3)两问更多地是在考一种意识,能力是次要的,教师能否在日常教学中通过合理的形成性评价催生学生的这种意识是十分要害的.为什么这样说呢?请看如下对第(2)(3)两小问的分析.

分析 问题(2)即证 $2|a_n+c+4|-|a_n+c|-a_n\geq c$,亦即证

$$2|a_n+c+4|-|a_n+c|\geq a_n+c.$$

注意到在该式中有一个整体"a_n+c"出现了三次,令其为 u_n,即 $u_n=a_n+c$,则问题即证 $2|u_n+4|-|u_n|\geq u_n$.(*) 可以看到,此式中已不再含有参数.再令 $g(x)=2|x+4|-|x|$,由图 1.7 知 $g(x)\geq x$ 恒成立,故(*)式成立,(2)得证.

(3) 若存在 a_1,使得 $\{a_n\}$ 为等差数列,则存在 $u_1=a_1+c$,使得 $\{a_n+c\}$ 成等差数列.反之亦真.故只需看是否存在 u_1,使得 $\{u_n\}$ 成等差数列.

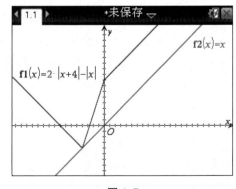

图 1.7

由于 $a_{n+1}=2|a_n+c+4|-|a_n+c|$,故 $u_{n+1}-c=2|u_n+4|-|u_n|$,即

$$u_{n+1}=2|u_n+4|-|u_n|+c=\begin{cases}-u_n-8+c, & u_n\leqslant-4,\\ 3u_n+8+c, & -4<u_n<0,\\ u_n+8+c, & u_n\geqslant 0.\end{cases}$$

由(2)知数列 $\{u_n\}$ 单调递增.

考察函数 $h(x)=2|x+4|-|x|+c$.

① 当 $u_1\geqslant 0$ 时,如图 1.8,其中

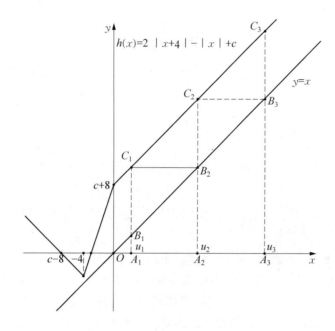

图 1.8

$|OA_1|=u_1$,$|A_1C_1|=h(u_1)=u_2$,$|B_1C_1|=u_2-u_1$;
$|C_1B_2|=|B_1C_1|=u_2-u_1$;
$|OA_2|=|OA_1|+|A_1A_2|=u_1+|C_1B_2|=u_1+(u_2-u_1)=u_2$,
$|A_2C_2|=h(u_2)=u_3$,$|B_2C_2|=u_3-u_2$;
$|C_2B_3|=|B_2C_2|=u_3-u_2$;
$|OA_3|=|OA_2|+|A_2A_3|=u_2+|C_2B_3|=u_2+(u_3-u_2)=u_3$,
$|A_3C_3|=h(u_3)=u_4$,$|B_3C_3|=u_4-u_3$.
……

由于直线 C_1C 和直线 $y=x$ 平行,$B_iC_i(i=1,2,3,\cdots)$ 与 x 轴垂直,故必有

$$u_2-u_1=u_3-u_2=u_4-u_3=\cdots=c+8,\text{为常数}.$$

故此时 $\{u_n\}$ 恒为等差数列,从而 $a_1\geqslant -c$ 时 $\{a_n\}$ 恒为等差数列.

② 当 $u_1<0$ 时,如图 1.9,在该图中,我们有

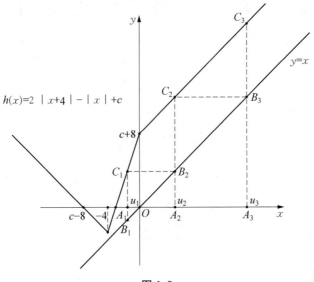

图 1.9

$|OA_1|=-u_1$，$|A_1C_1|=h(u_1)=u_2$，$|B_1C_1|=u_2-u_1$；
$|C_1B_2|=|B_1C_1|=u_2-u_1$；
$|OA_2|=|A_1A_2|-|OA_1|=|C_1B_2|-(-u_1)=(u_2-u_1)+u_1=u_2$，
$|A_2C_2|=h(u_2)=u_3$，$|B_2C_2|=u_3-u_2$.

显然 $u_2-u_1<c+8=u_3-u_2$. 故此时 $\{u_n\}$ 不是等差数列.

结合①中的探索，我们发现一个规律：直线 $x=u_i(i\in \mathbf{N}^*)$ 夹在 $h(x)$ 图像与直线 $y=x$ 之间的线段长度恰为 $u_{i+1}-u_i(i\in \mathbf{N}^*)$. 考虑到随着 i 的变大，若 $\{u_n\}$ 为等差数列，则必有 $u_{i+1}-u_i=c+8$. 故当 $u_1<0$ 时，使得 $\{u_n\}$ 为等差数列的 u_1 可以这样寻找：如图 1.10，反向延长射线 $y=x+8+c(x\geqslant 0)$，找到其与函数 $y=h(x)$ 图像的交点，该点的横坐标即为 u_1.

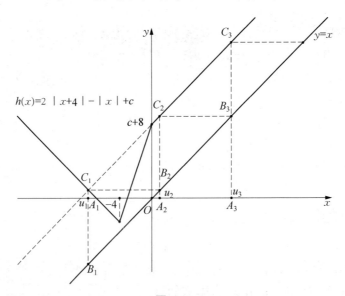

图 1.10

解方程组 $\begin{cases} y = x + 8 + c, \\ y = -x - 8 + c \end{cases}$ 得 $x = -8$. 接下来只需检验一下 $u_1 = -8$ 时是否确实能保证 $\{u_n\}$ 为等差数列即可. 由图 1.10 可知(或算几项看一下,也可迅速发现规律), $u_1 = -8$ 时可以保证 $\{u_n\}$ 为等差数列. 从而当 $a_1 = -8 - c$ 时 $\{a_n\}$ 为等差数列.

综上,当 $a_1 = -8 - c$ 或 $a_1 \geqslant -c$ 时 $\{a_n\}$ 为等差数列.

点评:能发现上面(2)中的解法其实是意识在起作用(或者说是元认知),不是能力的问题. 其基本想法是先特殊化再一般化,避开了很复杂的一堆字母,从而绕开了分类讨论. 再如,有些问题用数学归纳法、反证法等较易解决,但能否想到这些方法也是意识层面的东西. 这种意识如何通过我们的评价来强化,这是关键的目的,而不是通过盲目的、无序的评价对学生产生负的迁移. 对(3)的求解通过作图可以更形象地引导学生发现抽象问题背后的数学本质.

3. 形成性评价形式的多样性

评价不只是只有纸笔为主的考试,还可以参考以下这些方式:与学生的交流(口试题);设计一些活动让学生参与(操作题);做小的课题报告;合作学习(可以汲取同伴的养分与创意)等. 当然,在实际实施时可能会遭遇"学生没有时间"的尴尬. 其实,某些评价方式并不要求经常运用,比如笔者所在的学校有一项学生自己组织、全程参与的"学子讲堂"活动(学生自己根据主题搜集材料、组织讲稿、上台演讲),一个学期举行两到三次也就够了.

4. 评价的信度、效度和区分度

信度是指测得结果的一致性或稳定性,稳定性越大,意味着测评结果越可靠. 相反,如果用某套试题对同一应试者先后进行两次测试,结果第一次得 80 分,第二次得 50 分,结果的可靠性就值得怀疑了. 信度通常以两次测评结果的相关系数来表示. 相关系数为 1,表明测评工具如试卷完全可靠;相关系数为 0,则表明该试卷完全不可靠. 一般来说,要求信度在 0.7 以上. 如果只有一次测试,为了提高信度,需保证测试内容是典型的.

效度是一个测试能够测试出它所要测试的东西的程度,即测试结果与测试目标的符合程度. 任何测试工具,无论其他方面有多好,若效度太低,测试的结果不是它要测试的东西(如用英语试卷测试学生的数学能力),那么,对目前所要测试的东西,这个测试将是无价值的.

区分度是区分应试者能力水平高低的指标. 试题区分度高,可以拉开不同水平应试者分数的距离,使高水平者得高分,低水平者得低分. 试题的区分度与试题的难度直接相关,通常来说,中等难度的试题区分度较大. 另外,试题的区分度也与应试者的水平密切相关,试题难度只有等于或略低于应试者的实际能力,其区分性能才能充分显现出来. 区分度指标的评价: $-1.00 \leqslant D \leqslant +1.00$,区分度指数越高,试题的区分度就越强. 一般认为,区分度指数高于 0.3,试题便可以被接受.

例 1.4 已知 $x, y \in \mathbf{R}^+$,且 $x + y > 2$,则两个数 $\dfrac{1+x}{y}$ 和 $\dfrac{1+y}{x}$ 满足( ).

A. 至少有一个小于 2   B. 至少有一个大于 2
C. 均小于 2   D. 均大于 2

分析 本题是在学生学过"不等式的基本性质、解不等式、基本不等式"后的测验题,本来教师以为这道题的得分率不会高,但结果颇出乎意料,这是为什么呢?通过调查,我们发现绝大部分同学都用了下面的解法1,所以,我们说这道题的效度是不高的.除解法1外,下面给出的其他三种解法,属反证法最为简洁,但作为选择题,学生能普遍想到解法1也应肯定其解题机智,不过该题的命制初衷却也基本上付诸东流了.

解法1 (特殊值法、排除法) 取 $x=1, y=2$,显然满足命题的条件,此时 $\frac{1+x}{y}=1<2$, $\frac{1+y}{x}=\frac{1+2}{1}=3>2$,排除C和D.再取 $x=2, y=2$,也满足命题的条件,此时 $\frac{1+x}{y}=\frac{1+2}{2}=\frac{3}{2}<2$, $\frac{1+y}{x}=\frac{1+2}{2}=\frac{3}{2}<2$,排除B.选A.

解法2 (代数法、反证法) 若 $\frac{1+x}{y}\geq 2$ 且 $\frac{1+y}{x}\geq 2$,因 $x,y\in\mathbf{R}^+$,即有 $\begin{cases}1+x\geq 2y,\\ 1+y\geq 2x,\end{cases}$ 由同向不等式可加性得 $2+x+y\geq 2x+2y$, $x+y\leq 2$,与 $x+y>2$ 矛盾! 故假设不成立,即有 $\frac{1+x}{y}<2$ 或 $\frac{1+y}{x}<2$. 选A.

解法3 (代数法、直接法) 实数 $\frac{1+x}{y}$ 与2的关系不外乎两种:① $\frac{1+x}{y}<2$;② $\frac{1+x}{y}\geq 2$.

当 $\frac{1+x}{y}\geq 2$ 时,由 $\begin{cases}y>0,\\ x+y>2,\\ \frac{1+x}{y}\geq 2\end{cases}$ $\Rightarrow \begin{cases}x+y>2,\\ 1+x\geq 2y\end{cases}$ $\Rightarrow x>2-y\geq 2-\frac{1+x}{2}\Rightarrow x>1$,从而

$$\frac{1+y}{x}-2=\frac{1+y-2x}{x}\leq\frac{1+\frac{1+x}{2}-2x}{x}=\frac{3-3x}{2x}=\frac{3}{2x}(1-x)<0,$$

即此时必有 $\frac{1+y}{x}<2$.

综上,选A.

解法4 (几何法、直接法) 在平面直角坐标系中作出区域 $\begin{cases}x>0,\\ y>0,\\ x+y>2,\end{cases}$ 它为第一象限内位于直线 $x+y=2$ 上方的部分,也是符合题目条件的数对 (x,y) 所在的区域,记为 Ω. 再作出直线 $\frac{1+x}{y}=2$ 和 $\frac{1+y}{x}=2$,即直线 $x-2y+1=0$ 和直线 $2x-y-1=0$,分别记为 l_1 和 l_2. 由图1.11我们发现,在区域 Ω 内没有同时位于 l_1 下方和 l_2 上方的点,即 $x-2y+1\geq 0$ 和 $2x-y-1\leq 0$ 不可能同时成立! 亦即 $\frac{1+x}{y}\geq 2$ 和 $\frac{1+y}{x}\geq 2$ 不能同时成立,故选A.

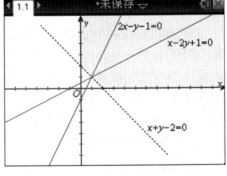

图1.11

例 1.5 (2012年上海市徐汇区高三数学一模试题)由 9 个互不相等的正数组成的矩阵 $\begin{pmatrix} a_{11} & a_{12} & a_{13} \\ a_{21} & a_{22} & a_{23} \\ a_{31} & a_{32} & a_{33} \end{pmatrix}$ 中,每行中的三个数成等差数列,且 $a_{11}+a_{12}+a_{13}$, $a_{21}+a_{22}+a_{23}$, $a_{31}+a_{32}+a_{33}$ 成等比数列,下列四个判断正确的有(   ).

① 第 2 列 a_{12}, a_{22}, a_{32} 必成等比数列
② 第 1 列 a_{11}, a_{21}, a_{31} 不一定成等比数列
③ $a_{12}+a_{32}>a_{21}+a_{23}$
④ 若 9 个数之和等于 9,则 $a_{22}<1$

A. 4 个　　　　　　B. 3 个　　　　　　C. 2 个　　　　　　D. 1 个

分析　像本题这样提问的方式在高考中是不允许的,因为缺乏诊断性:若答案是三个正确,可能甲同学选的就是正确的那三个,但乙同学认为正确的那三个中有一个是错误的,而剩余的第四个他认为是错的(实际上这个是正确的),但这两个同学却拿到了同样的 5 分. 另外,本题中的①②有些重复,而③④均考查基本不等式,要么都会做,要么都不会做. 再则,题干中有隐形的陷阱"互不相等",这就可能存在这种情况:丙、丁两位同学,丙什么都不懂失掉了这道题的 5 分;而丁基本上全懂,但细节差一点点,最后也失掉 5 分. 综上,本题的区分度存在问题. 另外,我们认为故意设置陷阱不利于正确公正的评价.

二、例说评价——谈谈试题

试题是开展评价的载体. 桂老师提了几个问题供大家思考:

(1) 经常犯错的题是否只有反复多做一个途径?

(2) 有人认为:题目是学不会做会,做不会考会,反复考才是出路,你怎么看?

(3) 高考题是否都有很好的训练价值和评价价值? 我们能否使这些题更富有学习的价值?

(4) 对于能力题应怎样来理解?

例 1.6　设 $A=\{x\mid x^2-8x+15=0\}$, $B=\{x\mid ax-1=0\}$, 若 $B \subsetneqq A$, 求实数 a 的值.

分析　这道题属于常做常错题,本质上是由于学生思维不严密所致. 教师可把问题问得细一些,比如若 $a=0$ 会怎样? 若 $a\neq 0$ 会怎样? 然后再变式后让学生体会,比如次数升为二次,移动参数的位置,等等. 对学生经常犯错的地方,教师要想办法让学生在和风细雨中认识问题. 俗话说:"人不吃盐会死的,但不能一下子喂一勺盐,要放在菜里一点点让学生吸收进去."教师要多思考试题的设计,多反思自己在教学中解决陷阱的方法是否具有普适性. 在形成性评价时,要根据学生错的情况灵活调整自己的教学重点和策略.

对于第(2)个问题,反复做、反复考也许会在一定程度上提高学生的分数,但这样做会对学生对概念的学习造成负面影响,无法促进其对数学的真正理解,只会将其打造成机械模仿与记忆的考试机器,而其独立思考的习惯、面对陌生问题寻求解决对策的能力却可能会有倒退的危险. 事实上,有些以高分考入大学的学生因无法适应大学学习而被退学的事例并不罕见.

例 1.7　(2011 年上海市高考理科第 14 题)已知点 $O(0,0)$, $Q_0(0,1)$ 和 $R_0(3,1)$,记 Q_0R_0 的中点为 P_1. 取 Q_0P_1 和 P_1R_0 中的一条,记其端点为 Q_1, R_1,使之满足 $(|OQ_1|-2)(|OR_1|-2)<0$;记 Q_1R_1 的中点为 P_2,取 Q_1P_2 和 P_2R_1 中的一条,记其

端点为 Q_2, R_2, 使之满足 $(|OQ_2|-2)(|OR_2|-2)<0$; 依次下去, 得到点 $P_1, P_2, \cdots$, $P_n, \cdots$, 则 $\lim\limits_{n\to\infty}|Q_0P_n|=$ _____.

分析 这道题对于学生来讲是"读题有困难", 就评价的角度来看, 如何区分学生"到底是读不懂还是真的不懂"? 若有耐心的同学老老实实边读题边操作, 最后至少有两类同学会做出正确答案. 一类是靠合理猜测. 既然点 P_n 是 $Q_{n-1}R_{n-1}$ 的中点, 而 $|OQ_{n-1}|$, $|OR_{n-1}|$ 一个大于 2 一个小于 2, 故 $|OR_n|$ 的值必越来越趋近于 2, 从而所求极限值为 $\sqrt{2^2-1}=\sqrt{3}$. 第二类是由"不断地取中点"这种操作联想到"二分法", 进而构造函数 $f(x)=\sqrt{x^2+1}-2$, 其中 $P\in Q_0R_0$, 且设 $P(x,1)$, $x\in[0,3]$. 接下去求 $f(x)$ 的零点即可. 审视两种做法, 虽然其含金量显而易见, 但作为高考中的填空题, 其选拔功能发挥得如何确实值得怀疑. 所以这种命题专家挖空心思命制的问题可能就是为这次高考而量身定做, 考过了也就考过了, 其推广价值如何也只能是仁者见仁、智者见智了.

类似的问题再如下面的例 1.8.

例 1.8 在 xOy 平面上, 将两个半圆弧 $(x-1)^2+y^2=1(x\geqslant 1)$ 和 $(x-3)^2+y^2=1(x\geqslant 3)$、两条直线 $y=1$ 和 $y=-1$ 围成的封闭图形记为 D, 如图 1.12 中的阴影部分. 记 D 绕 y 轴旋转一周而成的几何体为 Ω, 过 $(0,y)(|y|\leqslant 1)$ 作 Ω 的水平截面, 所得截面面积为 $4\pi\sqrt{1-y^2}+8\pi$, 试利用祖暅原理、一个平放的圆柱和一个长方体, 得出 Ω 的体积值为 _____.

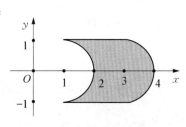

图 1.12

分析 没学过积分应用的同学(或老师)在考场上是很难做对这道题的. 主要困难之一是本来祖暅原理这个知识点就很偏, 其应用在平时接触很少, 因此不知如何用这个原理; 之二是知道这个原理是怎么用的, 但无法把所求的几何体与"一个平放的圆柱和一个长方体"联系起来. 桂老师认为这应该是一道"坏题".

例 1.9 若函数 $F(x)$ 由函数 $f(x)$ 定义, 对于
$$f(x)=\sin x, F[f(x)]=\cos x;$$
$$f(x)=x^2, F[f(x)]=2x;$$
$$f(x)=x^3, F[f(x)]=3x^2;$$
$$\cdots\cdots$$

若 $f(x)$ 满足 $f(-x)=-f(x)$, 则 $F[f(x)]$ 具有性质 _____.

分析 显然, 命题人的本意是想让学生由给出的三个事实推测出"若 $f(x)$ 为奇函数, 则 $F[f(x)]$ 必为偶函数"这个结论. 而能做出这种猜测的同学也许不在少数, 即能拿到本题分数的同学应该不会太少, 但试问: 仅凭三个事实就做出猜测靠谱吗? 即使能形成猜想, 但这种猜想在学生现有知识水平下能否从数学角度在考试后获得证明呢? 若无法证明, 那我们想拿这道题考学生什么呢? 因此, 从评估的角度来看, 这不是一道好题.

三、熟悉布卢姆目标分类学, 不断优化我们的教学

桂老师在培训讲座"优化我们的教学"中, 重点介绍了"布卢姆教育目标分类的修订版",

以及在此分类系统指导下的教学目标的阐述、对教学过程的分析等.

布卢姆的教育目标分类理论具有两大特征:一是具有可测性,认为制定教育目标不是为了表述理想的愿望,而是便于客观的评价.二是目标有层次结构.

布卢姆把知识维度分为四个类别:事实性知识、概念性知识、程序性知识、元认知知识.

事实性知识是指"学生通晓一门学科或解决其中的问题所必须知道的基本要素";概念性知识是指"在一个更大体系内共同产生作用的基本要素之间的关系";程序性知识是指"做某事的方法,探究的方法,以及使用技能、算法、技术和方法的准则";元认知知识是指"关于一般认知的知识以及关于自我认知的意识和知识".

布卢姆把认知过程维度分为六个主要类别,依次是:记忆/回忆、理解、应用、分析、评价、创造.①记忆/回忆.指从长时记忆中提取相关的知识、查找和呈现材料相吻合的知识.②理解.指从口头、书面和图像等交流形式的教学信息中建构意义,包括解释、列举、分类、总结、推断、比较、说明.③应用.指在给定的情境中执行或使用程序,包括执行和实施.④分析.指能将整体材料分解成它的组成部分,确定部分之间的相互关系,以及各部分与总体结构或目的之间的关系,包括区别、组织、归因.⑤评价.基于准则和标准做出判断,包括检查和评论.⑥创造.指将要素组成内在一致的整体或功能性整体,将要素重新组织成新的模型或结构.它强调的是创造能力,需要产生新的模式或结构.

从"修订版"主张的教学目标陈述方式来看,许多教师在教案中陈述的"培养(或发展)学生的分析能力(或创造能力)"之类的目标,其实是很含糊的、难以落实的目标.其含糊处一是没有用名词陈述出"分析""创造"等认知过程作用的对象,二是没有用名词陈述出学生进行分析、创造所依赖的知识.虽然目标中用"分析""创造"等词语可能表述出了分析、创造之类的认知过程,但由于没有陈述出相应的知识成分和认知过程作用的对象,整个教学目标还是很含糊的.

"修订版"采用什么方法来让我们判断或确保教学目标、教学活动、教学评价三者的一致性呢?其基本的方法还要从教学目标的本质入手.由于教学目标被理解成知识与认知过程的结合,而且,这种知识与认知过程的结合也可以用来分析教学活动的实质及教学评价的意图,因此"修订版"提出,当教学目标、教学活动、教学评价都涉及相同的知识与认知过程的组合时,三者的一致性就很高;当三者之间有两者涉及相同的知识与认知过程的组合时,三者之间的一致性较低;当三者涉及的知识与认知过程组合各不相同时,三者之间的一致性就很差.可见,"修订版"是借助知识与认知过程的组合这种工具来对一致性情况进行判断的.在具体实施时,"修订版"主张,首先构建一个由四类知识和六类认知过程组成的共有 24 个格子的两维表,然后根据所涉及的知识与认知过程,分别将教学目标、教学活动、教学评价放到两维表的相应格子里.如果三者都落在同一个方格内,表示三者一致性程度较高;如果只有两种成分落入相同的格子内,则一致性程度较低;如果三者落在不同的格子里,则一致性程度很差.

例如,有这样一个教学目标:理解方程的概念.从知识与认知过程相结合的角度看,这一目标是一个"理解概念性知识"的目标.接下来的教学活动是给学生呈现方程的定义,要求其用自己的话解释,并给出许多正反例子,要求学生判断它们是不是方程.这些教学活动要求学生对方程的含义进行解释,对方程的例子进行归类,从知识与认知过程相结合的角度看,要求学生进行"理解概念性知识"的活动.最后的测评则给出一些学生在课上未曾见过的新例子,要求他们判断是不是方程.这类测题的意图检测的是学生"理解概念性知识"的情况.

这样看来，教学目标、教学活动、教学评价都涉及"理解概念性知识"，三种成分在两维表上会落在同一个方格内，三者之间有良好的一致性，表明教学的效率高．

桂老师最后寄语各位教师，面对教育，一定要养成理性思考问题的习惯，愿大家有更多的共识，让教育更有序、更高效！

四、作为本文的附录——对与例1.3相似的两道题目的探究

例 1.10 （2016年5月浦东新区高三数学三模试题）函数 $f(x)=3|x+5|-2|x+2|$，数列 $a_1,a_2,\cdots,a_n,\cdots$ 满足 $a_{n+1}=f(a_n),n\in \mathbf{N}^*$，若要使 $\{a_n\}$ 成等差数列，则 a_1 的取值范围为_____．

分析 如图1.13，(1) 当 $a_1 \geqslant -2$ 时，在该图中，我们有

$$|OA_1|=-a_1,\ |A_1C_1|=f(a_1)=a_2,\ |B_1C_1|=a_2-a_1;$$
$$|C_1B_2|=|B_1C_1|=a_2-a_1;$$
$$|OA_2|=|A_1A_2|-|OA_1|=|C_1B_2|-(-a_1)=(a_2-a_1)+a_1=a_2,$$
$$|A_2C_2|=f(a_2)=a_3,\ |B_2C_2|=a_3-a_2.$$

显然 $a_2-a_1=11=a_3-a_2=\cdots$．故此时 $\{a_n\}$ 是以11为公差的等差数列．

(2) 当 $a_1 < -2$ 时，有两种情况：

① 反向延长射线 $y=3(x+5)-2(x+2)=x+11\ (x\geqslant -2)$，找到其与函数 $y=f(x)$ 图像的交点，该点的横坐标记为 a_1，它也可能是符合题目要求的首项．解方程组
$$\begin{cases} y=x+11,\\ y=-3(x+5)+2(x+2), \end{cases}$$
得 $x=-11$．接下来只需检验一下当 $a_1=-11$ 时是否确实能保证 $\{a_n\}$ 为等差数列即可．由图1.13可知（或算几项看一下，也可迅速发现规律），$a_1=-11$ 时可以保证 $\{a_n\}$ 为等差数列．

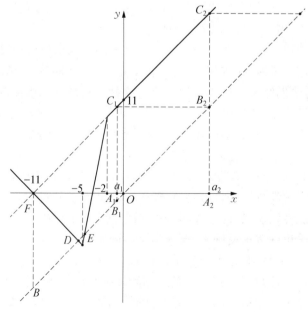

图 1.13

② 由图 1.13 知 $y=f(x)$ 的图像与直线 $y=x$ 有交点. 分别由 $\begin{cases} y=x, \\ y=-3(x+5)+2(x+2) \end{cases}$ 及 $\begin{cases} y=x, \\ y=3(x+5)+2(x+2), \end{cases}$ 解得 $D\left(-\dfrac{11}{2},-\dfrac{11}{2}\right), E\left(-\dfrac{19}{4},-\dfrac{19}{4}\right)$. 显然,当 $a_1=-\dfrac{11}{2}$ 或 $a_1=-\dfrac{19}{4}$ 时确定的数列均为常数列,也满足题目要求.

综上,当 $a_1 \in \left\{-11,-\dfrac{11}{2},-\dfrac{19}{4}\right\} \cup [-2,+\infty)$ 时 $\{a_n\}$ 为等差数列.

例 1.11 设函数 $f(x)=\begin{cases} \dfrac{1}{x}, & x<\dfrac{1}{2}, \\ 14x-5, & \dfrac{1}{2}\leqslant x\leqslant 1, \\ 9x, & x>1, \end{cases}$ 数列 $a_1,a_2,\cdots,a_n,\cdots$ 满足 $a_{n+1}=f(a_n), n\in \mathbf{N}^*$,若数列 $\{a_n\}$ 为等比数列,则 a_1 的取值范围为_____.

分析 如图 1.14,双曲线(的一部分)和实折线是函数 $f(x)$ 的图像.

(1) 当 $a_1\geqslant 1$ 时,在该图中,我们有 $|OA_1|=a_1, |A_1B_1|=f(a_1)=a_2$,从而 $\dfrac{a_2}{a_1}=\dfrac{|A_1B_1|}{|OA_1|}=9$. 依次作图下去显然有 $\dfrac{a_3}{a_2}=\dfrac{a_4}{a_3}=\cdots=9$. 故此时 $\{a_n\}$ 是以 9 为公比的等比数列.

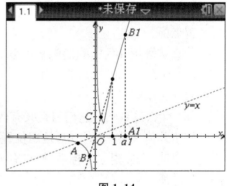

图 1.14

(2) 当 $a_1<1$ 时,有两种情况:

① 反向延长射线 $y=9x(x\geqslant 1)$,找到其与函数 $y=f(x)$ 图像的交点,将该点的横坐标记为 a_1,它也可能是符合题目要求的首项. 解方程组 $\begin{cases} y=9x, \\ y=\dfrac{1}{x} \end{cases}$ 得 $x=\pm\dfrac{1}{3}$. 接下来只需检验一下 $a_1=\pm\dfrac{1}{3}$ 时是否确实能保证 $\{a_n\}$ 为等比数列即可. 由图 1.14 可知(或算几项看一下,也可迅速发现规律),当 $a_1=\dfrac{1}{3}$ 时可以保证 $\{a_n\}$ 为等比数列.

② 由图 1.14 知 $y=f(x)$ 的图像与直线 $y=x$ 有交点. 由 $\begin{cases} y=x, \\ y=\dfrac{1}{x} \end{cases}$ 解得 $A(-1,-1)$. 显然,当 $a_1=-1$ 时确定的数列为常数列,也满足题意.

综上,当 $a_1 \in \left\{-1,\dfrac{1}{3}\right\} \cup [1,+\infty)$ 时 $\{a_n\}$ 为等比数列.

学习曾容老师讲的话

这几天又仔细阅读了《返璞归真　滋兰树蕙——特级教师曾容数学教学探幽》(杨之,汪杰良,华东理工大学出版社,2000年),深深被曾老师高超的教学艺术所折服.这本书的后面粘贴着以前获得的曾老师的手写讲稿,尽管是复印的,但显然弥足珍贵!恭恭敬敬在电脑上输入如下.

曾老师:

什么是解析几何?我们先来思考下面两个问题:

(1) 什么是线段的长度?什么是两点间的距离公式?它们是用什么方法得到的?在概念上有什么不同?

(2) 什么是数轴?它们与直线有何差别?为什么?

解析几何又称坐标几何,是用位置概念(坐标)使数形结合,是数形结合的范例,是用数系统地研究形的.建立坐标系,使点有坐标,然后建立曲线方程,用方程的代数性质研究曲线的几何性质.

几何研究的对象是图形,简单的是直线形,复杂些的是曲线形,构成平面图形的基本元素是点和直线,直线也可看作点的某种轨迹(集合).

直线形简单的是多边形,多边形的基本结构是边和角,怎样把它们代数化?用数表示.边长由两点间的距离公式量化.而角呢?角由射线构成,先把它看成由基本元素直线构成,任意两条直线都可构成角,怎样代数化?我们用另一条直线去交它们,如果知道它们各自与第三条所交成的角(类似地,曾老师在《名师授课录》中的案例"点到直线的距离"中的思路,只需知道原点到这两条平行线的距离),那么它们之间的角就可算出.我们取 x 轴为第三条直线,作为基准,考察任意直线对 x 轴的角,称为倾斜角,记为 α,再把倾斜角 α 代数化为斜率,即斜率 $k = \tan\alpha \left(\alpha \neq \dfrac{\pi}{2}\right)$,作为研究角的基本工具,这样就把两条任意直线的角化为一条任意直线关于 x 轴的角,把两个"任意"降为一个"任意",便于掌握!

曲线是作为点的轨迹或集合,由几何条件确定的轨迹称为几何曲线,如圆是到一个定点的距离等于定长的点的轨迹,是几何曲线.

对于一条几何曲线,它是由具有某种几何性质或者满足几种条件的点构成的(集合),因此它的点都具有某种性质或者都满足某种条件,而不是它的点都不具有或都不满足所说的性质条件,在坐标平面内我们把所说的性质条件列成方程(一个方程就是一个条件),于是:

对于坐标平面内的一条几何曲线 C,若存在一个方程 $F(x,y)=0$,使得曲线 C 上的点的坐标都满足方程 $F(x,y)=0$,而不在曲线 C 上的点的坐标都不满足方程 $F(x,y)=0$,则方程 $F(x,y)=0$ 称为曲线 C 的方程.

因为逆否命题与原命题等价,所以可把"不在曲线 C 上的点的坐标都不满足方程 $F(x,y)=0$"换成"坐标 (x,y) 满足方程 $F(x,y)=0$ 的点 $P(x,y)$ 都在曲线 C 上",这是由曲线条件确定方程,称为曲线方程.

解析几何还要研究方程的曲线,即方程作图问题,是以方程 $F(x,y)=0$ 的解为坐标 (x,y) 的点的轨迹(集合).

对于几何曲线,曲线方程与方程曲线是一致的,但若不是几何曲线,则只有方程曲线,无所谓曲线方程,曲线依赖于方程而存在.

还必须提到的是曾老师的板书,清晰、工整、有力!不由地感慨:自己与大师相比,真是存在全方位的差距啊!

反复品味上述曾老师讲的话,想到的是两个人和两本书. 5 162 字的《道德经》,5 180 字的《金刚经》,字虽不多,却是传世经典.莫言说:"我愿意用我全部的作品换鲁迅的一篇《阿 Q 正传》."这就是每次拜读曾老师话时的鲜活感受!

我在芬兰看到与听到的

2016年9月11日至9月30日,我很幸运地随2016年上海市基础教育优秀教师再提升工程第五批芬兰团赴芬兰参加培训.虽短短三周,却感慨良多、受益匪浅(三周的培训主题分别是 Finnish Education System、Development in Finnish Education、Challenges for Education).

令我印象最为深刻的是:世界各国教育体系中师生群体所拥有的多种焦虑、竞争,在芬兰都归于最根本的人性化思维,以行之自然、不急不徐、不争不抢的基本理念贯穿整个基础教育.在芬兰教育中,学校与学校,不会去做无谓的"竞赛""排名",学生与学生、教师与教师更不会做原本起跑点就不公平的较劲;所有的评估与考试,都是为了让学生知道从哪里去自我改进,提供日后成长的基础与学习能力进步的空间.芬兰没有所谓的"资优班",孩子满七岁才入学,学校没有校服、没有督学,毫不标榜精英培养,考试次数不多,但芬兰教育的成果却是如此地平均而优质.这是因为芬兰教育着重理解,着重探索原理,鼓励孩子多问、多了解事物的所以然,而不是为了应付考试而反复训练,更从不教导任何快速成功的诀窍.

最让我震撼的是:在芬兰,无处不在的"信任"让人感动,身处其中,感到自己处处受到尊重,无形之中,自我要求时时得以提高.无论是超市购物、过红绿灯、乘坐公交,还是教师完全个性化的课程表、教育行政部门对教师的完全无考核,等等,诚信与信任早已内化在芬兰社会的方方面面.

通过在培训中学习芬兰核心课程大纲等教育理念,观摩当地城、乡课堂教学,并审视我国基础教育,我发现,我国从来就不缺理念,缺少的是着眼细节、踏实践行、耐得寂寞、不断优化的自信与方法.芬兰的课堂教学的出发点总是立足学生的终身发展与全面发展,总是将学习与生活和谐地融为一体,总是想尽一切办法充分调动学生参与主题学习的积极性与创造性.

与大家分享自己看到、听到的几个片段.

一、一节"玩中学"的五年级数学与地理综合课

这是芬兰于韦斯屈莱市 Joutsa 乡村学校一节90分钟的连堂课,内容大致可分为三部分:玩中学数学、学习地理方位并对照地图册在已练习过数学的同一张纸上标出相应国家的名字(这是一张事先已画好地图轮廓的纸,并且与要填入数学题的方格画在同一面)、完成任务的同学根据自己的学习计划在教室中做自己的事情.

我们发现教师上课并不像中国一样有所谓的规定动作,比如教师说"上课",学生起立,教师说"同学们好",学生说"老师好",教师再说"请坐",然后才开始上课.事实上,学生回答教师的所有问题都是不起立的,在一名同学回答问题时,其他任何同学都可以坐在自己的位子上插话补充,非常自然随意.教师在走近学生辅导时,也可以很随意地坐在桌子上.学生放在教室外面的衣服、鞋子也不必摆放整齐,放得横七竖八是常态.

上课伊始,教师很简短地介绍了今天的学习内容,接下来每个学生拿着笔和老师发的两张相同的A4纸走出教室,跑向操场.

活动场地在操场的一个角落,我们发现在这块沙地上已经画好了由五条横线和六条竖线围成的20个方格,18位学生依次站在相应的方格中,如表1.3.

表1.3

学生1	学生2	学生3	学生4	学生5
学生6		学生7	学生8	
学生9	学生10	学生11	学生12	学生13
学生14	学生15	学生16	学生17	学生18

接下来的活动如下各步所述:

(1)每名同学在自己拿到的A4纸上,自己站位对应的方格内出一道四则运算题(可以有整数、小数、分数等),并在心里算好相应的答案.然后把这张纸放在自己所在的方格内,并用沙子压上(当天室外有风).

(2)与相邻的同学交流后互换位置,完成对方出的题目,并将答案写在自己手中拿着的A4纸中相应的方格中.

(3)重复步骤(2),直到每一名同学做完其余17名同学出的题目.其间,教师巡视、辅导.我们发现18名同学做得井然有序,没有大声的吵闹,只有小声的交流与短暂的沉思、书写,没有人偷懒抄袭别人做好的答案,而是老老实实按照事先明确的、大家都认可的规则完成所有题目,自己不会做的就空着.

(4)所有同学都完成后,每名同学回到自己原来的位置上,把答案写在自己放在地上的A4纸上.

(5)按照相同的规则,每名同学拿着自己刚才做完的写有所有题目答案的A4纸依次对完所有答案.

(6)(约半小时后)每名同学拿着自己的两张A4纸快速返回教室.

我们几位教师在观察同学们活动时发现有一名同学对自己出的题目给出了错误的答案,但数学教师竟然没有发现(直到回到教室开展下一项教学任务,然后到下课,都没有纠正这个错误的答案,也没有学生提出疑义),我想这应该是教师的疏忽吧,因为所有同学好像都相信了一个错误的答案.但反思上述活动,我们能够意识到,这种"玩中学"活动的宗旨并不在于正确地做对每一道题目,而是着眼于参与意识、人际交往及规则意识的无痕渗透.当然,其中所用的活动道具——A4纸的一物多用(同样一张纸在学生手中充满了生命力,它是同学们彼此之间实现友好交往的媒介,又是学习数学及地理的好载体)、文理相融(接下来我们会看到)也是值得我们好好学习的.

回到教室后,教师并没有就刚才同学们做的数学题做点评,而是直接进入了下一个内容的教学.教师先在白板上讲解了方位的概念,并做了画图示意(如图1.15,其中 I,E,L,P 分别代表东、南、西、北,是相应芬兰语单词的第一个字母,即:itä, etelä, länsi, pohjois).

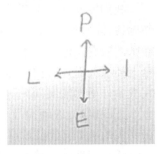

图 1.15

接下来,教师从教室后面的书架上拿出地图册,发给每一名同学(由此可以看到有些教学资料是公用的,每届学生可循环使用,特别是一些工具书,不需要每年的每一名同学都单独购买),要完成的任务就是对照地图册,在自己手中的 A4 纸的空白地图的正确位置上标出相应的国家的名字,教师的任务就是巡视每名同学的完成情况并给予个别辅导.我们的带队专家 Tiina 女士也加入了辅导的队伍,还现身说法给学生在白板上画了芬兰的地理轮廓图,并指出芬兰从南到北长约 1 300 千米,而从芬兰到上海的距离(应该是球面距离)是 7 600 千米,坐飞机要近 9 个小时.但我们也注意到,在教室的一个角落的一个男生,他的注意力很难集中到需要完成的任务上去,18 道数学题只写了三道,地图也全是空白.任课教师和 Tiina 女士也与他个别交流、辅导,但收效几乎为零.这个学生应该就是芬兰教育体系中所谓的"特殊学生",他在课外是否能受到特殊教育,以帮助他尽快成长,这无论在芬兰还是在中国,应该都是共同存在的、亟待重视的现象.但由于我们的语言障碍,以至于未能就此情况与任课教师深入交流,确实颇感遗憾.

几名动作比较快的同学完成第二项任务后离下课还有一点时间,就各自按自己的计划做事情了.待学生陆续去吃午饭后,我们几个听课的老师才动身去吃饭.

我们发现,在这节课中,教师将课堂从教室延伸到操场,再回到教室,学生在活动中完成了数学题的编写、运算与互评.教师在教数学的同时也将地理中的方位问题融合在教学中,从多方位、多角度提升学生的多种素养,创设了多样化的学习形式,让学生学得更快乐.不仅如此,教师将学生作为社会人的角色意识也渗透其中.

二、数学概念与评价的可视化

这是一场题为"在早教课堂中以符号学为支架支持儿童参与集体数学化活动"的专家报告,由儿童数学教学研究专家 Sinikka Kaartinen 女士为我们所做(图 1.16).她以七巧板引入,形象地阐释了什么叫作数学符号的可视化,以及如何有效开展以工具为媒介的数学教学活动.比如如何借助可视化学具帮助幼儿实现对运算 $1 \div \frac{1}{2} = 2$ 及恒等式 $(x+1)(x+1) = x^2 + 2x + 1$ 的理解.并强调"借助可视化工具可以实现对复杂数学概念的可视化""数学不再是一个单独的活动,而是一个社会化的活动,需要互动合作". Sinikka Kaartinen 博士通过图表形象地为大家展示了符号学支架式教学的过程、数学化活动的分析方法以及新型数学化活动的核心要素,最后博士给出了上述教学方法的教育意义及她开

图 1.16

展上述研究的诸多参考文献.

另一个报告给我的启迪是"评价也可以可视化".

Kati 女士是于韦斯屈莱大学附属专家机构的一位专家,带领我们从教师、母亲及副校长等多重视角来看评价,通过很多例子介绍了开展持续性评价的实践和工具及相关背景. 老师首先呈现了某个网站上与数学有关的一个评价案例"赛车游戏",在这个案例中,学生认为自己在玩游戏,每次回答正确,车就能加速,这个游戏的好处在于它是世界通用的. 老师可以从后台决定学生参加游戏的难度,还可以知道学生做了什么、怎么做的,以及答题的准确度、速度、态度(看学生是胡乱答的还是经过考虑之后答的). 当学生在线进行这项游戏时,老师就可做出评价,且可适当调整难度. 在线教学的工具还有很多,老师又举了一个网站:www.plickers.com. 先在网上登记每一张学生的卡片(卡片四角写有学号,四条边分别标有 A,B,C,D). 老师做了一个现场演示,先给我们 19 名学员每人发了一张类似图示的卡片,每个人的都不一样(类似于二维码,老师手中的 iPad 可以对它扫描). 然后给出了四个选项:

A. Yes.　　　　　　　　　　B. No.
C. I still want to learn more.　　D. Anyother else.

接下来老师分别口头提了几个问题,让我们 19 名学员回答,回答时只需借助手中的卡片,将自己认为正确的选项所在的卡片的一边朝上放置即可. 然后,老师用 iPad 依次扫描过每一名学员,就生成了所有学员选的结果,非常便于统计、分析、评价.

老师举的另一个名为"交通灯"的例子与学生是否掌握一节课学习的内容有关. 她强调"这(即评价自己是否掌握了每一节课的学习内容)应当成为在学校持续的惯例". 在教室门内侧的墙上有红黄绿三色板,学生下课出教室活动时(芬兰的中小学下课后全体学生必须出教学楼进行课间活动,15 分钟或 30 分钟. 一节课为 45 分钟. 若一课一休,课间活动时间就是 15 分钟;若两课一休,课间活动时间就是 30 分钟. 学校可自行决定). 把标有自己学号或姓名的夹子夹在相应颜色的板上,以表示对本节课学习内容的掌握情况. 比如红色表示没有掌握、黄色表示基本掌握、绿色表示完全掌握等. 利用这种方式也可以评价学生的学习行为. 老师强调"自我评价是一个需要不断练习并掌握的技能",引领孩子实现正确的自我评价意义非凡. 我们知道,世界上最难认清的是自己. 美国实用主义教育家杜威在其名著《我们怎样思维·经验与教育》中认为最好的思维方式是反省思维,这种思维是对某个问题进行反复的、严肃的、持续不断的深思. 笔者认为,客观的自我评价可以实现自我反省,进而可以促进反省思维的优化. 专家介绍的以上一些评价方法,虽小却让我耳目一新,并且陷入了深深的沉思:我们曾不断地听到有关大学生因心理失衡而致悲剧发生的一些案例,这是否与这些大学生没有从小养成正确的自我评价的习惯有关呢? 教师是学生的人生导师,引领学生从小就养成自我反思、自我评价的习惯并掌握相应的比较适合自己的评价方法往往有助于个体的成长,能锻炼一个人顽强的意志与战胜困难的决心.

在采用"交通灯"的方法进行自我评价时,如何避免别人嘲笑自我评价不好的学生呢? 这里面有两种情况:一是真的不好. 此时教师应该赞赏这个学生的自我评价,而且要诚实地赞美,因为能做出此自我评价的学生一定是非常诚实的. 第二种情况是一个学生学得好,但自我评价不好,这对老师就是一个重要的信息,相关的学生一定是对自己要求非常严格且想要达到更高目标的有极强上进心的学生. 多功能的评价方式与过程应形成一种惯例,其核心思想是"一定要诚实地不间断地评价自己".

接下来,老师又介绍了"便利贴"的评价方法,当学生一天学习结束的时候,把笑脸或其他表情贴在自己作业本上相应的位置.奖励币与班级超市的评价方法也是很好的:班级超市单上列出了学生可以购买的奖励,如弹钢琴、听音乐会、看电影、为班级学生出题、打篮球、滑雪等.学生平时有了好的表现就会获得一定金额的奖励币,奖励币积累到一定数额就可以去听音乐会、看电影,即可以购买班级超市里的服务等.这儿的超市与钱都不是真正意义上的,着重在于激励学生改进自己的表现以向教师购买相应的奖励.整个班级也可攒钱以购买整个班级的奖励.学生开始时接受奖励是为自己,但后来发现只靠自己的力量可能无法实现更大的愿望,于是就会积极投入到班级建设中去,以使整个班级攒钱购买整个班级更大的奖励,如去看电影、听音乐会等.

接下来老师又介绍了评价学生的行为表现与工作能力的一种方法.在班级的某一位置设置了蓝、绿、白、黄、橙、红几格(其实就是上下排列的被固定的几张长方形的有色卡片),每一格代表了不同的评价层次,并将该评价层次明确地写在格子上.全班所有同学的名字或学号都写在小纸条上,小纸条都夹在小夹子上(或直接写在小夹子上),一开始这些夹子都放在标有白色的这一格.完成任务较好的话,相应的代表自己的夹子就上移一格,这样学生就会有动力,想达到最上面一格.否则就下移一格,这就会引起当事学生及其他同学的重视,比如如果从白色这一格下移到橙色这一格,就意味着教师可指定其座位.最下面这一格是红色,但老师说,在她的从教经历中,还没有学生被移到红色这一格.听到这儿,笔者的脑海中再次浮现出"可视化"这三个字,从以前专家讲过的小学数学学习中数学符号的可视化到博士后讲座中评价研究中的可视化代码,再到这儿的小学数学学习评价中的可视化方法,三次听到可视化(而不是量化),这些可视化的做法始终围绕着学生,真正做到了以学生为中心.

接下来老师给出了一张供学生自我评价的参考表,并再次强调"自我评价是一个不断练习并掌握的技能".在这张表中,每一个目标(比如阅读等)被分成六个等级,学年开始时学生可自行设定自己欲达到的目标的等级,在学年结束时学生自己评价达到了哪个等级.每一个孩子为自己设定的目标可能是不一样的,比如一个喜欢阅读的孩子可能会对自己的阅读目标设定一个很高的等级.

"有意思、有意义、人性化、疏而非堵"是我收获的关键词.

三、改进学校中的互动

这是由体育与健康科学硕士、被我们培训团导师称为一颗冉冉升起的新星的男教师 Tommi Makinen 所做的一次报告(图1.17),题目是"改进芬兰学校中的互动".老师强调互动技能也是生活中的一种基本能力,且能促进学习.并说,若教师直接进入教室开始上课,发现对于这样的班级是比较困难的,所以我们一定要强调教师在课堂中的互动,这样学生的自我感受将会提升,才愿意接受更多的责任,同时教师本人的幸福感也会提升.接下来,老师组织我们做了一个"寻找对视"游戏:我们19名参训学员走到教室中央的空地上来,围成一个圆圈,然后,每个人看他左

图 1.17

侧的老师的后脑勺,然后一直看过去,每次都是看他左侧的人的后脑勺(从相邻到不相邻),若发现在某一个刹那,你与某个人的眼光成对视状态,则两人相对跑动、击掌并互换位置.接下来继续刚才的事情.约五分钟后,老师宣布游戏结束,各人就站在现在正在站的位置.然后老师让大家总结一下刚才这个游戏的目的自己体会下来是什么?于是几位老师都发表了自己的看法,几乎都承认当两个人的四目相对时,内心的感受还是非常奇妙的.有人说是换位思考,有人说此时无声胜有声,有人说眼睛是心灵的窗户.我也做了发言,并说"刚才在 PPT 上看到一句话,说倾听是最美丽的语言,现在看来对视也应该是最美丽的语言".老师也表示赞同.

接下来老师又谈到了"自我决定理论"及社交情感技能的学习等,因 PPT 较高,老师还爬上桌子给大家讲解!教师要善于挖掘个人行为背后的不可见动机,相对于学生的弱点,教师要更加关注学生的优点(笔者体会这应该与中国的赏识教育相似).

四、若干见解

本小节为大家介绍另外三位专家的报告及观点,期望能有所启发.

第一个报告由于韦斯屈莱大学师范教育系 Antti 博士所做(图 1.18),题为"利用视频开展教师反思——理论及方法".重点介绍了在教室里如何通过视频录制进行教学反思,并演示了利用 Swivl 机器人录制上课视频的步骤.机器人录制的效果非常好,是红外线感应的.博士为勉励我们积极开展教学反思所引用的一句话引起了我们深深的共鸣:"如果我们希望我们的学生具备批判性思维,成为负责任的公民,那么教师也应当具备批判性思维,成为擅长探究的专业人士."

图 1.18

使用教学录像进行教学反思有以下好处:录像使得我们有机会透过学生的视角来看待自己,发现自己事后可能遗忘的教学当中存在的问题.使用录像的教师,通常会基于证据而非记忆开展自己的教学反思,并且他们的科学教学的有效性也能得到更大的提高.

第二个报告由于韦斯屈莱大学师范教育系 Jouni 教授所做(图 1.19),题为"作为框架的新版国家核心课程大纲".尽管教授的英语很像自言自语,但其高超的总结能力以及处处皆教具、小中见大的类比说理意识让人叹为观止.教授的这几句话让人受益匪浅:①通过听学生讨论的内容就会知道学生的思维及学生的层次等信息,教师应据此开展教学.②教师的职责与医生有相似之处,学生有某种疾病,教师要帮他治愈,要有很多肢体的动作.③芬兰新版大纲意在构建一个可持续的未来.一个词:可持续.④新

图 1.19

版物理大纲要求学生经常从定性的层面思考,不再那么强调计算(注:与数学相同),若单纯套公式计算,可能对运动的原理并没有很好的掌握.⑤意义、价值和态度.(注:学习数学不也是如此吗?重在理解数学的意义与价值,才会形成积极的学习数学的态度.)⑥物理学家的

工作就是通过建立自己的理论模型研究物理中的"黑匣子"问题.(注:这一点与数学中的建模也是相通的.)若是像一个透明的盒子一样能直观地看到,那就不包含任何科学.⑦做自己感兴趣的事情才会轻松快乐.⑧具体知识有事实类的与概念性的知识,抽象知识有过程类的与元认知类的.

第三个报告由于韦斯屈莱大学教育学院 Sami 博士所做(图 1.20),Sami 博士是数学、物理、化学、信息技术老师.报告题为"以学生为中心的教学方法".这个报告给我留下较深印象的是:①支架式(布鲁纳,1986)和对话式教学;②有意义的学习包括权威式教学和对话式教学.博士给了两个课堂细节实录,让我们以 IRF-模式(例如,Lemke,1990)在相应的行后面做出标记.具体要求是:阅读两个案例,然后在每一行最后填写代号 I 或 R 或 F[I=开始(通常是老师提问),R=回应,F=反馈(有时候 E=评估).];总结案例中所呈现出来的交流方式,思考案例中对话顺序的含义;针对交流方式,您自己对这段互动的看法如何? 与同伴讨论、对比您的观点.

图 1.20

博士说教师的两种不同用词往往意味着其教学是权威式还是对话式:I mean.... Your understanding.... 最后,博士再次强调要"迈向以学生为中心的教学":提高意识→转变观念→转变行为.

第二篇

历历课堂，悠悠初心
——品味同事诠释的数学理解

做教育是身为教师的我们的初心，做数学教育是数学教师坚定的选择，课堂是教师专业发展的主阵地，也是实现人生价值的主阵地.第一篇所翻记录本中记载的听过的那一节节课也随着记忆闸门的开启涌现在脑海，历历在目.本篇回忆了前几年在名师基地期间听过的一些与我一样身为学员的老师们的课，相对于第一篇中对专家的仰视，本篇我们以平视之态来走进这些课，与大家分享当时笔者最真实的感受以及自己对课堂转型、专业发展的一些浅显思考.

"运用平方差公式分解因式"听课有感

2012年9月20日,按照基地的活动安排,我去上宝中学听了王老师的一节课"运用平方差公式分解因式",感受颇多.下面谈自己的一些认识或体会.

用于分解因式的平方差公式为 $a^2-b^2=(a+b)(a-b)$,显然,从简化运算角度来看,该公式是将两次乘法与一次加减法运算等价转化为两次加减法与一次乘法运算.尽管转化力度很小,但确也让人深思.不仅如此,从次数上来看,该公式体现了将高次化为低次的简化策略,实际上和高中三角比中的降次公式 $\sin^2\alpha=\dfrac{1-\cos 2\alpha}{2}$,$\cos^2\alpha=\dfrac{1+\cos 2\alpha}{2}$ 有异曲同工之妙.最后,从形式的转化角度来看,该公式实际上体现了和差化积、化整为零的思路.实际上高中数学中不等式与三角中也都有相应的和积互化公式.细观上述公式的右边,你还会为它的整齐、对称与和谐喝彩!以上这些都说明了本节教学的重要性与独特性.

回到王老师的教学,以教师为主导、以学生为主体的教育理念得到了很好的体现.具体到教学策略与效果,有以下特点:

(1)活动引导,问题诱发.本节课通过一个个活动逐渐让学生对知识的认识从模糊到清晰、从肤浅到深入、从狭窄到宽泛.在引出一个新的知识细节时,王老师以问题为诱发器,调动了学生参与课堂、踊跃思考的积极性.

(2)追问完善,隐形合作.一般情况下,一个问题的完美解答,独靠一个普通同学的力量与智慧是不够的,此时,王老师采用追问技术,让同学之间展开接力赛,无形之中完成了同学之间的合作学习,竞争与合作在教师的追问与学生的接力中实现了完美融合.

(3)优缓兼顾,随遇解惑.提问的分层性体现了王老师对学生们的熟悉与了解,让每一个同学都能在解答不同问题中获得相似的成功感.教师在学生练习时巡视全班不是无目的地任时间流失,而是有针对性地走近相关学生,随时随地答疑解惑.确实,教育无处不在,教学也是如此,留心每一个细节,驻足每一个学生正是教学走向成功的秘诀!

(4)形象启迪,榜样示范.数学的抽象性并非注定了数学教学的枯燥性,此时,教师若能多想方法、善用对策、汲生活之泉、借语言之力、取生生之慧,定能让数学之简洁、奇异、和谐、对称之美尽现在学生面前,从而以"四两拨千斤"之势让本应该是"平易近人、朴素简单"的数学深入人心.化解数学抽象性的一条重要举措是教师的亲身示范.这一点王老师也做得挺好.可以看到,本节课PPT的使用只是一种辅助,在关键的环节与具有代表性的题目上,王老师没有用PPT很快过渡,而是亲自在黑板上做出过程示范,给每一个学生以身临其境之感,收到了很好的效果.

(5) 缓设台阶,适时升华. 教师的教学设计不是画出圆圈让学生跳,而是通过设计的引导作用,让学生拾级而上. 但到了一定火候,必要的升华是必需的. 本节课中最后的几道题目就起到了这种作用,让学生见识内涵更趋丰富、知识要求更多、能力考验更高的问题,不仅吸引了学生继续探索的目光,而且对于学生视野的开阔、思维的飞跃也是必不可少的一个环节.

(6) 群情专注,有序有效. 可以看到,本节课全体学生自始自终处于专注的学习与思考状态,由此而带来的效应就是教学的高效. 这与教师的教学激情及主动的目标引领密不可分.

当然,诚如一位教育家所说:教育是遗憾的艺术. 教学又何尝不是如此呢? 本节课也不例外,在新课引入、方法总结、语言使用方面,尚有一些需要完善之处,这也是我们每一位教师思考与努力的地方.

有效的教学需要智慧,师生的提升需要方法,教育的优化需要研讨,让我们共同努力!

一场函数性质研究的盛宴

2012年11月29日,我随基地在久仰的上海市松江二中参加了共计三节课的听课活动,课题与执教教师分别是:"方程的根与函数的零点"(松江二中李老师)、"函数$y=ax+\dfrac{b}{x}$的图像性质及其应用"(松江一中王老师)、"函数图像凹凸性的初步研究"(松江二中缪老师). 自我感觉像赴了一场函数性质研究的盛宴,收获很大!

尽管三节课从不同的角度切入,但其主题实际上是一致的,都是讨论函数的图像、性质与应用. 我们知道,图像与性质是相辅相成的,最终都是为了应用. 基于这一点,我们发现,这三节课的设计实际上都可以从相应知识点的小应用引入,正如"方程的根与函数的零点"与"函数图像凹凸性的初步研究"这两节课所展示的一样. "函数$y=ax+\dfrac{b}{x}$的图像性质及其应用"这节课从学生刚刚接触过的最简单的耐克函数$y=x+\dfrac{1}{x}$的图像与性质引入当然也是合情合理的. 但自己认为,若从与耐克函数紧密联系的小例子引入,效果应该会更好!

"方程的根与函数的零点"这节课要解决好三个合理性:①概念引入的合理性;②概念命名的合理性;③零点存在定理的合理性. 本课的引入可通过几个小例子让学生初步感悟零点概念引入的必要性. 关于零点概念命名的合理性,我想可以从以下两个方面说明:横向类比与本质揭示. 我们知道,生活中既存在名副其实的名称(如方便面、斜率、抛物线等),也存在大量名不副实的名称(如虚数不虚、截距非距、纯碱非碱、铅笔不是铅做的等). 其实很多名字的由来里面都有相应的历史背景. 另一方面,从本质上来看,零点中的零指的是函数值为零,即纵坐标为零,既然如此,点的纵坐标又何必计入? 基于这种考虑,将函数图像与横轴交点的横坐标称为零点确实是合情合理的! 当然,著名数学特级教师胡仲威老师把零点解释为时刻,即函数值为零的那一时刻,也确实令我们耳目一新! 在解决第三个合理性时,李老师的处理很好:正反结合、实验操作. 这两种做法确实让同学们对零点存在的条件有了更加深刻与全面的理解,从而抓住了定理的神与筋. 当然本节课也有一些小细节有待优化,比如:小组探究学习中的四幅图实际上是不全面的;对连续的强调不到位(如既然函数图像画不出,那如何判断图像的连续性? 不判断连续性又如何应用零点存在性定理?);整节课没有板书;等等.

"函数$y=ax+\dfrac{b}{x}$的图像性质及其应用"这节课,女教师的仔细与耐心是值得我好好学习的. 我认为本节课要解决好"两个起点、一个思路",即一个旧起点"$y=x+\dfrac{1}{x}$的图像与性质",一个新起点"$y=x+\dfrac{k}{x}(k>0)$的图像与性质",一个思路是"转化、整体、图形". 这个思路是求解耐克函数问题的基本思路. 基于此,我认为函数$y=ax+\dfrac{b}{x}$的图像与性质的研究与讨论是可以忽略的! 因为$y=ax+\dfrac{b}{x}=a\left(x+\dfrac{\frac{b}{a}}{x}\right)$,即化归为前面所述的新起点!

"函数图像凹凸性的初步研究"这节课中缪老师深厚的教学功力与幽默的教学语言是值得我好好学习的,当然,学生的优秀也是我的学生望尘莫及的. 有几个小细节提一下我的看法. ①上课伊始,学生提到了斜率,而教师一带而过了,其实,物理中学生已经感知了函数凹凸性与斜率的些许关系了,建议教师可以这样说:同学们,物理中的斜率和我们今天要研究的函数的凹凸性有密切的联系,相信经过本节课之后,大家肯定会对斜率有更深入的理解! ②关于函数凹凸性定义中的开区间的解释,建议教师采用类比的手法,类比函数的单调性. ③在阐述凹凸性的代数特征时,建议教师一定要强调"任意"二字,否则图形就失去了正确性(这一点是胡仲威老师建议的).

每听一次别人的课与自己回校后每上一节课,两相对比,我的内心时时会有一股强烈的感慨:上好一节课好难好难! 有时感觉自己十几年书真的是白教了,但前方没有退路,唯有不断学习,才能有所进步,这是我每次出去听课后获得的共同感受.

感慨于数学课的"厚"与"薄"
——听"利用一元一次方程解行程问题"有感

2013年3月26日,我上好下午第一节课后,内心有一种想哭的感觉,里面包含着遗憾与不甘.这节课我是借班上课,借的是我校高一(4)班,即我校高一唯一的TI实验班.上课的课题是"探索函数图像上任意点处的切线方程",是为江苏来的教育考察团专门开设的.上海TI总部的相关领导决定在我校开设有关TI图形计算器在教学中的应用的研讨活动是3月22日,因忙于完成高三正常的但繁重的教学任务,我没有在这节课上花适量的时间,再加上与高一学生非常陌生,因此本节课自我感觉很不成功.具体表现在以下几个方面:①课前的教学设计内容比较充分,也撰写了详细的教案,但上课时对教案流程的落实很不完整,只完成了设计的三分之二,高潮部分未来得及呈现就被迫草草下课;②学生的活动很不充分,远未形成课前预设的学生竞相提问、回答、质疑、总结的理想场面;③对技术的运用很不熟练,临场出现的问题未能做出快速有效的灵活应对.

由此想到3月21日在华育中学听的一节课,课题是"利用一元一次方程解决行程问题",由李老师执教.看得出,李老师是一位数学修养很高、教学功力非常深厚的教师,课前的预设也很充分,且就在自己任教的班级上课,对每一名同学的数学学习情况非常了解.但纵观本节课,除去显而易见的成功亮点,不得不说也同样存在着类似上述①与②中所述的问题.

至此,一对矛盾就摆在了我们面前:备课的厚(备得很丰富——量的充分)与上课的薄(课的不完整——质的残缺).实际上,从下面的分析可以看到,上述矛盾仅是我们看到的表面现象,其更深的矛盾似乎应该是:备课的整体薄(想得不充分)与上课的局部厚(局部环节的臃肿).

面对一个数学课题,在备课时,一个数学修养高、教学功力厚的教师常常会有这样的冲动,即总想把自己知道的与本课题有关的东西(包括知识、方法、技巧等)通过本节课全部呈现出来,因此备课的量的充分就使教案看起来非常丰满,无论是知识层面还是方法技巧层面都十分完整.但殊不知,这样就步入了一个误区.备课时对本课题重点、学生认知水平的适切性的把握就惨遭淡化,未能做到直奔重点、直击要害,上课时就缺少了精到的分析、会心的响应、自然的衔接、流畅的过渡、默契的配合,最终师生合作使教学效果最大化沦为空想.因此备课时一定要做到由厚到薄,要勇于根据课题舍弃自己内心熟练、一往钟情但与教学内容关系不大甚至阻碍学生认知深化的环节,这样在上课时才能不蔓不枝,做到由量的单薄到质的厚重,让每一个环节都落地生根、孕育发芽.

然而,这又谈何容易!"教学是遗憾的艺术""没有最好,只有更好",这些话的合理性与真理性毋庸置疑,但有时感到这明显是在为自己开脱,内心也就缺乏了面对一节节由自己执教的失败的课的从容与淡定.很羡慕电视上那些武术宗师早期的成长经历:一招一式由师父亲自手把手传授、纠正.教师的成长能如法炮制吗?似乎不太现实,但又极为渴望!每次聆听基地导师讲话,无论是专题报告还是余暇闲聊,导师总是面带笑容侃侃而谈,诙谐幽默满盈睿智,让人极为仰慕!是数学修养的"厚"(丰富、厚重、综合)造就了他言行的"薄"(精练、地道、自然)吗?是教学功力的"厚"(娴熟、广博)造就了他上课的"薄"(本质、清晰)吗?其实,"厚"与"薄"看似一对矛盾,但其实是互相补充、相得益彰的!只有深厚的积累才能拥有对问题本质的解读,只有平时深厚的思考才能换来刹那间灵感的爆发.正如阿基米德顿悟浮力规律、牛顿偶得万有引力定律一样,作为教师,只有平时深厚的积累,才能在备课时删繁就简,设计出最适合自己学生的教学策略,使自己的每一节课都做到效果最大化,从而让心中的遗憾日益弱化.

谈到这儿,有一个问题不容漠视:学生现状的"厚"与"薄"是否直接决定了一节课的质量?我觉得这是一个更为复杂的问题.众所周知,"以生为本"早已成为每一位教育工作者的共识,因此,在备课时只有真正深入思考了学生的"厚"与"薄",才能寻找到真正高效的教学程序,也唯有如此,才能使数学教学配得起"艺术"这种高尚的称谓.

我看"王老师之问"
——听"基本的图形运动"有感

初中阶段的平面几何学习在我心中留下了美好的印象,它困难而美丽,特别是千姿百态的辅助线赋予它的变化与神奇令我刻骨铭心!"一桥飞架南北,天堑变通途""给我一个支点,我可以撬动地球""你就像冥冥之中的那双手将我和他串联",都说明了辅助线的巨大作用.但图形的运动(如平移、旋转与翻折等)带来的辅助与变换却是我在自己的初中时代没有接触过的,2013年4月11日基地在新复兴初级中学组织的一场题为"基本的图形运动"的公开课为我补上了这节课.

公开课由孙老师执教.本节课是初三复习课,孙老师将能力目标定位为"进一步提高想象能力、探究能力,进一步掌握分类讨论、类比、由一般到特殊、由直觉猜想到直觉论证等思想方法".(个人认为调整为下面的叙述更好一些:进一步通过提高想象能力而提升探究能力,进一步领会演绎、归纳、类比的推理思路及分类讨论的思想方法.)本节课结构清晰,共分三个环节,首先师生共同回顾三种基本图形运动的概念及特点.然后进入知识的应用环节,教师以题目为载体呈现了两种类型的应用:①由静生动,形移数集中(题目未给出图形的运动,解题者通过局部图形的平移、旋转或翻折,在实现图形移位的同时实现了题目中相关数量关系的集中);②由动思静,紧抓不变量(题目已给出图形的运动,解题者需紧紧抓住不变量,通过寻找基本图形,借助三角、方程等方法求解)."呈现情境、分析方法、提炼思想"是教者在分析每一道题目时的有效做法.在本节课的第三环节,教师对"图形的运动"问题进行了简短的小结,简明而到位.下面结合自己对图形的认识谈一下孙老师这节课给我留下最深刻印象的部分.

我认为图形的生命在于两点:位置与数量.图形的运动或变换是体现其"位置"特色的一个方面,其次,"位置"特色还体现在图形的集中与分离,即形与形的结合.一方面是把基本图形放入复杂图形,体现了一形多用,如孙老师的思考题1及变式1,2中均含有边长为3,4,5的直角三角形.另一方面是从复杂图形中提取出基本图形.如变式1中提取出一等腰三角形,变式2的解法二与解法三分别提取出一直角三角形与一边长可用字母表示出来的普通三角形.图形的"数量"特色体现在形与数的结合.首先,线段有长度,这一点非常显而易见,却是催生未知数与方程思想的前提,也很容易被学生所忽略.其次,借助直角三角形中的三角比、设未知数列方程等手段更加充分说明了代数手法对求解几何问题的重要作用.其实,史上最能体现形与数结合的莫过于笛卡儿创立的解析几何了,坐标的引入为几何图形插上了更加雄美的翅膀.基于上述认识,我们可以发现,孙老师对图形的处理及对代数手法的运用都非常充分且恰到好处!

本节课的弱点也是非常明显的,就是教师对学生思维及参与课堂积极性的调动还缺乏有效的手段.实际上,教师的节奏稍慢下来,就可以改变这种局面.本节课,学生在教师很快的教学节奏下只有紧跟不舍,根本没有书写与回味的机会,这从下课后学生的学案上仍是一片空白就可看出.建议教师要在以下三个方面为学生留白:一是留时间空白,让学生画图与吸收;二是留解法空白,让学生思考与交流;三是留语言空白,让学生回味与总结.当然,容量与时间的矛盾也为这些做法的实施带来了困难!

基地王老师在评课时提出了这样的问题:在有限的一节数学课中,是面面俱到的大容量、快节奏、多线条教学方式好,还是攻其一隅、讲练彻底、单线条有序纵深推进的教学方式好?就本节课来讲,是三种运动都研究还是集中研究其中一种运动好?上述"王老师之问"实际上也是数学教师在数学课堂教学中普遍存在的困惑.在"利用一元一次方程解行程问题"的听课体会《感慨于数学课的"厚"与"薄"》中,我对上述困惑给出了自己的些许看法.下面结合孙老师的课"基本的图形运动"再谈一点看法.

作为初三第二学期后阶段的专题复习课,考虑到自己任教班级学生具体的能力情况,孙老师期望在一节课中通过典型例题让学生掌握处理图形运动问题的基本思路与策略,基于"比较出真知、比较分优劣、比较见真伪"的想法,融三种基本的图形运动于一课的做法是恰当的!事实上,三种基本的图形运动的分类介绍在早些的复习中已经完成,若在后阶段的复习中还是分三课时完成,一则时间战线拉得过长,影响了复习进程;二则也不利于通过三种图形运动的比较而实现学生对知识掌握的系统化,从而"面对具体的综合的问题灵活选择相应的合适的求解策略"的目标就不会实现.但孙老师在一节课中通过五道题(其中两道中等题,三道难题)来组织教学的做法却颇值得商榷!"量多难度大"的题目现状带来的课堂现象是:教师不停地讲,学生使劲地追!教师既想把准备的题目都讲完,又想在讲每一道题目时展示出不同的解法,此时题目的难度就成了横在教师与学生面前的最大障碍:教师剖析好一道难题需要时间,学生读题、画图、理思路需要时间,但一节课的时间是有限的!当然,在本节课中,图形几乎完全由教师代劳,学生只需跟着教师通过黑板上的图形理解题意,然而没等学生思考,教师的讲解就已经开始了,于是,学生就只有被动地听,可怜的学生连记录的时间都没有,更谈不上回味与欣赏了!

其实,打破上述局面的做法很简单,就是做好两点:一是精选习题.要选择既能体现三种基本的图形运动,又能展现不同的求解方法的典型例题,将五道题压缩为三道题或两道题.二是教师放手,由学生唱主角.教师只需做好学生参与的组织者、受阻时刻的点拨者、成功刹那的激励者与收获之后的总结者.既然学生素质好,教师就要善于通过有效的组织让学生在课堂上通过各种方式表现出来,而没有必要辛苦了自己、疲惫了学生,热闹之后连赖以回忆的痕迹也未留下.

要解决好"王老师之问",有两点认识必须明确:课堂教学要教给学生什么?学生如何才能在课堂上学会这些?即"教什么"与"如何学会"的问题.很显然,"教方法"应该成为每一位数学教师的共识,而领会方法、学会应用应是学生在课堂上亲自完成的事情.请注意这儿的"亲自"二字!任何知识或方法的内化,若无学生对解题过程的亲身经历是实现不了的!教师应在牢牢把握好上述两点认识的基础上设计并组织教学,时刻要注意做好自身的定位,努力控制自己的讲课欲望,牢记讲得精彩不如学得实在,只有这样才能在课堂上营造生生争论、群情激昂的思维碰撞场景,让每一道携带经典方法的精选习题在学生心中留下深刻的印象,在今后解题时成为他们赖以依靠的回忆.

教育这东西真的很奇妙,它有时往往让教师"一场辛苦两场空""一身汗换来事倍功半".比如对于某些知识或题目,有人反复讲,学生还是不懂,或者似懂非懂;有人一两句话,或一张图、一个例子就把事情说清楚了.其实,越是美好的东西,常常越是简单的.课堂教学也是如此,教师讲得轰轰烈烈,学生未必学得明明白白,而某些甘做配角的教师却能收获学生骄人的成绩,因为他们在某一天终于顿悟了"为谁而教".

"王老师之问"没有标准答案,关于它的实践与争论仍将继续.而坚持"以生为本",懂得"舍、得"之道是回答好它的两个认识论意义下的前提.

忽然想起了鸡、蛋之争

——听"正切函数的图像与性质"有感

听过两节有关函数的图像与性质的数学新授课,研究对象分别是幂函数与正切函数.教师的设计脉络清晰、分析准确到位,学生的思维与教师的引导形成共振,收到了较好的教学效果.但总有两种感觉挥之不去:不整体、不过瘾.少了让学生获得恍然大悟或如释重负的感觉的教学升华点.两位教师都是从分析函数性质(如定义域、奇偶性、周期性、单调性等)得出函数的图像,然后就转入性质的应用即解题,缺少了以图像为藤回头梳理性质并进一步从图像上发现其他性质(如不同幂指数的幂函数之间的位置关系、正切函数的对称性等)的环节,即没有用好图!实际上,随着时间的推移,留于学生脑海的正是直观的图像,而非那些古板的、一本正经的、不苟言笑的严密推理.这些性质在那些心中有图、善于识图的人的面前充其量不过是用到时眼睛一闭就能在浮现出的图像上迅速罗列出的囊中之物.

至此,忽然想到流传于坊间的鸡生蛋还是蛋生鸡的争论.这是一个古老的命题,却又是一个教学与生活中经常碰到的命题.

图像与性质正是这样一个古老命题的载体.首先,从教师教的角度来看,是先有性质再有图像.只有用代数方法(含初等方法及高等数学微积分中的方法)仔细分析了函数的性质,才能据此推画(在推理的基础上描画)出函数的图像.但从"正切函数的图像与性质"这节课中教师还要使用几何画板再次为学生显示图像的行为可以看出,其实教师对从分析性质入手得出图像这种做法还是心怀忐忑的,或者是想借助技术的力量消除学生心中的忐忑或疑虑.其次,教师的解题经验应该在内心里会给自己一个不一样的回答:在应用中其实是先有图像再有性质!俗话说"奇偶看一半,最值单调先,若有图像画,两者放一边",图像的力量由此可见一斑."心中有图路自宽""见数思形""推理未动,图形先行"等都说明了图像(或图形)的巨大作用.正是因为图像与性质这两个对象之间有密不可分的关系,教师在教学中,特别是在函数教学中,既要重视性质对图像的导向作用,更要重视图像(纲)对性质(领)的提纲挈领与灵活再现作用.如果说性质是一个个夺目的珍珠,那么图像就是那颗耀眼的金项链,它将一颗颗珍珠串起并让拥有它的人雍容高贵.

进而想到另一对类似鸡、蛋之争的教学困惑:是先教思想还是先教解题?是思想提升了解题能力还是解题过程培养了思想?众所周知,数学思想教学在历年使用二期课改教材的高三复习教学中往往被安排在第二学期三月中下旬的二轮复习.这种做法现在看来颇值得商榷!笔者在几年的高三数学复习教学中也有意识做了相关的实验:在第一学期接班开始新高三数学教学时,先通过典型例题让学生体会四大数学思想与三大推理方法对数学解题的重要指导作用,尽管学生满脸的困惑昭示了其内心的懵懂,但由于我在今后教学中更进一步有意识地引导,绝大多数同学对思想方法的领悟均呈上升的良好态势,体现在考试成绩上的结果也非常喜人！因此,对于某些东西的渗透,建议还是早些为好,尽管它和学生见面时完全是陌生的天外来客,但终有它反客为主的那一刹那,而这种质的变化需要"长时间"作为代价,否则等到高考前,纵有教师声嘶力竭的疾呼,也换不来学生心中顿悟的微光.

  一个教师的成长又何尝不是如此呢,是教师的成长赋予了他更多的机会,还是更多的机会加速了他的成长？诸葛亮的贤哲之名给自己带来了机会,而刘备三顾茅庐带来的机遇成就了诸葛亮一生的功绩！教师的成长离不开参加更多活动的机会,但这种机会的获得却非上帝无端由地恩赐,而是需要靠教师自己不懈地争取.有时常感慨自己没有在四大名校任职,因此就很怀疑自己会获得长足的发展,更不敢妄想有朝一日会出点小名.但试想,没有自己的努力争取,这种机会是永远不会垂青于我的！

  在这个竞争的世界里,在各行各业每一轮的竞争中,都会有赢家和输家.有的时候,赢家是第一个敢于创新的人,如苹果前CEO乔布斯.在教育界,更多的赢家是理想的逐梦者与偶像的追随者.要想让自己的每一节课都耐人寻味,让每一名学生的40分钟都远离虚度,那么,处理好教材中那些鸡生蛋还是蛋生鸡的问题是必须努力去做的！从教师专业发展方面来看,那些一步一个脚印的教师要多看看书、多出去学习学习,那些日复一日简单重复的教师要加强内功,在授课时要根据知识与学生对象灵活设计有效的教法,在丰富学生的同时也于无形中提升自己.

  其实,鸡生蛋还是蛋生鸡并不重要,无论是先有了什么,一定要尽快补上缺的那一个,有鸡的快点下蛋,有蛋的快点孵鸡,从而让鸡生蛋、蛋生鸡的循环良性地运行下去.

  在本文临近结尾的时候,身上忽然袭来阵阵寒战,又有一些疑问莫名浮上心头:是这个浮躁的世界消磨了自己的激情,还是逐渐消失的激情让自己愈加浮躁？是岁月的老去淡化了内心的自信,还是在逐渐消融的自信中任岁月老去？不敢再往下想,只期待经过上述仍让自己迷茫的思索能让自己的心更加澄净、目标更加清晰、步伐更加坚定……

欣赏"散慢"的数学教学

——有感于课堂上的"后生无谓"与"教师迟钝"

笔记本中记录着几年前听过的三节数学课"用一元一次方程求解行程问题""平面图形的运动""正方体的截面",发现了三个共同现象:①授课教师备课充分,讲解流畅,知识有深度,方法成系统;②学生课前领学案,上课埋头看学案,下课学案空大片;③听课教师紧紧跟,个别题目竟不会,边听边议好疲惫.依次详细分析如下.

每次听好课之后,总是感慨于授课教师对自己所教内容掌握的熟练度与透彻度以及高超的讲课技术.他们对自己本节课的过程设计非常完整,对所教的内容非常熟练,对相关题目所拥有的求解方法不仅简练而且多样,板书、作图清晰规范,讲解信手拈来,如行云流水般自然舒缓,毫不迟疑,体现了授课教师专业功底的深厚与课前备课的充分.每次听过之后,一种压力感都会袭上自己心头,心想回去后一定要向他们好好学习!与此形成鲜明对照的是听课教师的"迟钝"!上述三节课均属于课内课,所涉内容均属于教材中规定必须掌握的,课堂中教师所做的适当拓展亦不为过,也是在考卷中会出现的内容.对于这些内容,我们这些听课教师却感到了吃力!除了要紧跟授课教师的讲课节奏,遇到这些有所拓展的题目时脑子要飞快地旋转,还未必能即刻做出!因此,在听课时出现了一些教师头凑在一起小声讨论的现象,等讨论得有点端倪,已经又有几个新的题目被授课教师消灭了.在授课教师采用的这种"问题驱动,自己分析"(上海市数学特级教师黄华老师语)的教学模式下,学生的淡定让我们感到了恐怖.他们的学案在上课前才被发至手中,其中大部分题目是教师跳过读题过程直接讲解的,学生的沉默与淡定不知是因为优秀还是无奈?诚然,个别同学的优秀让我们惊叹,他们站起来的流畅回答让授课教师如获至宝,助推了授课的节奏.但绝大多数同学选择了沉默,选择了在自己位置上默默地读题、做题,讲台上教师精彩的讲授与个别同学的精彩回答好像均与自己无关.等教师志得意满宣布下课时,他们的学案仍是大片空白!

由此,几个问题不得不问:①学案为什么不提前下发?要学生看到的神秘面纱是学案还是学案中隐藏着的等待被发掘的思维?②身经百战的听课教师都困惑(或疑惑)的问题为什么不给学生思考(或辩论)的时间?③数学课堂教学的目的是强求课堂结构的表面完整还是追求学生思维的最大参与?④学生对教师课堂教学的"无所谓"与听课教师的现场"迟钝"是否折射了"一厢情愿、事倍功半"的教学现状?如果真是这样,那我们应该怎么办?

1. 不拘形式方能教在关键

数学教学有时就像说相声,题目之所以被破解的那个"因为"就是教师意欲向学生抖出的"包袱",这种"包袱"事先并不为学生所知,需要教师与学生的思维联袂才能获得.很多教师基于这点想法,事先并不把学案发给学生,担心课堂上的学案使学生少了新鲜感.这样做的代价就是教师的精彩讲授换不来学生会心的响应,更见不到师生、生生思维碰撞后产生的火花.相反,如果学生在课前就已经对学案中的内容有所思考,就会在课堂上与教师有默契的配合,进而在教师的点拨下走向前台、陈述、解释、辩论、反思,沐浴在大家共同营造的思维场中,有更好的想法被发现,更多的思路被打通.上述三节课面向的都是重点中学的学生,授课教师完全可以在提前下发学案的前提下,淡化课前看来很必要(甚至是巧妙)其实完全可省略的引入(如"平面图形的运动"中的知识结构梳理、"正方体的截面"中的动画导入等),让学生直面问题,把多出的时间留给学生思考、讨论、交流、总结!有这样一句话"学生已经会的不教、学生能学会的不教",要做到教得有价值,学得有意义,真的需要我们教师解放思想、学会取舍,动脑筋才能出效果,事无巨细不如简政放权!曾经听过"函数的概念"这节课,教师的思路很清晰,设想从分析初中的函数概念入手引出高中的函数概念,但在让学生叙述初中的函数概念时,学生说出的却是类似高中的函数概念,这时老师说:"这是我们今天要学的新概念,还没讲到呢!"于是再提问其他同学,这位学生只好困惑地坐下了.估计教师下面的讲课他也不会有兴趣了,他心里肯定会想:"新概念我都讲出来了,你还弄啥玄虚呢?"是啊,神秘的面纱在上课伊始就被学生揭下了,教师为什么还不改变自己的初衷呢?为什么还是按部就班地花一节课时间才引出学生已经回答出的新概念?站在学生角度想想,他们的好奇心早就没了!不如就直接把新概念拎出来与旧概念做对比,让学生们发表自己对新旧概念的看法,才会收获更佳的教学效果.因此,把学生差不多已会的知识推给学生,让他们自己去解决,教师的作用在于创设合适的情境,引导学生努力去揭开那些破解问题所需的更本质、更普适的面纱!

2. 换位思考方能准确把握

前几年一直从事高三数学教学,对解题、讲题、命题有一些朴素的看法,几条基本的原则是:①难题面前人人平等,考好成绩的同学不是会解难题,而是能把有思路的题目做对!②教师课堂上教的是想问题的方法,即元认知层面的东西,计算的熟练度、粗心的克服绝不是课堂教学的重点.③自己至少需想10分钟才有思路的题目一般不在课堂上讲.有挑战的题目要以专题形式,给学生充分思考的时间,在教师引导下将内蕴的思维让学生慢慢领会,并辅以相似的练习才能逐渐内化.④不要让"看上去挺容易"迷惑了你对一份试卷难易度的判断,一定要亲自去做它!面对一份试卷,不做就没有发言权!当命制一份试卷时,一定要想清楚试卷中那些你已经反复做过、内心很熟练的题目在学生面前是完全陌生的,不能把你对这些题目的感觉移加给学生,这样才会客观地把握这份试卷,才能较准确地预测考后的结果,才不至于让这份试卷在你的误判下沦为废卷.

正如上述④中所述,面对一道难题,授课教师在备课时可能需思考好久才突破思路障碍,领悟其解法的关键.然后,他会感觉这道题目是如此简单,上课时也就讲得兴高采烈,却不知学生对此毫无感觉!一则因为他们没有自己思考的时间,根本体会不到教师解法之精彩,况且在教师讲得"如火如荼"时,他们可能连题意还没搞懂!再则,部分喜欢独立思考的学生根本瞅都不瞅黑板一眼,独自在下面与题目默默对话.久而久之,第一类学生也从听不懂的天书中脱身而出变成了第二类学生,造成了尴尬的大面积"后生无谓"式的师生互动局面.这种"离教"现象使教师的讲课效果大打折扣、事倍功半!

曾经独自做过这样两道小题目:

(1) 函数 $f(x) = \dfrac{(x+1)^2 + \sin x}{x^2+1}$ 的最大值和最小值分别为 M, m，则 $M+m = $ _____.

(2) 设等差数列 $\{a_n\}$ 的前 n 项和为 S_n，已知 $(a_7-1)^3 + 2012(a_7-1) = 1$，$(a_{2006}-1)^3 + 2012(a_{2006}-1) = -1$，则 $S_{2012} = $ _____.

虽然资质不佳，但教过多年高三的我也还算经验丰富，然而面对上面两道题目，花了一刻钟时间仍毫无思路！试想这样的题目当我想通之后拿到课堂上立刻去讲，有几人能领悟其解法的本质？训练思维的好资源肯定被我白白浪费了！由此可以看到，听课教师的"迟钝"实属正常，这并不说明听课教师的无知，而是为授课教师敲响了"没有换位思考就做不到以生为本"的警钟。

3. 微火慢炖方能思维绽放

猛药可以治病但不能赢得健康，教师的快节奏、大容量教学只会使数学思维畸形生长，成熟的数学思维需要在熏陶中靠领悟习得。

呼唤"散慢"的数学教学！

"散"是指思维的开放。一方面，教师的思维要开放。中国"圆满"传统文化的积淀让中国教师的课堂中规中矩，个别环节虽有做作的嫌疑，也不忍舍弃，以免被指"残缺"。"以学生的发展为本"似乎成了标榜时代进步的口号，却在现实的课堂上鲜觅踪迹。当然，升学质量的压力也使得一线教师顾虑重重："不变不会失败，改变就会成功吗？"多么希望数学教育的先驱者们能像武术宗师一样，手把手，亲自上出改变的课来，让我们后来者效仿，这样，我们身上的勇气将会日益增长，改变也终会变成课堂生活的常态！另一方面，教师要促成学生思维的开放。欲"散"先"慢"，为此，教师在设计教学时要让课的节奏"慢"下来。教师抛出问题后，要从讲台上走下来，引导学生学会读题，读出题目背后的意味，然后把思考的空间留给学生，自己只需做好迎接精彩回答的心理与知识准备。真正的武术高手是无招胜有招，真正的教坛高手是此处无声胜有声。实践证明，若我们真正把思考的权利交还学生，他们反馈的思维成果中会有我们意料之外的惊喜。

写到这儿，忽然想到了太极。太极拳行进中的"慢"不正是为了出手时的雷霆之"快"与触敌刹那的尖刀之"利"吗？现在，只要我们做到了课堂的"散慢"，也必将迎来思维的"飞快"，所谓厚积薄发正是如此。

到了该收笔的时候了，心情竟不能平静，感慨于教学真的是一门博深的艺术。它有招却似无招，让人捉摸不透。教学模式或方法就像刻在洞中岩壁上的武术秘籍，一式一招尽收眼底，但不同的人舞出来却呈现出万般的神韵。试问如何鉴别他们的好坏呢？看搏击的效果吗？看武者的修养吗？看粉丝的多寡吗？每人心底似乎都有自己的标准，却无人给出统一的回答！回到数学教学上来，如何衡量一节课的好坏？看学生做题或考试的效果吗？看他们思维展现的优劣吗？看若干年后他们身上余留的数学修养吗？每人心底似乎都有自己的标准，却无人给出统一的回答！经常听专家讲这样一句话：教学没有最好，只有更好。又说：合适的就是最好的！这种明显的长者的宽慰确实激励着后来者不断去探索更适合自己学生的教学方式。一个事实是，关于教学的争论始终没有停止过，这大概也是教学乃至教育永葆青春的原因吧？

"简单"是一种力量
——"解析几何序言课"阅后感

一直以来有一桩心事挥之不去.2012年11月22日,我因参加我校与长宁区教育局共同组织的活动而缺席了基地在嘉定一中的研究课观摩活动,尽管当初两位导师都准了我假,但自己却甚觉遗憾,只有事后问开课教师徐老师要了她上课的教案及PPT用心学习,阅毕深深为其简洁清新之风而折服!

徐老师在本节课中用了几个简单例子就引导学生领会了:①什么是解析几何?②为什么要学习解析几何?③如何学习解析几何?让我大开眼界.

用简单来说明深刻是我一直以来所追求的.语言、符号、公式、思想、人都可承载这种说明方式.

迷恋一种语言,它像闪电划过,或照亮我迷茫的内心,或引起我会心的微笑,或唤起我深深的思考.这种语言简洁凝练,它往往以生活化的概括性语言描述本质.如曾国光老师将矩阵对多个坐标的作用描述为"批量运算";胡仲威老师将函数的零点描述为"函数值为零的那个时刻";黄华老师将某些教师的授课方式描述为"问题驱动,自己分析";钱钟书先生用"围城"来描述婚姻或职业中绝大多数人的那种"外边的想进去,里边的想出来"的复杂心态.著名诗人卞之琳的《断章》只有短短四句:"你站在桥上看风景 看风景的人在楼上看你 明月装饰了你的窗子 你装饰了别人的梦",言有尽而意无穷,为人们带来无尽的遐想,富含了深刻的意蕴和人生的哲理!特别喜欢一句广告词:"新飞广告做得好不如新飞冰箱好",简单却奇妙,虽有混淆概念之嫌疑,却令人过目不忘.表演艺术家、小品王赵本山先生善于在语言转换中创造发人深思、寓教于乐的奇效,并从这种看似文字游戏、实则智慧的语言品味中收获创作的灵感,如《卖拐》中的"拐卖啦,拐卖啦……",《小崔说事》中的"你白云是什么名人啊,那就是个人名!".某些哲学家的言论更加耐人寻味,如黑格尔说:熟知非真知!这句话告诉我们,熟知只是看到了眼前事物的轮廓,而对其内涵却未加深思.我们经常说"三思而后行",但常识往往不在思考范围内,熟知的常识更容易让我们放松警惕.如:车到山前必有路、不干不净吃了没病等.莱布尼茨说"世界上没有两片完全相同的树叶",这告诉我们:成功没有定式,不要相信踏着巨人的脚步就一定会成长为巨人.其实,有这样的时代,流行一种可怕而虚伪的共同性,每个人的言行与精神,仿佛都从一个模子里倒出来.我们不断遵循这种共性,却永远不能遵循自己的天性.找到两片相同的树叶很难,做一片独特的树叶更难.

迷恋那光怪陆离的数学符号,它们用纤弱的身姿弹奏出华美、宏伟的数学乐章.从毕达哥拉斯对自然数的崇拜到由变量发展而来的现代数学,数学变化的每一步都离不开符号.简

单的往往是本质的！当人们学会用加减消元法与代入消元法求解二元、三元线性方程组后，统一处理的强烈渴望促使人们发明了矩阵与行列式符号，同时将加减消元与代入消元的运算思想赋予它们，由此开启了线性代数发展的新纪元. 矩阵作为一种重要工具，其应用遍及现代数学的众多领域，华罗庚先生正是拥有了炉火纯青的矩阵技巧才使他超越同时代的很多数学家，在诸多领域做出了非凡业绩. 当然，矩阵与行列式的神奇源于它们能在相应规则下参与各种运算，这赋予了它们生命. 当我们看到符号$|a|$的那一刹那，你想到了什么？是有三种可能结果的实数a的绝对值吗？还是作为复数身份或向量身份出现的a的模？其实，可能都不是，书写者只不过是写了一个由元素a构成的一阶行列式罢了，它满足下面的等式：$|a|=a$. 其实，当学生面对问题"函数$y=a\sin x$的值域为_____"时，他的第一反应大概是$[-a, a]$，这就暴露出很多问题. 其实，符号意义的模糊增加了概念辨识的难度. 函数是关于哪个字母的函数题目并未指出，按照对符号$y=f(x)$的常规理解，自变量应该是x. 在此理解下，a的取值直接影响了函数的值域，正确填法应该是 $\begin{cases}[-a, a] & (a>0), \\ \{0\} & (a=0), \\ [a, -a] & (a<0).\end{cases}$ 在简简单单的符号面前，我们不禁感慨：世上岂止没有两片完全相同的树叶，也没有两个完全相同的字母a！

迷恋那些朴实简单的公式，它们将数学或物理世界中纷杂、零散的现象统一. 大数学家欧拉发明的公式$e^{i\pi}+1=0$将数学中最重要的五个常数统一在一个公式中，成为当之无愧的世界上最优美的数学公式！而分别由牛顿和爱因斯坦发明的物理方程$F=ma$，$E=mc^2$的简洁与强大功能更是为世人津津乐道！忽然想到杂志上的若干文章，历经曲折推导出的结论之烦琐令人望而却步，试问其价值几何？对世人的影响如何？比较一下，孰高孰低真是一目了然！

迷恋数学中的转化与化归思想，它以曲径通幽的太极之势将复杂化解. 曾拜读过曾容老师（生前为复旦大学附属中学数学特级教师）的一份教案"平面上点到直线的距离公式"，是公式推导及应用型的新授课，曾老师将任意点到直线的距离转化为原点到这条直线的距离，令人叹服！当我们求解问题"求函数$y=(x-1)(x-2)(x-3)(x-4)$的值域"时，解析式的结构及化归的思想启发我们做如下变形：$y=[(x-1)(x-4)][(x-2)(x-3)]=(x^2-5x+4)(x^2-5x+6)=t(t+2)=t^2+2t$（其中$t=x^2-5x+4$）. 这样，我们就将一个陌生的复杂的问题化归为一个熟悉的简单的问题.

崇拜这样一类人，言语不多却字字珠玑、发人深思！讨厌这样一类人，滔滔不绝却夸夸其谈. 电视里经常见到后一类人，他们以大学教授或著名学者的身份出现在公众视野，他们的新鲜理论让不少听者自惭形秽，却着实寻不出多少实在的东西，他们著述甚丰，却不抵某些真正的大师平生唯一的那部著作之万分之一！

其实，"简单"是一种境界，是绝大多数人可能一生都达不到的高境界！但，"简单"是一种力量，它以简明的形式传递了启迪的功能，引导求知者参悟事物的本质；"简单"是一种力量，它驻扎在每一位大师的心中，激励他们为寻求和谐世界中的规律而执着探索. 其实，"简单"也是一种人人追求的目标、一种引领我们的信念，它指引着我们向着"举重若轻、深入浅出"的境界努力. 在某种意义下，"简单"哲学属于中国禅宗——善于以微小的故事诠释深刻的人生道理. 作为教师，如何自然地、简单地理解数学并以自然的、简单的方式给予学生应该成为我们终生奋斗的方向，因为，我们给予的不止是知识，更重要的是能不能给予这种孕育其一生独特价值的思维方式与追求方向！

从一节课看数学课堂教学中的三个体现

听过一节研究"二项式系数的性质"课.我觉得本节课的成功之处在于体现了数学课堂教学中的三个过程:知识的发生发展过程、学生的自主探究过程、教师的引领导学过程.

一、成功的数学课堂教学要体现知识的发生发展过程

一般地,新公式、新定理的发现源于人们对未知世界的好奇与进一步探索的欲望,比如费马猜想的提出.1637年,法国数学家费马在阅读古希腊数学家丢番图于公元3世纪写的数学名著《算术》时,当他面对拥有无穷多组正整数解的勾股定理型的方程 $x^2+y^2=z^2$ 时,心中产生了自然的探索的冲动:方程 $x^3+y^3=z^3$,$x^4+y^4=z^4$,$x^5+y^5=z^5$,… 也有无穷多组正整数解吗? 它们是什么呢? 于是,他有了如下的论断:一个立方数不能分拆成两个立方数,一个四次方数不能分拆成两个四次方数.一般地,除平方之外,任何次幂不能分拆成两个同次幂! 即对于每个大于2的正整数 n,方程 $x^n+y^n=z^n$ 都没有正整数解.该猜想经过近360年的努力,才由英国数学家怀尔斯于1994年第一个证明.再如,当人们知道 $1+2+\cdots+n=\dfrac{n(n+1)}{2}$,$1^2+2^2+\cdots+n^2=\dfrac{n(n+1)(2n+1)}{6}$ 后,自然就想知道 $\sum\limits_{i=1}^{n}i^3$,$\sum\limits_{i=4}^{n}i^4$,…,$\sum\limits_{i=1}^{n}i^k(k\in \mathbf{N}^*)$ 的结果应该是什么,于是就有了下面的阿尔哈曾递推公式:$\sum\limits_{i=1}^{n}i^{k+1}=(n+1)\sum\limits_{i=1}^{n}i^k-\sum\limits_{i=1}^{n}\left(\sum\limits_{p=1}^{i}p^k\right)$.类似地,二项式定理的发现过程是否可以这样解读:当人们知道了 $(a+b)^2=a^2+2ab+b^2$,$(a+b)^3=a^3+3a^2b+3ab^2+b^3$ 后,自然就想知道 $(a+b)^4$,$(a+b)^5$,…,$(a+b)^n(n\in \mathbf{N}^*)$ 的展开式是什么.经过探索,英国数学家艾萨克·牛顿于1664年、1665年期间提出了现在为我们所熟知的二项式定理:$(a+b)^n=C_n^0a^n+C_n^1a^{n-1}b+C_n^2a^{n-2}b^2+\cdots+C_n^{n-1}ab^{n-1}+C_n^nb^n(a,b\in \mathbf{C},n\in \mathbf{N}^*)$.那么为什么会出现所谓的杨辉三角呢? 这正是本节课开始教师必须解决好的问题,即:为什么会想到画出这么一个三角形来? 我觉得应该讲清以下两点:

1. 提取本质

在二项展开式 $(a+b)^n=C_n^0a^n+C_n^1a^{n-1}b+C_n^2a^{n-2}b^2+\cdots+C_n^{n-1}ab^{n-1}+C_n^nb^n(a,b\in \mathbf{C},$

$n\in\mathbf{N}^*$)中,我们说a,b是变的,但又是不变的!因为a,b可以取任意复数,所以说a,b是变的,但当我们整体把握这个展开式时,由于a,b的次数变化是有规律的(此消彼长和不变),因此展开式就完全取决于每一项前面的二项式系数,所以起关键作用的或者说起本质作用的是这些二项式系数[如$(a+b)^2=a^2+2ab+b^2$中的1,2,1;$(a+b)^3=a^3+3a^2b+3ab^2+b^3$中的1,3,3,1,等等]. 所以,把这些系数提取出来单独研究就是很自然的事.

其实,数学中还有很多类似这样的做法. 如矩阵与行列式概念的出现就源于人们对线性方程组从整体结构上把握其本质的结果,如三元一次方程组$\begin{cases}x+y+z=6,\\3x-y+2z=7,\\5x+2y+2z=15\end{cases}$ 可以用矩阵$\begin{pmatrix}1&1&1&6\\3&-1&2&7\\5&2&2&15\end{pmatrix}$来表示. 再如著名的哥尼斯堡七桥问题与抽象的伽罗瓦理论等都鲜明地体现了上述做法.

但稍稍遗憾的是,授课老师对这个启迪智慧、提升思维的重要做法没有做出强调. 需知,杨辉三角的出现不是妙手偶得之,而是数学家寻求事物变化本质的必然结果.

2. 整理形式

令人欣赏的是授课老师对形式的处理. 教师首先将二项式系数排成一张直角数表,然后再将它整理完善为一张等边数表,这样就模拟了数学家研究这些系数的近似真实的思维过程. 确实,杨辉三角的出现不是空穴来风,而是数学家辗转深思之后的产物.

$$
\begin{array}{l}
1\ 1\\
1\ 2\ 1\\
1\ 3\ 3\ 1\\
1\ 4\ 6\ 4\ 1\\
\cdots\cdots\\
C_n^0\ \ C_n^1\ \ C_n^2\ \cdots\ C_n^n
\end{array}
\qquad\longrightarrow\qquad
\begin{array}{c}
1\\
1\ \ 1\\
1\ \ 2\ \ 1\\
1\ \ 3\ \ 3\ \ 1\\
1\ \ 4\ \ 6\ \ 4\ \ 1\\
\cdots\cdots\cdots\cdots\\
C_n^0\ \ C_n^1\ \ C_n^2\ \cdots\ C_n^n
\end{array}
$$

图 2.1

顾泠沅先生说"数学源于直观,但要回到抽象". 本节课正是在"抽象—直观—抽象"的变换中实现对知识的探索与发现的. "从二项展开式中提取出二项式系数排成一张数表"是从抽象走向直观,而"对凭直观观察出来的结论进行严格证明"是从直观走向抽象. 但在具体证明时,如用作商法证明二项式系数的单调性的最后环节对k依次取值$0,1,2,\cdots,n$、通过对a,b取值证明等式$C_n^0+C_n^1+\cdots+C_n^{n-1}+C_n^n=2^n$ 与 $C_n^0+C_n^2+C_n^4+\cdots=C_n^1+C_n^3+C_n^5+\cdots=2^{n-1}$等过程又是化抽象为直观的做法. 抽象与直观是相辅相成的两个过程:直观是抽象的启蒙,抽象是直观的概括;直观是表象,抽象是本质;直观是抽象在关键时刻的本源依靠,抽象是直观积累到一定数量时的内涵升华;直观是离散的海滩贝壳,抽象是浑然一体的珍珠项链.

二、成功的数学课堂教学要体现学生的自主探究过程

在这节课中,学生的表现可以概括为:暗流涌动、电光石火、勇于质疑、敢讲真话.表面上看,整堂课学生是安静的,与教师一问一答式的互动较少,似乎削弱了本节课的精彩.其实不然,从教师的提问及学生的回答可以看出,同学们的思维无时无刻不在内心涌动,等到教师叫起来的那一刹那,思维如电光石火一样迸发出来.不仅如此,更为难能可贵的是学生有质疑精神并且敢讲真话!当讲到"杨辉三角第 n 行的数字写在一起组成一个整数 11^n"时,学生中出现了骚动,有一位同学主动站起来抗议说:"这句话有问题!"这些现象说明了教师与学生的互动其实是在心底深处.

是要"沉默的课堂,主动的思维",还是要"欢畅的课堂,被动的跟随"? 显然在"欢畅的课堂,主动的思维"求不可得的情况下,答案应该是前者.

三、成功的数学课堂教学要体现教师的引领导学过程

现代教学理论认为,在课堂教学中,教师应是开发者、引导者、组织者,而学生则是学习者、发现者、研究者、创造者. 我觉得,在陪伴学生探索未知知识的旅程中,教师应是点火者——点燃学生探索未知的冲动之火、点燃学生思维绽放的方法之火、点燃学生争论质疑的研究之火! 本节课从以下四个方面实现了对学生的引领导学.

1. 呈现的艺术

在杨辉三角中隐藏的规律的诱发与呈现上,教师花足了功夫.运用 PPT 制作技术,通过形的调整与动态变化创造了一个又一个催生思维的场景,让学生在欣赏的同时积极思考,不断获得一个个崭新的发现. 我一直认为,数学是"符号游戏、形的艺术"——符号里面有故事,形式背后有玄机! 抓好了这两点也就盘活了整个教学. 曾经拜读过著名特级教师李秋明老师的一篇文章《在排列组合复习课中进行逆向再思考》,里面通过对符号"C_{n+1}^m"及"P_{n+1}^m"含义的解读得到了两个公式:$C_{n+1}^m = C_n^m + C_n^{m-1}$,$P_{n+1}^m = P_n^m + mP_n^{m-1}$.通过将式子 $\dfrac{25 \times 16 \times 9}{3!}$ 变形为 $C_5^3 P_5^3$ 获得了同一问题的更加清晰简明的解法.如表 2.1、表 2.2 所示.

表 2.1

符号	符号里面的故事	获得的公式
C_{n+1}^m	将从 $n+1$ 个不同元素中每次取出 m 个的组合数,按其中某个特定元素"取"或"不取"可划分为两种情况.若取,则有 $C_1^1 C_n^{m-1}$ 种不同取法;若不取,则有 C_n^m 种不同取法	$C_{n+1}^m = C_n^m + C_n^{m-1}$
P_{n+1}^m	将从 $n+1$ 个不同元素中每次取出 m 个的排列数,按其中某个特定元素"参排"或"不参排"可划分为两种情况.若参排,则有 $P_m^1 P_n^{m-1}$ 种不同排法;若不参排,则有 P_n^m 种不同排法	$P_{n+1}^m = P_n^m + mP_n^{m-1}$

表 2.2

问题	初始想法	变形	新的想法
25个人排成5×5方阵,从中选出3人,要求其中任2人不同行不同列,问有多少种不同的选法?	先从 25 人任意选出 1 人,然后将被选出的人所在的行和列划去,从剩下的 16 人(4 行 4 列)中任意选出 1 人,有 16 种选法,再将被选出的人所在的行和列划去,从剩下的 9 人(3 行 3 列)中任意选出 1 人,有 9 种选法.由乘法原理知共有 $25\times 16\times 9$ 种选法.但考虑到重复情况,结果应为 $\dfrac{25\times 16\times 9}{3!}$	$\dfrac{25\times 16\times 9}{3!}=$ $\dfrac{5^2\times 4^2\times 3^2}{3!}=$ $\dfrac{5\times 4\times 3}{3!}\times 5\times 4\times 3 = C_5^3 P_5^3$	从 5 行中选 3 行,再从选出的 3 行中的每一行各选出 1 人(任两人不在同一列)

由此可见,懂得符号背后的故事与形式的整理技巧对学好数学具有重要的意义.

2. 语言的艺术

教师的语言简练准确,毫无拖泥带水之感,对学生的理解起到了很好的启发作用.

3. 追问的艺术

在引导学生阅读题目时,教师问得和蔼亲切但毫不留情,直到将题目条件中的所有细节全部问到,这种追问可以唤起学生对一个个概念的回忆,对学生养成踏实严谨的学习习惯具有很好的促进作用.

4. 启发的艺术

学生在遇到较难的问题、思维受阻时,教师合适的启发就显得格外重要.我们知道,数学是科学的皇冠,而数论是皇冠上的明珠.本节课在探索杨辉三角斜行中数的性质时,学生们感到了些许困难,此时,教师善于借助图形实现了有效的启发.

很欣赏复旦附中倡导的数学教学过程中的过程教学法.这种教学法尊重思维发展的自然规律,注重引领学生经历知识产生与发展的来龙去脉,重在强调对学生悟性的熏陶和能力的提升,着眼于学生的全面发展与终身成长,这种教学法很好地诠释了上述三个体现!

数学学科教师课堂教学转型的特色路径初探

一、数学的特点：逻辑的思辨，思维的体操

数学是一切科学之母，它是研究数量关系和空间形式的一门科学，具有高度的抽象性、严密的逻辑性和应用的广泛性.

数学抽象是指抽取出同类数学对象的共同的、本质的属性或特征，舍弃其他非本质的属性或特征的思维过程.苏联数学家亚历山大洛夫曾经说过，抽象性在简单的计算中就已经表现出来.我们运用抽象的数字，却并不打算每次都把它们同具体的对象联系起来.我们在学校学的是抽象的乘法表，总是数字的乘法表，而不是男孩的数目乘上苹果的数目，或者苹果的数目乘上苹果的价钱，等等.同样地，在几何中研究的（例如）是直线，而不是拉紧了的绳子，并且在几何线的概念中舍弃了所有性质，只留下在一定方向上的伸长.

正因为数学有高度的抽象性，所以它的结论是否正确，就不能像物理、化学等学科那样，对于一些结论，可以用实验来加以确认，而是要依靠严格的推理来证明.而且，一旦经推理证明了结论，这个结论也就是正确的.这就是数学严密的逻辑性.对于任何数学结论，必须严格按照正确的推理规则，根据数学中已经证明和确认的正确的结论、公理、定理、定律、法则、公式等，经过逻辑推理得到，这就要求得到的结论不能有丝毫的主观臆断性和片面性.数学的抽象性也决定了数学具有很广泛的应用性.事实上，数学本身是个工具，它不对应任何具体的事物，但许多具体的事物如计算机、金融等，甚至只是去菜市场买个菜，都无法回避地需要运用数学，因此它具有广泛的应用性.

能够用数学的观点去思考问题和解决问题的能力即数学思维能力，简称数学思维.比如：转化与化归，从一般到特殊、特殊到一般，函数和对应的思想，等等.具体来讲，数学思维能力就是：会观察、实验、比较、猜想、分析、综合、抽象和概括；会用归纳、演绎和类比进行推理；会合乎逻辑地、准确地阐述自己的思想和观点；能运用数学概念、思想和方法，辨明数学关系，形成良好的思维品质.

数学思维渗透于社会和生活的每个角落，无时无刻不在影响着我们的行为和思维模式，每个人都在有意无意地运用着数学的思维方式.现实世界中，政治、经济、企业经营、组织管理、军事、社会生活等诸多领域的复杂问题都需要用数学思维来解决，学好和用好数学思维，才会活得更有智慧.

我们学习数学,更主要的还是培养自己的思维能力.数学是锻炼思维的体操!很多人在学生时代,在数学上获得了不少的奖项,但当他们不从事与数学有关的工作后,他们凭着活跃的思维和扎实的数学基础,在其他领域也取得了惊人的成就.

数学的上述特征决定了数学学习及数学教育的特殊性:培养思维是硬道理.具体来讲,数学教育必须能够帮助学生掌握现代生活和进一步学习所必需的数学知识、技能、思想和方法,提升学生的数学素养,引导学生会用数学眼光观察世界,会用数学思维思考世界,会用数学语言表达世界,促进学生思维能力、实践能力和创新意识的发展,探寻事物的变化规律,增强社会责任感,在学生形成正确人生观、价值观、世界观等方面要能发挥独特的作用,而高中数学课程应为学生的可持续发展和终身学习创造条件.

二、以"留白创造式"教学为引领,以学科核心素养为导向

(一) 数学"留白创造式"教学简介

数学"留白创造式"教学范式是特级教师、正高级教师、上海市晋元高级中学王华书记领衔的上海市第四期"双名工程"高峰计划数学项目的一项研究成果.这是新时代中小学数学课堂教学改革的一种范式、一种有意义的尝试;是以学生为中心,立足育人目标,为学生留下充分的思维空间和探究活动机会,学生在已有知识的基础上,在主动学习和问题解决过程中,经历新知创获的一种教学方式.

该教学范式是在高峰计划团队长期合作研究的过程中提出来的.我们知道,自1978年以来,上海市中小学数学课堂教学改革历经40多年,从教师主导的课堂到促进学生能力提升的"素质教育",再到"以学生发展为本"的教育改革,为了适应社会发展需要,基础教育理念不断更新,课堂教学形式不断改良.青浦数学实验提出的教学原理"情意原理,序进原理,活动原理,反馈原理",上海市复旦中学2010年博雅教育率先提出的"留白式课堂"都给予我们极好的启发.

高峰计划课题组自2018年12月启动"上海市中小学数学专家型教师课堂教学表征"项目研究,总结提炼出课堂教学的6条共同表征.从2020年12月开始,提出了讲练导学式、互动掌握式、留白创造式数学教学课型概念,并从师生关系、学习方式、相关理论等方面加以解释,其简单比较如表2.3所示[①].

表 2.3

名称	结构	师生关系	学习方式	相关理论	目前状况
讲练导学式	动宾结构	教师为主;学生接受为主	听讲、思考、回答、练习	赫尔巴特"明了、联想、方法、系统";赞可夫"无环节";因材施教;启发式	义务教育少见,高中多见
互动掌握式		教师、学生平等	听讲、思考、对话、体验、练习	赫尔巴特"明了、联想、方法、系统";布鲁姆"掌握学习法";因材施教;启发式	教学常见课型

---

① 王华,汪晓勤.中小学数学"留白创造式"教学——理论、实践与案例[M].上海:华东师范大学出版社,2023:27.

(续表)

名称	结构	师生关系	学习方式	相关理论	目前状况
留白创造式		学生为主；教师引导、补白	阅读、思考、交流、提问、发现	弗赖登塔尔"再创造"；布鲁姆"掌握学习法"；因材施教；启发式	今后努力所为

限于篇幅，"留白创造式"教学范式的评价体系请读者参阅著作《中小学数学"留白创造式"教学——理论、实践与案例》(王华，汪晓勤，华东师范大学出版社，2023年).

(二) 数学"留白创造式"教学对发展核心素养的作用

1. "留白创造式"教学希望解决的问题

首先是确立一种信念. 创新需要解放思想、放飞思维，创设机会、正确引导、放手前行，不断地通过自我实践(活动)达成自我实现！

其次是树立一种理念. 我们认为教学的目的是为了"陶冶品行，立德树人"，而对于如何学习，我们的回答是：明确目标，自主学习，创获知识.

再次是变革教学观念. 第一是把握教学内容，思考学生认知——为学生自主学习"留白". 教学目标设计具有一定的高观点，要把握教学内容的一般需求与本质属性，明确知识体系和结构、准确表达，较好地体现知识的深刻性. 能够根据学生的认知需求，创设情境，将教学内容的思维过程按照一定的顺序清晰地进行问题呈现(思维过程问题化或活动式)，较好地体现必要性(动机). 第二是课堂再现数学过程，留白中呈现学生活动——为发现知识、创新思维"补白". 课堂教学依赖问题设计、分组交流、师生互动，组织教学再现数学过程与认知过程，会解决相关的问题，为学生"再创造"学习提供准确、有效的机会，体现有效性. 学生完成以问题串为主要内容的学习任务，且在课堂问题解决所提供的活动中(回答问题、上台演示、生生互动等)表现优秀(超过半数的学生参与)，体现主体性. 第三是准确鉴别引导，及时反馈调节——为达标、激励而评价. 在组织教学中，准确判断学生"补白"语言、行为，评价、反馈、引导，保证练习等行为的准确率达60%以上；保证半数以上学生参与；在师生对话中，促进课堂高阶思维，有鉴别、判断，有矫正、调节，有激励、引导；体现教学的可行性.

2. "留白创造式"教学与核心素养

在"留白创造式"课堂中，教师善于根据学科内容与学生特点灵活创设现实情境、数学情境或科学情境，并鼓励学生基于情境提出合适的数学问题. 在问题分析与解决的过程中，学生逐步能够用数学语言直观地解释和交流数学的概念、结论、应用和思想方法，并能进行质疑、评价、总结与拓展，学生的高阶思维品质不断得以优化. 课程标准指出[①]，以下四个方面最能体现数学学科核心素养：情境与问题、知识与技能、思维与表达、交流与反思. "留白创造式"教学将其落实在各种具体的空间、时间或思维之白中，帮助学生在获得必要的基础知识和基本技能、感悟数学基本思想、不断积累数学基本活动经验的过程中，逐步提高发现和提出问题的能力、分析和解决问题的能力，发展了数学实践能力及创新意识，数学学科核心素

---

① 中华人民共和国教育部. 普通高中数学课程标准(2017年版2020年修订)[M]. 北京：人民教育出版社，2020：75.

养不断得以丰富和生长.

三、以六"到"促进高中数学课堂转型

(一) 认识追到数学本质:提升教师对教学内容的本质认识

教师在"留白创造式"教学中的作用主要体现在何处？我们的答案是:围绕数学概念的核心展开教学,在概念的本质和数学思想方法的理解上给予点拨、讲解.而要想做到这一点,"理解数学,把握数学对象的本质属性"是关键!

案例1 "三角函数诱导公式"的核心

以往我们从"三角恒等变形"的角度理解三角函数诱导公式,把它当成"将任意角的三角函数化成锐角三角函数"的工具.教学中,因为诱导公式太多,学生记不住,许多老师又将之进一步概括成"奇变偶不变,符号看象限".实践表明,教学效果总不尽如人意.什么原因呢？

主要原因在于这样的教学没有抓住"诱导公式"的核心.其实,$x=\cos t$ 和 $y=\sin t$ 是单位圆的自然的动态(解析)描述.由此可以想到,正弦、余弦函数的基本性质就是圆的几何性质(主要是对称性)的解析表达.诱导公式本质上是圆的旋转对称性和轴对称性的解析表达,它是三角函数的一条性质——对称性.围绕"对称性"这一核心展开教学,就可以实现诱导公式教学的以简驭繁.

例如,教师可创设问题之白,出示问题"如果任意角 α 的终边与任意角 β 的终边关于原点对称,那么它们有什么关系？它们的三角函数又有什么关系？",在该问题引导下,学生可以容易地得到:$\beta=2k\pi+\pi+\alpha$.由于 α 的终边、β 的终边与单位圆的交点关于原点对称,因此 $\sin\beta=\sin(2k\pi+\pi+\alpha)=\sin(\pi+\alpha)=-\sin\alpha$.

类似地,在问题"如果 α 的终边与 β 的终边关于 x 轴对称,它们有什么关系？它们的三角函数又有什么关系？关于 y 轴,或关于直线 $y=x$,或关于直线 $y=-x$ 对称呢？"的引导下,可以容易地得到其他诱导公式.

综上,我们认为,三角函数诱导公式的教学有三个要点:依据三角函数的定义;凸显变换(旋转、对称)的思想方法;以单位圆为工具.

(二) 备课拓到单元一体:强化教师对教学内容的整体把握

由于数学教材是高度结构化的,学生的数学问题大多数是他们数学认知结构和数学教材结构逻辑发展的结果,因此无论教还是学,站在数学学科结构和单元题材结构的高度,在备课时用结构的观点把握教材,用结构化的方法处理教材是非常重要的.我们应该让学生在"见树木,更见森林;见森林,才见树木"的情境中学习数学,引导学生充分感受和把握数学的知识结构和方法结构,体验数学知识的发生发展过程.

案例2 随机变量的期望与方差

新课标背景下,高中数学课程内容突出四条主线:函数、几何与代数、概率与统计、数学建模活动与数学探究活动,它们贯穿必修、选择性必修和选修课程.对于概率与统计内容,不

仅学生普遍感觉内容多、难度大,其实也是很多教师颇感头痛的一大单元.特别是"条件概率与全概率、随机变量的分布与特征、常用分布、成对数据的统计分析"等内容更是如此.我们认为"整体把握、类比推进"是克服难点的较好对策.

在"统计估计"单元,同学们学过"估计总体的数字特征",如样本平均数、样本方差与标准差,并且强调了公式的结构特征,推导了它们的一些基本性质.在教学"随机变量的期望与方差"时,诸如沪教版教材中给出的方差的定义 $D[X] = E[(X-E[X])^2]$ 以及派生出的计算公式 $D[X] = E[X^2] - (E[X])^2$ 是学生理解的难点,不宜直接给出.教师可在与同学们共同回忆前述数字特征的基础上,放手由同学们自己独立展开对随机变量的期望与方差的学习——类比给出定义,类比得到性质,类比完成证明,类比记忆应用.通过上述类比探索过程,学生在"恍然大悟、原来如此"的美好体验中实现了学习的"由厚到薄",使前后知识不再孤立,全新概念不再抽象,性质呈现不再突兀,新知应用不再陌生.

(三)研题达到系列递进:拓宽题目对师生成长的多重效能

美国数学家哈尔莫斯说"问题是数学的心脏",因此培养学生解决数学问题的能力是学生数学学习的核心,也是教师教研、促进自身专业发展的重要内容.

案例3　数学好题研讨

数学教研组要开展持续的好题研讨.王华老师曾提出研究好题独特的视角:不繁、不怪、不死、不生、不超.笔者做过报告"好题标准之我见",阐述了"什么叫题?什么叫好?研讨'好题的标准'的目的;如何鉴别好还是不好?"等.该项研究为数学老师指引了一条重要的专业发展之路——解题、讲题、命题、研究题、欣赏题以及论文等一些物化成果.

案例4　学生讲题改革

我校两位老师从高二开始做了一个学期的学生讲题试验,还在学校开了观摩课,收效良好!他们也分享了自己的做法:提高学生的关注度,让学生上黑板讲题,增强仪式感;教师随机点名;以学定教.该项实践使学生参与课堂的意识与习惯得以优化,助力了近两年的数学高考;改善了老师们的课堂教学方式,提升了课堂教学能力.

(四)主题回到现象本源:启发学生对数学对象的直观理解

顾泠沅先生说:数学源于直观,走向抽象.直观想象是六大数学核心素养之一,是发现和提出问题、分析和解决问题的重要手段,是探索和形成论证思路、进行数学推理、构建抽象结构的思维基础."紧扣教学主题,创设真实情境"是促进学生理解数学对象、实现意义建构的有效手段.美国、芬兰等国家风靡的现象教学即是如此.孙四周老师认为[①]:现象是世界呈现出来的表象,知识是用以解释现象的图式.现象教学法是让学生通过对现象的探究而形成能力和知识的教学方法.而根据一定的目标和计划,利用包含特定教学任务的现象,通过现象教学法对学生进行的教学,叫作现象教学.

---

① 孙四周.现象教学[M].长春:吉林教育出版社,2018:200.

案例5　二面角及其平面角教学

本案例选自由吴江盛泽中学孙四周工作室编写的《现象教学案例选》．

让学生拿出一张矩形的纸（也可以用书本或笔记本电脑、门等），进行下列活动：

活动1　你能不能把这张纸折成 90°的角？（说明：这时学生还没有"二面角"的概念，但是我每一次这样要求时，他们都能够折出 90°的角——这就是人的直觉，数学符合直觉．哪怕是最高深的数学，最初也都来源于直觉．）

活动2　你能不能把这张纸折成 60°的角？（说明：同样能完成．）

活动3　你是怎么确保折成的角就是 90°或 60°的？或者你怎样向我证明你折出的角符合要求？（说明：学生会去度量矩形与折痕垂直的那一边被折成角的度数，他们的折痕普遍地与某边垂直，因此他们度量的其实就是二面角的平面角．）

活动4　再折出 120°，150°，可以吗？（说明：这必须去度量其补角，很有困难，但因为实物易于观察和操作，最终还算"顺手"．）

至此，学生已经对"二面角及其大小"有了真实的感知，现在需要的就是在二面角中生成平面角的概念，从而连接学生的数学现实．

活动5　请把纸撕成不规则的形状，比如树叶形（也可以直接使用树叶）．重复上面的活动 1～4．

说明：这时已经没有现成的、与棱垂直的射线可用，也就是说材料中没有现成的"平面角"．而正是在这个更原始的材料中，学生感知到要度量的是什么角．在他们把三角板插入折过的纸片里的时候，就已经真实地"构造"了二面角的平面角．用 90°，60°，45°完成真实感知后再用 120°，150°和 135°加以强化，前者是可以实测的，后体验到必须作出与棱垂直的射线，从而建构很清晰的"平面角"意义．以下进行严密的数学化，形成概念．

活动6　用实物操作，在树叶形的纸片上把二面角的平面角制作出来．（说明：两次对折，后一折痕与前一折痕垂直，沿后者剪开．）

二面角教学的关键在于"平面角"意义的建构．学生能够看见二面角，但是二面角的平面角是看不见的．树叶形纸张上那两条与棱垂直的射线，不是发现，而是构造，二面角的平面角不是具体的，无法找到，它是抽象的，是由学生的头脑生成的．在概念抽象意义形成的过程中，矩形纸张、笔记本电脑、书本的纸页这些具体的事物，为学生的概念生成做了具体化理解的铺设，但仅限于此是不够的，需要由特殊到一般，具体到抽象，所以仅止于诸如笔记本电脑开合的情境设计，无法促使学生对数学问题的深入思考，必须用去除了特殊性、更有抽象意味的材料促进学生的数学建构，以引发对概念本质的深度理解．在树叶形纸张里，学生基于对矩形纸张的研究经验可以自然联想，在数学直觉的指引下，凭空设计两条与棱垂直的射线，从而引出一般意义上的平面角概念．这就是思维的创造，是意义的自然生成，是真实学习的发生．而且在生成的时候，树叶上两条垂线的位置是不固定的，学生存在对"等角"问题的自然疑问，疑问又进一步促进了思考，在他们自行论证、得到"角与位置无关"的结论以后，其成功的喜悦已卓然可见．这样的学习过程，使他们有了探究能力、情感态度的双重体验，这对学生数学素养和全面素质的提升都大有好处．

(五) 教学做到活动留白:促进学生对数学对象的深度学习

数学教学过程是教师引导学生进行数学活动的过程.《数学课程标准》特别提出了数学教学是数学活动的教学,学生要在数学教师的指引下,积极主动地掌握数学知识、技能、发展能力,形成积极主动的学习态度,同时使身心获得健康发展."留白创造式"教学提倡以活动为载体,在活动中创设发现之白与超越之白,实现深度学习.

案例 6 "球的体积"课时教学

本节课我们设计了三个活动,两次实物实验留白及一次思维拓展活动留白,使全体同学经历了物理感知、量化估计、方法创用的全过程,思维逐渐走向严密、发散与深刻. 三次活动详述如表 2.4 所示.

表 2.4

	第一次活动:课前活动,热身体验
活动目标	探索体会测量球体积的方法,引出本节课内容,催生思维的严密性
活动设计	1. 任务布置(学生利用课余完成): 在生活中找一个球体,并测量它的体积. 请写出你的测量方案,记录你的测量过程和测量结果. 2. 上课之初简单展示部分同学的方法(播放学生拍摄的视频). 预设可能活动: (1) 将球浸入盛满水的容器里,通过球溢出水的体积可求得球的体积. (2) 将球切成一半,用半球装水灌满,然后根据灌入水的体积求出球的体积. 3. 教师指出利用这类方法求出的是球体积的近似值,如何才能求出球的体积的精确值呢? 引出本节课需要解决的重点问题:球的体积公式
设计说明	该活动由学生在课前完成,经历球的体积求法的探究过程,深入思考几何体体积的求法,有排水法、容积法、等积法、浮力法等,这样能够充分调动学生的思维,将学生已有的经验融入数学学习中来,使学生有迫切想要探究球体积公式的需求,从而自然引入本节课的课题. 在该探究活动中,学生通过设计实验方法,记录实验过程,也进一步提升了思维能力和解决问题能力. 在实践中学生会想到利用球的对称性将球的体积问题转化为求半球的体积,也是本节课中为了利用祖暅原理而实现转化的思想来源
	第二次活动:实验探究,形成感知
活动目标	实验探究等底等高的半球和圆柱体积的关系,学会用语言表达思维
活动设计	问题 1:等底等高的半球和圆柱体积的关系如何? 学生形成小组,各自通过倒水或装米的实验,发现半径为 3 cm 的半球里装满水后倒入半径为 3 cm、高为 3 cm 的圆柱内并没有倒满,通过测量高度发现是圆柱高的 2/3,从而推测等底等高的半球的体积是圆柱体积的 2/3. 问题 2:等底等高的半球体积比圆柱的体积少了圆柱体积的 1/3,少掉的会是什么? (预设)生:一个柱体的体积里去掉 1/3 个柱体体积,联想到 1/3 个柱体体积恰好是等底等高的圆锥的体积. 问题 3:通过实验,你能猜测出什么样的结论呢? (预设)生:半球的体积等于等底等高的圆柱内挖掉一个圆锥后得到的几何体的体积

设计说明	通过具体实验先去推测半球体的体积与等底等高圆柱的体积之间的关系,既能感受数学学习不是枯燥的纸上谈兵,同时又能在获得数学结论中避免直接告知,而是让学生自己经历观察、分析、归纳、概括等数学思维活动来获得.另外让后续构造圆柱体内挖去一个圆锥体变得顺理成章.在其中,学生经历了"感知—探究—实践—生成"的完整的学习环节,落实了直观想象、数学运算的核心素养.这里需要学生对现象进行归纳总结,帮助学生学会用数学的语言表达世界
第三次活动:迁移创造,学以致用	
活动目标	创用前面推导球的体积的方法解决实际问题,培养思维的深刻性
活动设计	1. 创设生活情境. 　师:每天早上我女儿都因为喝多少牛奶跟我争论不休.她每天都说要喝"半碗"牛奶,于是我就给她倒了"半碗".没想到我的"半碗"和她的"半碗"不是同一个"半碗"(播放视频). 2. 师生共同提出问题. 　师:你们认为的半碗是哪一种呢？请选择你自己的战队: 　①高度是一半；②体积是一半. 　如果你选择的是①,请计算一下这个"半碗"与整个半球体积的关系； 　如果你选择的是②,请求出该几何体的高与半球半径之间的关系. 3. 教师指定某三个小组研究问题①,另三个小组研究问题②(教师提供书写笔及白板纸). 4. 学生分组分享结果,帮助老师解决"亲子问题"
设计说明	这是对球体积的探究拓展,其实两个问题的本质是一样的,通过这样的方式,既能让学生再次经历用祖暅原理解决与球相关的体积问题,又能落实数学运算、数学抽象、直观想象的核心素养.通过该活动的设计,判断学生能否将经验进行扩展、迁移,应用到其他类似的情境中解决新的问题

在上述第二次活动"实验探究,形成感知"的基础上得到猜想,进而在此猜想启发下构造合适的参照体,利用祖暅原理求得半球的体积公式是本节课的第一个重点环节.第二个重点环节是推导方法的创用,即如上所述的第三个活动.这样,我们以活动为载体,在活动中创设并践行了发现之白与超越之白,实现了深度学习.

(六) 训练渗到变中不变:引领学生对思想方法的反思领悟

王华老师提出了核心知识点的"三步骤"认知范式[①]:明确本质属性、归纳基本模型、实施变式训练.变式一般分为概念性变式与过程性变式.概念性变式多用于数学概念的理解与应用,对于掌握概念的本质意义重大.过程性变式是指在教学中从一道源问题出发,通过改变源问题的条件、结论,或改变源问题设计的数学情境,重新进行探讨.

案例7　数列问题的变式设计

本案例选自《高中数学核心知识的认知与教学策略》一书第二章"高中数学核心知识的认知".

《庄子·天下篇》中的"一尺之棰,日取其半,万世不竭"表达了中国古人的物质无限可分

---

① 王华.任升录.高中数学核心知识的认知与教学策略[M].上海:上海教育出版社,2020.

的思想,抽象其数学模型就是首项为 $\frac{1}{2}$、公比为 $\frac{1}{2}$ 的无穷等比数列: $\frac{1}{2}$, $\frac{1}{4}$, $\frac{1}{8}$, $\cdots$, $\left(\frac{1}{2}\right)^n$, $\cdots$. 基于此历史可出示如下例题.

例 已知无穷等比数列 $\{a_n\}$ ($n \in \mathbf{N}^*$) 满足 $a_n = \left(\frac{1}{2}\right)^n$, 求:

$$a_1 + a_2 + a_3 + \cdots + a_n + \cdots.$$

分析 这是求无穷等比数列的和,可由求和公式直接求解.

解 设 $S_n = a_1 + a_2 + a_3 + \cdots + a_n$, $S = a_1 + a_2 + a_3 + \cdots + a_n + \cdots$, 则

$$S = \lim_{n \to \infty} S_n = \lim_{n \to \infty} \left[1 - \left(\frac{1}{2}\right)^n\right] = 1.$$

此例是上面古文的数学表达. 若逆用求和公式,可出现如下问题:

变式1:已知无穷等比数列 $\{a_n\}$ ($n \in \mathbf{N}^*$) 的公比为 $q = \frac{1}{2}$, 且 $S = a_1 + a_2 + a_3 + \cdots + a_n + \cdots = 2$, 求 a_1.

若变换条件,设 $S = a_1 + a_3 + a_5 + \cdots + a_{2n-1} + \cdots = \frac{8}{3}$, 可得

变式2:已知无穷等比数列 $\{a_n\}$ ($n \in \mathbf{N}^*$) 的公比为 $q = \frac{1}{2}$, $S = \lim_{n \to \infty}(a_1 + a_3 + a_5 + \cdots + a_{2n-1}) = \frac{8}{3}$, 求 a_1.

变式2改变了原问题中的和数列条件,将无穷等比数列 $\{a_n\}$ ($n \in \mathbf{N}^*$) 改为奇数项之和,相当于改变了公比,难度增加了,但求解的思想方法没有改变.

主动比较，自觉改变

——一种加速专业成长的方式

教师的成长之旅离不开各种平台，身处其中或为学员或为导师，如何让平台助力自己成长？本文给出的"主动比较，自觉改变"的反思之策或许是有效之法.

一般而言，项目组、名师基地、工作室等团队会开展一些丰富多彩的活动，如专家讲座、学员论坛、评优课观摩、研究课巡演等. 并对学员做出规定：活动前要针对活动的主题有自己的前期思考，活动中要认真听讲、仔细记录，每次活动后都要有不少于若干字（比如一千字等）的书面反思并按时上交. 下面记载的是笔者经历过团队活动后的自我反思.

一年多来，最令我难忘的是"研究课巡演"活动，这项活动让我由最初的无奈甚至恐惧到现在的激动与期待，是给我收获最大的活动！所谓"研究课巡演"，是指我们基地的每位学员在一学年之内依次在自己学校开一节公开课，或称为基地内部的研究课. 这是由 2 位导师、15 位学员、15 位专家共同参与、接力完成的一项漫长工程，尽管频度很高（几乎每个礼拜都有）、很辛苦，但现在想来的确令人热血沸腾！因为，每节课都要与不同的专家（15 位专家几乎全部为数学特级教师）一起听课、共同评课、面对面交流. 按照导师规定，评课时先由授课教师阐述自己这节课的设计思路及授课体会，然后由学员按导师随机指定的顺序逐个发言，最后由聘请的专家做总评. 尽管每个学员起初都有很大压力且曾一度抱怨全体学员逐一点评"战线太长""重复较多""没有必要"，但随着活动的深入，每个学员都对此乐此不疲，因为我们真切地感到了这项活动对我们实实在在的锻炼，况且每次活动后都要写出"千字文"听后感，这项活动坚持下来，每个学员都见证了自己的进步！可以说，"研究课巡演"活动引领我们牢牢抓住课堂教学这个教师专业发展的生长点，让我们在"名师基地"这个更广阔的平台上不断地磨练自己.

这项活动赋予我的最大进步是：使我形成"主动比较"意识，帮助我在自觉改变中不断成长.

1. 与专家比较，发现自己的不足与进步

在"研究课巡演"活动中，绝大多数情况下自己是作为观课与评课者，等待发言的时候心中充满忐忑和矛盾，担心自己最先和最后发言——最先发言时还没准备好，最后发言时发现自己准备的已经被其他学员说过了！因此，思考并讲出仅属于自己的观点是最重要的！这就逼着自己不管平时多忙，都要挤时间把功课做在课前（刚开始几次活动前没有做好这件工作就很被动），事先对上课内容有所了解与思考，然后观课时根据课堂现象（尤其要关注转瞬即逝的教学细节)提炼出自己对这堂课的特殊感受,发言时才能从容不迫,讲别人所未讲,见别人所未见.但每次我都会发现,穷尽自己智慧讲出对课的看法之后,总能在专家最后的发言中听到令自己眼前一亮的独到见解(表2.5)!

表 2.5

课题	关键概念或课堂现象	对关键概念或课堂现象的看法	
		我	专家
方程的根与函数的零点	"零点"是函数值为零时相应的自变量的值,不是点	1. 由于函数值已经为零,因此只需把自变量定义为零点; 2. 生活中名不副实的现象有很多	1. 这本身是个定义,零点就是零点; 2. 中国文字很奇妙,点就是时刻,零点就是函数值为零的那个时刻; 3. 查原文,看翻译有无问题
正方体的截面	教师讲得多,学生较被动	对学生的表现不敏感	将教师的教学行为概括为"问题驱动,自己分析"
等比数列的前 n 项和	学生在解决引例时就用了求和公式,而教师顺应了学生的思路	赞同教师的做法	要灵活处理预设与生成的关系,发挥学生主体作用没有错,但不可以跟着学生走! 把引例中的数字"2"改为"3",更能体现引例的价值
矩阵作用下的坐标变换	教师只介绍了矩阵对一个坐标的作用;只介绍了对称变换与旋转变换	1. 指出了矩阵对多个坐标的作用功能,但对该项功能没做概括; 2. 赞同教师对教材的灵活处理,只介绍对称变换和旋转变换是正确的	1. 矩阵可以实现"批量运算"! 2. 矩阵的优势在于它可以把各种变换统一起来!因此,只介绍对称变换和旋转变换是欠妥的

这些不足更激励了自己必须在平时加倍努力,不放过任何一次通过阐述自己看法并有意识与专家见解比较的机会,如市里组织的"TI 图形计算器与高中数学教学"研讨活动、区里组织的高三数学教研活动、自己领衔的项目组开展的以"学案建设"为主题的观课评课活动等.这样反复几轮下来,我发现自己在专家引领、同伴启发、自身努力下有了明显的进步——不仅在公开场合"敢说"了,而且"会说"了,并且逐渐能发现表面看来不相干的课堂现象之间的规律性联系,从而形成自己对课堂乃至生活的特殊认识.如在听过"幂函数的图像与性质""正切函数的图像与性质"与"函数 $y=ax+\dfrac{b}{x}$ 的图像性质及其应用"三节课后,感慨于教师对图像与性质关系的处理,书写了短文《忽然想起了鸡、蛋之争》,从图像与性质的关系入手阐述了自己对学解题与学思想、争机会与求成长、世界的浮躁与惰性的滋长等辩证关系的理解.再如(见表 2.6 和表 2.7):

表 2.6

课例	公共的课堂现象	自己的认识
1. 用一元一次方程求解行程问题; 2. 平面图形的运动; 3. 正方体的截面	1. 授课教师备课充分,讲解流畅,知识有深度,方法成系统; 2. 学生课前领学案,上课埋头看学案,下课学案空大片; 3. 听课教师紧紧跟,个别题目竟不会,边听边议好疲惫	1. 不拘形式方能教在关键,换位思考方能准确把握,微火慢炖方能思维绽放; 2. 真正的教坛高手是此处无声胜有声,若我们真正把思考的权利交还学生,他们反馈的思维成果中会有我们意料之外的惊喜

注:形成了文章《感慨于数学课的"厚"与"薄"》《欣赏"散慢"的数学教学》.

表 2.7

课例	相似的课堂现象	自己的认识
1. 多面体的表面积; 2. 等比数列的前 n 项和	1. 在课例1中,当教师引导学生采用侧面展开法推导出直棱柱与正棱锥的侧面积公式后,学生解题时采用的方法仍然是逐个计算各侧面面积然后相加; 2. 学生对教师在推导等比数列前 n 项和公式时强调的错位相减法的重要性并不感兴趣	1. "不是教教材而是用教材教"在教师的实际教学中仍被轻视; 2. 对重要方法的教学要敢于改变教材中的安排顺序,在必要时自然地引入,学生才能学得有兴趣、有效果,才能真正做到以生为本

注:形成了文章《做勇于跨越教材"为自然而教"的教师》.

最令我兴奋的是,有几次我发现自己对课的看法竟与专家的看法不谋而合,如在听过"等比数列的前 n 项和"后,我写了评课文章《做勇于跨越教材"为自然而教"的教师》,其中阐述的观点后来在"矩阵作用下的坐标变换"的评课时发现竟与某位专家的看法相同;在"幂函数的图像与性质""多面体的表面积"现场评课时,我的看法竟引起了区教研员的共鸣;我在评课文章《欣赏"散慢"的数学教学——有感于课堂上的"后生无谓"与"教师迟钝"》中的观点也得到了专家的肯定!这给了我极大的信心,更坚定了我"通过与专家主动比较谋发展"的思路!不仅如此,这种"比较意识"在我身上产生了良好的连锁反应,促使我逐渐养成了勤于阅读、思考与写作的好习惯.阅读让我知识广泛,思考让我不落俗套,写作让我的思考走向深入.阅读让我心灵澄净的同时多了对事物的另样思考,思考让我心灵沸腾的同时多了创作的冲动."千字文"的要求刚开始就像一座大山压得自己应接不暇,现在,"千字文"成了一种期盼,总盼着活动结束之后将自己的感受及时写下,不是为了完成作业,而是心中有话不得不说!

值得一提的是,通过比较不同专家的评课风格来完成自己与专家的比较会给我们带来别样的惊喜!这其实是我的一次意外收获,大概也是"比较意识"作用的一个成果吧.在写作"矩阵作用下的坐标变换"观课体会时突发奇想:听过曾专家对这节课的评论之后,再用熊专家评"等比数列的前 n 项和"的风格审视这节课会怎样?如此一想马上就发现了自己一个严重的不足:在整个"研究课巡演"活动中,自己竟没有一次想到把上次专家的评课风格或某些学员的出色见解运用到下一次的听课活动!这说明了自己的思维仍然是多么狭隘!而一旦意识到了这个问题,就有了惊喜的收获(见表2.8):

表 2.8

课题	评课风格
等比数列的前 n 项和	熊专家的一句话风格：由课题可知，本节课是"用基本量表示等比数列前 n 项和并会运用"，我们以此为基础去分析整节课……
矩阵作用下的坐标变换	启发我这样点评：本节课是"通过矩阵作用实现坐标变换进而研究图形的变换"。至此，审视这节课的思路大开：①为什么用矩阵作用？（是否体现了矩阵的优势：批量运算与统一处理）②如何作用？（作用的方式？为什么是左作用？谁作用谁？）③作用的对象？（由向量过渡到坐标，由一个坐标过渡到多个坐标）④作用的效果？（实现了位置、大小、形状等不同的变化：平移、对称、伸缩、旋转）

由上表可以看到，及时吸收专家的评课精髓是多么重要，但很遗憾地看到，在"矩阵作用下的坐标变换"评课现场，竟没有一个学员像上表这样如此清晰地完成点评！细细想来，缺乏普遍联系与相互作用等哲学思维习惯大概是感觉迟钝、意识滞后最根本的原因吧。推而广之，知识孤立、视野窄化不也是影响教师专业发展的重要因素吗？

2. 与学员比较，用心学习他们的长处

我们团队荟萃了来自全市各校的骨干教师，每次论坛或评课时，我在大家的精辟见解与彼此之间的争论中学到了很多，这些见解与争论开阔了我的视野，激励我在实践中不断完善对某些问题的认识，进一步锤炼自己的教学功底。令我印象深刻的是王老师的学术嗅觉与缪老师的文化气质。

王老师善于关注每节课中那些看似自然的结论或推理，这种良好习惯赋予他追根究底的学术精神，也因而使他往往能对某些困难问题给出超越常人的解释，让人由衷叹服。如，在"等比数列的前 n 项和"评课时他说：等比数列的前 n 项和公式可以在函数极限的意义下实现统一，即 $S_n = \lim\limits_{x \to q} \dfrac{a_1(1-x^n)}{1-x}$；在"矩阵作用下的坐标变换"评课时他借助欧式空间中的线性变换说明了矩阵对四种变换的统一作用。王老师的学术嗅觉启发我在某中学的一次听课活动中捕捉住了一个看似寻常的问题，由此问题出发展开的探索形成了论文《小问题大文章：对一道题目的争论、困惑与思考》，其中的研究成果获得市相关专家的认可，该文在上海市第十一届"TI图形计算器与数学教学——解决问题"评选活动中荣获一等奖。

缪老师的文化气质赋予他儒雅的评课风格，他往往从史学角度切入，以数学发展的文化视角来审视每一节课，令听者眼界大开！受此启发我创作了短文《育校本数学文化　促教师分层发展》，该文也在某杂志发表。

3. 与自己比较，寻找新的生长点

我是一个内向得有些自卑的人，曾多次梦想自己是一个雄辩家，在万人大会上激情演讲，醒来后却发现自己还是那个讷于言的无名小卒。因此，在以前的区域教研活动上总是躲避发言，即使被叫到，讲出的话连自己都感到汗颜。参加"研究课巡演"活动短短一年多来，基地活动的开展影响了我对课堂教学的态度以及课堂观察的视角，赋予我不畏困难的坚强意志，并且在很大程度上改变了我沉默寡言的性格与曾经懒惰拖拉的习惯。让我由"不说"走向"敢说""会说""争着说"，让我由"被动阅读""害怕写作"走向"喜欢阅读""期待写作"，让我不断思考怎样做一个"明师"——看得明澈、想得明白、教得聪明、写得明快、做得明智、作用明显的教师！这些思考让我不断获得自己发展新的生长点，引领我持续走向成熟。

当然，值得比较的对象还有很多，如与自己的学生比较、将数学与其他学科的教学比较、将自己的文章与杂志上的文章比较等等，正所谓：三人行必有吾师、身边事皆启我心！入选团队以来，我写了 32 篇活动体会或读书笔记，绝大部分都有鲜明的主题，自我感觉质量越来越好，开设省际、市级、区级公开课各一节，主持（或参与主持）了四项教育课题（校级 2 项、区级 1 项），五篇论文正式发表，六篇论文获奖（其中市级一等奖一篇，市、区级二等奖各一篇，校级一等奖三篇），与人合作出版著作一部，自己任教的班级也在高考中均获得了令人艳羡的佳绩．成绩虽然只能代表过去，但获得成绩的过程却让我不断成长．马云说：改变是我永远的不变！相信"主动比较"与"自觉改变"的意识能帮助我在"名师基地"的平台及自己的工作岗位上越走越好！

第三篇

以技为翼,探究之梯
——以技术促进数学理解的自我探索

本篇由信息技术与数学教、学,信息技术促进数学理解案例解析,拓展使用空间、规避使用误区三个部分构成。

第一部分
信息技术与数学教、学

2010年颁布的《国家中长期教育改革和发展规划纲要(2010—2020年)》指出：信息技术对教育发展具有革命性影响，必须予以高度重视.要通过教育信息化体系的建设促进教育内容、教学手段和教学方法的现代化.要强化信息技术应用，提高教师应用信息技术水平，更新教学观念，改进教学方法，提高教学效果.鼓励学生利用信息手段主动学习、自主学习，增强运用信息技术分析解决问题的能力.

我们认为，信息技术本质上是"数学技术"，所以在提高学生利用信息手段自主学习，增强运用信息技术分析解决问题的能力上，数学课程负有更大的责任.

在《普通高中数学课程标准(2017年版2020年修订)》第六章"实施建议"第(5)条教学建议"重视信息技术运用，实现信息技术与数学课程的深度融合"中有如下的表述：在"互联网+"时代，信息技术的广泛应用正在对数学教育产生深刻影响.在数学教学中，信息技术是学生学习和教师教学的重要辅助手段，为师生交流、生生交流、人机交流搭建了平台，为学习和教学提供了丰富的资源.因此，教师应重视信息技术的运用，优化课堂教学，转变教学与学习方式.例如，为学生理解概念创设背景，为学生探索规律启发思路，为学生解决问题提供直观，引导学生自主获取资源等等.在这个过程中，教师要有意识地积累数学活动案例，总结出生动、自主、有效的教学方式和学习方式.

教师应注重信息技术与数学课程的深度融合，实现传统教学手段难以达到的效果.例如，利用计算机展示函数图像、几何图形运动变化过程；利用计算机探究算法、进行较大规模的计算；从数据库中获取数据，绘制合适的统计图表；利用计算机的随机模拟结果，帮助学生更好地理解随机事件以及随机事件发生的概率等等.

人民教育出版社章建跃博士曾撰文指出[①]：技术不仅是工具，也是数学的一部分.在信息技术用于数学教学的研究中，一线教师的作用是至关重要的.同时，这也为教师自身的专业发展提供了一个重要平台.实际上，在我们课题组中，那些较早参与信息技术用于数学教学试验的教师都报告说，这是他们教学经历中专业发展和教学能力提高得最快的阶段，而且他们的学生也切实地从中受益.信息技术的运用提高了学生数学学习的独立性，为学生提供了个性化的学习内容、素材、方法与途径，学生的整体能力得到很大提升，他们的自主学习能力更强，适应能力也更强.

---

① 章建跃.数学·信息技术·数学教学[J].课程·教材·教法，2012(12).

章博士早在 2010 年"第五届全国高中数学教师优秀课观摩与评比活动"的大会报告中，就提出了中学数学教学的"三个理解"——理解数学，理解学生，理解教学. 2017 年 4 月的"以'核心素养为纲的数学教学改革'全国初中数学教学研讨会"上，章博士在报告"核心素养统领下的数学教学变革"中，将其发展为"四个理解"——理解数学、理解学生、理解技术、理解教学."四个理解"是基于"互联网＋"新时代下对"三个理解"的丰富和发展，是数学教师专业发展的基础，是在课堂教学中落实数学核心素养的关键.

那么，我们如何借助信息技术来辅助核心知识的学习从而深化对数学的理解呢？

概括来讲，信息技术可以有效地突破"不好想"、跨越"不好算"、促成"想得深"、帮助"说得清".

一、帮助更好地理解核心知识的本质属性

（一）理解核心概念的本质属性

函数的本质属性是变量间的"对应"，如何更好地理解这种对应？感受对应、识别对应、建立对应、运用对应是一条可行之路. 首先，我们可以借助技术的"多元表示"功能感受函数的多种表示方式，如解析式、图像、表格等，用图形跟踪与数值计算功能可直观地看到 x 与 y 之间的对应关系，如图 3.1(a) 和 (b) 所示. 不仅如此，图 3.1(c) 和 (d) 还可以让我们体会到这

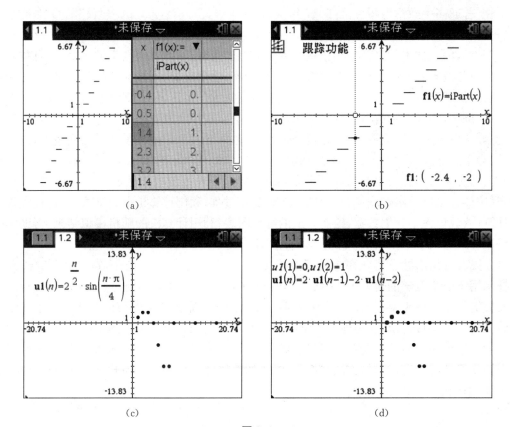

图 3.1

种对应关心的是开始与结果,是一个瞬时的变化动作,而不必太在意变化的过程,这对理解拥有不同对应法则的若干个函数完全可能是同一个函数是有帮助的. 其次,识别两个变量之间的对应是不是函数所要求的对应也可在技术帮助下获得直观的体验. 第三,建立对应是认识函数的重要一环,教科书中就有专门一节"函数关系的建立". 在实际生活中,建立对应关系的目的多用来预测或检验,以用于指导决策,即运用对应. 鉴于实际问题的复杂性,由有限的数据所确立的对应关系难免会有误差,这时,最佳拟合函数就是我们所要努力寻找的.《普通高中数学课程标准(2017 年版 2020 年修订)》附录 2 中给出的案例 28"体重与脉搏"即是此类问题. 我们借助技术手段可以很轻松地获得案例中给出的结果,如图 3.2(a)和(b)所示. 不仅如此,技术还可以完成一些更复杂的工作:采集数据、画出散点图、给出拟合函数及精度分析等.

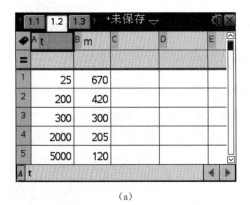

(a)

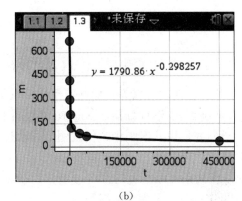

(b)

图 3.2

2019 年上海市春季高考数学试卷第 19 题,以考查函数的概念与性质立意,数据取材于国家统计年鉴,真实可信. 问题设置紧扣函数的内涵与外延,题设中的"并预测我国卫生总费用首次超过 12 万亿的年份"体现了数学的应用. 该问题聚焦核心素养下的"三会"——会用数学眼光观察世界、会用数学思维思考世界、会用数学语言表达世界,受到社会的广泛赞誉.

解析几何的本质属性是用代数的方法研究图形的几何性质. 我们知道,在平面直角坐标中,点与坐标对应,曲线与方程对应. 因此,我们可以循着"建立方程、分析方程、运用方程"的思路来理解上述本质属性,其中,技术的价值体现在"克服繁杂运算、展示鲜活图形、揭示内在联系".

例 3.1.1 如图 3.3,长为 2 的线段 AB,其端点在两直角坐标轴上滑动,自原点 O 作该线段的垂线,求垂足 M 的直角坐标轨迹方程.

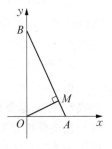

图 3.3

解 设 $M(x,y)$,$A(a,0)$,$B(0,b)$,则由 $\begin{cases} |AB|=2, \\ \overrightarrow{OM} \perp \overrightarrow{AB}, \\ M \text{ 在直线 } AB \text{ 上} \end{cases}$ 可得

$$\begin{cases} a^2+b^2=4, & ① \\ ax=by, & ② \\ bx+ay=ab. & ③ \end{cases}$$

由②得 $a=\dfrac{by}{x}$，代入③可解得 $b=\dfrac{x^2+y^2}{y}$，④ 从而 $a=\dfrac{by}{x}=\dfrac{x^2+y^2}{y}\cdot\dfrac{y}{x}=\dfrac{x^2+y^2}{x}$，即 $a=\dfrac{x^2+y^2}{x}$．⑤ 将④⑤代入①可得 $\left(\dfrac{x^2+y^2}{x}\right)^2+\left(\dfrac{x^2+y^2}{y}\right)^2=4$，化简即得垂足 M 的轨迹方程为 $(x^2+y^2)^3=4x^2y^2$．

记方程 $(x^2+y^2)^3=4x^2y^2$ 表示的曲线为 Γ，分析方程 $(x^2+y^2)^3=4x^2y^2$ 的代数特征可以判断出 Γ 具有下述性质：

(i) 关于 x 轴、y 轴、坐标原点及直线 $y=x$，$y=-x$ 均对称；

(ii) 因为 $(x^2+y^2)^3=4x^2y^2\leqslant 4\cdot\left(\dfrac{x^2+y^2}{2}\right)^2$，所以 $x^2+y^2\leqslant 1$，或 $\sqrt{x^2+y^2}\leqslant 1$，该式说明曲线 Γ 是有界的封闭图形，且被圆 $x^2+y^2=1$ 包围；

(iii) 在方程 $(x^2+y^2)^3=4x^2y^2$ 中令 $y=x$ 且取 $x\geqslant 0$，可解得 $x=y=\dfrac{\sqrt{2}}{2}$，从而可知 Γ 与直线 $y=x$ 的交点坐标为 $\left(\dfrac{\sqrt{2}}{2},\dfrac{\sqrt{2}}{2}\right)$ 与 $\left(-\dfrac{\sqrt{2}}{2},-\dfrac{\sqrt{2}}{2}\right)$．

上述这些性质可以为我们在直角坐标系中描画图形 Γ 提供重要依据．教学中我们可以通过几何画板、图形计算器、Geogbra 等作图工具动态演示垂足 M 的轨迹．

下面，我们以几何画板为例说明上述轨迹的构造步骤(效果如图 3.4)：

① 作两条互相垂直的直线分别作为横轴和纵轴，再作一条长度为 2 的线段 j．

② 选择工具箱中的"选择"工具，选择纵轴上的一点 B 和线段 j(作为圆的半径)，依次选择"构造""以圆心和半径绘圆"菜单命令，作出 $\odot B$ (圆心在纵轴上运动，但半径长恒为 2)．

③ 设 $\odot B$ 与横轴的交点为 A，选中点 A，B，依次选择"构造""线段"菜单命令，作出线段 AB．选中点 O 和线段 AB，依次选择"构造""垂线"菜单命令，作出线段 AB 的垂线，继而作出垂足 M．

④ 选中点 B，依次选择"编辑""操作类按钮""动画"菜单命令设置点 B 的动画，屏幕上即出现动画按钮．选中点 M，依次选择"显示""追踪"．

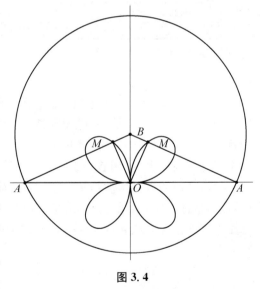

图 3.4

⑤ 单击屏幕上的动画按钮，即生成垂足 M 的轨迹．

再如，点到直线的距离的本质属性是其最小性，根据该最小性如何推导点到直线的距离公式？显然，运算的繁杂是一道障碍．然而，当我们将"计算"化为"机算"，就可以通过操作机器轻松地获得答案．由于这种操作完全受人的思维所控，因此其价值在于"以发展人的理性思维为本"．对于问题"求点 $P(x_0,y_0)$ 到直线 $l:ax+by+c=0(a^2+b^2\neq 0)$ 的距离"，求解过程如图 3.5 中各图所示．

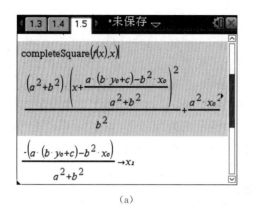
(a)

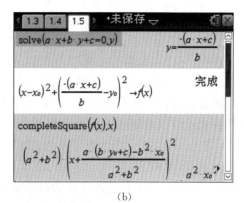
(b)

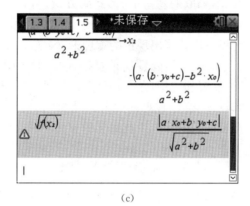
(c)

图 3.5

(二) 理解重要结论的本质属性

在平面直角坐标系中,设点 $P(x, y)$ 是在以原点为圆心的单位圆上,以 $(1, 0)$ 为起点作逆时针方向的单位速率运动的动点,则其坐标 x, y 均为时间 t 的函数,分别定义为余弦函数 $\cos t$ 和正弦函数 $\sin t$. 其实,$x = \cos t$ 和 $y = \sin t$ 乃是单位圆的自然的动态(解析)描述. 由此我们应能意识到,正弦、余弦函数的基本性质就是圆的几何性质(主要是对称性)的解析表述. 如两角差的余弦公式刻画了圆的旋转对称性,而诱导公式与和差化积、积化和差公式均刻画了圆的反射对称性. 类似地,正弦定理、余弦定理与射影定理的本质源于其根深蒂固的三角形属性,即 $\vec{BC} = \vec{AC} - \vec{AB}$. 在几何画板的帮助下,我们可以将圆、三角形、向量等几何对象与三角公式之间建立起自然的联系.

(三) 理解数学思想方法的本质属性

高中数学学习中,数形结合、等价转化、函数与方程、分类讨论等是重要的数学思想,它们是引导学习者寻找思维突破口,实现成功解题必不可少的工具. 很多信息技术都有卓越的作图功能,可以帮助学生在数形间互相印证、灵活转化,并且可以即时验证不同的转化策略是否能够实现"殊途同归". 同时,其代数系统还可以支持比较复杂的代数运算,完善我们对函数与方程的认识.

但在运用这些数学思想时,也经常会遇到一些问题. 比如数形不一致、转化不等价、分类不简洁等,此时信息技术可以启发我们及时发现并改正问题.

需要强调的是,返璞归真、回到原点是重要的思维策略,也是思考教学的着力点. 几何问题中的"量一量"、计数问题中的"数一数"、数列问题中的"列一列"、概率问题中的"掷一掷"等做法,往往可以帮助我们在基于直观的足够的量的积累下获得结论、发现规律,进而诱发出一些"好念头""妙点子",或对数学对象或对象之间的关系获得更深的认识或见解. 几何画板可以测量线段长度及角的大小、圆及多边形的面积等,Excel 可以实现数列中项的罗列,一些计算机软件可以方便地进行大数据的处理. 正如陈永明教授所讲:量是为了不量! 那么,类似地,数是为了不数,列是为了不列,掷是为了不掷……下面我们举一个概率统计中的例子.

例 3.1.2 如何更好地理解作为经验概率的频率?

历史上,概率统计教学原本采取的理论的、形式的方式,所要求解的概率问题基本上可以通过公式计算解决. 概率的频率定义因其后验、不精确的特性而没有地位,不受重视,这是各国在开展概率统计教育初级阶段普遍出现过的重理论、轻实验的老问题. 但是,在 1977 年 Efron 发明了可以处理大量复杂统计学问题的重复抽样技术(resampling technique)之后,情况发生了变化. 这一技术的发展和应用,尤其在计算机技术的辅助下,原本理论的、抽象的概率统计知识得以数值化和具体化. 以常见的生日问题为例:全班 45 人中至少有两人生于同月同日的概率是多少? 按照传统的计算古典概率的方法,可以列出如下算式:

$$1 - \frac{C_{365}^{45} \times 45!}{365^{45}} \approx 0.941.$$

计算过程颇为复杂,门槛不低. 但是如果用大数次重复试验计算频率以估计概率的方法,则用如下的小程序就可以解决问题:

REPEAT 1000	(重复 1000 次)
GENERTE 45 1,365　a	(在 1~365 范围内产生 45 个随机整数,放入 a)
MULTIPLES a>=2 j	(记录 a 中出现重复数字的次数,放入 j)
SCORE j z	(跟踪每次试验结果 j,放入 z)
END	(结束)
COUNT z>=1 k	(对大于或等于 1 的 z 计数,放入 k)
DIVIDE k 1000 l	(将 k 除以 1000,放入 l)
PRINT z l	(显示 z 及 l)

借助计算机软件,只需 0.6 秒(运行后屏幕上有用时显示),计算机就可以完成这个 1000 次的模拟试验,而且 1000 次试验中恰有几人生日相同的数据都有显示. 比如,某次的试验结果是 1000 次中有 938 次都出现了 45 人中至少有两人生于同月同日这种情况,于是估计所求概率为 0.938. 毫无疑问,上述做法有助于学生更好地体会概率的意义及对概率与频率关系的理解.

二、帮助更好地归纳并认识基本模型

(一) 归纳核心概念的基本模型

"耐克型"函数是一类重要的函数模型. 我们把形如

$$f(x)=x^m+\frac{k}{x^n}(m,n\in \mathbf{N}^*,k\in \mathbf{R},k\neq 0)$$

的函数称为耐克型函数. 借助于图形计算器或几何画板, 我们可以获得这类函数的一些性质, $k>0$ 时如表 3.1 所示, $k<0$ 时如表 3.2 所示(有些性质要靠逻辑的推导, 比如单调区间的获取要依赖导数工具).

表 3.1

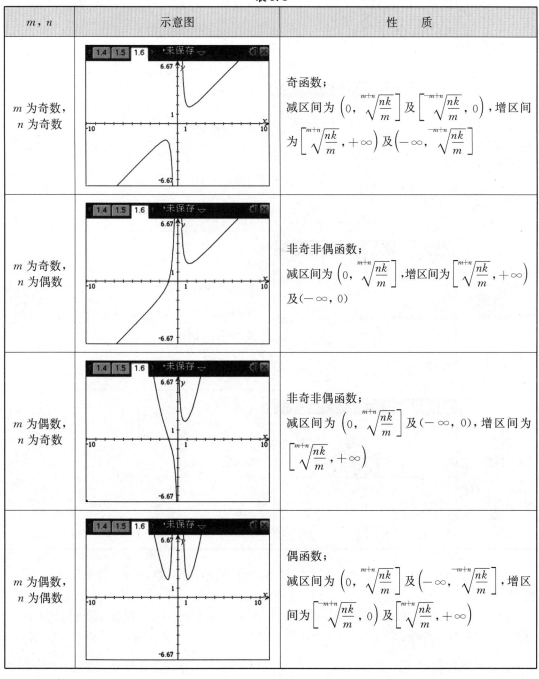

m,n	示意图	性　　质
m 为奇数, n 为奇数		奇函数; 减区间为 $\left(0,\sqrt[m+n]{\frac{nk}{m}}\right]$ 及 $\left[-\sqrt[m+n]{\frac{nk}{m}},0\right)$, 增区间为 $\left[\sqrt[m+n]{\frac{nk}{m}},+\infty\right)$ 及 $\left(-\infty,-\sqrt[m+n]{\frac{nk}{m}}\right]$
m 为奇数, n 为偶数		非奇非偶函数; 减区间为 $\left(0,\sqrt[m+n]{\frac{nk}{m}}\right]$, 增区间为 $\left[\sqrt[m+n]{\frac{nk}{m}},+\infty\right)$ 及 $(-\infty,0)$
m 为偶数, n 为奇数		非奇非偶函数; 减区间为 $\left(0,\sqrt[m+n]{\frac{nk}{m}}\right]$ 及 $(-\infty,0)$, 增区间为 $\left[\sqrt[m+n]{\frac{nk}{m}},+\infty\right)$
m 为偶数, n 为偶数		偶函数; 减区间为 $\left(0,\sqrt[m+n]{\frac{nk}{m}}\right]$ 及 $\left(-\infty,-\sqrt[m+n]{\frac{nk}{m}}\right]$, 增区间为 $\left[-\sqrt[m+n]{\frac{nk}{m}},0\right)$ 及 $\left[\sqrt[m+n]{\frac{nk}{m}},+\infty\right)$

表 3.2

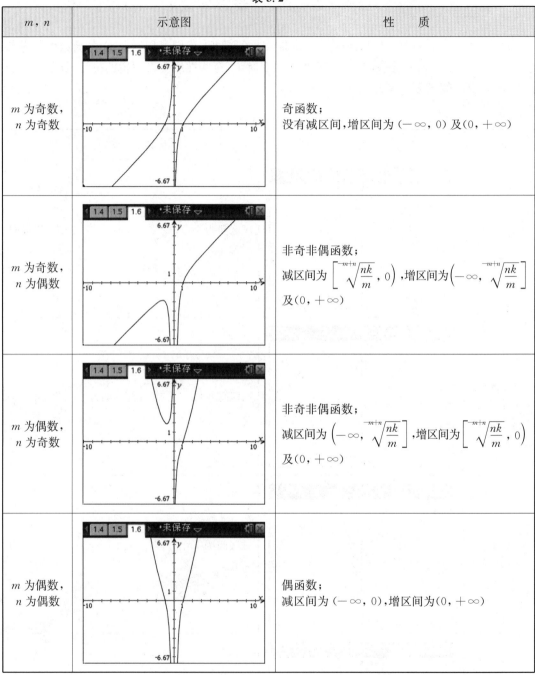

m,n	示意图	性　　质
m 为奇数,n 为奇数		奇函数; 没有减区间,增区间为 $(-\infty,0)$ 及 $(0,+\infty)$
m 为奇数,n 为偶数		非奇非偶函数; 减区间为 $\left[\sqrt[-m+n]{\dfrac{nk}{m}},0\right)$,增区间为 $\left(-\infty,\sqrt[-m+n]{\dfrac{nk}{m}}\right]$ 及 $(0,+\infty)$
m 为偶数,n 为奇数		非奇非偶函数; 减区间为 $\left(-\infty,\sqrt[-m+n]{\dfrac{nk}{m}}\right]$,增区间为 $\left[\sqrt[-m+n]{\dfrac{nk}{m}},0\right)$ 及 $(0,+\infty)$
m 为偶数,n 为偶数		偶函数; 减区间为 $(-\infty,0)$,增区间为 $(0,+\infty)$

在分析数列的单调性时有两类基本模型:先增后减型与先减后增型,可形象地称为"过桥型"与"钟摆型".

例 3.1.3　(2018 年普陀区二模试题第 21 题节选)若数列 $\{a_n\}$ 同时满足条件:①存在互异的 $p,q\in \mathbf{N}^*$ 使得 $a_p=a_q=c$(c 为常数);②当 $n\neq p$ 且 $n\neq q$ 时,对任意的 $n\in \mathbf{N}^*$ 都有 $a_n>c$,则称数列 $\{a_n\}$ 为双底数列. 设 $a_n=(kn+3)\left(\dfrac{9}{10}\right)^n$,是否存在整数 k,使得数列

$\{a_n\}$ 为双底数列?若存在,求出所有的 k 的值;若不存在,请说明理由.

使用比较大小的作差法(相邻项作差),并根据题中给的新定义,学生容易求出 $k=\pm 1,\pm 3$,但接下来如何取舍是个难点,此时,基本模型的作用就显现出来了.为了帮助学生通过本题进一步强化对模型的认知,教师可以展示如图 3.6 中的诸图.

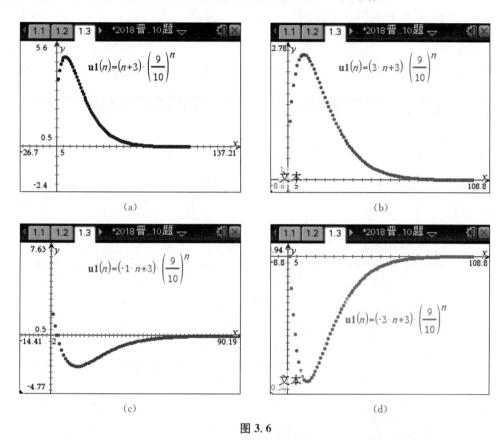

图 3.6

再如,含参直线方程是直线方程中的一类基本模型,其又包含中心直线系与平行直线系两种重要模型.图形计算器拥有的作不等式(不仅限于线性不等式)图形的功能可以帮助同学们直观地理解线性规划问题及曲线内外的含义.

(二) 归纳重要结论的基本模型

例 3.1.4 对问题"当 $a>0$ 时,求 $a^2+\dfrac{1}{a}$ 的最小值",下面的推理正确吗?为什么?

解 因为 $a^2+\dfrac{1}{a} \geqslant 2\sqrt{a^2 \cdot \dfrac{1}{a}}=2\sqrt{a}$,当且仅当 $a^2=\dfrac{1}{a}$,即 $a=1$ 时取等号.所以 $\left(a^2+\dfrac{1}{a}\right)_{\min}=2\sqrt{1}=2.$

分析 上述答案是错的!这是困扰很多同学的问题,尽管教师反复强调:极值定理必须在同时满足"一正、二定、三相等"的前提下才能运用,但同学们对"定"这一要求就是不理解.他们说:在上述解答中,等号成立的条件能够具备,据此解出相应的 a 的值,再代入 a^2+

$\frac{1}{a}$（或 $2\sqrt{a}$）求出的结果为什么就不是 $a^2 + \frac{1}{a}$ 的最小值呢？

首先，我们借助函数图像来认识一下"使 $a^2 + \frac{1}{a}$ 最小的 a 的值"与"使 $a^2 + \frac{1}{a}$ 与 $2\sqrt{a}$ 相等的 a 的值"的区别．我们构造函数 $f(x) = x^2 + \frac{1}{x}$ 与 $g(x) = 2\sqrt{x}$ 并在同一坐标系中作出它们的图像，如图 3.7(a) 所示．当 $x > 0$ 时恒有 $f(x) \geq g(x)$，取等号时的 x 的值即为它们图像交点的横坐标 $x = 1$．但 $f(x)$ 的最小值并不是在两个图像的交点处，即 $x = 1$ 处取到．

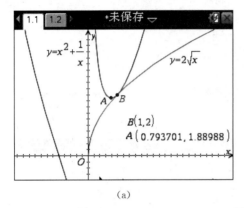 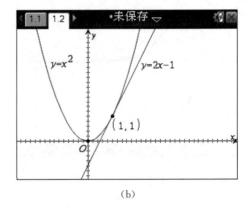

(a)   (b)

图 3.7

正确做法是：

因为 $a^2 + \frac{1}{a} = a^2 + \frac{1}{2a} + \frac{1}{2a} \geq 3\sqrt[3]{a^2 \cdot \frac{1}{2a} \cdot \frac{1}{2a}} = 3\sqrt[3]{\frac{1}{4}}$ 且当 $a^2 = \frac{1}{2a} = \frac{1}{2a}$ 即 $a = \sqrt[3]{\frac{1}{2}}$ 时能取等号，所以 $\left(a^2 + \frac{1}{a}\right)_{\min} = 3\sqrt[3]{\frac{1}{4}}$．（注意：① $a = \sqrt[3]{\frac{1}{2}} \approx 0.793701$；② $3\sqrt[3]{\frac{1}{4}} = \sqrt[3]{\frac{27}{4}} < \sqrt[3]{\frac{32}{4}} = \sqrt[3]{8} = 2$；$3\sqrt[3]{\frac{1}{4}} \approx 1.88988$．）

事实上，上述情况会发生在很多对函数身上，即当 $x \in D$ 时，恒有 $f(x) \geq g(x)$ 成立，且有 $x_0 \in D$ 使得 $f(x_0) = g(x_0)$，但 $f(x)_{\min} \neq f(x_0)$．类似地，在求最大值时也会出现这种情况，即当 $x \in D$ 时，恒有 $f(x) \leq g(x)$ 成立，且有 $x_0 \in D$ 使得 $f(x_0) = g(x_0)$，但 $f(x)_{\max} \neq f(x_0)$．一些相关实例如下：

(i) 对函数 $f(x) = x^2$, $g(x) = 2x - 1$ 恒有 $f(x) \geq g(x)$ 且当 $x = 1$ 时取等号，但 $f(x)_{\min} = f(0) = 0$．这是因为 $f(x) = x^2 \geq 0$ 且 $x = 0$ 时取等号．如图 3.7(b) 所示．

(ii) 对函数 $f(x) = x + \frac{1}{x^2} (x > 0)$, $g(x) = 2\sqrt{\frac{1}{x}} (x > 0)$，因为 $x + \frac{1}{x^2} \geq 2\sqrt{x \cdot \frac{1}{x^2}} = 2\sqrt{\frac{1}{x}}$，故恒有 $f(x) \geq g(x)$ 且当 $x = \frac{1}{x^2}$ 即 $x = 1$ 时取等号，但 $f(x)_{\min} \neq f(1) = 2$．这是因为 $f(x) = x + \frac{1}{x^2} = \frac{x}{2} + \frac{x}{2} + \frac{1}{x^2} \geq 3\sqrt[3]{\frac{x}{2} \cdot \frac{x}{2} \cdot \frac{1}{x^2}} = 3\sqrt[3]{\frac{1}{4}}$ 且当 $\frac{x}{2} = \frac{x}{2} =$

$\dfrac{1}{x^2}$ 即 $x=\sqrt[3]{2}$ 时取等号. 故 $f(x)_{\min}=3\sqrt[3]{\dfrac{1}{4}}$ (注意：$\sqrt[3]{2}\approx 1.259\,923$, $\sqrt[3]{\dfrac{1}{4}}\approx 1.889\,88$, $\sqrt[3]{\dfrac{1}{4}}<2$), 如图 3.7(c) 所示.

(iii) 对函数 $f(x)=x(1-2x)\left(0<x<\dfrac{1}{2}\right)$, $g(x)=\left(\dfrac{1-x}{2}\right)^2\left(0<x<\dfrac{1}{2}\right)$, 因为 $x(1-2x)\leqslant\left[\dfrac{x+(1-2x)}{2}\right]^2=\left(\dfrac{1-x}{2}\right)^2$, 故恒有 $f(x)\leqslant g(x)$ 且当 $x=1-2x$ 即 $x=\dfrac{1}{3}$ 时取等号, 但 $f(x)_{\min}\neq f\left(\dfrac{1}{3}\right)=\dfrac{1}{9}$. 这是因为

$$f(x)=x(1-2x)=\dfrac{1}{2}(2x)(1-2x)\leqslant\dfrac{1}{2}\left[\dfrac{2x+(1-2x)}{2}\right]^2=\dfrac{1}{8}$$

且当 $2x=1-2x$ 即 $x=\dfrac{1}{4}$ 时取等号. 故 $f(x)_{\max}=\dfrac{1}{8}$ (注意：$0.125=\dfrac{1}{8}>\dfrac{1}{9}\approx 0.111\,111$), 如图 3.7(d) 所示.

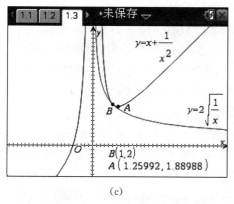
(c)

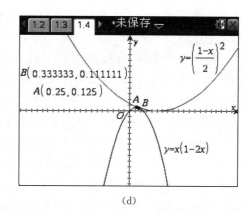
(d)

图 3.7

看过了前面列举的一些事实, 大家应该早已认清了例 3.1.4 中做法的错误. 但我们还有必要从理论上认识清楚, 为什么只有当用过基本不等式后出现了定值且能取到这个定值时, 才获得相应的最值呢?

我们以求最小值为例说明, 最大值是类似的. 首先应明确 $f(x)\geqslant g(x)$ 恒成立只是表明在每一个横坐标处前者都不小于后者, 但最小值是整体性质. 其定义是：

设函数 $f(x)$ 的定义域为 D, 若存在 $x_0\in D$, 使得对任意的 $x\in D$, 都有 $f(x)\geqslant f(x_0)$, 则 $f(x_0)$ 叫作函数的最小值. (若都有 $f(x)\leqslant f(x_0)$, 则 $f(x_0)$ 叫作函数的最大值.)

若对任意的 $x\in D$, 都有 $f(x)\geqslant g(x)=c$ (其中 c 为常数), 且当 $x=x_0\in D$ 时能取到等号, 即 $f(x_0)=g(x_0)=c$, 从而就有 $f(x)\geqslant g(x)=c=f(x_0)$, 由等量代换立得 $f(x)\geqslant f(x_0)$, 据定义可知此时 $f(x_0)$ 就是 $f(x)$ 的最小值, 即 $f(x)_{\min}=f(x_0)=c$.

但如果 $g(x)$ 不是常数呢? 即若对任意的 $x\in D$, 都有 $f(x)\geqslant g(x)$ (不是常值函数), 且当 $x=x_0\in D$ 能取到等号, 即 $f(x_0)=g(x_0)$. 此时由 $\begin{cases}f(x)\geqslant g(x),\\ f(x_0)=g(x_0)\end{cases}$ 能得到什么呢? 能得到 $f(x)\geqslant f(x_0)$ 吗? 显然不能! 故此时认为 $f(x)_{\min}=f(x_0)$ 是没有道理的.

(三) 归纳思想方法的基本模型

俗话说:数学无处不转化,解决问题的过程就是不断的"转化"过程,运用数学思想方法实现转化时,异彩纷呈而又各具特色的转化手段是需要积累的基本模型.比如参变分离、换元、消元、配方、同除、取倒数等.面对问题:

集合 $A = \{x \mid x^2 + (p+2)x + 1 = 0\} \cap \mathbf{R}^+ = \varnothing$,求实数 p 的取值范围.

你做何感想?若将之归为一元二次方程的实根分布问题,通过分类讨论可以求解.但若走参变分离之路,将方程解的问题转化为函数图像的交点问题,则容易得多.再如,上海市2006年高考第12题的命制可谓用心良苦:

三个同学对问题"关于 x 的不等式 $x^2 + 25 + |x^3 - 5x^2| \geqslant ax$ 在 $[1,12]$ 上恒成立,求实数 a 的取值范围"提出各自的解题思路.

甲说:"只需不等式左边的最小值不小于右边的最大值."

乙说:"把不等式变形为左边含变量 x 的函数,右边仅含常数,求函数的最值."

丙说:"把不等式两边看成关于 x 的函数,作出函数图像."

参考上述解题思路,你认为他们所讨论的问题的正确结论,即 a 的取值范围是_____.

本问题在题设中对不同的转化途径做了明确提示,甲的说法是学生平时常犯的错误,写在此处的确意味深长,丙的想法很好也很自然但很难执行.这种试题对学生的学习与教师的教学具有很好的导向作用——从不同角度观察问题、思考问题,可诱发我们思索"错误是如何发生的,题目是如何解出的",从而加深对"数学思想方法如何使用"的感悟.

不仅如此,信息技术还可帮助我们走得更远.事实上,教师按照乙的方法讲完本题后,学生仍然很想知道:若真正采用甲、丙的方法来做,怎么操作?为什么说甲的思路很冒险?

借助信息技术遵循丙的思路很容易完成解题.按照甲的说法,学生利用科学计算器的"table"功能不难发现不等式的左边尽管不是单调函数,但最小值在 $x=1$ 处取到,等于30.注意到 $a \leqslant 0$ 时不等式显然成立,故只需考虑 $a > 0$ 的情形,此时右边的最大值为 $12a$,从而就有 $30 \geqslant 12a$,$0 < a \leqslant \dfrac{5}{2}$,综合可得 a 的范围为 $a \leqslant \dfrac{5}{2}$.相对于正确结果 $a \leqslant 10$,显然这个范围"失解"了.此时,教师可以利用图形计算器的游标功能,通过控制参数的变化使图像移动,在移动中师生共同发现"失解"的原因.

构想一个方案,让机器去执行;遇到困惑,问机器求帮助,这正是信息技术的价值所在.机器提供的是光鲜亮丽的图与精准快速的数式运算,背后的遥控器却是解题者的逻辑思维,人脑怠慢不得.我们再看普陀区2018年二模第16题,做过本题,大家可能会由衷发出这样的感慨——纵有机器算千遍,面对任意也枉然;活用思想妙转化,有了念头机作答.

已知 $k \in \mathbf{N}^*$,$x, y, z \in \mathbf{R}^+$,若 $k(xy + yz + zx) > 5(x^2 + y^2 + z^2)$,则对此不等式描述正确的是( ).

(A) 若 $k = 5$,则至少存在一个以 x, y, z 为边长的等边三角形

(B) 若 $k = 6$,则对任意满足不等式的 x, y, z 都存在以 x, y, z 为边长的三角形

(C) 若 $k = 7$,则对任意满足不等式的 x, y, z 都存在以 x, y, z 为边长的三角形

(D) 若 $k = 8$,则对满足不等式的 x, y, z 不存在以 x, y, z 为边长的直角三角形

作为选择题,采用排除法易知选(B).但至于(B)为什么正确,却是机器无法告诉我们的,因为"千万次的验"无法保证"任意".这时在"不等化等"的思想方法指引下,机器就可帮助我们迅速完成对任意的证明.

假设(B)中所述命题错误,则 x,y,z 中必有某两个正数的和不大于第三个,不妨设 $x+y\leqslant z$,从而可设 $z=x+y+t(t\geqslant 0)$,证明过程如图 3.8 所示.

由于 $t\geqslant 0$ 且 $-4x^2+8xy-4y^2=-4(x-y)^2\leqslant 0$,故此时的 $f(x,y,z)<0$,与题设矛盾,故(B)中命题得证.

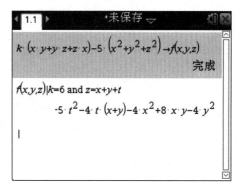

图 3.8

三、帮助更好地进行问题的变式设计

以下分析为变式问题的命制提供了一些思路.

(一) 体会概念的"变"与"不变"

在同一背景下串联起多个数学概念的问题具有独特的奇异与和谐之美.比如,在教学中经常创设"一图多用"的情境可以很好地考查学生对概念的理解.

例如,给定⊙O 与⊙O 所在平面上的点 A,点 P 是⊙O 上任一点,联结 PA,PO,线段 PA 的中垂线与直线 PO 的交点记作 Q,试问点 Q 的轨迹是什么?

首先,点与圆的位置关系告诉我们,要分三大种情况讨论:A 在⊙O 内;A 在⊙O 上;A 在⊙O 外.教学时先让学生分析,获得初步的结论,然后再用几何画板动画检验.可探得结论如下:A 在⊙O 内且不与圆心重合时轨迹为椭圆,与圆心重合时轨迹为圆;A 在⊙O 上时轨迹为点 O;A 在⊙O 外时轨迹为双曲线,如图 3.9 中诸图所示(边展示边让学生口述其背后的道理,此处概念的本质属性就被回忆出来,且在比较中不断得以修正与完善).

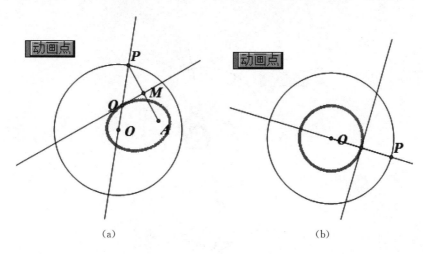

(a)　　　　　　　　　　(b)

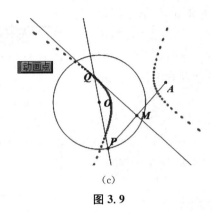

(c)

图 3.9

分析完这些情况之后,向学生提出问题:①你能否再借用刚才的图形创造出抛物线来?②你还能发现其他的曲线吗?

为完成①,学生需要思考抛物线的本质属性是什么,继而在原图中选择"定点、定直线",并努力通过适当的作图使最终需要追踪的动点符合上述本质属性.该问题方法不止一种,具有开放性,一种可能的作图方法如图所示. 为完成②,更需要学生克服定式思维,通过改变点的位置,即可利用几何画板方便地完成作答.一种可能的设想是过线段 AP 上非中点的点 M 作垂线,可以获得的曲线如图 3.10 所示(鸡蛋形等).

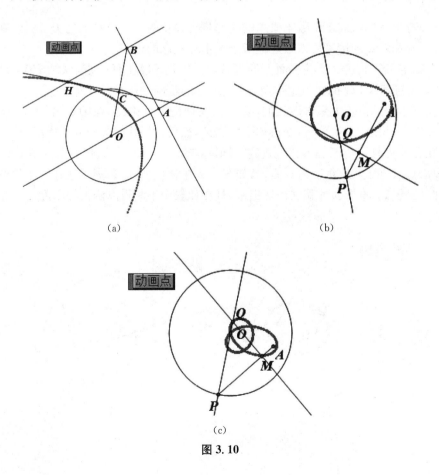

图 3.10

（二）体会重要结论或性质的变与不变

我们知道,函数解析式或曲线方程中参数的改变会带来函数性质或曲线性质的变与不变(如从圆到椭圆再到双曲线的类比等),寻求变化中的不变是数学永恒的话题,借助图形计算器的"游标"功能及全方位的绘图功能可方便地获得隐藏在其中的规律,或帮助我们迅速检验心中的猜测,将探索引向深入. 另外,计算机编程技术可以引领我们处理一些鞭长莫及的循环问题(特别是与数论有关的问题).

如我们熟知的圆中诸结论:①平分弦(不是直径)的直径垂直于弦(圆的垂径定理);②圆的一条直径的两端点与圆上除这两个端点外的任一点的连线的斜率之积为定值;③过切点的直径垂直于圆的切线. 这些结论类比到椭圆中,自然会产生相应的疑问:①椭圆中,过中心平分椭圆弦的直线与弦所在直线的斜率之积为定值吗(假设它们的斜率都存在)? ②椭圆中,过椭圆中心的一条弦的两端点与椭圆上除这两个端点外的任一点的连线的斜率之积为定值吗? ③椭圆中,椭圆上一点与中心连线的斜率与该点处切线的斜率之积为定值吗(假设斜率存在)? 身边的信息技术可助力我们的寻根究底之旅. 类似的问题可参见本章第二节相关案例.

（三）体会思想方法的变与不变

由于数学思想方法的普适性,其渗透在众多知识领域的学习中,因此命制考查思想方法的试题比较常见,此处无须赘述.

四、努力谋划基于信息技术的教学设计,营造高效课堂教学

如前所述,技术之化静为动、化不可言传为清晰可见(如动画演示、概率中的模拟试验、立几画板的使用)等功能,激发了学生兴趣、凸显了学科本质、深化了师生探究,使发现学习成为可能,课堂显得生机勃勃、灵动高效. 在进行教学设计时,是否使用技术、如何更好地使用应成为教师习惯性的思考.

例如,如何教学"直线与平面所成的角"?

对于发生式定义教学的引入而言,如果直接给出定义,即直接给出构造的过程,在许多情况下效果不够好,此时我们可以考虑利用信息技术提供观察实例,引导学生思考并进行讨论,以能够自然得出构造过程,揭示定义的合理性. 例如"直线与平面所成的角"这一概念的引入,可以用多媒体方式呈现问题情境:"一条直线 AB 和一个平面 α 相交,如何来衡量直线对平面的倾斜程度?"并借助多媒体手段与数学结合的形式对角的概念进行回顾,引导学生提出"过直线与平面的交点 B,在平面内找一条射线 BC,用它与 AB 所成的角来衡量". 这时可问学生,是否任意选一条都行? 通过观察和动态演示,学生会注意到,选的射线不同,所成的角也不一样. 通过进一步观察,让学生考虑"选取哪一条射线可以有明确的结果?"这将能达到刻画直线对平面倾斜程度的目的. 自然地,有学生能想到"选取所成的角最小的那条射线",在技术手段的辅助下,容易得出选取直线 AB 在平面 α 内的射影. 最后师生给出准确的定义:"平面的一条斜线和它在平面上的射影所成的锐角,叫作这条直线和这个平面所成的角."教学实践证明,这样的设计,学生对概念的理解与掌握比

较好.

再如,无限与极限始终是学生学习的难点.以定积分的几何意义——曲边梯形为例,教学时可以利用计算机动画模拟无限逼近过程,随着区间划分数 n 的增大,小矩形的面积越来越靠近曲边梯形的面积,无限过程和结果的相似性有利于学生顺应实无限,形成极限概念.

第二部分
信息技术促进数学理解案例解析

本节案例中所采用的信息技术以 TI-83plus 和 TI-nspire CAS 图形计算器为主.

笔者认为,应在教学中贯彻如下理念:尊重和确立学生在教学中的主体地位,培养学生对问题独立思考的积极态度、理性精神及主动探索的实践能力,浸润创新意识.

实践证明,该理念可以在 TI 手持教育技术的环境下得以较好实现. TI 系列图形计算器是由美国得克萨斯州仪器中心开发的一款能绘制函数图像的学具,其小巧便携、功能齐全而强大. TI 手持教育技术的作用主要体现为三点:检验或调整我们的思考,实现多角度理解;启迪或深化我们的思考,实现顿悟式跨越;呈现或表达我们的思考,实现零距离交流.第一点是说,不借助技术独立思考解决问题,然后再用技术来检验我们的结果或对已做出的结果做出调整;第二点是说,用常规方法感到有困难时,可向技术寻求启迪,进而在技术的帮助下让我们的探索走向深入,经常收获心中的微光;第三点是说,技术的使用可以实现师生、生生之间的即时互动,方便地呈现彼此的思想,以便共享、交流、研讨,让理性精神和创新意识在头脑风暴中孕育、发芽、成长.

案例中呈现了两种不同等级技术的使用,目的之一是为了体现"不同的技术有不同的作用",不能因为有了高级的就忘了曾经走过的来时的路,只有在比较中才能逐步学会灵活选用适当的技术为自己的学生与教学服务.目的之二是意在说明无论新旧、高低,核心仍是人的思维,技术只是辅助,只不过在更新的技术支持下,人的思维可以在理解之路上走得更远、更深,可以创造出更多的成果.

有一点需要说明:每个案例基本上以"问题+分析与解+反思"的结构呈现.

寻找变量关系的利器
——函数拟合

问题

联结圆周上的 n 个点（每两点均连线但在圆内无三线共点）可将圆面分成多少块区域？

分析与解

记 a_n 为问题的结果，且记 $\{a_n\}$ 为相应的数列（设 $a_1=1$），则通过作图（图略）可得：

n	1	2	3	4	5	6	7	⋯
a_n	1	2	4	8	16	31	57	⋯

这里，a_n 与 n 的关系通过观察或其他方法并不容易求出，联想到数列是一类特殊的函数，下面借助 TI 的函数拟合功能解决．

按照函数拟合的步骤，先输入数据，作出相应的离散图[图 3.11(a)(b)]：

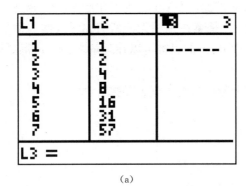
(a)

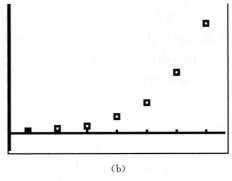
(b)

图 3.11

分别以二次、三次、四次函数，幂函数，指数函数拟合，可得拟合结果如表 3.3．

表 3.3

参考函数	拟合结果
二次函数	QuadReg y=ax²+bx+c a=2.357142857 b=-10.35714286 c=11.28571429 R²=.9848553345
三次函数	CubicReg y=ax³+bx²+cx+d a=.4166666667 b=-2.642857143 c=6.726190476 d=-3.714285714 R²=.9996891953
四次函数	QuarticReg y=ax⁴+bx³+…+e a=.0416666667 b=-.25 c=.9583333333 d=-.75 ↓e=1 QuarticReg y=ax⁴+bx³+…+e ↑b=-.25 c=.9583333333 d=-.75 e=1 R²=1
幂函数	PwrReg y=a*x^b a=.6306279887 b=2.068674547 r²=.9338758123 r=.9663725018
指数函数	ExpReg y=a*b^x a=.5191736595 b=1.970857771 r²=.9995904469 r=.9997952025

由上表明显可以看出,用四次函数拟合效果是最好的,故可猜测 $a_n = 0.0416666667n^4 - 0.25n^3 + 0.9583333333n^2 - 0.75n + 1$. 又,系数 0.0416666667 与 0.9583333333 应分别等于 $0.014\dot{6}$,$0.958\dot{3}$! 由无穷递缩等比数列求和公式可得

$$0.041\dot{6} = 0.041 + 0.00\dot{6} = \frac{41}{1\,000} + \frac{0.0006}{1-0.1} = \frac{369+6}{9\,000} = \frac{1}{24};$$

$$0.958\dot{3} = 0.958 + 0.000\dot{3} = \frac{958}{1\,000} + \frac{0.0003}{1-0.1} = \frac{9 \times 958 + 3}{9\,000} = \frac{23}{24}.$$

故有 $a_n = \frac{1}{24}n^4 - 0.25n^3 + \frac{23}{24}n^2 - 0.75n + 1 = \frac{1}{24}(n^4 - 6n^3 + 23n^2 - 18n + 24)$.

反思

(1) 对类似上述的划分问题,一般情况下,能借助于 TI 的函数拟合功能找到刻画划分

区域的通项公式,然后可以在此结果的启发下再去探寻问题的常规解法.由于有了结果,因此探寻时方向就较易把握,且可根据结果随时调整自己的探索策略!对于许多隐函数问题,上述方法可帮助我们获得较精确的显性函数关系式.

(2) 上述解法利用了图形计算器的函数拟合功能,拟合时先通过输入数据并借助 $\boxed{\text{ZOOM}}$ 菜单中的 ZoomStat 功能作出相应的散点图,接下来选择合适的拟合函数至关重要!在上述解答中,我们通过比较最终确定四次函数为最佳模拟函数,从图像通过散点的紧致程度或 $r^2(R^2)$ 的值可对它们做出判断.另外要注意,TI-83plus 图形计算器只能拟合出不超过四次的多项式函数!

让技术催生出联想的翅膀

问题

解方程：$\sqrt[4]{10+x}+\sqrt[4]{7-x}=\sqrt[4]{136}$.

（2005 年复旦大学保送及优秀生选拔测试试题）

分析与解

原方程等价于 $\sqrt[4]{10+x}+\sqrt[4]{7-x}-\sqrt[4]{136}=0$. 令

$$f(x)=\sqrt[4]{10+x}+\sqrt[4]{7-x}-\sqrt[4]{136} \quad (-10\leqslant x\leqslant 7),$$

在图形计算器的函数编辑器 Y= 中输入函数解析式，利用 GRAPH 及 2nd [CALC] 功能即可找出函数 $f(x)$ 的零点，即方程 $f(x)=0$ 的解为 $x=-\dfrac{3}{2}$. 主要过程如图 3.12 所示.

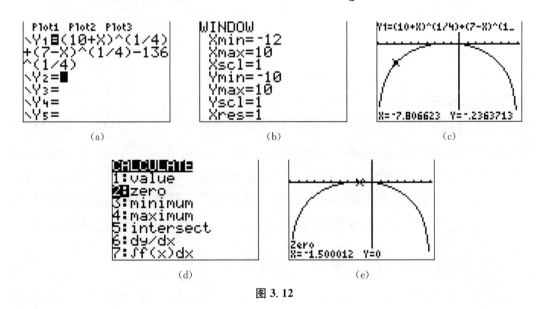

图 3.12

反思

（1）上述解法利用了图形计算器的函数图像作图及分析功能，对于给定区间上的函数，只要输入它的解析式就能得到函数的图像. 为了使图像显示得更清楚，在把窗口设置为

$[-12,10,-10,10]$ 而作出图像后,又连续两次用 ZOOM 菜单中的 ZBox 功能将图像放大,最后借助 2nd [CALC] 中的 zero 功能求出函数 $f(x)$ 的零点.

(2) 面对上述形式对称、答案简单的方程,其来源背景(如数学、物理、化学或生物等)已无关紧要,在享受技术带给我们的迅速获得谜底的满足之余,更多的是对问题本身的反思.

反思一 作为一道高校选拔题,脱离技术的大众解法应该是什么? 实际上,想到导数之后就可获得如下的快捷解法:对函数 $f(x)=\sqrt[4]{10+x}+\sqrt[4]{7-x}-\sqrt[4]{136}$ 求导可得 $f'(x)=\frac{1}{4}(10+x)^{-\frac{3}{4}}+\frac{1}{4}(7-x)^{-\frac{3}{4}}\cdot(-1)$,令 $f'(x)=0$,即可解得 $x=-\frac{3}{2}$. 且易知当 $-10\leqslant x<-\frac{3}{2}$ 时 $f'(x)>0$,当 $-\frac{3}{2}<x\leqslant 7$ 时 $f'(x)<0$,故 $f(x)$ 在 $\left[-10,-\frac{3}{2}\right]$ 上单调递增,在 $\left[-\frac{3}{2},7\right]$ 上单调递减,经检验知 $f\left(-\frac{3}{2}\right)=0$,故原方程的解是 $x=-\frac{3}{2}$.

反思二 适合高中生的初等解法又是什么? 我注意到原方程左边是一个增函数与一个减函数之和,不能用单调性直接求解,又没有定值出现,似乎真的无从下手! 但猛然间,一个念头闪入脑际:因 $x\in[-10,7]$,而 $\frac{1}{2}[7+(-10)]=-\frac{3}{2}$,$\frac{1}{2}[7-(-10)]=\frac{17}{2}$,故可令 $x=-\frac{3}{2}+\frac{17}{2}\cos\theta$,$\theta\in[0,\pi]$,则原方程变为

$$\sqrt[4]{1+\cos\theta}+\sqrt[4]{1-\cos\theta}=\sqrt[4]{136}\cdot\sqrt[4]{\frac{2}{17}},$$

化简可得

$$\sqrt{\cos\frac{\theta}{4}}+\sqrt{\sin\frac{\theta}{2}}=2^{\frac{3}{4}}. \qquad (*)$$

……思维再次受阻!

但技术的先知带给思维的信心与快乐促使我努力搜索突破方程 $(*)$ 的一切方法! 最终,"形似联想"使我回忆起以下两题:(1) 求证:$1\leqslant\sqrt{\sin x}+\sqrt{\cos x}\leqslant 2^{\frac{3}{4}}$ (1999 年上海交通大学联读班数学试题);(2) 函数 $y=\sqrt{\cos x}+\sqrt{\sin x}$ 的值域是_____.(2004 年上海交通大学直升考试数学试题). 显然方程 $(*)$ 就是题(1)中的不等式右端等号成立的情况! 回忆起 $\sqrt{\sin x}+\sqrt{\cos x}=2^{\frac{3}{4}}\Leftrightarrow x=2k\pi+\frac{\pi}{4}(k\in\mathbf{Z})$,而 $(*)$ 中 $\frac{\theta}{2}\in\left[0,\frac{\pi}{2}\right]$,故由 $(*)$ 得 $\frac{\theta}{2}=\frac{\pi}{4}$,$\theta=\frac{\pi}{2}$,从而原方程的解为 $x=-\frac{3}{2}+\frac{17}{2}\cos\frac{\pi}{2}=-\frac{3}{2}$!

反思三 在"反思二"中,"联想"已显出其不凡的威力! 但对上述稍嫌高难的三角换元总令人有隐隐的不满,能否从另一角度更好地解读原方程美好的对称性呢? 凝视着方程左边的"$+x$"与"$-x$",心中不怀好意地总想让它们抵消! 那么,方程两边同时四次方? 但这毕竟令人畏惧得不敢尝试! 那就想办法把"$+x$"与"$-x$"单独表示出来再相加,想到这儿,问题陡然之间就变得易于操纵了:设 $\sqrt[4]{10+x}=s$,$\sqrt[4]{7-x}=t$,则原方程化为方程组

$\begin{cases} s+t=\sqrt[4]{136}, \\ s^4+t^4=17. \end{cases}$ 简单的变形可知 $2(st)^2-8\sqrt{34}\,st+119=0$，$st=\dfrac{\sqrt{34}}{2}$ 或 $\dfrac{17\sqrt{34}}{2}$，从而通过构造一元二次方程易求得 $s=t=\dfrac{\sqrt[4]{136}}{2}$（其中 $st=\dfrac{17\sqrt{34}}{2}$ 时无解），故 $x=s^4-10=7-t^4=-\dfrac{3}{2}$！

反思四 的确，"反思三"中出现的方程组 $\begin{cases} s+t=\sqrt[4]{136}, \\ s^4+t^4=17 \end{cases}$ 较好地诠释了原方程中整齐和谐的对称性，但由此导出的结论"$s=t=\dfrac{\sqrt[4]{136}}{2}$"中的"$s=t$"是否暗示了方程组 $\begin{cases} s+t=\sqrt[4]{136}, \\ s^4+t^4=17 \end{cases}$ 中隐藏着"$s=t$"的必然性呢？简单的不等式推理使我验证了这个猜想，因此获得了更为简洁的解法，同时也看到了常数 $\sqrt[4]{136}$ 存在的合理性：因 $s>0$，$t>0$，而 $\sqrt{\dfrac{17}{2}}=\sqrt{\dfrac{s^4+t^4}{2}}\geqslant\dfrac{s^2+t^2}{2}\geqslant\left(\dfrac{s+t}{2}\right)^2=\left(\dfrac{\sqrt[4]{136}}{2}\right)^2=\sqrt{\dfrac{17}{2}}$，故必有 $s=t=\dfrac{\sqrt[4]{136}}{2}$！

反思五 技术的作用不是代替思维而是辅助、启示与优化思维，实际教学中也可设计这样的问题，在技术的帮助下，逐步培养学生对陌生问题产生联想以实现跨域联结、命题转换从而获得"瞬时顿悟"的能力！这对锤炼学生的数学解题机智、提升思维迁移质量都具有重要意义！

合理编程,迅速发现规律

问题

数列 $\{f_n\}$ 的通项公式为 $f_n = \dfrac{1}{\sqrt{5}}\left[\left(\dfrac{1+\sqrt{5}}{2}\right)^n - \left(\dfrac{1-\sqrt{5}}{2}\right)^n\right]$,$n \in \mathbf{Z}^+$. 记 $S_n = C_n^1 f_1 + C_n^2 f_2 + \cdots + C_n^n f_n$,求所有的正整数 n,使得 S_n 能被 8 整除.

分析与解

由题意,若记 $A = \dfrac{1+\sqrt{5}}{2}$,$B = \dfrac{1-\sqrt{5}}{2}$,则 $S_n = L_1(n)$,其中序列 L_1 如图 3.13(a) 所示,$L_1(n)$ 表示序列 L_1 的第 n 个元素.

在此基础上,借助 TI 的编程功能,可顺利获得数列 $\{S_n\}$ 及其每一项被 8 除所得的余数. 主要过程如图 3.13(b)(c)(d) 所示.

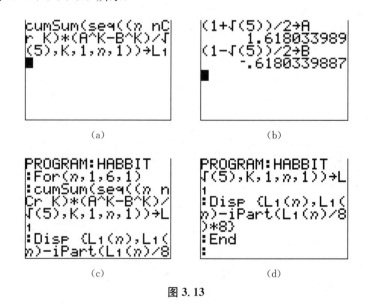

图 3.13

执行程序"HABBIT"可获得数列 $\{S_n\}$ 的前 6 项及分别被 8 除所得的余数,如图 3.13(e) 所示.

依次改变程序"HABBIT"第一行 For(n,1,6,1)中 n 的上下界为 7,12;13,18;19,25;$\cdots$,即可获得数列 $\{S_n\}$ 的后面各项及各自被 8 除所得的余数,如图 3.13(f)(g)(h)所示.

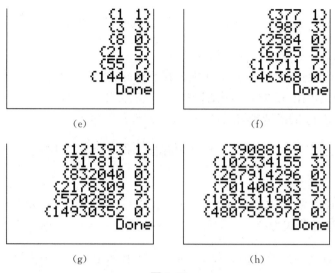

(e) (f)

(g) (h)

图 3.17

显然,数列 $\{S_n\}$ 各项除以 8 的余数是一个周期为 6 的数列,从而 $8 \mid S_n \Leftrightarrow 3 \mid n$,故所求为 $n = 3m(m \in \mathbf{Z}^+)$.

反思

(1) 本题是在兔子数列的基础上,构造出新数列 $\{S_n\}$ 并要求找出该数列中所有能被 8 整除的项. 通过求解该题我们发现,尽管数列 $\{S_n\}$ 似乎毫无特色,但每一个 S_n 被 8 除所得余数却组成了一个周期数列 $\left(\text{即数列}\left\{S_n - 8 \cdot \text{iPart}\left(\dfrac{S_n}{8}\right)\right\}\right)$,从而发现了隐藏在离散数字背后的一般规律,真可谓曲径通幽啊!这也为我们展示了一条寻找周期数列的途径.

(2) 上述解法利用了图形计算器的数组功能及编程功能,$\boxed{\text{2nd}}$[LIST] 中的 cumSum 功能实现了对数组中元素的累计求和,相当于求数列的前 n 项和,而类似于求函数值[如 $f(a)$] 的 $L_1(n)$ 命令可让我们直接提取数组中所需的目标. 为了同时显示出 S_n 的值及其被 8 除所得的余数,在程序的最后,我们用"{ }"满足了这项要求!

(3) 解完此题,依然意犹未尽——数列 $\left\{S_n - k \cdot \text{iPart}\left(\dfrac{S_n}{k}\right)\right\}$(其中 $k \in \mathbf{Z}^+$)是否均为周期数列?若不全是,k 满足什么条件时为周期数列?若均为周期数列,记 T_k 是相应的周期,则数列 $\{T_k\}$ 有何特点,是否仍是周期数列?有了图形计算器这一先进的工具,在上述程序"HABBIT"中,我们只需将"8"分别改成某些具体的"k",即可迅速获得表 3.4.

表 3.4

	k													
	1	2	3	4	5	6	7	8	9	10	11	12	13	14	…
是否周期数列	是	是	是	是	是	是	是	是	是	否	是	是	是	是	…
T_k	1	3	4	3	10	12	8	6	12	无	5	12	14	24	…

由上表可以猜测：当 $k \neq 10m (m \in \mathbf{Z}^+)$ 时，数列 $\left\{S_n - k \cdot \mathrm{iPart}\left(\dfrac{S_n}{k}\right)\right\}$ 均为周期数列，但 $\{T_k\}(k \neq 10m, m \in \mathbf{Z}^+)$ 不再是周期数列.

（4）能否给出数列 $\{S_n\}$ 与 $\{T_k\}$ 的通项公式？对此，我们有：想法 1——由 $\{f_n\}$ 的通项公式及 S_n 的定义直接求出 S_n 的表达式；想法 2——先找出 $\{S_n\}$ 的递推公式，再寻求其通项公式；想法 3——利用 TI 的函数拟合功能找出 S_n 关于 n 的函数关系式，即为通项公式.

对于想法 1，运用简单的二项式定理知识容易求得 $S_n = \dfrac{1}{\sqrt{5}}\left[\left(\dfrac{3+\sqrt{5}}{2}\right)^2 - \left(\dfrac{3-\sqrt{5}}{2}\right)^n\right]$，详细过程从略.

对于想法 2，观察解题过程中程序执行后获得的四幅图，容易发现恒有 $S_n + S_{n+2} = 3S_{n+1}$，故 $\{S_n\}$ 的递推公式为：$S_1=1, S_2=3, S_n+S_{n+2}=3S_{n+1}$，显然 $\{S_n\}$ 是一个二阶递归数列. 因为递推关系所对应的特征方程 $x^2 = 3x - 1$ 有两根 $x_1 = \dfrac{3+\sqrt{5}}{2}$，$x_2 = \dfrac{3-\sqrt{5}}{2}$，故通项公式是 $S_n = \alpha_1 x_1^n + \alpha_2 x_2^n$（其中 α_1, α_2 是待定系数）. 由 $S_1=1, S_2=3$ 可求得 $\alpha_1 = \dfrac{1}{\sqrt{5}}$，$\alpha_2 = -\dfrac{1}{\sqrt{5}}$，从而 $S_n = \dfrac{1}{\sqrt{5}}\left[\left(\dfrac{3+\sqrt{5}}{2}\right)^n - \left(\dfrac{3-\sqrt{5}}{2}\right)^n\right]$.

对于想法 3，用函数拟合功能可方便地找出 S_n 关于 n 的函数关系式（见下述最后一幅图），主要过程如图 3.18 中各图所示.

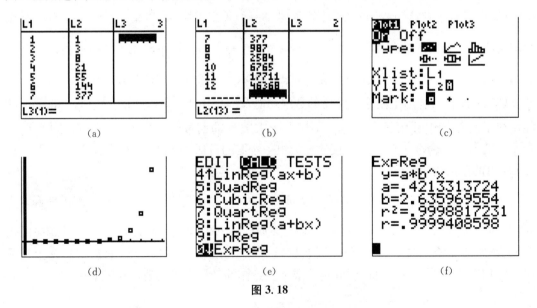

图 3.18

显然，拟合出的函数关系式与想法 1，2 中的结果相比稍嫌粗糙，但作为寻找变量之间关系的一种方法，在其他很多场合却自有其价值所在！

寻找符合要求的"吉祥数"

问题

如果正整数 a 的各位数字之和等于 7，那么称 a 为"吉祥数"，将所有"吉祥数"从小到大排成一列 $a_1, a_2, a_3, \cdots$，若 $a_n = 2005$，求 a_{5n}.

分析与解

(1) 借助 TI 的编程功能容易获得数列 $\{a_n\}$ 中数 2005 所对应的项数.

① 程序编写如图 3.19(a)(b)(c) 所示.

② 执行该程序，结果显示如图 3.19(d)(e) 所示.

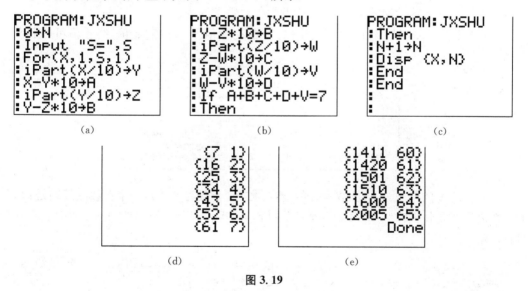

图 3.19

由图 3.19(e) 可知当 $a_n = 2005$ 时，$n = 65$. 故所求即为 $a_{325} = ?$

(2) 为了求得 a_{325}，将上述"JXSHU"程序做如下修改并执行，如图 3.20 所示.

```
PROGRAM:JXSHU
:If N=325
:Then
:Stop
:End
:End
:End
:
```
(d)

取 $S=60000$，执行该程序 →

```
{50110 320}
{50200 321}
{51001 322}
{51010 323}
{51100 324}
{52000 325}
           Done
```
(e)

图 3.20

故所求为 $a_{5n}=a_{325}=52000$.

反思

（1）上述解法利用了图形计算器的编程功能，为了获得题设中要求的"吉祥数"，程序中引入了计数器"N"并采用了"For"语句与"If"语句，对 X 终止值 S 的灵活选取，使我们很容易查找某一段范围内的正整数中"吉祥数"的个数.

（2）伯克霍夫说：整数一直是使数学获得新生的源泉. 确实，数学中有很多特殊的数，如完全数、亲和数、完全平方数、多边形数、勾股数、魔术数、缺 8 数、史密斯数等，TI 的程序功能及其本身的便携性吸引着我们继续去探索它们的独特性质！若用之于教学，便可拉近学生与历史上许多著名数学家的距离，进而激发学生对数学的兴趣！

（3）在上述"JXSHU"程序中，适当改变 N 的初始值及 X 的起始值、终止值可顺利获得表 3.5.

表 3.5

	X 的位数				
	一	二	三	四	五
吉祥数的个数	1	7	28	84	210

（4）若设 X 的位数为 k，位数为 k 的"吉祥数"的个数为 $f(k)$，一个自然的问题是：$f(k)$ 的一般表达式是什么？利用 TI 的函数拟合功能，可得拟合函数及图像如图 3.21 所示（中间过程从略）.

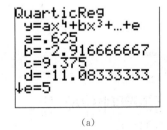

(a)

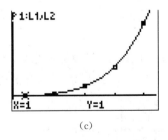

(b)   (c)

图 3.21

经过比较，上述拟合函数是 TI 所能提供的函数中拟合效果最好的（这由 $R^2=1$ 也可看到）. 利用该函数可算出 $f(6)=456$，$f(7)=887$ 等. 但利用并不太复杂的排列组合知识可以

得到 $f(6)=462$,$f(7)=924$,一般地我们有

$$f(k)=C_{k+5}^6=\frac{(k+5)(k+4)(k+3)(k+2)(k+1)k}{720},$$

这说明 TI 所能提供的拟合函数并不能满足所有的现实需要. 实际上,纵使 TI 的功能再强大,它不能取代人的思考也是很正常的!

由两道题目引发的"链"想
——兼谈 TI"有形可依"的破题价值

问题

问题 1 求函数 $f(x)=\sqrt{x^4-5x^2-6x+18}-\sqrt{x^4-3x^2+4}$ 的最大值;

问题 2 求函数 $g(x)=\sqrt{x+27}+\sqrt{13-x}+\sqrt{x}$ 的最大值和最小值(2009 年全国高中数学联赛一试试题).

分析与解

一、思维轨迹

这是两位高三同学在课间问的问题,我没有当场解决,只是提了两条自己心里都没底的思路.回到办公室后继续思考,首先"链"想到以前做过的下面三道题目:

$1'$. 求函数 $y=\sqrt{x^2-2x+5}+\sqrt{x^2-4x+13}$ 的值域;

$1''$. 已知 $0<a,b>$,求证:

$$\sqrt{a^2+b^2}+\sqrt{(1-a)^2+b^2}+\sqrt{a^2+(1-b)^2}+\sqrt{(1-a)^2+(1-b)^2} \geqslant 2\sqrt{2};$$

$2'$. 求函数 $y=\sqrt{2x-3}+\sqrt{5-3x}$ 的值域.

$1'$与$1''$均是根据问题特点将其"形"化,在二维空间通过构造模型(x 轴或正方形)求解.在 $2'$ 中,注意到 $x \in \left[\frac{3}{2}, \frac{5}{3}\right]$,$\frac{1}{2}\left(\frac{5}{3}+\frac{3}{2}\right)=\frac{19}{12}$,$\frac{1}{2}\left(\frac{5}{3}-\frac{2}{3}\right)=\frac{1}{12}$,故可借助三角换元(令 $x=\frac{19}{12}+\frac{1}{12}\cos\theta, \theta \in [0, \pi]$) 获解.

但当我模仿上述思路求解问题 1,2 时均无功而返,高次方与 3 个根号仿佛横亘在自己面前的鸿沟,无法跨越……最后,作图的念头令我想到了久违的高一、高二教学中使用过的 TI-83plus 图形计算器.

借助 TI 的作图功能容易获得问题 1,2 的答案,如图 3.22 所示.

由此可知 $f(x)_{\max}=f(-1.257\,335)=3.162\,277\,7$,即 $f(x)_{\max}=\sqrt{10}$. $g(x)_{\max}=g(8.999\,966)=11$,即 $g(x)_{\max}=g(9)=11$,并且显然可以看到 $g(x)_{\min}=g(0)=3\sqrt{3}+\sqrt{13}$.

(a)
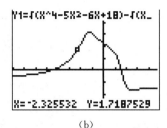
(b)
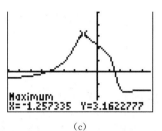
(c)

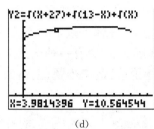
(d)
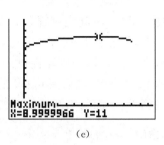
(e)

图 3.22

受此答案的鼓舞,我注意到 $f(x)$ 中,$3+4+5+6=18$,且有 $x^4-3x^2+4 = x^4-4x^2+4+x^2 = (x^2-2)^2+x^2$,仿此可设 $x^4-5x^2-6x+18 = (x^2+a)^2+(x+b)^2$,展开后通过比较系数可解得 $a=-3, b=-3$. 故 $f(x) = \sqrt{(x^2-3)^2+(x-3)^2} - \sqrt{(x^2-2)^2+(x-0)^2} = \sqrt{(x-3)^2+(x^2-3)^2} - \sqrt{(x-0)^2+(x^2-2)^2}$,设 $P(x, x^2)$,$A(3,3)$,$B(0,2)$,则原问题"形"化为求抛物线 $y=x^2$ 上的动点到点 $(3,3)$ 与 $(0,2)$ 距离之差的最大值,初等的解析几何知识即可使该问题获解!且会发现上面的 -1.257335 实际上就是 $\dfrac{1-\sqrt{73}}{6}$.

$g(x)$ 最值一般解法的探索远非 $f(x)$ 顺利,尽管从上述图像上可以发现只要证明 $g(x)$ 在 $[0,9]$ 上单调递增,在 $[9,13]$ 上单调递减,但证明过程相当烦琐!通过重新审视 $2'$,它的柯西不等式解法的发现最终为解决该问题带来了转机!

二、解答过程

解 (1) 因 $f(x) = \sqrt{(x-3)^2+(x^2-3)^2} - \sqrt{(x-0)^2+(x^2-2)^2}$,设 $P(x, x^2)$,$A(3,3)$,$B(0,2)$,则问题转化为求抛物线 $y=x^2$ 上的点到点 $(3,3)$ 与 $(0,2)$ 距离之差的最大值. 如图 3.23,显然当点 P 为直线 AB 与抛物线的交点时,$f(x)_{\max} = |AB| = \sqrt{10}$,此时,由 $\begin{cases} x-3y+6=0, \\ y=x^2 \end{cases}$ 可解得 $x=\dfrac{1-\sqrt{73}}{6}$,故 $f(x)_{\max} = f\left(\dfrac{1-\sqrt{73}}{6}\right) = \sqrt{10}$.

图 3.23

(2) 定义域为 $[0,13]$. 因为 $y = \sqrt{x}+\sqrt{x+27}+\sqrt{13-x} = \sqrt{x+27}+\sqrt{13+2\sqrt{x(13-x)}} \geq \sqrt{27}+\sqrt{13} = 3\sqrt{3}+\sqrt{13}$,当 $x=0$ 时等号成立,故 y 的最小值为

$3\sqrt{3}+\sqrt{13}$. 又由柯西不等式得 $y^2=(\sqrt{x}+\sqrt{x+27}+\sqrt{13-x})^2 \leqslant \left(\frac{1}{2}+1+\frac{1}{3}\right)[2x+(x+27)+3(13-x)]=121$,所以 $y \leqslant 11$. 等号成立当且仅当 $4x=9(13-x)=x+27$,即 $x=9$. 故 $g(x)_{\max}=g(9)=11$.

反思

问题 1 与问题 2 的解决在很大程度上依赖于 TI 图形计算器将抽象问题"形"化,并迅速使解题者发现问题的谜底,该谜底对解题者继续探索问题的解法提供了直接的启发——面对图形与答案,我们可能会突然得到一个巧妙的想法,好像掠过了一道灵感,看到了灿烂的阳光. 照此想法解题完毕后,再与机器提供的结果相比较,会有一种恍然大悟的感觉升腾在心头. 因此我们说,TI 具有令人"有形可依"的破题价值! 遭遇难题,上述做法可以培养我们脱机破题的灵感与悟性! 下面再举两例加以说明.

问题 3 求函数 $F(\theta)=\cos\theta+\sqrt{\cos^2\theta-4\sqrt{2}\cos\theta+4\sin\theta+9}$ 的最大值.

思考与解答过程

经过试验发现,常规方法(如平方转化、单调性法等)不能奏效,先用 TI 找出答案(或近似答案),如图 3.24 所示.

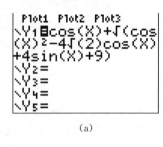
(a)
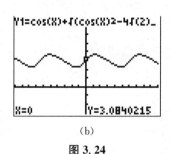
(b)
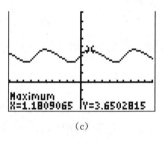
(c)

图 3.24

故 $F(\theta)_{\max}=F(1.1809065)=3.6502815=\sqrt{2}+\sqrt{5}$,但 1.180 906 5 的精确值究竟是什么却不得而知!

"链"想到问题 1 与 1' 中函数的形式,我们对 $F(\theta)$ 解析式中的两项"无中生有"做如下变形:

$$\sqrt{\cos^2\theta-4\sqrt{2}\cos\theta+4\sin\theta+9}=\sqrt{2\cos^2\theta-4\sqrt{2}\cos\theta+\sin^2\theta+4\sin\theta+8}$$
$$=\sqrt{(\sqrt{2}\cos\theta-2)^2+(\sin\theta+2)^2}$$

及

$$\cos\theta=\sqrt{(\cos\theta+\sqrt{2})^2}-\sqrt{2}=\sqrt{(\sqrt{2}\cos\theta+1)^2+(\sin\theta-0)^2}.$$

于是原题可转化为求椭圆 $\frac{x^2}{2}+y^2=1$ 上任一点 $P(\sqrt{2}\cos\theta,\sin\theta)$ 到点 $F_1(-1,0)$ 与点 $A(2,-2)$ 的距离之和的最大值. 通过简单的解析几何知识可以求得当点 P 坐标为 $\left(\frac{8-\sqrt{10}}{9},\frac{2+2\sqrt{10}}{9}\right)$,即当 $\theta=\arcsin\frac{2+2\sqrt{10}}{9}$ 时,$F(\theta)_{\max}=\sqrt{2}+\sqrt{5}$.

至此我们知道上面的 1.180 906 5 原来就是 $\arcsin\dfrac{2+2\sqrt{10}}{9}$!

问题 4　已知 $0\leqslant x,y\leqslant 1$，求函数 $G(x,y)=\sqrt{x}+\sqrt{1-x-y}+\sqrt{y+\dfrac{(1-y-2x)^2}{4}}$ 的最大值.

思考与解答过程

以下图形分别是当 $y=0.5,0.4$ 时的结果(图 3.25).

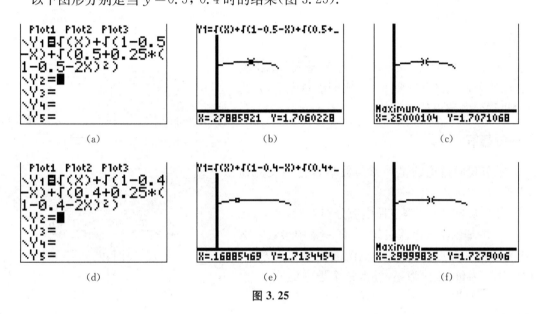

图 3.25

经过多次试验,我们可以猜测 $G(x,y)_{\max}=\sqrt{3}$! 具体证明过程的探寻类似于上述问题 2,限于篇幅,不再赘述.

双网孔电路各支路电流及总电阻的计算

问题

如图 3.26(a),已知电流 I 从 A 流入、从 B 流出,试计算各支路电流及 A,B 之间的总电阻,并给出判断 R_3 支路电流流向的一般方法.

分析与解

本节我们讨论的是一道与数学紧密相关的物理题.

如图 3.26(b),设各支路电流分别为 I_1,I_2,I_3,I_4,I_5,由基尔霍夫电流定律:在任一集中参数电路中,对于任一节点,所有支路电流的代数和为零. 以电流流入为负,流出为正,可得三个独立的 KCL 方程:$\begin{cases} -I+I_1+I_2=0, \\ -I_1-I_3+I_4=0, \\ -I_2+I_3+I_5=0, \end{cases}$ 即 $\begin{cases} I_1+I_2-I=0, \\ I_1+I_3-I_4=0, \\ I_2-I_3-I_5=0. \end{cases}$ 再

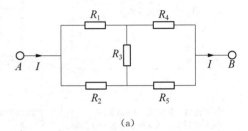

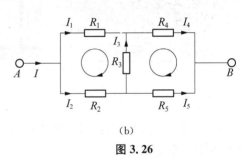

图 3.26

由基尔霍夫电压定律:对于任一集中参数电路,在任一时刻,回路中所有支路电压的代数和为零. 选定参考方向如图 3.26(b)中所示,即电压降为"+",电压升为"-",可得两个独立的 KVL 方程:$\begin{cases} I_1R_1-I_3R_3-I_2R_2=0, \\ I_4R_4-I_5R_5+I_3R_3=0. \end{cases}$ 借助 TI-nspire 图形计算器解由上述 KCL 方程和 KVL 方程组成的方程组,可得

$$\begin{cases} I_1=(a_1/a)\cdot I, \\ I_2=(a_2/a)\cdot I, \\ I_3=(a_3/a)\cdot I, \\ I_4=(a_4/a)\cdot I, \\ I_5=(a_5/a)\cdot I. \end{cases}$$

其中,

$a=(R_1+R_2)\cdot(R_3+R_4+R_5)+R_3(R_4+R_5)$;

$a_1=R_2\cdot(R_3+R_4+R_5)+R_3R_5$;

$a_2=R_1\cdot(R_3+R_4+R_5)+R_3R_4$;

$a_3 = R_1 R_5 - R_2 R_4$;
$a_4 = R_5 \cdot (R_1 + R_2 + R_3) + R_2 R_3$;
$a_5 = R_4 \cdot (R_1 + R_2 + R_3) + R_1 R_3$.

在 TI-nspire CAS 图形计算器中的操作如图 3.27 所示(中间几幅略).

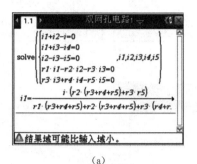
(a)

(b)

图 3.27

在此基础上,借助 TI-nspire CAS 的编程功能,可轻松求得当 R_1, R_2, R_3, R_4, R_5 取任意阻值时该双网孔电路各支路电流值、总电阻值,并判断出 R_3 支路电流的流向. 程序如下(图 3.28).

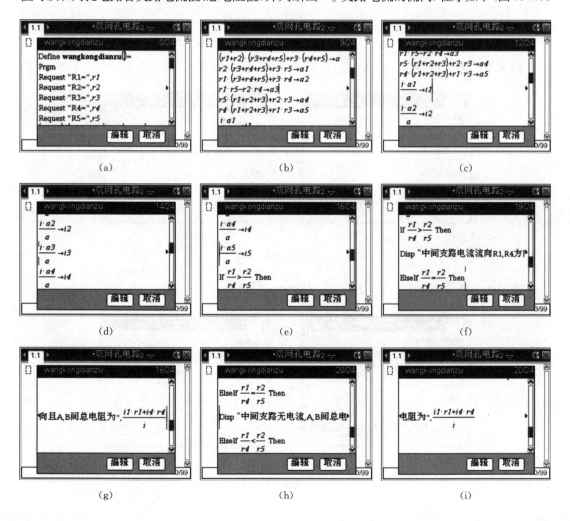

(j)   (k)   (l)

(m)

图 3.28

如下是当 R_1, R_2, R_3, R_4, R_5 分别随意取三组值时相应的执行结果：

情况 1 $R_1=7, R_2=9, R_3=10, R_4=11, R_5=3$（图 3.29）.

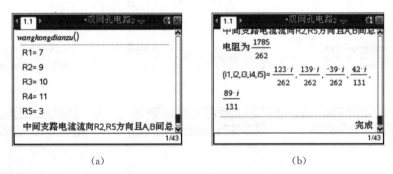

(a)   (b)

图 3.29

情况 2 $R_1=2r, R_2=r, R_3=r, R_4=3r, R_5=4r$（图 3.30）.

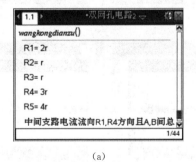 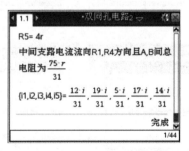

(a)   (b)

图 3.30

情况 3 $R_1=2r$，$R_2=4r$，$R_3=8r$，$R_4=3r$，$R_5=6r$（图 3.31）．

(a)

(b)

图 3.31

反思

（1）TI 系列图形计算器不仅在数学中有广泛的应用，随着其功能的不断完善，它在物理、化学、生物等学科中的应用也越来越多．本文正是利用 TI-nspire CAS 的代数与编程功能解决了高中物理中学生普遍感到困惑的双网孔电路中电流、电阻的计算及电流流向的判断问题．

（2）由正文中的分析可以得出如下结论．

① R_3 支路的电流流向规律：当 $\dfrac{R_1}{R_4}>\dfrac{R_2}{R_5}$ 时，R_3 支路的电流向 R_1，R_4 这一侧流；当 $\dfrac{R_1}{R_4}=\dfrac{R_2}{R_5}$ 时，R_3 支路无电流；当 $\dfrac{R_1}{R_4}<\dfrac{R_2}{R_5}$ 时，R_3 支路的电流向 R_2，R_5 这一侧流．

② 对称性：若 $R_1=R_5$ 且 $R_2=R_4$，则 $I_1=I_5$ 且 $I_2=I_4$．

（3）本文的结论可用来求解类似下面的问题：

如图 3.32 所示电路中，六个电阻的阻值均相同，已知电阻 R_6 所消耗的电功率为 1 W，则六个电阻所消耗的总功率为_____W．

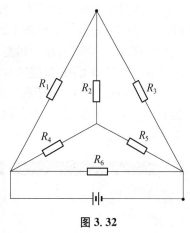

图 3.32

（4）TI-nspire CAS 彩屏图形计算器在数据捕获与函数拟合方面功能更加强大，操作更加方便，可以帮助同学们探索与中学数学、物理等知识密切相关的未知结论．如在数学、物理中均有重要应用的斜率问题．笔者曾就此问题开设过专门的教学公开课，该课从物理学科中的速度、加速度、功率等物理量的物理与几何意义引入，逐步引导同学们借助 TI-nspire CAS 图形计算器的数据捕获与函数拟合功能探索了一元二次函数、幂函数、指数函数、三角函数的切线方程，同学们参与热情高涨，也受到听课专家与教师的一致好评．这说明，只要教师善于探索，TI-nspire CAS 图形计算器在中学教学中，在启迪探索智慧、催生创新精神方面是大有可为的！

繁并快乐着
——例谈解析几何中的"机算"

问题

如图 3.33，椭圆 $\Gamma: \dfrac{x^2}{9} + \dfrac{y^2}{4} = 1$ 的左、右顶点分别是 A，B，P 是直线 $l: x = 9$ 上的任意一点，直线 PA，PB 与椭圆 Γ 分别交于点 M，N，求证：直线 MN 必过 x 轴上的一定点，并求出此定点的坐标. 尝试给出上述命题的推广或类比得出类似的命题，并给予证明.

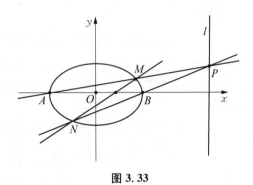

图 3.33

分析与解

一、原题解答

本题是作为高三数学十三校联考最后一题的最后两小问出现的，实践证明，99% 的学生即使有时间去做也是望而却步、无功而返，充其量也是依靠"特置法"猜出定点而无能力给出其严格推理，主要原因在于回避不了的烦琐运算让学生失去了耐心与信心！（当然在运算时还是有点小技巧可用的，但这并没消弱其烦琐）

TI-nspire CX CAS 图形计算器在字母运算方面的出色功能让对解析几何运算望而生畏的莘莘学子重拾信心！对于本题，可利用机器轻松获解[过定点$(1, 0)$，如图 3.34 所示[设点 $P(9, p)$].

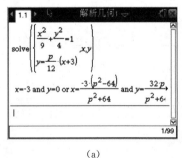

(a)

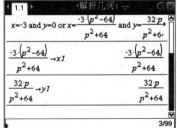

(b)

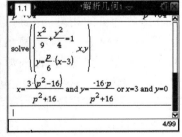

(c)

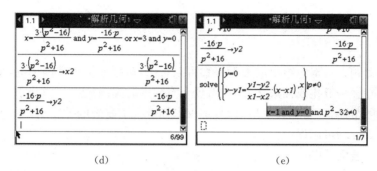

(d)　　　　　　　　　　　　(e)

图 3.34

操作中的最后一步增加 $p \neq 0$ 的限制条件是为了简化机器的显示,因为当 $p=0$ 时直线 MN 就是 x 轴,于寻找 x 轴上的定点无益,这儿体现了解题者思维参与的价值.

当然,我们也可以采用 TI-nspire CX CAS 图形计算器的作图及分析功能或数据捕获与函数拟合功能来探索直线 MN 经过的定点.作为两种重要方法,我们也图示如下(值得强调的是,这两种方法同样适用于下述推广命题与类比命题的探索),请见表 3.6.

表 3.6

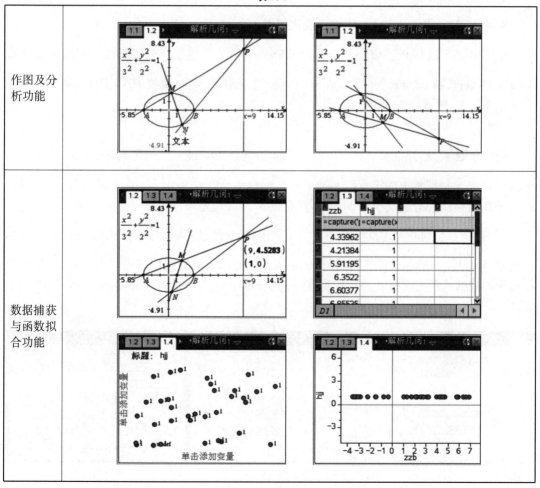

二、推广

从联考卷命题人对本题给出的参考答案可以看出,命题人是非常谨慎的,事实也确实如此,推广上述命题(一般化或抽象化)并在考场上有限的时间内给出证明几乎不可能!但若有了图形计算器的帮助,一切就会发生改变:不仅求知者有了联想的欲望、探索的信心,而且时间和成功的可能性均可以保证!

对直线 l 一般化可得:

推广命题 1　椭圆 $\Gamma: \dfrac{x^2}{9} + \dfrac{y^2}{4} = 1$ 的左、右顶点分别是 A,B,P 是直线 $l: x = m (m > 3$ 或 $m < -3)$ 上的任意一点,直线 PA,PB 与椭圆 Γ 分别交于点 M,N,则直线 MN 必过 x 轴上的一定点.

对椭圆 Γ 和直线 l 均一般化可得:

推广命题 2　椭圆 $\Gamma: \dfrac{x^2}{a^2} + \dfrac{y^2}{b^2} = 1 (a > b > 0)$ 的左、右顶点分别是 A,B,P 是直线 $l: x = m (m > a$ 或 $m < -a)$ 上的任意一点,直线 PA,PB 与椭圆 Γ 分别交于点 M,N,则直线 MN 必过 x 轴上的一定点.

对椭圆 Γ、直线 l 及点 A,B 均一般化可得:

推广命题 3　已知椭圆 $\Gamma: \dfrac{x^2}{a^2} + \dfrac{y^2}{b^2} = 1 (a > b > 0)$,过原点的定直线与椭圆 Γ 交于点 A,B,P 是直线 $l: x = m (m > a$ 或 $m < -a)$ 上的任意一点,直线 PA,PB 与椭圆 Γ 分别交于点 M,N,则直线 MN 必过定点.

在推广 3 的基础上,对直线 l 更一般化可得:

推广命题 4　已知椭圆 $\Gamma: \dfrac{x^2}{a^2} + \dfrac{y^2}{b^2} = 1 (a > b > 0)$,过原点的定直线与椭圆 Γ 交于点 A,B,P 是与椭圆相离的定直线 $l: a_1 x + b_1 y + c_1 = 0 (a_1^2 + b_1^2 \neq 0)$ 上的任意一点,直线 PA,PB 与椭圆 Γ 分别交于点 M,N,则直线 MN 必过定点.

利用 TI 容易判断上述推广命题 1 与 2 是正确的[经过的定点分别为 $\left(\dfrac{9}{m}, 0\right)$,$\left(\dfrac{a^2}{m}, 0\right)$,且易知当直线 l 为椭圆的准线时,经过的定点恰好为相应的焦点!],3 与 4 是错误的(即使把题目中出现的两条定直线改为互相垂直)!其中推广命题 2 的运算过程如图 3.35 所示[设 $P(m, p)$].

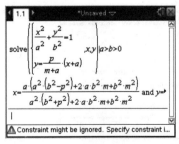
(a)

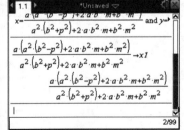
(b)

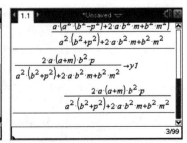
(c)

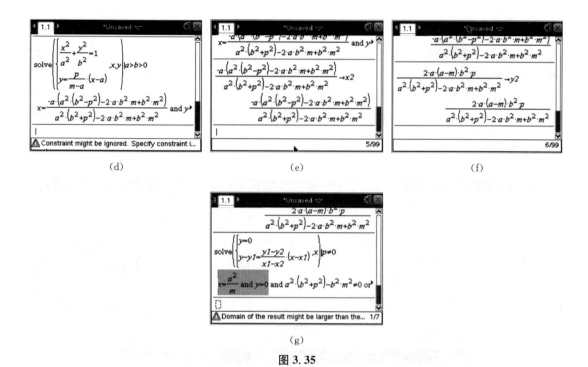

图 3.35

二、类比

从直线 l 与点 A，B 的位置、曲线类型等角度我们可类比(并推广)出如下诸命题：

类比命题 1 椭圆 $\Gamma: \dfrac{x^2}{a^2}+\dfrac{y^2}{b^2}=1(a>b>0)$ 的上、下顶点分别是 A，B，P 是直线 l：$y=m(m>2$ 或 $m<-2)$ 上的任意一点，直线 PA，PB 与椭圆 Γ 分别交于点 M，N，则直线 MN 必过 y 轴上的一定点.

类比命题 2 已知椭圆 $\Gamma: \dfrac{x^2}{a^2}+\dfrac{y^2}{b^2}=1(a>b>0)$，$P$ 是直线 $l: y=m(m>2$ 或 $m<-2)$ 上的任意一点，直线 PA，PB 与椭圆 Γ 分别相切于点 A，B，则直线 AB 必过一定点.

类比命题 3 已知圆 $\Gamma: x^2+y^2=r^2(r>0)$，P 是直线 $l: y=m(m>r$ 或 $m<-r)$ 上的任意一点，直线 PA，PB 与圆 Γ 分别相交于点 M，N，则直线 MN 必过 x 轴上的一定点.

类比命题 4 双曲线 $\Gamma: \dfrac{x^2}{a^2}+\dfrac{y^2}{b^2}=1(a,b>0)$ 的左、右顶点分别是 A，B，P 是直线 l：$x=m(-a<m<a)$ 上的任意一点，直线 PA，PB 与双曲线 Γ 分别交于点 M，N，则直线 MN 必过 x 轴上的一定点.

类比命题 5 已知抛物线 $\Gamma: y^2=2px(p>0)$，P 是直线 $l: x=m(m<0)$ 上的任意一点，直线 $PA \parallel x$ 轴且与抛物线 Γ 交于点 A，直线 PO (O 为坐标原点) 与抛物线 Γ 交于点 N，则直线 AN 必过 x 轴上的一定点.

借助图形计算器我们容易验证上述五个命题均为真命题，且其过的定点分别为

$\left(0, \dfrac{b^2}{m}\right)$,$\left(\dfrac{a^2}{m}, 0\right)$,$\left(\dfrac{r^2}{m}, 0\right)$,$\left(\dfrac{a^2}{m}, 0\right)$,$(-m, 0)$. 值得说明的是,由原命题到命题 5 的类比并非显然,需要解题者在抓住图形结构的变化特征的基础上大胆尝试. 让人眼前一亮的是命题 3,在探索时,笔者先对原命题中的特殊椭圆与直线做了验证,继而提出了类比命题 3. 另外,该类比命题的价值还在于它的启发性:它或许为修正错误的推广命题 3,4 提供了新的切入点!在说明这点之前,我们先给出类比命题 3 的机器推证,如图 3.36 所示[设椭圆方程为 $\dfrac{x^2}{9} + \dfrac{y^2}{4} = 1$,点 $P(9, p)$].

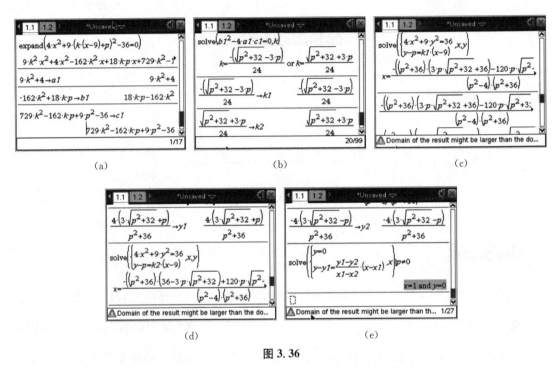

图 3.36

受上述类比命题 3 的启发,我们对前述推广命题 3,4 综合修正如下:

推广命题 5 已知椭圆 $\Gamma: \dfrac{x^2}{a^2} + \dfrac{y^2}{b^2} = 1 (a > b > 0)$,$P$ 是与椭圆相离的定直线 $l: a_1 x + b_1 y + c_1 = 0 (a_1^2 + b_1^2 \neq 0)$ 上的任意一点,直线 PA,PB 与椭圆 Γ 分别相切于点 A,B,则直线 AB 必过定点.

此命题的探索思路可以这样设计:先取两种特殊位置的直线 AB,解出其交点,然后再针对一般情况做出证明即可,此处从略.

反思

(1) 在以"算"闻名的解析几何世界里,每一个探秘者都想成为神机妙算的高手,我们说,TI-nspire CX CAS 图形计算器就是这样的"神机",它强大的 CAS 功能可以帮助我们实现"妙算"——让我们提供跃动的思维,将繁复的计算交给机器,计算的移交让我们对未知的探索满怀信心,繁并快乐着.

(2) 数学的抽象性决定了它需要被实验,因为只有这样才能让求知者走近它,以致听到它的心跳才心安. TI-nspire CX CAS 彩屏图形计算器是如此可爱而强大,精确的作图、逼真的捕获、如意的字母运算让人爱不释手. 长期在高中(特别是在高三)任教的数学教师心中有一种永远的痛:学生对字母的木然与无奈. 字母的出现标志着由算术到代数的飞跃,这种飞跃对于大部分高三学生来说,直到高考仍未跨越. 机械地模仿、简单地重复让他们在高考面前步履蹒跚,等高考数学考好的那个刹那,那些至少折磨了他们三年的字母就被自然删除. TI-nspire CX CAS 彩屏图形计算器对字母的运算可以慢慢培养学生对字母的良好感觉,积累与字母相处的感情,最终化宿敌为挚友. 可以乐观地预计,经常被计算器中的字母运算熏陶的学生对代数的感觉和把握必会与日俱增、渐入佳境!

(3)"直线与圆锥曲线的位置关系"是一个大的问题系列,而其中的"恒""定"问题(长度或角度恒为定值、恒过定点、始终相等、始终互相垂直等)往往为命题者所青睐. 因为这类问题蕴含了变化统一的哲学思想,呈现出一种让人神往的迷人的美. TI-nspire CX CAS 彩屏图形计算器是探索这类问题的有力工具,它为探索者提供了多角度的探索途径(如作图与分析、数据捕获与拟合、主元与参数的混合字母运算等等),真是学习解析几何的好帮手!

寻找直线 y= kx 的"绝对二次曲线"

问题 1

[2013 学年上海市六校联考(第二次)理科第 14 题]

已知直线 $l: y = ax + 1 - a(a \in \mathbf{R})$,若存在实数 a 使得一条曲线与直线 l 有两个不同的交点,且以这两个交点为端点的线段长度恰好等于 $|a|$,则称此曲线为直线 l 的"绝对曲线". 下面给出三条曲线方程:① $y = -2|x-1|$;② $(x-1)^2 + (y-1)^2 = 1$;③ $x^2 + 3y^2 = 4$,则其中直线 l 的"绝对曲线"有 _____.

问题 1 的分析与解

由图 3.37(a)(b)易知①不是直线 l 的绝对曲线,②是直线 l 的绝对曲线.

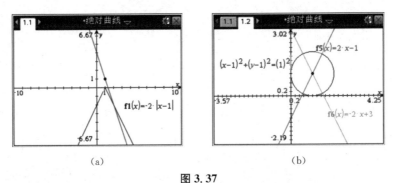

(a)　　　　　(b)

图 3.37

对于③,我们的结论是,它是直线 l 的绝对曲线,求解过程如图 3.37(c)(d)(e)所示.

(c)　　　　(d)　　　　(e)

可以看到,利用 TI-nspire CX CAS 图形计算器的作图与代数运算功能处理上述问题非常方便!在实际教学中,其作用主要体现在对解题思路的启发上,因为脱离机器的思考与运算过程一般如下：

由 $\begin{cases} y=a(x-1)+1, \\ x^2+3y^2=4 \end{cases}$ 可得 $(1+3a^2)x^2+6a(1-a)x+3(1-a)^2-4=0$，由"绝对曲线"的定义可知 $\sqrt{1+a^2}\,\dfrac{\sqrt{\Delta}}{1+3a^2}=|a|$（其中 $\Delta=[6a(1-a)]^2-4(1+3a^2)[3(1-a)^2-4]=4(1+3a^2)$），化简可得 $9a^6-30a^4-24a^3-39a^2-24a-4=0$。欲判断该高次方程是否有非零解，在中学的知识范围内唯有依赖于根的存在性定理，这需要学生对函数与方程的数学解题思想比较熟悉，为此构造函数 $f(x)=9x^6-30x^4-24x^3-39x^2-24x-4$，因为 $f(1)=-112$，$f(3)=3\,056$，故 $f(x)=0$ 在区间 $(1,3)$ 上有解！从而椭圆 $x^2+3y^2=4$ 是直线 l 的绝对曲线。

问题 2

试探索标准方程下的二次曲线成为直线 $y=kx$ 的绝对曲线的充要条件。

问题 2 的分析与解

反思问题 1 中的曲线 ① $y=-2|x-1|$，我们发现，如果考查与其相似的曲线 $y=-|x-3|$，则借助图形计算器易知它为直线 $y=a(x-1)+1$ 的绝对曲线，且可求得 $a=-\dfrac{3\,628\,207}{6\,222\,137}$ 等。因此，我们比较关心哪些曲线能成为直线 l 的绝对曲线。为简化起见，我们提出了问题 2。该问题讨论一类较简单的直线（过原点的直线）的绝对曲线所满足的条件，基本结论及求解过程如下。

结论 1 圆 $x^2+y^2=r^2(r>0)$ 恒为直线 $l:y=kx$ 的绝对曲线。

证明：取 $|k|=2r$ 即可。

结论 2 椭圆 $\dfrac{x^2}{a^2}+\dfrac{y^2}{b^2}=1(a>b>0)$ 恒为直线 $l:y=kx$ 的绝对曲线。

证明：将直线方程代入椭圆方程可求得 $x^2=\dfrac{a^2b^2}{b^2+a^2k^2}$，$y^2=\dfrac{a^2b^2k^2}{b^2+a^2k^2}$，从而由 $2\sqrt{x^2+y^2}=|k|$ 化简得 $a^2k^4+(b^2-4a^2b^2)k^2-4a^2b^2=0$，令 $k^2=t$ 得 $a^2t^2+(b^2-4a^2b^2)t-4a^2b^2=0$，（*）只要关于 t 的方程（*）有正根即可。其实，因为（*）的 $\Delta=(b^2-4a^2b^2)^2+16a^4b^2>0$，且 $t_1t_2=-4b^2<0$，故（*）必有一个正根与一个负根。因此，结论 2 得证。

结论 3 双曲线 $\dfrac{x^2}{a^2}-\dfrac{y^2}{b^2}=1(a,b>0)$ 为直线 $l:y=kx$ 的绝对曲线的充要条件是 $2a\leqslant\sqrt{\dfrac{b}{1+b}}$。

证明：将直线方程代入双曲线方程可求得 $x^2=\dfrac{a^2b^2}{b^2-a^2k^2}$，$y^2=\dfrac{a^2b^2k^2}{b^2-a^2k^2}$，从而由 $2\sqrt{x^2+y^2}=|k|$ 化简得 $a^2k^4+(4a^2b^2-b^2)k^2+4a^2b^2=0$，令 $k^2=t$ 得 $a^2t^2+(4a^2b^2-b^2)t+4a^2b^2=0$，（**）只要关于 t 的方程（**）有正根即可。注意到 $t_1t_2=4b^2>0$，因此

必须要求 $\begin{cases} (4a^2b^2-b^2)^2-16a^4b^2 \geqslant 0, \\ \dfrac{b^2-4a^2b^2}{a^2} > 0, \end{cases}$ 解得 $2a \leqslant \sqrt{\dfrac{b}{1+b}}$. 充分性类似可证.

值得说明的是,结论 2,3 的证明过程均可借助 TI 图形计算器较快完成,此处示意图形从略.

结论 4 抛物线 $y^2=2px(p>0)$ 恒为直线 $l:y=kx$ 的绝对曲线.

证明:将直线方程代入抛物线方程可求得 $x^2=\dfrac{4p^2}{k^4}$, $y^2=\dfrac{4p^2}{k^2}$,从而由 $\sqrt{x^2+y^2}=|k|$ 化简得 $k^6-4p^2k^2-4p^2=0$,令 $k^2=t$ 得 $t^3-4p^2t-4p^2=0$,(∗∗∗)只要关于 t 的方程(∗∗∗)有正根即可.考虑到这是一个三次方程,我们将其变形为 $4p^2=\dfrac{t^3}{t+1}$,继而构造函数 $y=4p^2$ 与 $y=\dfrac{t^3}{t+1}(t>0)$,作图如图 3.38 所示.

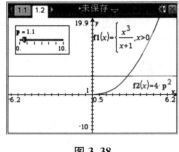

图 3.38

由图形易知方程(∗∗∗)总有正根,因此结论 4 得证.

反思

其实在写这篇短文前,笔者一直在思考另外一个问题:为什么高三学生面对以下问题时束手无策或胡猜乱蒙?

(1)(2013 年十三校联考试题)若 $\alpha,\beta\in\left[-\dfrac{\pi}{2},\dfrac{\pi}{2}\right]$,且 $\alpha\sin\alpha-\beta\sin\beta>0$,则下列结论正确的是( ).

(A) $\alpha>\beta$ (B) $\alpha+\beta>0$ (C) $\alpha<\beta$ (D) $\alpha^2>\beta^2$

(2)设函数 $f(x)=\lg(a^x-b^x)(a>1>b>0)$,且 $a^2=b^2+1$,则不等式 $f(x)>0$ 的解集为_____.

(3)设等差数列 $\{a_n\}$ 的前 n 项和为 S_n,已知 $(a_7-1)^3+2012(a_7-1)=1$,$(a_{2006}-1)^3+2012(a_{2006}-1)=-1$,则下列结论正确的是( ).

(A) $S_{2012}=2012, a_{2012}<a_7$ (B) $S_{2012}=2012, a_{2012}>a_7$

(C) $S_{2012}=-2012, a_{2012}<a_7$ (D) $S_{2012}=-2012, a_{2012}>a_7$

(4)解不等式 $\dfrac{8}{(x+1)^3}+\dfrac{10}{x+1}-x^3-5x>0$.

当然,观察以上各题我们发现,一个显然的原因是高三学生远远没有学会以变量的观点、函数的思想思考数学问题,但总感觉这种上纲上线的说法有为教师自己开脱的嫌疑. TI 图形计算器作为处理变量、熏陶数学思维的利器,没有从高一、高二起就引领学生养成函数地思考的习惯,确实与教师自身脱不了干系!从 2005 年开始接触图形计算器起至今,深深体会到它以不同方式呈现或刻画同一数学对象的强大功能.在上述问题 1 的处理中,我们可以从观察函数图像交点、寻找函数零点、列表、解方程、寻找函数值异号的特殊点、求导数等不同角度获得相关方程的解的情况.特别是 TI-nspire CAS 图形计算器的游标功能,为学生体会变量对方程或函数图像、函数性质的影响提供了极为直观的途径!

　　F. 克莱因有一句名言:一般受教育者在数学课上应该学会的重要事情是用变量和函数来思考. 函数思想不仅可以处理与函数直接有关的数学问题,它的重要价值更体现在对方程问题、不等式问题和某些代数或几何问题也往往可以转化为与其相关的函数问题. TI 图形计算器的重要作用不仅体现在它处理变量的各种角度,还体现在它在激励热情、启迪悟性上的独特价值,因此,本文中问题 1、问题 2 解决的过程并不重要,重要的是在使用图形计算器探索数学的过程中,我们的数学视野开阔了、品质优化了,对数学的理解加深了,触类旁通、举一反三的能力提升了!

一组优美的孪生曲线

问题

已知直线 l 与椭圆 $\dfrac{x^2}{a^2}+\dfrac{y^2}{b^2}=1(a>b>0)$ 有且仅有一个交点 Q,且与 x 轴、y 轴分别交于 R,S,求以线段 SR 为对角线的矩形 $ORPS$ 的一个顶点 P 的轨迹的参数方程与普通方程.

分析与解

由题意知直线 l 的斜率存在且非零,可设直线 l 的方程为 $y=kx+m(k\neq 0)$,与椭圆方程联立 $\begin{cases} y=kx+m, \\ \dfrac{x^2}{a^2}+\dfrac{y^2}{b^2}=1, \end{cases}$ 消去 y 化简可得 $(a^2k^2+b^2)x^2+2kma^2x+a^2m^2-a^2b^2=0$,则 $\Delta=(2kma^2)^2-4(a^2k^2+b^2)(a^2m^2-a^2b^2)=4a^2b^2(a^2k^2+b^2-m^2)$,令 $\Delta=0$ 得
$$a^2k^2+b^2=m^2. \qquad ①$$

在直线方程 $y=kx+m$ 中,分别令 $y=0$,$x=0$,求得 $R\left(-\dfrac{m}{k},0\right)$,$S(0,m)$. 如图 3.39(a),设顶点 P 的坐标为 (x,y),则 $\begin{cases} x=-\dfrac{m}{k}, \\ y=m. \end{cases}$ ② 由①得 $k=\pm\sqrt{\dfrac{m^2-b^2}{a^2}}$,从而顶点 P 的轨迹的参数方程为

$$\begin{cases} x=\dfrac{am\sqrt{m^2-b^2}}{m^2-b^2}, \\ y=m \end{cases} \text{和} \begin{cases} x=-\dfrac{am\sqrt{m^2-b^2}}{m^2-b^2}, \\ y=m \end{cases}(m<-b \text{ 或 } m>b).$$

由②解得 $\begin{cases} k=-\dfrac{y}{x}, \\ m=y, \end{cases}$ 代入式①并化简整理得 $\dfrac{a^2}{x^2}+\dfrac{b^2}{y^2}=1$,即为所求顶点 P 的轨迹的普通方程,轨迹如图 3.39(b)中分居四个象限的曲线组成.

在本例中,我们以直线 l 的截距 m 为参数,建立了矩形顶点 P 的轨迹的参数方程.

从图 3.39(c)可以看出,顶点 P 的轨迹所形成的曲线关于坐标原点、x 轴、y 轴均对称,四条直线 $x=\pm a$,$y=\pm b$ 为其渐近线.

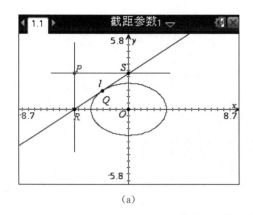

(a)

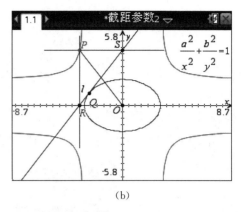

(b)

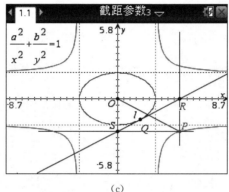

(c)

图 3.39

轨迹方程 $\dfrac{a^2}{x^2}+\dfrac{b^2}{y^2}=1$ 与椭圆方程 $\dfrac{x^2}{a^2}+\dfrac{y^2}{b^2}=1$ 在形式上是如此地对称、和谐与美丽!

作为一点探究,我们继续给出本例的另一种解法,并给出其在圆、双曲线、抛物线背景下的类似结论.

作为铺垫,我们先给出如下结论:

命题 1 过椭圆 $\dfrac{x^2}{a^2}+\dfrac{y^2}{b^2}=1(a>b>0)$ 上一点 $Q(x_0,y_0)$ 的椭圆的切线(与椭圆只有一个公共点的直线称为椭圆的切线,这个公共点称为切点)方程为 $\dfrac{x_0 x}{a^2}+\dfrac{y_0 y}{b^2}=1$.

证明 (1) 当 $y_0=0$,即点 Q 的坐标为 $(\pm a,0)$ 时,易知切线方程为 $x=\pm a$.

(2) 当 $y_0\neq 0$ 时,可设切线的方程为 $y-y_0=k(x-x_0)$,由 $\begin{cases} y-y_0=k(x-x_0), \\ \dfrac{x^2}{a^2}+\dfrac{y^2}{b^2}=1 \end{cases}$ 得

$$(b^2+a^2k^2)x^2+2ka^2tx+a^2(t^2-b^2)=0 \quad (\text{其中 } t=y_0-kx_0).$$

令 $\Delta=(2ka^2t)^2-4(b^2+a^2k^2)a^2(t^2-b^2)=0$,化简可得 $b^2+a^2k^2=t^2$,将 $t=y_0-kx_0$ 代入得

$$(a^2-x_0^2)k^2+2x_0y_0k+b^2-y_0^2=0. \qquad (*)$$

据 $\frac{x_0^2}{a^2}+\frac{y_0^2}{b^2}=1$,即 $b^2x_0^2+a^2y_0^2=a^2b^2$ 可得方程(*)的判别式 $\Delta'=(2x_0y_0)^2-4(a^2-x_0^2)(b^2-y_0^2)=0$,从而解得 $k=-\frac{b^2x_0}{a^2y_0}$. 故切线方程为 $y-y_0=\left(-\frac{b^2x_0}{a^2y_0}\right)(x-x_0)$,据 $b^2x_0^2+a^2y_0^2=a^2b^2$ 化简可得 $\frac{x_0x}{a^2}+\frac{y_0y}{b^2}=1$,即为所求证.

上述(2)中的推理在计算上有些烦琐. 熟悉导数的朋友还可以这样做:

在方程 $\frac{x^2}{a^2}+\frac{y^2}{b^2}=1$ 两边对 x 求导得 $\frac{2x}{a^2}+\frac{2yy'}{b^2}=0$,从而 $y'=-\frac{b^2x}{a^2y}$,即得点 $Q(x_0,y_0)$ 处的切线的斜率为 $y'=-\frac{b^2x_0}{a^2y_0}$,故切线方程为 $y-y_0=\left(-\frac{b^2x_0}{a^2y_0}\right)(x-x_0)$,据 $\frac{x_0^2}{a^2}+\frac{y_0^2}{b^2}=1$,即 $b^2x_0^2+a^2y_0^2=a^2b^2$ 化简可得 $\frac{x_0x}{a^2}+\frac{y_0y}{b^2}=1$,即为所求证.

问题的解法 2:在本解法中,我们以椭圆上点的坐标作为参数.

设切点为 $Q(x_0,y_0)$,由题意知 $x_0\neq 0$, $y_0\neq 0$,由上述命题知切线 l 的方程为 $\frac{x_0x}{a^2}+\frac{y_0y}{b^2}=1$.

分别令 $y=0$, $x=0$,求得 $R\left(\frac{a^2}{x_0},0\right)$, $S\left(0,\frac{b^2}{y_0}\right)$. 设顶点 P 的坐标为 (x,y),则

$$\begin{cases}x=\dfrac{a^2}{x_0},\\ y=\dfrac{b^2}{y_0},\end{cases}$$

此即以坐标 x_0, y_0 表示的顶点 P 的轨迹的(双)参数方程,其中 x_0, y_0 满足 $\frac{x_0^2}{a^2}+\frac{y_0^2}{b^2}=1$. 当然,我们也可以将它化为通常意义下的参数方程(即单参数方程):

$$\begin{cases}x=\dfrac{a^2}{x_0},\\ y=\dfrac{ab}{\sqrt{a^2-x_0^2}},\end{cases} 和 \begin{cases}x=\dfrac{a^2}{x_0},\\ y=-\dfrac{ab}{\sqrt{a^2-x_0^2}},\end{cases} x_0\in(-a,a).$$

为了获得相应的普通方程,由 $\begin{cases}x=\dfrac{a^2}{x_0},\\ y=\dfrac{b^2}{y_0},\end{cases}$ 得 $\begin{cases}x_0=\dfrac{a^2}{x},\\ y_0=\dfrac{b^2}{y},\end{cases}$ 代入 $\frac{x_0^2}{a^2}+\frac{y_0^2}{b^2}=1$ 化简得 $\frac{a^2}{x^2}+\frac{b^2}{y^2}=1$,即为所求.

类似上述问题,我们依次给出圆、双曲线、抛物线背景下的相关命题或结论,证明是类似的,就不再一一列出了.

命题 2

(1) 过圆 $x^2+y^2=r^2(r>0)$ 上一点 $Q(x_0,y_0)$ 的切线方程为 $x_0x+y_0y=r^2$;过圆 $(x-$

$a)^2+(y-b)^2=r^2$ 上一点 $Q(x_0,y_0)$ 的切线方程为 $(x_0-a)(x-a)+(y_0-b)(y-b)=r^2$.

(2) 过双曲线 $\dfrac{x^2}{a^2}-\dfrac{y^2}{b^2}=1(a,b>0)$ 上一点 $Q(x_0,y_0)$ 的切线(不与双曲线的渐近线平行且与双曲线只有一个公共点的直线称为双曲线的切线,这个公共点称为切点)方程为 $\dfrac{x_0x}{a^2}-\dfrac{y_0y}{b^2}=1$.

(3) 过抛物线 $y^2=2px(p>0)$ 上一点 $Q(x_0,y_0)$ 的切线(不与抛物线的对称轴平行或重合且与抛物线只有一个公共点的直线称为抛物线的切线,这个公共点称为切点)方程为 $y_0y=p(x+x_0)$.

命题 3

(1) 若直线 l 是圆 $x^2+y^2=r^2(r>0)$ 的切线,切点为 Q,且与 x 轴、y 轴分别交于 R,S,则以线段 SR 为对角线的矩形 $ORPS$ 的一个顶点 P 的轨迹的参数方程为

$\begin{cases}x=\dfrac{r^2}{x_0},\\ y=\dfrac{r^2}{\sqrt{r^2-x_0^2}}\end{cases}$ 和 $\begin{cases}x=\dfrac{r^2}{x_0},\\ y=-\dfrac{r^2}{\sqrt{r^2-x_0^2}},\end{cases}$ $x_0\in(-r,r)$,普通方程为 $\dfrac{1}{x^2}+\dfrac{1}{y^2}=\dfrac{1}{r^2}$.[如图 3.40 (a)]

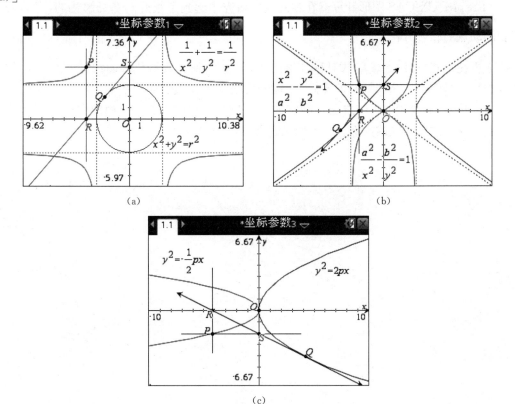

图 3.40

(2) 若直线 l 是双曲线 $\dfrac{x^2}{a^2}-\dfrac{y^2}{b^2}=1(a,b>0)$ 的切线,切点为 Q,且与 x 轴、y 轴分别交

于 R, S, 则以线段 SR 为对角线的矩形 $ORPS$ 的一个顶点 P 的轨迹的参数方程为

$\begin{cases} x = \dfrac{a^2}{x_0}, \\ y = \dfrac{ab}{\sqrt{x_0^2 - a^2}} \end{cases}$ 和 $\begin{cases} x = \dfrac{a^2}{x_0}, \\ y = -\dfrac{ab}{\sqrt{x_0^2 - a^2}}, \end{cases}$ $x_0 \in (-\infty, -a) \cup (a, +\infty)$,普通方程为 $\dfrac{a^2}{x^2} - \dfrac{b^2}{y^2} = 1$.[如图 3.40(b)]

(3) 若直线 l 是抛物线 $y^2 = 2px$ ($p > 0$) 的切线,切点为 Q,且与 x 轴、y 轴分别交于 R,S,则以线段 SR 为对角线的矩形 $ORPS$ 的一个顶点 P 的轨迹的参数方程为 $\begin{cases} x = -x_0, \\ y = \dfrac{\sqrt{2px_0}}{2} \end{cases}$ 和

$\begin{cases} x = -x_0, \\ y = -\dfrac{\sqrt{2px_0}}{2}, \end{cases}$ $x_0 \in (0, +\infty)$,普通方程为 $\dfrac{1}{y^2} = -\dfrac{2}{px}$,或写作 $y^2 = -\dfrac{1}{2}px$ ($x \neq 0$).[如图 3.40(c)]

反思

  TI-nspire CX CAS 图形计算器在本问题的研究中起到了很好的释疑解惑的作用,面对得到的动点的轨迹方程: $\dfrac{a^2}{x^2} + \dfrac{b^2}{y^2} = 1$,$\dfrac{1}{x^2} + \dfrac{1}{y^2} = \dfrac{1}{r^2}$,$\dfrac{a^2}{x^2} - \dfrac{b^2}{y^2} = 1$,我们除了赞叹它们与原曲线方程在形式、结构上优美的对称和谐之外,对它们到底表示什么曲线其实是一片茫然的.此时,正是图形计算器帮助了我们,它轻轻松松呈现在我们面前的图形激励了我们探索的信心与热情,让我们的思维之花不断绽放.不仅如此,它内置的很全面的图像分析功能可以让我们深入这些曲线的内部,使"形数结合"得以完美表现!

由一道征解问题引发的思考与困惑

一、问题描述

《数学教学》杂志2017年第2期中有这样一道征解问题(序号是1000,由上海宝山姜坤崇老师供题):

已知椭圆 $E: \dfrac{x^2}{a^2}+\dfrac{y^2}{b^2}=1(a>b>0)$,$O$ 为坐标原点,A,B 是 E 上两点,P 是弦 AB 上的点,k_{OA},k_{OB},k_{AB},k_{OP} 分别表示直线 OA,OB,AB,OP 的斜率. 若 $k_{OA} \cdot k_{OB} = k_{AB} \cdot k_{OP} = -\dfrac{b}{a}$,求证:$OP$ 为 $\angle AOB$ 的平分线.

二、问题解决

《数学教学》第4期"数学问题与解答"中给出了上述问题的一种证法,计算较为烦琐且富含一定的技巧性,下面给出的是另外四种相异的方法.

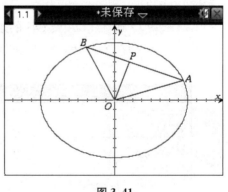

图 3.41

如图3.41,设直线 OA 的方程为 $y=kx$,则直线 OB 的方程为 $y=-\dfrac{b}{ak}x$. 设 $A(x_1, y_1)$,$B(x_2, y_2)$,直线 AB 的斜率记为 k_0,则直线 OP 的方程为 $y=-\dfrac{b}{ak_0}x$,点 $Q(ak_0, -b)$ 在直线 OP 上.

在下述给出的方法Ⅰ与方法Ⅱ中,方法Ⅰ的基本思路是证明点 Q 到直线 OA 与 OB 的距离相等;方法Ⅱ的基本思路是证明直线 OA 到 OP 的角等于 OP 到 OB 的角.

【方法Ⅰ】的步骤如下:

(1) 求出 x_1,y_1 和 x_2,y_2,如图3.42(a)(b)(c).

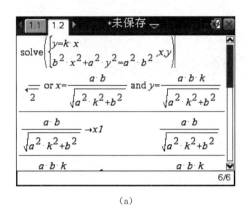
(a)

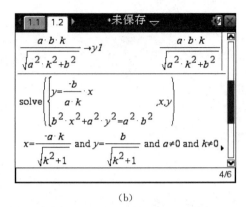
(b)

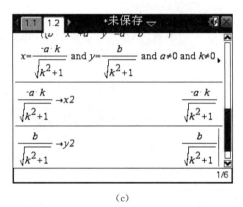
(c)

图 3.42

(2) 求出 k_0,如图 3.42(d).

(3) 计算 Q 到直线 OA 与 OB 的距离的差(注意此时需将直线 OA 与 OB 的方程分别改写为 $kx-y=0$, $bx+aky=0$),如图 3.42(e).

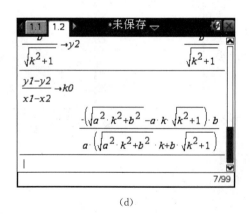
(d)

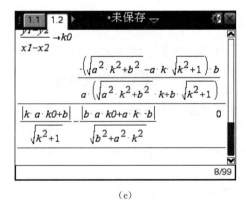
(e)

【方法 II】的步骤如下:

(1) 求出 x_1, y_1 和 x_2, y_2,如图 3.42(a)(b)(c).

(2) 求出 k_0,如图 3.42(d).

(3) 记 $k_1=-\dfrac{b}{ak_0}$, $k_2=-\dfrac{b}{ak}$, 证明 $\dfrac{k_1-k}{1+k_1k}-\dfrac{k_2-k_1}{1+k_2k_1}$ 的值为 0, 如图 3.42(f).

下面给出的方法Ⅲ用到了与三角形内心有关的一个结论. 我们知道, 一般地, 在平面直角坐标系中, △ABC 的内心 I 的坐标为 $I\left(\dfrac{a\cdot x_A+b\cdot x_B+c\cdot x_C}{a+b+c},\dfrac{a\cdot y_A+b\cdot y_B+c\cdot y_C}{a+b+c}\right)$, 因此, 本题中 △OAB 的内心坐标应为

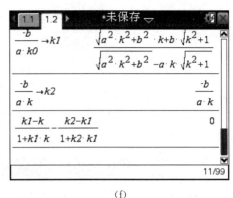

(f)

$$I\left(\dfrac{|OA|\cdot x_B+|OB|\cdot x_A+|AB|\cdot x_O}{|OA|+|OB|+|AB|},\dfrac{|OA|\cdot y_B+|OB|\cdot y_A+|AB|\cdot y_O}{|OA|+|OB|+|AB|}\right),$$

即 $I\left(\dfrac{|OA|\cdot x_2+|OB|\cdot x_1}{|OA|+|OB|+|AB|},\dfrac{|OA|\cdot y_2+|OB|\cdot y_1}{|OA|+|OB|+|AB|}\right)$, 故直线 OI 的斜率应为

$$k_{OI}=\dfrac{|OA|\cdot y_2+|OB|\cdot y_1}{|OA|\cdot x_2+|OB|\cdot x_1}=\dfrac{\sqrt{x_1^2+y_1^2}\cdot y_2+\sqrt{x_2^2+y_2^2}\cdot y_1}{\sqrt{x_1^2+y_1^2}\cdot x_2+\sqrt{x_2^2+y_2^2}\cdot x_1}.$$

方法Ⅲ的基本思路是在 $k_{OA}\cdot k_{OB}=-\dfrac{b}{a}$ 的前提下证明 $k_{OI}\cdot k_0=-\dfrac{b}{a}$, 继而由 $k_{OP}\cdot k_0=-\dfrac{b}{a}$ 得到 $k_{OP}=k_{OI}$, 原问题即获证.

【方法Ⅲ】的步骤如下:

(1) 求出 x_1, y_1 和 x_2, y_2, 如图 3.42(a)(b)(c).

(2) 求出 k_0, 如图 3.42(d).

(3) 记 $a_1=\sqrt{x_1^2+y_1^2}$, $a_2=\sqrt{x_2^2+y_2^2}$, 证明 $\dfrac{a_1\cdot y_2+a_2\cdot y_1}{a_1\cdot x_2+a_2\cdot x_1}\cdot k_0$ 等于 $-\dfrac{b}{a}$, 如图 3.42(g) 所示. 其中竖线"|"后面的"$a>0, b>0$"是必要的, 否则计算器不能给出化简后的最简结果.

接下来要阐述的方法Ⅳ乃是基于下述原理:

若 $\dfrac{S_{\triangle OAQ}}{S_{\triangle OBQ}}=\dfrac{|OA|}{|OB|}$, 则 $\dfrac{\frac{1}{2}|OA||OQ|\sin\angle AOQ}{\frac{1}{2}|OB||OQ|\sin\angle BOQ}=$

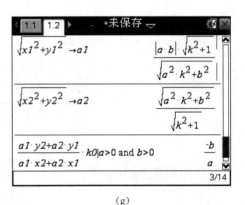

(g)

$\dfrac{|OA|}{|OB|}$, 则 $\sin\angle AOQ=\sin\angle BOQ$, 继而可得 $\angle AOQ=\angle BOQ$ (因为不可能互补), 因此 OP 为 ∠AOB 的平分线. 下面呈现的步骤中运用了三角形面积的行列式算法.

【方法Ⅳ】的步骤如下:

(1) 求出 x_1, y_1 和 x_2, y_2, 如图 3.42(a)(b)(c).

(2) 求出 k_0,如图 3.42(d).

(3) 证明 $\dfrac{S_{\triangle OAQ}}{S_{\triangle OBQ}} - \dfrac{|OA|}{|OB|} = \dfrac{S_1}{S_2} - \dfrac{a_1}{a_2} = 0$,此处 a_1, a_2 的含义同方法 III 中所约定,而 $S_1 = \dfrac{1}{2} \begin{Vmatrix} 0 & 0 & 1 \\ x_1 & y_1 & 1 \\ ak_0 & -b & 1 \end{Vmatrix}$,$S_2 = \dfrac{1}{2} \begin{Vmatrix} 0 & 0 & 1 \\ x_2 & y_2 & 1 \\ ak_0 & -b & 1 \end{Vmatrix}$,如图 3.42(h)(i)(j) 所示.

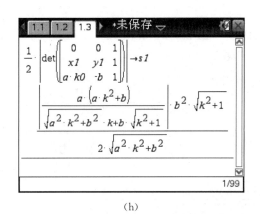

(h)

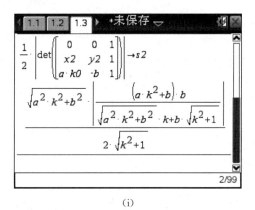

(i)

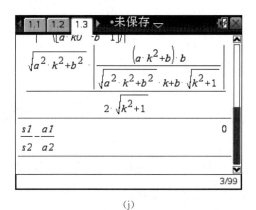

(j)

三、研究感悟

(1) 技术的作用应该与日常的教学、教研无缝衔接(而不是刻意求解难题),用技术的目的是为了更好地帮助教师、学生等学习者们理解数学、理解教学."让计算器执行我们心中所思所想"体现了数学学习中的"以人为本、技术为辅",而技术对数学对象的多角度、全方位刻画与描述又激发了我们更多的探索冲动,让我们收获更多的灵感.

(2) 很多时候我们的探索会遭遇一些障碍,此时,分析是自己技术掌握得不到位还是思维有缺陷就十分重要.仍以本文所论述的问题为例,大家可以看到,在上述"问题解决"中笔者给出的四种证法都是基于"由经过原点的直线 OA, OB 的斜率确定直线 AB 的斜率".能否换一下顺序呢?即先设直线 AB 的方程为 $y = kx + m$,然后由

$k_{OA} \cdot k_{OB} = \dfrac{y_1}{x_1} \cdot \dfrac{y_2}{x_2} = -\dfrac{b}{a}$ 找出 m 与 k 的关系，再证明直线 OA 到 OP 的角等于 OP 到 OB 的角，即证 $\dfrac{k_{OP} - k_{OA}}{1 + k_{OP}k_{OA}} = \dfrac{k_{OB} - k_{OP}}{1 + k_{OB}k_{OP}}$. 在实施上述思路的过程中，笔者遇到了一件奇怪的事情：指定字母的值能迅速算出预期的结果，但若不指定值则只能得到一个很烦琐的代数式，如图 3.43 所示.

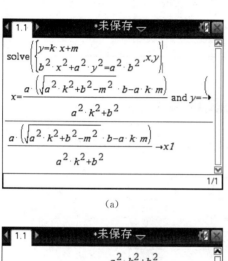

(a)

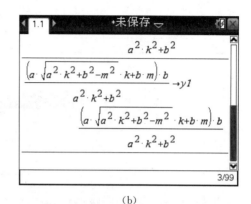

(b)

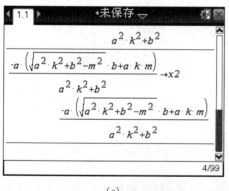

(c)

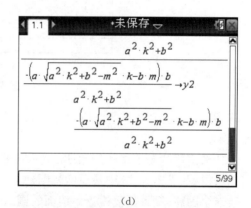

(d)

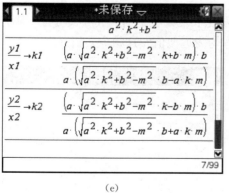

(e)

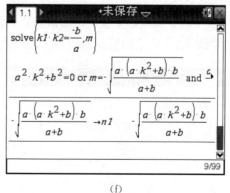

(f)

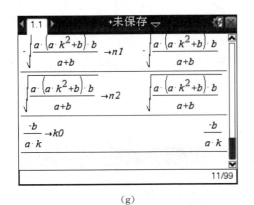
(g)
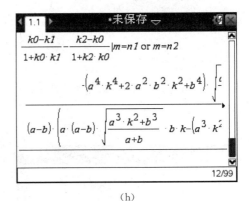
(h)

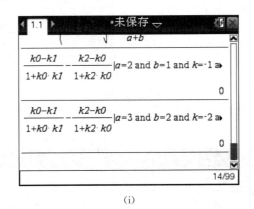
(i)

图 3.43

其中最后一幅图中 k 的取值为 $-\sqrt{7}$,最后两幅图中 m 的设定同倒数第三幅图,即 $m=n_1$ or $m=n_2$.

为什么字母状态下得不到预期的零(见图 3.43 中倒数第三幅图),而给定 a,b,k 的值时可以获得零(见图 3.43 中最后两幅图)?

就这个困惑,笔者反复检查了前面的输入均没有发现问题,难道是计算器本身技术能力所限?

但是,接下来笔者又取了几组值验算,竟然发现取定某些值时又得不到零了(但十分接近零,如图 3.44 中诸图所示),难道上面得到的零均为近似值? 这颇令人扫兴.

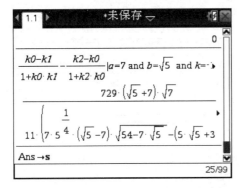
(a)
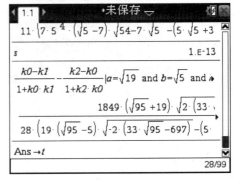
(b)

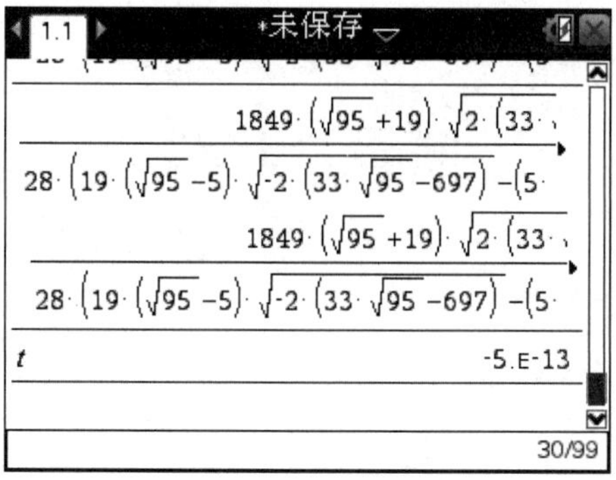

(c)

图 3.44

由图 3.43 中的相关计算我们知道 $m^2 = \dfrac{ab(ak^2+b)}{a+b}$,在这个前提下,判别式 $\Delta = a^2k^2 + b^2 - m^2 = \dfrac{a^3k^2+b^3}{a+b} > 0$ 总是可以保证的. 那么预期结果"零"的获得应该与所取的值没有关系!看来问题应该还是出在自己的思维上. 但问题出在哪儿呢?笔者对此困惑的思考尚不成熟,殷切期望得到垂读本书的各位专家的指点.

(3) 本问题可以进一步研究的方向是:将椭圆改为双曲线、抛物线(圆的情形是比较明显的),尝试探索给出类似的命题并证明.

能否大于2?

一、问题呈现

已知 P 为椭圆 $\dfrac{x^2}{4}+y^2=1$ 的左顶点. 如果存在过点 $M(x_0,0)(x_0>0)$ 的直线交椭圆于 A, B 两点, 使得 $S_{\triangle AOB}=2S_{\triangle AOP}$, 则 x_0 的取值范围为(   ).

A. $(1,\sqrt{3}]$　　　　B. $[\sqrt{3},2]$　　　　C. $(1,2)$　　　　D. $(1,+\infty)$

二、问题探索

(一) 质疑

本题为上海市浦东新区 2015 年高三三模第 17 题, 笔者曾久思不得其解. 命题人给出的答案是 C, 但没有详解. 于是, 笔者用搜题软件展开搜索, 小猿搜题与学霸君给出了完全雷同的详解, 最后得到的答案也是 C. 但其详解过程中最初人为规定的"$y_1>y_2$, $y_1>0$"(其中 y_1, y_2 分别是点 A、点 B 的纵坐标)及最后使用的导数工具让笔者既疑惑又不甘.

x_0 真的不能大于 2 吗? 下述借助 TI 图形计算器的探索过程暗示我们可能事实并非如此.

记椭圆 $\dfrac{x^2}{4}+y^2=1$ 为 $\varGamma$. 如图 3.45(a), 设 Q 为 $\varGamma$ 的右顶点, 各步操作如下:

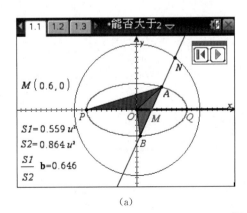 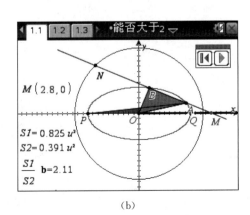

(a)　　　　　　　　　　　　　　(b)

图 3.45

(1) 作射线 OQ，在其上任取一点 M 并测量其坐标，即为 $(x_0, 0)$ $(x_0 > 0)$.

(2) 作辅助圆 $\Pi: x^2+y^2=2.5^2$，在 Π 上任取一点 N.（注：此处辅助圆的半径取为 2.5 并非一定如此，取作其他正数亦可. 作辅助圆的基本想法是，随着点 N 在圆上运动，我们可以获得平面直角坐标系内经过点 M 的所有直线.）

(3) 构造直线 MN，其与椭圆 Γ 的交点即为 A，B.

(4) 构造 $\triangle AOB$，$\triangle AOP$ 并测量它们的面积，分别记为 S_1，S_2，计算 $\dfrac{S_1}{S_2}$ 并保存为变量 b（表示比值之意）.

(5) 对点 N 设置动画为"单向动画速度值为 1".

(6) 给定 x_0 的值（比如可让 $0<x_0<1$），开始点 N 的动画，观察 b 的值的变化. 可以看到 b 的值均比 1 小.

(7) 改变 x_0 的值（比如可取 $x_0=1$），开始点 N 的动画，观察 b 的值的变化. 可以看到 b 的值介于 1 与 2 之间，在某个位置显示为 2，但能否取到 2 尚待检验（因为显示的 2 可能是近似值）.

(8) 继续改变 x_0 的值（比如可让 $1<x_0<2$），开始点 N 的动画，观察 b 的值的变化. 可以看到既有大于 2 的 b，也有小于 2 的 b，恰好显示为 2 的时刻也有出现. 由初等函数的连续性，我们有理由猜测当 $1<x_0<2$ 时，b 的值是可以取到 2 的.

(9) 再次改变 x_0 的值[比如可让 $x_0>2$，如图 3.45(b)]，开始点 N 的动画，观察 b 的值的变化. 情况与(8)类似，由此我们猜测当 $x_0>2$ 时，b 的值也是可以取到 2 的.

(二) 换一种角度

为进一步验证上述猜测"当 $x_0>2$ 时，b 的值也是可以取到 2 的"，我们换一种探索角度：尝试函数拟合的方法.

取 $x_0=3$. 以辅助圆上点 N 的纵坐标为自变量，并保存为变量 x；以 $\triangle AOB$，$\triangle AOP$ 的面积比 $\dfrac{S_1}{S_2}$ 为因变量，仍保存为变量 b. 通过"添加列表与电子表格"和"添加数据与统计"页面，我们可以获得 b 关于 x 的拟合函数（下面给出的是点 N 在上半圆周运动时的情况）.

如图 3.46(d)所示，面积比 b 关于 x（注意 x 的含义是动点 N 的纵坐标）的拟合函数为

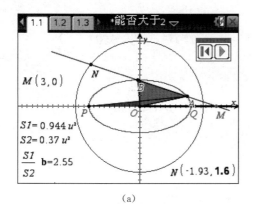

(a)　　　　　　　　　　(b)

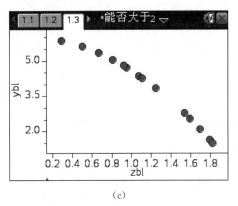
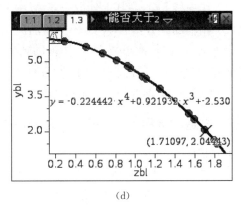

(c)   (d)

图 3.46

$$y = -0.224442x^4 + 0.921932x^3 - 2.53011x^2 + 0.486255x + 5.92486.$$

或者在"计算器"页面也可得到上述函数,如图 3.46(e)(这幅图中的显示更完整).

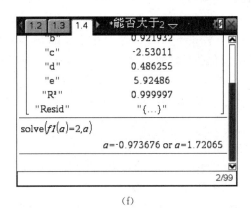

(e)   (f)

图 3.46

通过解方程[参见图 3.46(f)],可得 b 取到 2 时相应的 N 的纵坐标近似为 1.72065.

(三) 问题解决

由(一)及(二)中的分析,我们猜测原题中 x_0 的取值范围应为 $(1,2) \cup (2,+\infty)$,求解如下.

解 设直线 AB 的方程为 $x = my + x_0$,$A(x_1, y_1)$,$B(x_2, y_2)$. 由 $\begin{cases} x^2 + 4y^2 = 4, \\ x = my + x_0 \end{cases}$ 得

$$(m^2 + 4)y^2 + 2mx_0 y + x_0^2 - 4 = 0.$$

故 $\Delta = (2mx_0)^2 - 4(m^2+4)(x_0^2 - 4) = 16(m^2 - x_0^2 + 4) > 0$,即 $m^2 + 4 > x_0^2$,(*) 且

$$\begin{cases} y_1 + y_2 = \dfrac{-2mx_0}{m^2+4}, \\ y_1 y_2 = \dfrac{x_0^2 - 4}{m^2 + 4}. \end{cases} \quad (**)$$

由 $S_{\triangle AOB}=2S_{\triangle AOP}$ 得 $\frac{1}{2}|AB|h_{AB}=2\cdot\frac{1}{2}|PO||y_1|$，即

$$\frac{1}{2}(\sqrt{1+m^2}|y_1-y_2|)\frac{|x_0|}{\sqrt{1+m^2}}=2\cdot\frac{1}{2}\cdot 2\cdot|y_1|,$$

亦即 $x_0|y_1-y_2|=4|y_1|$（因 $x_0>0$）.

由题意知 $x_0\neq 2$，以下分两种情况讨论（其中的一些字母运算可以酌情考虑由 TI 图形计算器完成）.

(1) 若 $0<x_0<2$，此时点 M 在椭圆内部，点 A，B 分居 x 轴两侧.

不妨设 $y_1>0>y_2$（若 $y_1<0<y_2$，即点 A 在 x 轴下方的情况，可转化为关于 x 轴对称的 $y_1>0>y_2$ 之情形），如图 3.47(a) 所示.

此时 $\Delta>0$，即式 $(*)$ 自然被满足. 又 $x_0|y_1-y_2|=4|y_1|$ 可变为 $x_0(y_1-y_2)=4y_1$，从而 $y_2=y_1\left(1-\dfrac{4}{x_0}\right)$，代入式 $(**)$ 可得

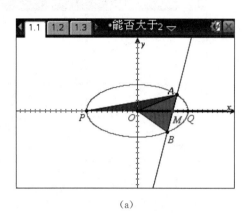

(a)

图 3.47

$$\begin{cases} y_1\left(2-\dfrac{4}{x_0}\right)=\dfrac{-2mx_0}{m^2+4}, & ① \\ y_1^2\left(1-\dfrac{4}{x_0}\right)=\dfrac{x_0^2-4}{m^2+4}. & ② \end{cases} \dfrac{①^2}{②} \text{化简可得}$$

$$\frac{m^2}{m^2+4}=\frac{(x_0-2)^2(x_0^2-4)}{x_0^3(x_0-4)}.$$

由 $m\in\mathbf{R}$ 得 $\dfrac{m^2}{m^2+4}\in[0,1)$. 显然，$\dfrac{(x_0-2)^2(x_0^2-4)}{x_0^3(x_0-4)}\geq 0$ 自然满足，由 $\dfrac{(x_0-2)^2(x_0^2-4)}{x_0^3(x_0-4)}<1$ 得 $(x_0-2)^2(x_0^2-4)>x_0^3(x_0-4)$，展开后合并同类项得 $16x_0-16>0$，故 $x_0>1$.

综上，该小类我们的结论为 $1<x_0<2$.

(2) 若 $x_0>2$，此时点 M 在椭圆外部，点 A，B 位于 x 轴同侧.

由边 OP 在 x 轴上及椭圆 Γ 关于 x 轴对称，只需讨论 A，B 在 x 轴上侧的情况. 此时又有两种情况：(i) $y_1>y_2>0$；(ii) $y_2>y_1>0$.

(i) 若 $y_1>y_2>0$，如图 3.47(b) 所示.

此时 $\Delta>0$，即式 $(*)$ 未必满足. 又 $x_0|y_1-y_2|=4|y_1|$ 可变为 $x_0(y_1-y_2)=4y_1$，与 (1) 中运算相同，我们可得

$$\frac{m^2}{m^2+4}=\frac{(x_0-2)^2(x_0^2-4)}{x_0^3(x_0-4)}.$$

继续变形可得 $\dfrac{1}{m^2+4}=\dfrac{4(1-x_0)}{x_0^3(x_0-4)}$.

由式(*)$m^2+4>x_0^2$ 得 $\dfrac{1}{m^2+4}\in\left(0,\dfrac{1}{x_0^2}\right)$,从而 $0<\dfrac{4(1-x_0)}{x_0^3(x_0-4)}<\dfrac{1}{x_0^2}$,即 $\begin{cases}\dfrac{1-x_0}{x_0-4}>0,\\ \dfrac{4(1-x_0)}{x_0(x_0-4)}<1\end{cases}$

$\Rightarrow\begin{cases}1<x_0<4,\\ 4-4x_0>x_0^2-4x_0\end{cases}\Rightarrow 1<x_0<2$,与前提条件不符,舍去.

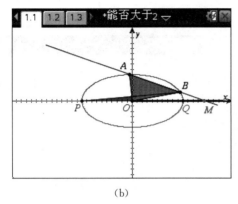
(b)

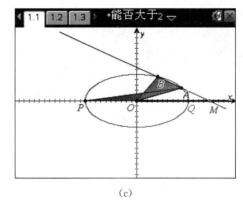
(c)

图 3.47

(ii) 若 $y_2>y_1>0$,如图 3.47(c) 所示.

此时 $\Delta>0$,即式(*)未必满足. 又 $x_0|y_1-y_2|=4|y_1|$ 可变为 $x_0(y_2-y_1)=4y_1$,从而

$y_2=y_1\left(1+\dfrac{4}{x_0}\right)$,代入式(**) 可得 $\begin{cases}y_1\left(2+\dfrac{4}{x_0}\right)=\dfrac{-2mx_0}{m^2+4}, & ③\\ y_1^2\left(1+\dfrac{4}{x_0}\right)=\dfrac{x_0^2-4}{m^2+4}. & ④\end{cases}$ $\dfrac{③^2}{④}$ 化简可得

$$\dfrac{1}{m^2+4}=\dfrac{4(1+x_0)}{x_0^3(x_0+4)}.$$

由式(*)$m^2+4>x_0^2$ 得 $\dfrac{1}{m^2+4}\in\left(0,\dfrac{1}{x_0^2}\right)$,从而 $0<\dfrac{4(1+x_0)}{x_0^3(x_0+4)}<\dfrac{1}{x_0^2}$,即

$\begin{cases}\dfrac{1+x_0}{x_0+4}>0,\\ \dfrac{4(1+x_0)}{x_0(x_0+4)}<1\end{cases}\Rightarrow\begin{cases}x_0>2,\\ 4+4x_0<x_0^2+4x_0\end{cases}\Rightarrow x_0>2.$

综上,该小类我们的结论为 $x_0>2$.

由(1)及(2)可知,x_0 的取值范围为 $(1,2)\cup(2,+\infty)$.

(四) 进一步的结论

由(三)中(1)及(2)的过程,我们可进一步求得用 x_0 表示 m 的关系式,如下所述:

当 $1<x_0<2$ 时,由(1)中的分析有 $\dfrac{m^2}{m^2+4}=\dfrac{(x_0-2)(x_0^2-4)}{x_0^3(x_0-4)}$,解得

$$m = \pm \sqrt{\frac{x_0^4 - 4x_0^3 + 16x_0 - 16}{4(1-x_0)}}.$$

当 $x_0 > 2$ 时，由(2)(ii)中的分析我们有 $\dfrac{1}{m^2+4} = \dfrac{4(1+x_0)}{x_0^3(x_0+4)}$，解得

$$m = \pm \sqrt{\frac{x_0^4 + 4x_0^3 - 16x_0 - 16}{4(1+x_0)}}.$$

下面，我们对 $x_0 = 3$ 做下检验，以作为对(三)中结论 $x_0 \in (1, 2) \bigcup (2, +\infty)$ 的一点佐证.

将 $x_0 = 3$ 代入 $m = \pm \sqrt{\dfrac{x_0^4 + 4x_0^3 - 16x_0 - 16}{4(1+x_0)}}$ 可求得

$$m = \pm \sqrt{\frac{3^4 + 4 \times 3^3 - 16 \times 3 - 16}{4(1+3)}} = \pm \sqrt{\frac{125}{16}} = \pm \frac{5\sqrt{5}}{4},$$

此时，直线 AB 的方程为 $x = \pm \dfrac{5\sqrt{5}}{4} y + 3$. 对"$-$"号的情况，我们计算 $S_{\triangle AOB}$，$S_{\triangle AOP}$ 及其比值，如图 3.48 中各图所示，其中最后一幅中的结果显示 $\dfrac{S_{\triangle AOB}}{S_{\triangle AOP}} = 2$.

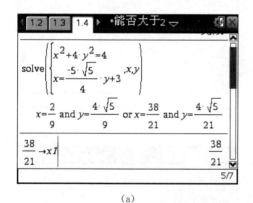

(a)

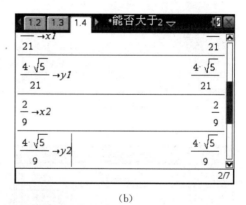

(b)

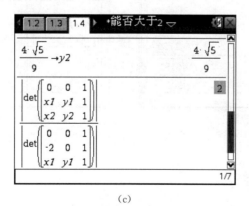

(c)

图 3.48

此时的图形参见图 3.49.

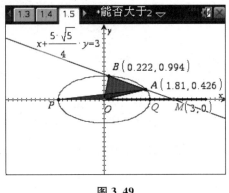

图 3.49

注：至此，笔者意犹未尽，又用 TI 图形计算器验证了 $x_0=100$ 的情况，如图 3.50 中各图所示.

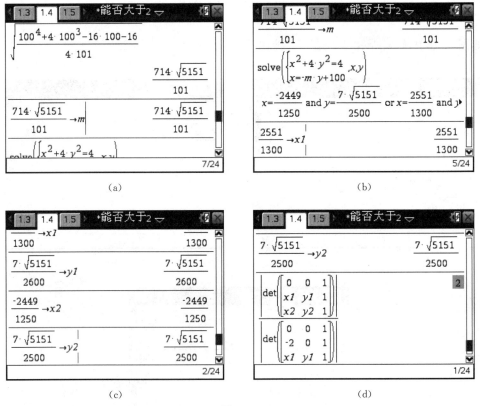

图 3.50

（五）类似的另一题

在运用学霸君搜题时，笔者发现了与上述问题类似的另一题：

已知椭圆 $C: \dfrac{x^2}{4} + y^2 = 1$，点 D 为椭圆 C 的左顶点，对于正常数 λ，如果存在过点

$M(x_0, 0)$ $(-2 < x_0 < 2)$ 的直线 l 与椭圆 C 交于 A，B 两点，使得 $S_{\triangle AOB} = \lambda S_{\triangle AOP}$，则称点 M 为椭圆 C 的"λ 分点".

(1) 判断点 $M(1, 0)$ 是否为椭圆 C 的"1 分点"，并说明理由；

(2) 证明：点 $M(1, 0)$ 不是椭圆 C 的"2 分点"；

(3) 如果点 M 为椭圆 C 的"2 分点"，写出 x_0 的取值范围.

对于第(3)小问，学霸君在两处给出的答案均为 $x_0 \in (-2, 0) \cup (0, 2)$，这显然是错误的(利用 TI 很容易证其伪，此处从略). 其实，应用(三)中类似的推理可以求得正确答案应为 $x_0 \in (-2, -1) \cup (1, 2)$.

三、体会与感悟

本文所讨论的问题在笔者执教 2015 届高三时就接触过，但当时并未深究. 因为是一道选择题，当时采用定性分析及排除法凑出命题人给出的"标答 C"就束之高阁了，对其真伪及严密解法一直都似懂非懂、模糊不清. 时隔几年，本文是平时笔者使用 TI 图形计算器的"习惯性动作"所引发的质疑与探索(笔者参加 2005 年度、2012 年度、2015 年度等同类评选活动时所提交的论文均来源于此). 当然，文中所述妥当与否尚待专家的批评指正，但由此生发的感慨想与大家分享.

由"二、"中对问题的分析过程可以看到，TI 图形计算器在笔者的数学探索之旅中至少发挥了以下一些作用.

1. 对质疑做出快速检验

当我们对相关结论产生疑惑时，TI 可方便地对我们的质疑做出检验，从而赋予我们确凿的证据及继续探索的信心与勇气.

2. 帮助我们合理猜测

当我们面对数学问题中的相关信息或现象时，一些猜测可能会油然而生，由于这些猜测建立在 TI 提供的真实的数据或图形的基础上，因此这些猜测的合理性一般可以保证.

3. 多角度辅助探索

在检验猜测或分析现有结论时，从数式运算、画出各种类型的图形、列表观察、编程运行等多角度可以佐证或推翻我们的既有结论或猜测，而 TI 完全可以提供以上各种功能.

4. 化解烦琐运算

TI 图形计算器的 CAS 功能可化解解析几何中很烦琐的数式运算.

尽管笔者从 2005 年开始接触 TI 图形计算器，至今已有 18 年，但深感自己对其之了解仍十分幼稚. 近期，曾在网上下载过一份 83 页的《TI 菜鸟学习教程》，里面的一些基本操作于我竟然完全陌生，这着实令我汗颜！这提醒自己，在 TI 巨大的辅学功能面前，我所掌握的充其量不过是沧海之一粟，TI 的学习与探索之旅依旧漫长，但毫无疑问，于我而言，这肯定是充满欢乐且伴随收获的！

形成的是什么区域？

一、问题呈现

已知 AB 是平面 Γ 内的一条长度为 2 的线段，集合 $\Psi=\{M\mid M\in\Gamma$ 且至少存在一个半径为 2 的圆，使得 M，A，B 中的每一点，都是或者在此圆内，或者在此圆周上$\}$，求 Ψ 中的点形成的平面区域的面积.

二、问题探索

（一）初窥题意

我们尝试将线段 AB 放在平面直角坐标系中来探索上述问题.

以线段 AB 的中点 O 为原点、直线 AB 为 x 轴建立平面直角坐标系 xOy，且 $A(-1,0)$，$B(1,0)$. 设 $M(x_0, y_0)\in\Psi$，则存在半径为 2 的圆 $C: (x-a)^2+(y-b)^2=4$ [此处 (a,b) 是圆心 C 的坐标]，满足"M，A，B 中的每一点，都是或者在此圆内，或者在此圆周上"，即有

$$\begin{cases}(x_0-a)^2+(y_0-b)^2\leqslant 4,\\(-1-a)^2+(0-b)^2\leqslant 4,\\(1-a)^2+(0-b)^2\leqslant 4,\end{cases}$$ 亦即 $$\begin{cases}(x_0-a)^2+(y_0-b)^2\leqslant 4, &①\\(a+1)^2+b^2\leqslant 4, &②\\(a-1)^2+b^2\leqslant 4. &③\end{cases}$$

②③式说明圆心 C (a,b) 运动的区域为 Ω：$\begin{cases}(x+1)^2+y^2\leqslant 4,\\(x-1)^2+y^2\leqslant 4,\end{cases}$ 如图 3.51 所示，弧 DAE 与弧 DBE 所围成的区域（含边界）即为区域 Ω，其中 $D(0,\sqrt{3})$，$E(0,-\sqrt{3})$. 式 ① 说明动点 M 在圆周 $(x-a)^2+(y-b)^2=4$ 上或其内部.

因此，问题的关键在于要找出当点 $C(a,b)$ 的运动足迹遍及区域 Ω 中的所有点时，实心含边界的圆面 $\Pi: (x-a)^2+(y-b)^2\leqslant 4$ 形成的究竟是什么区域？或者这样说：被无穷多这样的圆面覆盖住的区域的边界是什么曲线？

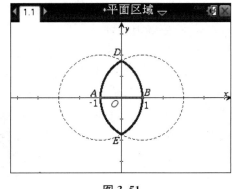

图 3.51

(二) 特置试验

我们先取区域 Ω 边界上的几个点,分别以它们为圆心作半径为 2 的实心圆面,观察一下这些圆面覆盖的区域. 如图 3.52,其中(a)中的四个圆半径均为 2,且分别以 A,E,B,D 为圆心. (b)展示了(a)中的四个圆形成的实心圆面区域.

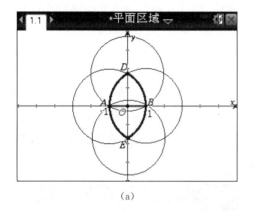
(a)

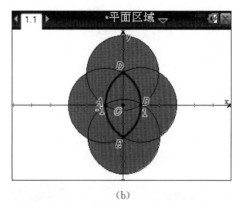
(b)

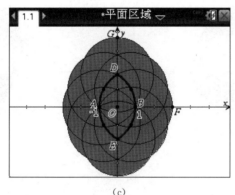
(c)

图 3.52

至此,推测出完整的区域比较困难,我们再多作几个圆面试试,如图 3.52(c)所示.

由图 3.52(c)中阴影区域的外形轮廓展开联想,我们似乎可以做出这样的猜测:阴影区域在每一个象限形成的均为扇形. 但容易看出这个猜测有误,因为(c)中的边界点 F,G 的坐标分别为 $F(3,0)$,$G(0,2+\sqrt{3})$,而 $3 \neq 2+\sqrt{3}$.

尽管以上"期望由特置(对圆心取区域 Ω 中的一些特殊位置作出圆面)推出一般"的探索思路收获不大,但所要寻找的区域的对称性应该是毫无疑问的. 仔细想一想,这点也不难理解:由于区域 Ω 既是轴对称图形,又是以原点为对称中心的中心对称图形,当点 $C(a,b)$ 在其内运动时,所有的圆面 Π 所覆盖的区域也应该既是轴对称图形又是中心对称图形.

因此,我们的目光可以先聚焦在第一象限,找出所有的圆面 Π 在第一象限覆盖住的区域的形状,继而求出其面积,再乘以 4 即为原题所求.

(三) 动态观察

既然(二)中基于静态图的猜测没有奏效,现在,我们让圆心在区域 Ω 内动起来,然后通过追踪相应的圆面,看能否捕获其边界曲线的形状. 显然,对第一象限而言,只需考察圆心在区域 Ω 的边界,即 DB 上运动的情形.

如图 3.53(a),在弧 BD 上任取一点 C,以 C 为圆心、2 为半径作圆并以灰色填充其内部,对这个圆利用右键功能设置为"几何追踪",然后拖动点 C 在 DB 上运动(或对点 C 设置动画),我们发现这些圆面在第一象限所扫过区域的边界是一段弧线[注意扫过的区域包括图 3.53(a)所示图正中那块浅灰色区域在第一象限的部分]. 与图 3.52(c)给我们的启发相比,该结论似乎并没有多少改善,但当我们拖动点 C 在 DB 上反复运动时,以下两个关键点很容易被发现:

(1) 这些圆都过点 $A(-1, 0)$.

(2) 区域在第一象限的边界弧线分为两段,如图 3.53(b)所示,靠近 y 轴的弧段 GH 是圆弧,其所属的圆就是 $\odot D$,其方程为 $x^2+(y-\sqrt{3})^2=4$;弧段 HF 也是圆弧,其所属的圆以点 A 为圆心、4 为半径,其方程为 $(x+1)^2+y^2=16$. 其实,当点 C 在 DB 上运动时,直径 AC 的另一端点 A' 的轨迹就是弧 HF.

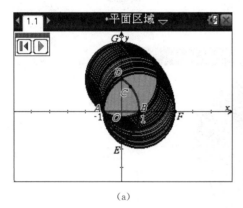
(a)

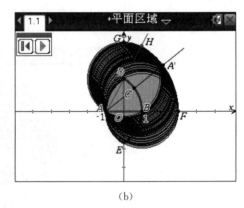
(b)

图 3.53

(四) 初步解决

根据(三)中的分析,我们作出在第一象限的区域,如图 3.54 所示,区域由两部分组成:扇形 GDH 与曲边四边形 $DOFH$. 其面积计算如下:易知 $\angle GDH=\angle ADO=\dfrac{\pi}{6}$,从而

$$S_{\text{扇形}GDH}=\frac{1}{2}\cdot 2^2\cdot\frac{\pi}{6}=\frac{\pi}{3},$$

$S_{\text{曲边四边形}DOFH}=S_{\text{扇形}HAF}-S_{\triangle AOD}$

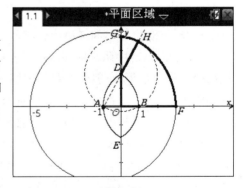

图 3.54

$$=\frac{1}{2}\cdot 4^2\cdot\frac{\pi}{3}-\frac{1}{2}\cdot 1\cdot\sqrt{3}=\frac{8}{3}\pi-\frac{\sqrt{3}}{2};$$

从而 $S_{\text{扇形}GDH}+S_{\text{曲边四边形}DOFH}=\dfrac{\pi}{3}+\left(\dfrac{8}{3}\pi-\dfrac{\sqrt{3}}{2}\right)=3\pi-\dfrac{\sqrt{3}}{2}.$

故原题所要求的"Ψ 中的点形成的平面区域的面积"为 $4\left(3\pi-\dfrac{\sqrt{3}}{2}\right)=12\pi-2\sqrt{3}$.

(五) 全部区域

图 3.55 给出了问题中"Ψ 中的点形成的平面区域"的完整图示,它是由四段圆弧围成的封闭区域(注意其边界线并非椭圆),以符号 Θ 记之,其中左右两段较长的圆弧所在的圆的方程分别为 $(x-1)^2+y^2=16$,$(x+1)^2+y^2=16$,上下两段较短的圆弧所在的圆的方程分别为 $x^2+(y-\sqrt{3})^2=4$,$x^2+(y+\sqrt{3})^2=4$. 长圆弧与短圆弧之间的分界线对应的射线方程依次为 $y=\pm\sqrt{3}(x+1)(x\geqslant -1)$,$y=\pm\sqrt{3}(x-1)(x\leqslant 1)$.

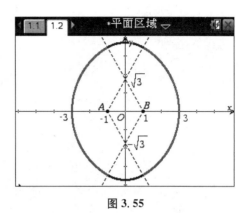

图 3.55

(六) 严格证明

接下来我们将严格证明(五)中所述,即图 3.55 中给出的区域 Θ 就是"一"中所呈现问题中的"Ψ 中的点形成的平面区域". 沿用(一)中的符号,由(一)中的分析,这等价于证明:

当点 $C(a,b)$ 在区域 $\Omega:\begin{cases}(x+1)^2+y^2\leqslant 4,\\(x-1)^2+y^2\leqslant 4\end{cases}$ 内运动时,满足 $(x-a)^2+(y-b)^2\leqslant 4$ 的点 $M(x,y)$ 所形成的区域恰为 Θ.

证明 首先证明对于区域 Θ 内的任一点 T,一定可以找到一个圆心在区域 Ω 内、半径为 2 的圆,使得点 T 在该圆上或其内部.

由 Θ 的对称性,不妨设点 T 在第一象限的区域 Θ 内,分三种情况:

(1) 如图 3.56(a),T 在较长圆弧所在的边界上,联结 AT,设其与区域 Ω 的边界的交点为 C,则由区域 Θ 的构成可知,点 T 必在以点 C 为圆心、半径为 2 的圆周上[见图 3.56(a)].

(2) 如图 3.56(b),T 在曲边四边形 $DOFH$ 内部,联结 AT,AT 或其延长线与区域 Ω 的边界的交点记为 C,则由区域 Θ 的构成可知,点 T 必在以点 C 为圆心、半径为 2 的圆的内部[见图 3.56(b)].

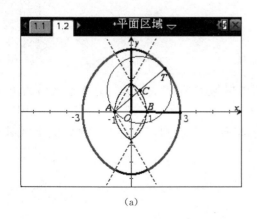
(a)

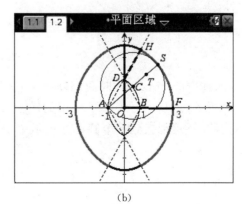
(b)

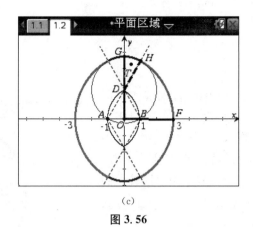

(c)

图 3.56

(3) 如图 3.56(c)，T 在扇形 GDH 内部或 GH 上，则由区域 Θ 的构成可知，点 T 必在以点 $D(0,\sqrt{3})$ 为圆心、半径为 2 的圆的内部或圆周上[见图 3.56(c)]。

其次，我们证明，在图 3.56(c) 中，对于第一象限内位于曲边四边形 $DOFH$ 外部或扇形 GDH 外部的点 T，均不可能找到一个圆心在区域 Ω 内、半径为 2 的圆，使得点 T 在该圆上或其内部。

分两种情况：

(1) 如图 3.56(d)，此时我们联结 AT，设其与区域 Ω 的边界，即 DB 的交点为 C，则由 DB 的构成可知，点 C 是区域 Ω 中离点 T 最近的点，从而对于区域 Ω 中的任意点 $C'(a,b)$，均有 $|C'T| \geqslant |CT| = |AT| - |AC| > |AS| - |AC| = 4 - 2 = 2$。这说明"不可能找到一个圆心在区域 Ω 内、半径为 2 的圆，使得点 T 在该圆上或其内部"。

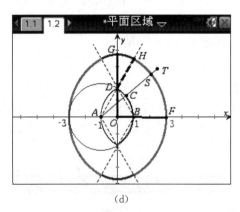
(d)

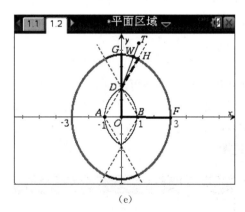
(e)

图 3.56

(2) 如图 3.56(e)，此时我们联结 DT，则由区域 Ω 的构成可知，点 D 是区域 Ω 中离点 T 最近的点，从而对于区域 Ω 中的任意点 $C'(a,b)$，均有 $|C'T| \geqslant |DT| > |DW| = 2$。这说明"不可能找到一个圆心在区域 Ω 内、半径为 2 的圆，使得点 T 在该圆上或其内部"。

综上，得证。

三、体会与感悟

本文所讨论的问题是我校一位教师抛给笔者的. 笔者为此曾彻夜难眠,却苦思不得其解. 最后在 TI 图形计算器的帮助下才觅得真相. 在由困惑不解到解开谜团的探索过程中,技术的力量主要体现在以下几个方面:

(1) 作图便捷,可通过大量的特置(特殊位置)帮助解题者寻找规律;

(2) 动态演示,可让解题者在数学对象运动的过程中更好地把握"变化中的不变";

(3) 迅速获得答案,为更精确的数学论证提供思路启发与探索信心.

当然,对于本题,笔者心中仍有渴望:不探明"Ψ 中的点形成的平面区域"的形状(或其边界轮廓线)能求出其面积吗?真诚期待各位专家的帮助与指点,笔者自己也会对此做进一步的研究.

定量描述翻折过程的一种途径

一、问题描述

笔者在必修三第 10 章"空间直线与平面"教学中遇到过诸如下面的习题：

习题 1. 已知矩形 $ABCD$ 中，$AB=1$，$BC=\sqrt{2}$，若将 $\triangle ABD$ 沿矩形的对角线 BD 所在的直线进行翻折，则在翻折过程中（　　）.

(A) 存在某个位置，使得直线 AC 与直线 BD 垂直

(B) 存在某个位置，使得直线 AB 与直线 CD 垂直

(C) 存在某个位置，使得直线 AD 与直线 BC 垂直

(D) 对任意位置，三对直线"AC 与 BD""AB 与 CD""AD 与 BC"均不垂直

习题 2. 矩形 $ABCD$ 中，$AB=\sqrt{3}$，$BC=1$，将 $\triangle ABC$ 与 $\triangle ADC$ 沿 AC 所在的直线进行随意翻折，在翻折过程中直线 AD 与直线 BC 成的角的范围（包含初始状态）为（　　）.

(A) $\left[0, \dfrac{\pi}{6}\right]$　　(B) $\left[0, \dfrac{\pi}{3}\right]$　　(C) $\left[0, \dfrac{\pi}{2}\right]$　　(D) $\left[0, \dfrac{2\pi}{3}\right]$

习题 3. 在平行四边形 $ABCD$ 中，$\angle A=45°$，$AB=\sqrt{2}$，$AD=2$，现将平行四边形 $ABCD$ 沿对角线 BD 折起，当异面直线 AD 和 BC 所成的角为 $60°$ 时，求 AC 的长.

在求解这些习题中遇到的困难是：尽管可以借助于"实操"或求出几个特殊位置下对应的值而获得问题的解答，但由于对翻折过程缺乏定量的精确刻画，导致所得解答有很大的"猜"的成分，遭遇"得分不得理"的尴尬.

鉴于此，本文要研究的问题是：

（1）如何定量描述翻折的全过程？

（2）对于一般的平行四边形，请给出翻折过程中三对直线"AC 与 BD""AB 与 CD""AD 与 BC"所成角的公式及计算线段 AC 长度的公式.

（3）用统一的方法求解上面三道习题.

二、问题解决

我们以上述习题 1 为例尝试通过分析寻找规律.

（一）化为平面，实操感知

如图 3.57(a)，在矩形 $ABCD$ 中作 $CE \perp BD$ 于 E. 如图 3.57(b)，在翻折过程中，若不考

虑起始位置与终了位置,题中所述三对直线均为异面直线,其中 BD, CD, BC 均在平面 BCD 上,AC, AB, AD 均为平面 BCD 的斜线,由三垂线定理可知:

$AC \perp BD \Leftrightarrow$ 点 A 在平面 BCD 上的投影落在直线 CE 上;

$AB \perp CD \Leftrightarrow$ 点 A 在平面 BCD 上的投影落在直线 CB 上;

$AD \perp BC \Leftrightarrow$ 点 A 在平面 BCD 上的投影落在直线 CD 上.

通过取一张矩形纸"实操",我们可以直观地发现习题 1 的正确答案应为(B).

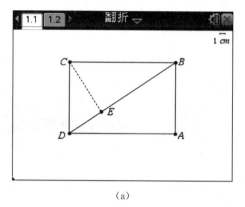

(a)

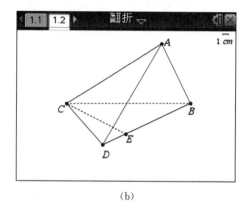

(b)

图 3.57

(二) 交轨定 A,实现量化

△ABD 从初始位置被折起至与△BCD 再次共面,翻折过程取决于点 A 的运动规律. 如图 3.58(a),在矩形 $ABCD$ 中作 $AF \perp BD$ 于 F,则点 A 在两个共底面的圆锥的底面半圆周上运动,这两个圆锥的顶点分别是 B, D,底面是以点 F 为圆心、AF 为半径的圆面. 我们的想法是将该矩形放入空间直角坐标系,进而寻求点 A 运动的轨迹方程. 但由于涉及圆锥曲面方程,高中生较难理解,我们尝试换一种思路,通过"交轨法"获得点 A 运动的轨迹方程. 其依据是:点 A 既在过 F 且与直线 BD 垂直的平面上,又在以直线 BD 为轴且"底面"圆的半径等于 AF 的圆柱面上,如图 3.58(b)(c)所示.

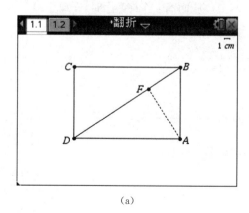

(a)

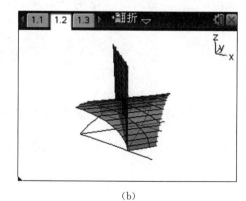

(b)

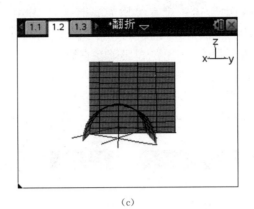

图 3.58

如图 3.59,以点 D 为原点,DA 所在直线为 x 轴,DC 所在直线为 y 轴,垂直于矩形 $ABCD$ 所在平面的直线为 z 轴,建立空间直角坐标系,则 $A(\sqrt{2},0,0)$,$B(\sqrt{2},1,0)$,$C(0,1,0)$,$D(0,0,0)$.

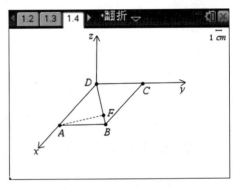

图 3.59

在平面 xOy 内,直线 AF 的方程为 $y-0=-\sqrt{2}(x-\sqrt{2})$,即 $\sqrt{2}x+y-2=0$,故过点 F 且与直线 BD 垂直的平面的方程为 $\sqrt{2}x+y-2=0(z \in \mathbf{R})$,我们以 Π 记该平面.

易知 $AF=\dfrac{\sqrt{6}}{3}$. 接下来我们利用"最值法"求 "以直线 BD 为轴且'底面'圆的半径等于 AF 的圆柱面"的方程. 在该圆柱面上任取一点 $P(x,y,z)$,则 P 到直线 BD 的距离恒等于 $\dfrac{\sqrt{6}}{3}$. 在直线 BD 上任取一点 Q,由于直线 BD 的方程为 $\begin{cases} y=\dfrac{\sqrt{2}}{2}x, \\ z=0, \end{cases}$ 故可设点 Q 的坐标为 $(\sqrt{2}t,t,0)$,从而有:当 t 变化时,$PQ_{\min}=\dfrac{\sqrt{6}}{3}$,即

$$\sqrt{(x-\sqrt{2}t)^2+(y-t)^2+(z-0)^2}_{\min}=\dfrac{\sqrt{6}}{3}.$$

如图 3.60(a)(b),可借助 TI 图形计算器化简得 $\dfrac{(x-\sqrt{2}y)^2}{3}=\dfrac{-(3z^2-2)}{3}$,即 $(x-\sqrt{2}y)^2+3z^2=2$,此即前面所述圆柱面的方程,我们以 Γ 记该圆柱面.

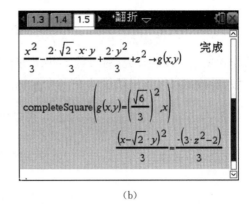

(a)　　　　　　　　　　　　(b)

图 3.60

综上,我们获得了翻折过程中点 $A(x,y,z)$ 的轨迹方程为 $\begin{cases} \sqrt{2}x+y-2=0, \\ (x-\sqrt{2}y)^2+3z^2=2, \\ z\geqslant 0. \end{cases}$ $(*)$

该方程描述了空间直角坐标系中由平面 Π、圆柱面 Γ 及坐标平面 xOy 交截所得的半圆周,如图 3.61(a)(b)所示.

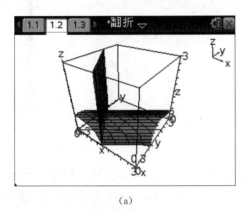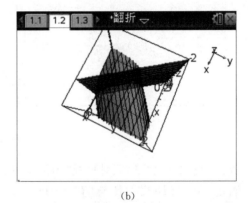

(a)　　　　　　　　　　　　(b)

图 3.61

借助方程 $(*)$,我们可以对习题 1 求解如下:
由于
$$\overrightarrow{AC}=(-x,1-y,-z),\ \overrightarrow{BD}=(-\sqrt{2},-1,0),$$
$$\overrightarrow{AB}=(\sqrt{2}-x,1-y,-z),\ \overrightarrow{CD}=(0,-1,0),$$
$$\overrightarrow{AD}=(-x,-y,-z),\ \overrightarrow{BC}=(-\sqrt{2},0,0),$$

因此　$\overrightarrow{AC}\perp\overrightarrow{BD}\Leftrightarrow(-x)(-\sqrt{2})+(1-y)(-1)+0=0\Leftrightarrow\sqrt{2}x+y-1=0,$
　　　$\overrightarrow{AB}\perp\overrightarrow{CD}\Leftrightarrow 0+(1-y)(-1)+0=0\Leftrightarrow y=1,$
　　　$\overrightarrow{AD}\perp\overrightarrow{BC}\Leftrightarrow(-x)(-\sqrt{2})+0+0=0\Leftrightarrow x=0.$

由于 $\sqrt{2}x+y-1=0$ 与方程 $(*)$ 中的方程 $\sqrt{2}x+y-2=0$ 矛盾,故 AC 与 BD 不可能垂直;当 $x=0$ 时,代入方程 $(*)$ 得 $\begin{cases} y=2, \\ z^2=-2, \end{cases}$ 故 AD 与 BC 不可能垂直;当 $y=1$ 时,代入方程 $(*)$

解得 $x=y=\frac{\sqrt{2}}{2}$,故当 $A\left(\frac{\sqrt{2}}{2},1,\frac{\sqrt{2}}{2}\right)$ 时 $AB \perp CD$. 从而习题1选(B).

作为更进一步的探究,对习题1,借助方程(*),我们还可以获得以下一些结论:

首先,我们可以求出动点 A 的三个坐标分量 x,y,z 的取值范围.

由图3.62(a)可得 $x \in \left[\frac{\sqrt{2}}{3},\sqrt{2}\right]$,其中初始位置对应 $x=\sqrt{2}$,终了位置对应 $x=\frac{\sqrt{2}}{3}$.图3.62(a)还告诉我们 $y \in \left[0,\frac{4}{3}\right]$,其中初始位置对应 $y=0$,终了位置对应 $y=\frac{4}{3}$.由图3.62(b)可得 $z \in \left[0,\frac{\sqrt{6}}{3}\right]$,其中初始位置与终了位置均对应 $z=0$,当 $z=\frac{\sqrt{6}}{3}$ 时对应的点 A 坐标为 $\left(\frac{2\sqrt{2}}{3},\frac{2}{3},\frac{\sqrt{6}}{3}\right)$,其实 $\frac{\sqrt{6}}{3}$ 即为圆柱 Γ "底面"圆的半径.

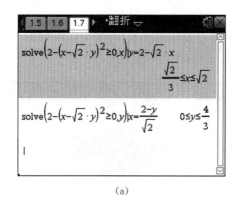
(a)

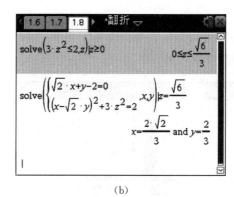
(b)

图3.62

其次,我们可以给出三对直线"AC 与 BD""AB 与 CD""AD 与 BC"所成角的计算公式.

若记"AC 与 BD""AB 与 CD""AD 与 BC"所成角分别为 $\theta_1,\theta_2,\theta_3$,利用上文给出的 $\overrightarrow{AC}$ 与 $\overrightarrow{BD}$、$\overrightarrow{AB}$ 与 $\overrightarrow{CD}$ 及 $\overrightarrow{AD}$ 与 $\overrightarrow{BC}$ 的坐标,由图3.62(c)(d)(e)可得(每幅图中短竖线 l 后面的部分均为"$3z^2=2-(x-\sqrt{2}y)^2$ and $y=2-\sqrt{2}x$"):

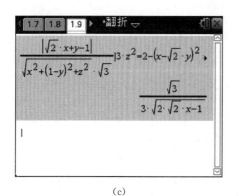
(c)

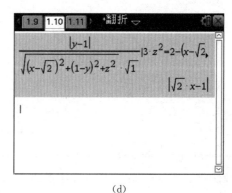
(d)

图3.62

$$\cos\theta_1 = \frac{\sqrt{3}}{3} \cdot \frac{1}{\sqrt{2\sqrt{2}x-1}}; \quad \cos\theta_2 = |\sqrt{2}x-1|; \quad \cos\theta_3 = \frac{\sqrt{2}}{2}|x|.$$

最后,我们给出线段 AC 的长度的计算公式. 由图 3.62(f) 可得

$$AC = \sqrt{(x-0)^2 + (y-1)^2 + (z-0)^2} = \sqrt{2\sqrt{2}x-1}.$$

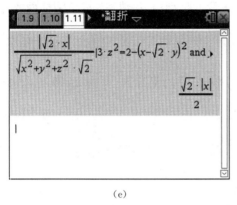

(e)

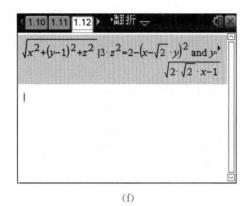

(f)

图 3.62

(三) 推及一般,获得规律

探索具有某些共性的若干特殊现象背后的一般规律是一件令人十分愉悦的事情,特别是当我们获得尚待检验的一般规律后再去验证或解决曾经处理或未曾处理的诸多特殊情况时,那种忐忑、兴奋、满足与成就感着实是一种心灵的享受.

本小节我们转向一般的平行四边形,探究与第(二)小节类似的问题. 从以下的分析可以发现,此时我们所面临的字母运算已非人力所及,然而在 TI 图形计算器面前,其优雅、从容、迅捷的运算表现令人叹为观止,极大地满足了我们的探索欲望.

具体而言,本小节我们讨论的问题是:

已知平行四边形 $ABCD$ 中,$AB=b$,$BC=a$,$\angle ABC = \theta$,若将 $\triangle ABD$ 沿平行四边形的对角线 BD 所在的直线进行翻折,记翻折过程中"AC 与 BD""AB 与 CD""AD 与 BC"所成的角分别为 $\theta_1, \theta_2, \theta_3$,试给出计算 $\cos\theta_1$,$\cos\theta_2$,$\cos\theta_3$ 及线段 AC 长度的公式.

研究的思路及方法与第(二)小节十分类似.

如图 3.63 建立空间直角坐标系,易得

$A(a\sin\theta, a\cos\theta, 0)$, $B(a\sin\theta, a\cos\theta+b, 0)$,
$C(0, b, 0)$, $D(0, 0, 0)$.

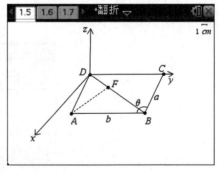

图 3.63

若 $b + a\cos\theta \neq 0$,则直线 BD 不与 x 轴所在直线重合. 我们在平行四边形 $ABCD$ 中作 $AF \perp BD$ 于 F,在翻折过程中,点 $A(x, y, z)$ 在过点 F 且与直线 BD 垂直的平面上,其方

程为 $y - a\cos\theta = -\dfrac{a\sin\theta}{b+a\cos\theta}(x - a\sin\theta)$,化简得

$$(a\sin\theta)x + (b+a\cos\theta)y - a(a+b\cos\theta) = 0 \quad (z \in \mathbf{R}),$$

我们仍以 Π 记该平面.

同时,点 $A(x, y, z)$ 又在以直线 BD 为轴、底面圆的半径长等于 AF 的圆柱面上. 易知 $AF = \dfrac{ab\sin\theta}{\sqrt{a^2+b^2+2ab\cos\theta}}$,将该式记作 R. 接下来我们仍利用"最值法"求该圆柱面的方程. 在圆柱面上任取一点 $P(x, y, z)$,则 P 到直线 BD 的距离恒等于 R. 在直线 BD 上任取一点 Q,由于直线 BD 的方程为 $\begin{cases} y = \dfrac{b+a\cos\theta}{a\sin\theta}x, \\ z = 0, \end{cases}$ 故可设点 Q 的坐标为 $(at\sin\theta, (b+a\cos\theta)t, 0)$,从而有:当 t 变化时,$PQ_{\min} = R$,即

$$\sqrt{(x - at\sin\theta)^2 + [y - (b+a\cos\theta)t]^2 + (z-0)^2}_{\min} = R.$$

由图 3.64(a)(b)(c)我们将该式化简可得

$$[(b+a\cos\theta)x - (a\sin\theta)y]^2 + (a^2+b^2+2ab\cos\theta)z^2 = a^2b^2\sin^2\theta.$$

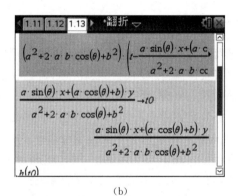

图 3.64

此即所求圆柱面的方程,该圆柱面仍记为 Γ.

由上述分析,我们获得了当 $b+a\cos\theta \neq 0$ 时点 A 运动的轨迹方程为

$$\begin{cases} (a\sin\theta)x+(b+a\cos\theta)y-a(a+b\cos\theta)=0, \\ [(b+a\cos\theta)x-(a\sin\theta)y]^2+(a^2+b^2+2ab\cos\theta)z^2=a^2b^2\sin^2\theta, \\ z\geq 0. \end{cases} \quad (**)$$

若 $b+a\cos\theta=0$,则直线 BD 与 x 轴所在直线重合,直线 AF 即为直线 AB,与上述过程类似可求得点 A 运动的轨迹方程为 $\begin{cases} x=\sqrt{a^2-b^2}, \\ y^2+z^2=b^2, \\ z\geq 0, \end{cases}$ 易知其亦符合(**).

基于(**),类似第(二)节,我们可以获得下述结论:

结论 1 动点 A 的三个坐标分量 x, y, z 的取值范围为:

(1) $x \in \left[\dfrac{a(a^2-b^2)\sin\theta}{a^2+b^2+2ab\cos\theta}, a\sin\theta\right]$,其中左右端点分别对应 x 的终了值与初始值;

(2) $y \in \left[a\cos\theta, \dfrac{a[(a^2+b^2)\cos\theta+2ab]}{a^2+b^2+2ab\cos\theta}\right]$,其中左右端点分别对应 y 的初始值与终了值;

(3) $z \in \left[0, \dfrac{ab\sin\theta}{\sqrt{a^2+b^2+2ab\cos\theta}}\right]$,其中左端点对应 z 的初始值与终了值,右端点对应 z 的最大值,即 R.

结论 2 三对直线"AC 与 BD""AB 与 CD""AD 与 BC"所成角仍分别记为 $\theta_1, \theta_2, \theta_3$,其计算公式如下.

(1) 当 $b+a\cos\theta \neq 0$ 时:

① $\cos\theta_1 = \dfrac{|a^2-b^2|}{\sqrt{\dfrac{(2ab\sin\theta)x+(a^2-b^2)(a\cos\theta-b)}{b+a\cos\theta}} \cdot \sqrt{a^2+b^2+2ab\cos\theta}}$;

② $\cos\theta_2 = \left|\dfrac{a\sin\theta(x-a\sin\theta)}{b(b+a\cos\theta)}+1\right|$;

③ $\cos\theta_3 = \left|\dfrac{(b\sin\theta)x+a\cos\theta(a+b\cos\theta)}{a(b+a\cos\theta)}\right|$.

(2) 当 $b+a\cos\theta=0$ 时:

① $\cos\theta_1 = \sqrt{\dfrac{a^2-b^2}{a^2+b^2-2by}}$;

② $\cos\theta_2 = \dfrac{|y|}{b}$;

③ $\cos\theta_3 = \dfrac{|a^2-b^2-yb|}{a^2}$.

结论 3 线段 AC 长度的计算公式为

$$AC = \begin{cases} \sqrt{\dfrac{(2ab\sin\theta)x + (a^2-b^2)(a\cos\theta - b)}{b+a\cos\theta}}, & b+a\cos\theta \neq 0, \\ \sqrt{a^2+b^2-2by}, & b+a\cos\theta = 0. \end{cases}$$

值得说明的是,在条件 $b+a\cos\theta \neq 0$ 下推导三对直线所成角及线段 AC 长度的公式时,人力在繁杂的字母运算面前已无能为力(虽然以大量耗时为代价勉强可为,但显然极不值得),而图形计算器却游刃有余. 限于篇幅,上述结论的"机算"同第(二)节所述,但过程不再呈现.

作为上述结论的第一个副产品,我们立刻可以获得如下认识:

(1) $AC \perp BD \Leftrightarrow a = b$,且在翻折过程中 AC 始终与 BD 垂直,此时平行四边形为菱形. 其道理也比较容易理解,如图 3.65(a)(b). 翻折之初 $AC \perp BD$ 是显然的,在翻折过程中,由于 $BD \perp OC$,$BD \perp OA$,$OC \cap OA = O$,故 $BD \perp$ 平面 AOC. 因此平面 $AOC \perp$ 平面 BCD,故点 A 在平面 BCD 上的投影落在直线 OC 上,而 $OC \perp BD$,由三垂线定理立得 $AC \perp BD$.

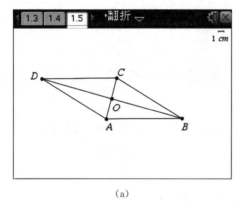
(a)

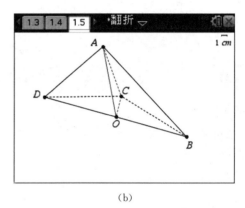
(b)

图 3.65

(2) $AB \perp CD \Leftrightarrow x = \dfrac{a^2\sin^2\theta - b(b+a\cos\theta)}{a\sin\theta}$.

(3) $AD \perp BC \Leftrightarrow x = \dfrac{-a\cos\theta(a+b\cos\theta)}{b\sin\theta}$.

(四) 运用规律,统一处理

本小节我们运用(三)中获得的规律统一求解本文"一、问题描述"中的三道习题. 为运用规律,首先将习题 2 中的字母调整为与规律中相同,即习题 2 等价于:

矩形 $ABCD$ 中,$BC = \sqrt{3}$,$AB = 1$,将 $\triangle ABD$ 与 $\triangle BCD$ 沿 BD 所在的直线进行随意翻折,在翻折过程中直线 AB 与直线 CD 成的角的范围(包含初始状态)为(   ).

(A) $\left[0, \dfrac{\pi}{6}\right]$　　(B) $\left[0, \dfrac{\pi}{3}\right]$　　(C) $\left[0, \dfrac{\pi}{2}\right]$　　(D) $\left[0, \dfrac{2\pi}{3}\right]$

根据(三)中规律,三道习题的相关信息如表 3.7、表 3.8 所示.

表 3.7

序号	a	b	θ	动点 A 的轨迹方程
习题 1	$\sqrt{2}$	1	$\dfrac{\pi}{2}$	$\begin{cases}\sqrt{2}x+y-2=0,\\(x-\sqrt{2}y)^2+3z^2=2,\\z\geqslant 0\end{cases}$
习题 2	$\sqrt{3}$	1	$\dfrac{\pi}{2}$	$\begin{cases}\sqrt{3}x+y-3=0,\\(x-\sqrt{3}y)^2+4z^2=3,\\z\geqslant 0\end{cases}$
习题 3	$\sqrt{2}$	2	$\dfrac{3\pi}{4}$	$\begin{cases}x+y=0,\\(x-y)^2+2z^2=4,\\z\geqslant 0\end{cases}$

表 3.8

序号	$\cos\theta_1$	$\cos\theta_2$	$\cos\theta_3$	AC
习题 1	$\dfrac{1}{\sqrt{3}\sqrt{2\sqrt{2}x-1}}$	$\|\sqrt{2}x-1\|$	$\dfrac{\sqrt{2}}{2}\|x\|$	$\sqrt{2\sqrt{2}x-1}$
习题 2	$\dfrac{1}{\sqrt{2}\sqrt{2\sqrt{3}x-1}}$	$\|\sqrt{3}x-2\|$	$\dfrac{\sqrt{3}}{3}\|x\|$	$\sqrt{2\sqrt{3}x-2}$
习题 3	$\dfrac{1}{\sqrt{2x+3}}$	$\dfrac{1}{2}\|x+1\|$	$\|x\|$	$\sqrt{4x+6}$

在第(二)小节我们已对习题 1 做出了详细解答,下面结合表 3.7、表 3.8 给出习题 2 与习题 3 的解答.

对于习题 2,易知 x 由 $\sqrt{3}$ 变到 $\dfrac{\sqrt{3}}{2}$,据表 3.8 知 $\cos\theta_2=|\sqrt{3}x-2|$,而 $\dfrac{\sqrt{3}}{2}<\dfrac{2}{\sqrt{3}}<\sqrt{3}$,故 $\cos\theta_2\in[0,1]$,$\theta_2\in\left[0,\dfrac{\pi}{2}\right]$ 即为所求.

对于习题 3,据表 3.8 知 $\cos\theta_3=|x|$,由于 $\theta_3=60°$,故 $\dfrac{1}{2}=|x|$,$x=\pm\dfrac{1}{2}$. 从而由表 3.8 可得 $|AC|=\sqrt{4x+6}=2\sqrt{2}$ 或 2.

三、研究感悟

1. 宏光诚可贵,微光亦难得

直面每年教学中的疑点并执着地寻求解决的办法,现实情况要么是接受参考答案而不思其故,饮水不思源匆匆跳过;要么是轻视自己脑海中闪过的那些点滴念头而不知珍惜,认为可能别人早就知道而不做记录,任由微光消逝. 这样年复一年下来,旧问题不断成为新问题,然后又被沦为旧问题."微光非光"的心理暗示是阻碍教师专业化发展的重要因素. 不求宏光降临,但求能常有微光并与有缘人分享,这也是笔者写作本文的初衷.

2. 简自繁里来,硕果慢中求

我们见识并欣赏过很多优美的公式,如 $e^{i\pi}+1=0$,$V-E+F=2$,$F=ma$,$E=mc^2$ 等,其特点是极致简单却意义重大. 与此相比,本文推导出的公式太过丑陋和渺小,但母不嫌子丑,毕竟是自己殚精竭虑思考所得. 不经一番寒彻骨,哪得梅花扑鼻香,万千烦琐之后可能就会收获简单顿悟,要想获得累累硕果,似乎还是得靠微火慢炖.

本文研究的问题来自教学现实,所获得的点滴结果看似冗长,但由此收获的心理满足感却十分充实而明快.

3. 掌上乐求索,机算有乾坤

拥有 TI 图形计算器的手掌是移动的探索乐园,好之者乐在其中. 本文使用的功能主要有三维绘图、代数运算等,特别是其代数运算系统有乾坤大挪移的效力,在处理复杂、烦琐的字母运算时常显摧枯拉朽之势,让人由衷地佩服. TI 图形计算器是辅助数学教师实施教学、将教研推向深入的好帮手,让充满未知的数学探究不再遥不可及.

4. 翻折背景变,方法可迁移

本文给出的定量描述翻折过程的方法("最值法+交轨法")可以迁移至其他翻折或旋转背景下,所形成的具体结论及应用是可以进一步研究的课题.

第三部分
拓展使用空间,规避使用误区

如前所述,信息技术在教、学中的优势主要表现在:快捷的计算功能、丰富的图形呈现与制作功能、大量数据的处理功能;提供交互式的学习和研究环境,形成良性人机互动、人际互动等方面.在函数概念、指数函数、对数函数、三角函数、统计、立体几何初步、曲线与方程等内容中,课程标准明确建议借助计算器或计算机进行教学.我们说,除课程标准建议的内容与本篇前面讨论的内容之外,现代信息技术在高中数学课程中的运用还有较大的开发空间.例如,可以鼓励学生充分利用校内外的教育资源,通过网络搜索一些与当前学习有关的资料,这不仅有助于学生丰富自己的学习方式,而且有助于学生体验如何合理地使用信息技术.《普通高中数学课程标准(2017年版2020年修订)》附录2中给出的案例37""互联网+"促进高中生数学学科核心素养发展的途径"提供了一种成功做法.

需要注意的是,在教学中运用现代信息技术,既要考虑数学内容的特点,又要考虑信息技术的特点与局限性,把握好两者的有机结合.例如,在从事立体几何初步中相关核心知识的教、学中,在开始时,我们可以运用现代信息技术丰富的图形呈现与制作功能这一技术优势,提供大量的、丰富的几何图形,并且可以通过制作功能,从不同角度观察它们,通过多次的观察、思考,帮助学生去认识和理解这些几何体的结构特征,建立空间观念,培养空间想象能力.但是,随着学习的展开和深入,就要逐步摆脱信息技术提供的图形,建立空间观念,形成空间想象能力.也就是说,虽然信息技术丰富的图形呈现与制作功能有它的优势,能起到传统教学手段难以起到或起不到的作用,但它也只是学生建立空间观念和形成空间想象能力的一种辅助手段,而不是最终目的,我们的目的是利用这一技术帮助学生建立空间观念和形成空间想象能力.

另外,当我们鼓励学生运用现代信息技术学习数学时,应该让他们认识到现代信息技术的飞速发展,方便了我们的数学学习,为我们认识各章中的核心知识注入了新的活力,但是,现代信息技术不能替代艰苦的学习和人脑精密的思考,它只是作为达到目的的一种手段、一种重要工具.例如,在重要的数学概念、技能和方法的发展过程中,动手计算为学生提供了更多的切身体验,该如何平衡"手算"和用计算器计算值得师生共同思考.对教师而言,不能用PPT的大量播放代替解题过程的适当板书、不能用事先录好的视频代替面对面授课等.

最后,在具体运用信息技术来理解核心知识或从事相关的教学或解题活动时,不轻易、不回避应成为一条基本原则.即面对一道问题,先脱离技术的辅助展开思考,思考出来后养成用技术检验的习惯;实在思考不出,可以向技术寻求启发,但勿忘补足严格论证.

第四篇

思维为先，素养为核
——我的所教、所思、所悟，理解数学永远在路上

沪教版高中数学双新教材自 2020 学年的新高一开始使用（即 2020 年 9 月 1 日起），这一学年我执教高三（仍是二期课改教材），为了使自己第一时间了解新教材，在寒、暑假期间我积极参加了上海市教育委员会教学研究室组织的网上双新培训.但直到 2021 学年才真正开始从高一新教材开始执教，至今基本上已完成全部双新教材内容的教授，与二期课改教材相比，我感觉教师有以下一些"白"需要努力补上.

1. 数学本体知识的空白

新教材中有很多内容是以前从来没教过的，比如概率统计（续）中的条件概率、全概率、贝叶斯公式、三种重要分布（二项分布、超几何分布、正态分布），选择性必修二第 8 章"成对数据的统计分析"中的全部内容.再比如"导数及其应用"和两本数学建模教材.特别对于像我这样五十好几岁的教师更是陌生，举步维艰.先花很多时间研读教材、演练习题只是第一步，在此基础上还要通过多种渠道谋求拓展，否则难以应对年轻有朝气、思维特活跃的同学们.

2. 内容与难度上的统筹规划

自高一开始就要规划好高一、高二两年的教学，从内容上来看，上海市普通高中基

本上在高二结束前要教完全部七本书的内容,这是无须遮掩的事实.那么,众多内容按照什么顺序来教是必须面对的,就笔者了解到的现状是"每所学校基本上都不相同",各有各的上法,这真的又是一个百家争鸣、百花齐放的时代.哪怕就同一本教材而言,不同学校的上法也各有讲究,比如必修一中,有些学校在教完前三章"集合与逻辑""等式与不等式""幂、指数与对数"之后直接跳到第5章"函数的概念、性质及应用",然后再回过头来学第4章"幂函数、指数函数与对数函数".就难度而言,一个共识是——数列让位于导数,而平面向量、立体几何、概率的难度较二期课改教材则有较大提升.

3. 文化与技术两翼齐飞

新课标指出,数学文化是指数学的思想、精神、语言、方法、观点,以及它们的形成和发展;还包括数学在人类生活、科学技术、社会发展中的贡献和意义,以及与数学相关的人文活动.新课标强调,在教学活动中,教师应有意识地结合相应的教学内容,将数学文化渗透在日常教学中,引导学生了解数学的发展历程,认识数学在科学技术、社会发展中的作用,感悟数学的价值,提升数学的科学精神、应用意识和人文素养;将数学文化融入教学,还有利于激发学生的数学学习兴趣,有利于学生进一步理解数学,有利于开拓学生视野、提升数学学科核心素养.新课标对技术的介绍及要求请参见本书第三篇,此处不再赘述.

本篇分享自己在教学(含二期课改教材与双新教材)中的思与悟.

分类讨论的四种类型

初等数学中通常有三类量:常量、变量、参量,其中参量也常被称为参数.如问题"解关于x的不等式$ax>1$",中1是常量,x是变量,a是参量.笔者曾在拙著《高中数学教学"三思"》中对参数有过如下的论述[1]:"参数是数,参数是变化的数,但参数既非常数又非未知数,它是介于常数与未知数之间的一类数.小学数学以算术为特色,出现的数通常为常数,进入初中学过用字母表示数后,特别是方程出现后,同学们面临的是常数和未知数.进入高中后,参数作为'第三者'大量出现.于是,分类讨论的数学思想便大行其道,同时也成为学生学习数学的一大难点."

我们可把高中数学中的分类讨论大致分为四类,如表 4.1 所示.

表 4.1

	对谁讨论	求谁	示例
类型Ⅰ	未知数	未知数	解不等式:$\lvert x+3 \rvert - 2\lvert x-1 \rvert \geqslant -10$
类型Ⅱ	未知数	参数	求满足$(-1)^n \lambda < 3 + (-1)^{n+1} S_n$对任意正整数$n$恒成立的实数$\lambda$的取值范围(其中$S_n$是数列$\left\{\dfrac{1}{n(n+2)}\right\}$的前$n$项和)
类型Ⅲ	参数	未知数	解关于x的不等式:①$mx>1$;②$mx\leqslant n$
类型Ⅳ	参数	参数	若函数$f(x)=x\ln x + a - ax$在$[1,\mathrm{e}]$上有且只有一个零点,求实数a的取值范围(其中e是自然对数的底数)

在具体的问题背景下会遇到不少细节,比如有时虽然有参数但无须对其讨论.如在求下述例 4.1 时,虽然有参数a,但其实无须对其讨论.

例 4.1 解关于x的方程$2\lvert x \rvert = x + a^2 + 1$.

解 (1) 当$x \geqslant 0$时,方程变为$2x = x + a^2 + 1$,故$x = a^2 + 1$;(2) 当$x<0$时,方程变为$-2x = x + a^2 + 1$,故$x = -\dfrac{a^2+1}{3}$.综上原方程的解集为$\left\{a^2+1, -\dfrac{a^2+1}{3}\right\}$.

---

[1] 师前.高中数学教学"三思"[M].上海:上海交通大学出版社,2018:383—384.

由此可见,本例可归入上述表中的类型Ⅰ.但若模仿例4.1之解法求解例4.2,极有可能就会在不知不觉中犯下错误.

例4.2 解关于x的方程$2|x|=x+a$.

解 (1)当$x\geq 0$时,方程变为$2x=x+a$,故$x=a$;(2)当$x<0$时,方程变为$-2x=x+a$,故$x=-\dfrac{a}{3}$.综上原方程的解集为$\left\{a,-\dfrac{a}{3}\right\}$.

该解答的错误是显然的,这从最后所得解集的形式马上就可看出,当$a=0$时,由集合中元素的互异性知$\left\{a,-\dfrac{a}{3}\right\}$必须写为$\{0\}$.看来对参数$a$的讨论不可避免!但上述解答错在哪儿呢?用相同的方法求解相似的题目为什么例4.1可行例4.2就不可行呢?确实,此处的错因有点隐蔽.我们说,问题的关键在于每一小类结束后一定要有条件意识、前提意识、范围意识,即要看该小类所得的结果是否符合该小类的前提.为了看得更清楚,我们列表如下(表4.2):

表4.2

		例4.1	例4.2
第1类	前提	$x\geq 0$	$x\geq 0$
	结论	$x=a^2+1$(符合前提)	$x=a$(未必符合前提)
第2类	前提	$x<0$	$x<0$
	结论	$x=-\dfrac{a^2+1}{3}$(符合前提)	$x=-\dfrac{a}{3}$(未必符合前提)
综上		$\left\{a^2+1,-\dfrac{a^2+1}{3}\right\}$(正确)	$\left\{a,-\dfrac{a}{3}\right\}$(错误)

我们将例4.2的上述错误解法更正如下.

例4.2的正解:

(1)当$x\geq 0$时,方程变为$2x=x+a$,故$x=a$.从而我们有:①当$a\geq 0$时,$x=a$;②当$a<0$时,$x\in\varnothing$.

(2)当$x<0$时,方程变为$-2x=x+a$,故$x=-\dfrac{a}{3}$.从而我们有:①当$a>0$时,$x=-\dfrac{a}{3}$;②当$a\leq 0$,$x\in\varnothing$.综上原方程的解集陈述如下:当$a>0$时为$\left\{a,-\dfrac{a}{3}\right\}$;当$a=0$时为$\{0\}$;当$a<0$时为$\varnothing$.

从函数观点看上述解的情况是比较清楚的,令$f(x)=2|x|-x$,$g(x)=a$,则因为$f(x)=2|x|-x=\begin{cases}x,&x\geq 0,\\-3x,&x<0,\end{cases}$而$g(x)=a$为常值函数,由图4.1中可直观地看到其解随参数$a$的变

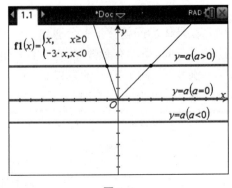

图4.1

化而变化的三种情况.

上述正解说明,哪怕是一道看似简单的问题的讨论也不容小觑.其中既有"对未知数讨论,求未知数"的类型Ⅰ,也有"对参数讨论,求未知数"的类型Ⅲ.

有时我们还会遇到参数和未知数"同居一式"却无须进行任何讨论的情形,如例4.3.

例4.3 不等式$|x+3|-|x-1|\leqslant a^2-3a$对任意实数$x$恒成立,求实数$a$的取值范围.

解 由$a^2-3a\geqslant(|x+3|-|x-1|)_{max}=4$解得$a\in(-\infty,-1]\cup[4,+\infty)$.其关键在于代数式$|x+3|-|x-1|$的最大值可利用绝对值的几何意义在数轴上直接观察得到,可以不对未知数x展开讨论.毋庸讳言,能避开讨论是最令人开心的事情.

类型Ⅱ似乎并不多见.其实上面的例4.3也可以归入类型Ⅱ,我们可对未知数x分三小类讨论,即$x\leqslant-3,-3<x<1,x\geqslant1$,每一小类中分别求出$a$的范围,最后取交集即可.再如下面的2021年上海市春季高考第20题(例4.4).

例4.4 已知函数$f(x)=\sqrt{|x+a|-a}-x$.

(1) 若$a=1$,求函数的定义域.

(2) 若$a\neq0$,且$f(ax)=a$有2个不同实数根,求a的取值范围.

(3) 是否存在实数a,使得函数$f(x)$在定义域内具有单调性?若存在,求出a的取值范围;若不存在,说明理由.

解 (1) $f(x)=\sqrt{|x+1|-1}-x$,有$|x+1|-1\geqslant0$,解得$x\in(-\infty,-2]\cup[0,+\infty)$.故定义域为$(-\infty,-2]\cup[0,+\infty)$.

(2) $f(x)=\sqrt{|ax+a|-a}=ax+a$,设$ax+a=t\geqslant0$,$\sqrt{t-a}=t$有2个不同实数根,整理得$a=t-t^2,t\geqslant0$,同时$a\neq0,a\in\left(0,\dfrac{1}{4}\right)$.

(3) ①当$x\geqslant-a$时,$f(x)=\sqrt{|x+a|-a}-x=\sqrt{x}-x=-\left(\sqrt{x}-\dfrac{1}{2}\right)^2+\dfrac{1}{4}$,在$\left[\dfrac{1}{4},+\infty\right)$上递减,此时需满足$-a\geqslant\dfrac{1}{4}$,即当$a\leqslant-\dfrac{1}{4}$时,函数$f(x)$在$[-a,+\infty)$上递减;

② 当$x<-a$时,$f(x)=\sqrt{|x+a|-a}-x=\sqrt{-x-2a}-x$,在$(-\infty,-2a]$上递减,$a\leqslant-\dfrac{1}{4}<0,-2a>-a>0$,即:当$a\leqslant-\dfrac{1}{4}$时,函数$f(x)$在$(-\infty,-a)$上递减.

综上,当$a\leqslant-\dfrac{1}{4}$时,函数$f(x)$在定义域$\mathbf{R}$上连续,且单调递减.

可以发现,由于第(2)小问中已隐含$ax+a\geqslant0$,故对其所做的绝对值运算形同虚设,自然就有$|ax+a|=ax+a$.但第(3)小问中的"去绝对值"显然无法逃避,即我们要"对未知数讨论".由于第①类所得的a均适合第②类,故在做"综上"这一步时对①②所得结果取交集就是①中结果.

当问题中出现绝对值或数列中出现$(-1)^n$等条件时常涉及第Ⅱ类讨论.

类型Ⅳ中的分类讨论是平时经常会遇到的,如下面例4.5的(2).

例4.5 已知函数$f(x)=x\ln x+a-ax(a\in\mathbf{R})$.

(1) 若 $a=1$,求函数 $f(x)$ 的极值;

(2) 若函数 $f(x)$ 在区间 $[1,\mathrm{e}]$ 上有且只有一个零点,求实数 a 的取值范围.

我们只讨论第(2)小问.命题者提供的标准解答如下:

(2) 的解:易知 $f(1)=0$,故所求问题等价于函数 $f(x)$ 在 $(1,\mathrm{e}]$ 上没有零点.由 $f'(x)=\ln x+1-a$ 可知:当 $0<x<\mathrm{e}^{a-1}$ 时,$f'(x)<0$;当 $x>\mathrm{e}^{a-1}$ 时,$f'(x)>0$.故 $f(x)$ 在 $(0,\mathrm{e}^{a-1})$ 上严格减,在 $(\mathrm{e}^{a-1},+\infty)$ 上严格增.

① 当 $\mathrm{e}^{a-1}\leqslant 1$,即 $a\leqslant 1$ 时,函数 $f(x)$ 在 $(1,\mathrm{e}]$ 上严格增,所以 $f(x)>f(1)=0$,此时函数 $f(x)$ 在 $(1,\mathrm{e}]$ 上没有零点,满足题意.

② 当 $1<\mathrm{e}^{a-1}<\mathrm{e}$,即 $1<a<2$ 时,函数 $f(x)$ 在 $(1,\mathrm{e}^{a-1})$ 上严格减,在 $(\mathrm{e}^{a-1},\mathrm{e}]$ 上严格增,要使 $f(x)$ 在 $(1,\mathrm{e}]$ 上没有零点,只需 $f(\mathrm{e})<0$,即 $\mathrm{e}-\mathrm{e}a+a<0$,解得 $a>\dfrac{\mathrm{e}}{\mathrm{e}-1}$,从而,$\dfrac{\mathrm{e}}{\mathrm{e}-1}<a<2$ 即为所求.

③ 当 $\mathrm{e}\leqslant \mathrm{e}^{a-1}$,即 $a\geqslant 2$ 时,函数 $f(x)$ 在 $(1,\mathrm{e}]$ 上严格减.$f(x)$ 在 $(1,\mathrm{e}]$ 上满足 $f(x)<f(1)=0$,此时函数 $f(x)$ 在 $(1,\mathrm{e}]$ 上没有零点,满足题意.

综上所述,实数 a 的取值范围是 $(-\infty,1]\cup\left(\dfrac{\mathrm{e}}{\mathrm{e}-1},+\infty\right)$.

教师如何启发学生自然地展开对参数 a 的三类讨论?笔者认为第一个关键点在于坚持求解导数问题的大方向不动摇,即通过导函数研究原函数.为此,先求出 $f(x)$ 的驻点,即 $f'(x)$ 的零点为 $x=\mathrm{e}^{a-1}$,从而分析出 $f(x)$ 的单调区间;第二个关键点在于坚持求解函数问题的大方向不动摇,即"得图像者得函数".这样,当我们提笔准备把驻点(是刻画图像走势的关键)和区间 $(1,\mathrm{e}]$ 画在坐标系中的 x 轴上时,分类讨论(驻点在该区间左侧、内部、右侧)就自然而然地成为必需!否则连图像都无法画出.

事实上,例4.5(2)的求解还可以优化.高中数学中有一种叫作"参变分离"的技术,常常可避开扰人的讨论.笔者曾在历届高三第一轮复习的开篇"集合"的概念复习时选用了下面这道题:"已知集合 $A=\{x\mid x^2+(p+2)x+1=0\}$,若 $A\cap \mathbf{R}^+=\varnothing$,求实数 p 的取值范围." 99.9%的同学都是分 $\Delta<0,\Delta\geqslant 0$ 两类讨论(本质上是"对参数讨论求参数范围",属于类型Ⅳ).然而"参变分离"却是最佳选择:$x^2+(p+2)x+1=0\Leftrightarrow -p-2=x+\dfrac{1}{x}$,欲使该方程无正根,只需 $-p-2<2$,解得 $p>-4$,即为所求.注意此处的一个细节,我们将 $-p-2$ 看作一个整体,视为"团参",目的是使右边的函数 $x+\dfrac{1}{x}$ 干净而纯粹,以便我们避开一些常数、系数的干扰迅速求得其值域.

例4.5(2)的求解也可仿此法进行,分析如下.

由 $f(x)=x\ln x+a-ax=0$ 得 $a(x-1)=x\ln x$.此时,当我们准备通过最后一个"同除"动作实现"参变分离"时,$f(x)$ 的一个零点 $x=1$ 自然就被发现了.这是因为所给区间是 $x\in[1,\mathrm{e}]$,当 $x=1$ 时是无法实施同除的.因此宜对 x 分两小类讨论,即 $x=1$ 和 $x\in(1,\mathrm{e}]$ (对未知数讨论求参数范围,属于类型Ⅱ).

① 当 $x=1$ 时,方程 $a(x-1)=x\ln x$ 成立,即1是 $f(x)$ 的零点.该小类求出的范围是 $a\in \mathbf{R}$.

② 当 $x \in (1, e]$ 时,$a = \dfrac{x\ln x}{x-1}$,由题意该方程必须无解. 令 $g(x) = \dfrac{x\ln x}{x-1}$,则 $g'(x) = \dfrac{x-1-\ln x}{(x-1)^2}$,因为 $(x-1-\ln x)' = 1 - \dfrac{1}{x} = \dfrac{x-1}{x} > 0$,故 $y = x-1-\ln x$ 严格增,故 $x-1-\ln x > 1-1-\ln 1 = 0$. 因此 $g(x)$ 严格增,故 $g(x) \in \left(\lim\limits_{x \to 1}\dfrac{x\ln x}{x-1}, \dfrac{e\ln e}{e-1}\right] = \left(1, \dfrac{e}{e-1}\right]$. 从而 $a \in (-\infty, 1] \cup \left(\dfrac{e}{e-1}, +\infty\right)$.

综上,$a \in \mathbf{R} \cap \left\{(-\infty, 1] \cup \left(\dfrac{e}{e-1}, +\infty\right)\right\} = (-\infty, 1] \cup \left(\dfrac{e}{e-1}, +\infty\right)$.

对高中生来讲,上述解答中有一处是难以理解的,即在判断出 $g(x)$ 严格增后求其值域时会遭遇端点值不可代入的情形,即 $g(1)$ 的值不存在. 此时需考虑借助极限运算,即将 $g(1)$ 的值定义为 $\lim\limits_{x \to 1}\dfrac{x\ln x}{x-1}$. 但该极限对高中生来说是困难的,除非学过高等数学中的洛必达法则或知道高等数学中的一些基本极限,比如 $\lim\limits_{x \to 0}\dfrac{\sin x}{x} = 1$,$\lim\limits_{x \to 0}(1+x)^{\frac{1}{x}} = e$,$\lim\limits_{x \to 0}\dfrac{e^x - 1}{x} = 1$ 等. 如此,则有

$$\lim_{x \to 1}\dfrac{x\ln x}{x-1} = \lim_{t \to 0}\dfrac{(t+1)\ln(t+1)}{t} = \lim_{t \to 0}(t+1)\ln(t+1)^{\frac{1}{t}}$$
$$= \lim_{t \to 0}(t+1)\ln\lim_{t \to 0}(t+1)^{\frac{1}{t}} = 1 \times \ln e = 1.$$

"参变分离"这种技术可以把研究的方向转移为研究一个仅含常数和未知数的函数上,比如其最值或值域等,而导数是较好的处理工具.

一般而言,高中数学中的含参问题不外乎两个大的思考方向:其一是不分离参数;其二是分离参数. 当面对具体题目时,如何合理地选择是值得长期实践并总结的.

最后,我们对四类讨论的解题结构做一小结. 类型Ⅰ与类型Ⅳ可概括为"小交大并",即每一小类内部求出结果后要与该小类的前提取交集,作为该小类的最终结果. 最后"综上"时取各小类结果的并集. 类型Ⅱ可概括为"小定大交",即每一小类要注意该小类的"定义域"(如数列中当 n 为偶数时,n 一定要从 2 开始取值等),最后"综上"时取各类结果的交集. 类型Ⅲ可概括为"分类详述,不可交并",即每一类只需详细叙述,最后"综上"时切不可把各小类的结果取交集或取并集.

充分必要与不重不漏

——剖析解题致误的两大原因

身为一线教师,笔者每天都会遇到来自学生甚至自身的各种错误,我觉得有两类错误跨越了时空与知识领域,比较频繁地发生却较为隐蔽,非常值得为学生好好梳理、总结. 先看如下两例.

例 4.6 若关于 x 的方程 $9^x+(a+4)\cdot 3^x+4=0$ 有实数解,求实数 a 的取值范围.

解 设 $3^x=t$,则原方程化为 $t^2+(a+4)t+4=0$,由 $\Delta=(a+4)^2-16\geqslant 0$ 解得 $a\in(-\infty,-8]\cup[0,+\infty)$,即为所求.

例 4.7 (2023 届建平中学高三"三模"试题第 21 题)
已知函数 $f(x)=ax^3+2x^2+b(x\in \mathbf{R})$,其中 $a,b\in\mathbf{R}$,$g(x)=x^4+f(x)$.

(1) 当 $a=-\dfrac{10}{3}$ 时,讨论函数 $f(x)$ 的单调性;

(2) 若函数 $g(x)$ 仅在 $x=0$ 处有极值,求 a 的取值范围;

(3) 若对于任意的 $a\in[-2,2]$,不等式 $g(x)\leqslant 1$ 在 $[-1,1]$ 上恒成立,求 b 的取值范围.

对于第(2)小问,有不少同学的解答如下:

解 由 $g(x)=x^4+ax^3+2x+b$ 得 $g'(x)=4x^3+3ax^2+4x$,继而 $g''(x)=12x^2+6ax+4$. 令 $\Delta=(6a)^2-4\times 12\times 4\leqslant 0$,解得 $-\dfrac{4\sqrt{3}}{3}\leqslant a\leqslant \dfrac{4\sqrt{3}}{3}$,故 $\left[-\dfrac{4\sqrt{3}}{3},\dfrac{4\sqrt{3}}{3}\right]$ 即为所求.

我们说,例 4.6 解答最后求得的 $a\in(-\infty,-8]\cup[0,+\infty)$ 其实是"使关于 x 的方程 $9^x+(a+4)\cdot 3^x+4=0$ 有实数解"的一个必要条件,而非充要条件,即"多了"！而例 4.7 解答最后求得的 $a\in\left[-\dfrac{4\sqrt{3}}{3},\dfrac{4\sqrt{3}}{3}\right]$ 其实是使"函数 $g(x)$ 仅在 $x=0$ 处有极值"的一个充分条件,而非必要条件,即"少了"！一般来讲,"要求松了"求得的是必要非充分条件,"要求严了"求得的是充分非必要条件. 如例 4.6 中只要求 $\Delta\geqslant 0$ 仅能保证关于 t 的方程 $t^2+(a+4)t+4=0$ 有实数解,却无法保证这个解是正数,从而也就无法保证从关系式 $3^x=t$ 中能解出 x,即"要求松了不一定能完成题目交给的任务". 例 4.7 中的 $\Delta\leqslant 0$ 能保证 $g''(x)\geqslant 0$,从而能保证 $g'(x)$ 在 $\mathbf{R}$ 上严格增,再注意到 $g'(0)=0$,故的确能保证 $g(x)$ 只有一个极值点 0. 但"$g'(x)$ 在 $\mathbf{R}$ 上严格增"的要求太严了,那些尽管在 $\mathbf{R}$ 上不严格增,却满足"$g'(x)$ 在 0 的两侧异号"的函数 $g(x)$ 被排除在外,但这些函数也满足"$g(x)$ 只有一个极值点 0". 即"要求严了能完成任务但把其他也能完成任务的情况漏掉了".

以上两例的其中一种正确解答如下：

例 4.6 的正解：

解 设 $3^x = t$，则 $t > 0$. 原方程化为 $-a - 4 = t + \dfrac{4}{t}$，由 $t + \dfrac{4}{t} \in [4, +\infty)$ 得 $-a - 4 \geqslant 4$，故 $a \leqslant -8$. $(-\infty, -8]$ 即为所求.

例 4.7 的正解：由 $g(x) = x^4 + ax^3 + 2x^2 + b$ 得 $g'(x) = 4x^3 + 3ax^2 + 4x$，注意到 $g'(x) = x(4x^2 + 3ax + 4)$，可知 0 是 $g(x)$ 的一个驻点，但 0 不是 $4x^2 + 3ax + 4 = 0$ 的根，为使 $g(x)$ 仅在 $x = 0$ 处有极值，则必须要求多项式 $4x^2 + 3ax + 4$ 对所有 x 符号一致，但因为该二次多项式的二次项系数大于零，故要求 $4x^2 + 3ax + 4 \geqslant 0$ 恒成立. 令 $\Delta = (3a)^2 - 64 \leqslant 0$，解得 $-\dfrac{8}{3} \leqslant a \leqslant \dfrac{8}{3}$. 这时 $g(x)$ 在 $(-\infty, 0)$ 单减，在 $(0, +\infty)$ 单增，$g(0) = b$ 是唯一极值. 因此满足条件的 a 的取值范围是 $\left[-\dfrac{8}{3}, \dfrac{8}{3}\right]$.

对比上述错解与正解的结果可以看到，例 4.6 中 $(-\infty, -8] \cup [0, +\infty) \supset (-\infty, -8]$，即错解错在"有很多不合条件的数进来了". 例 4.7 中 $\left[-\dfrac{4\sqrt{3}}{3}, \dfrac{4\sqrt{3}}{3}\right] \subset \left[-\dfrac{8}{3}, \dfrac{8}{3}\right]$，即此时的错解错在"有很多符合条件的数没有进来". 区间 $\left[-\dfrac{4\sqrt{3}}{3}, \dfrac{4\sqrt{3}}{3}\right]$ 内的所有数均使得 $g'(x)$ 在 **R** 上严格增，从而保证了 $g(x)$ 仅有一个极值点 0；但区间 $\left[-\dfrac{8}{3}, -\dfrac{4\sqrt{3}}{3}\right) \cup \left(\dfrac{4\sqrt{3}}{3}, \dfrac{8}{3}\right]$ 内的数尽管不满足"$g'(x)$ 在 **R** 上严格增"，却仍能符合题目要求. 为直观地感受例 4.7 错解中所犯的认识错误，我们分别作出当 $a = 0$ 与 $a = \dfrac{8}{3}$ 时 $g'(x)$ 与 $g(x)$ 的图像，以便能在正误对比中收获更深的感受，如表 4.3 所示.

表 4.3

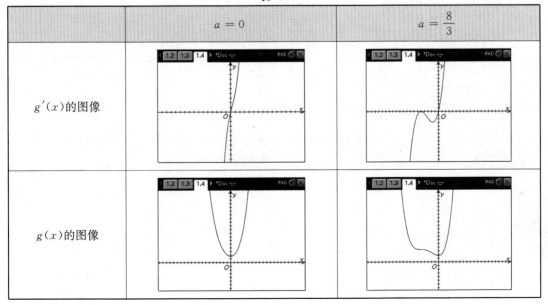

	$a = 0$	$a = \dfrac{8}{3}$
$g'(x)$ 的图像		
$g(x)$ 的图像		

事实上,学生所犯的绝大多数错误大致可归结为以上两类,再如以下几例.

例 4.8 若 $a_n = n^2 - 2kn + 1$ 为严格增数列,求实数 k 的取值范围.

错解:令对称轴 $n = -\dfrac{-2k}{2 \times 1} \leqslant 1$,解得 $k \leqslant 1$.

错因:求的只是 $\{a_n\}$ 为严格增数列的一个充分非必要条件,漏情况了!对称轴在直线 $n = 1$ 右侧时也可能满足要求.

正解:由 $a_{n+1} - a_n > 0$ 恒成立可解得 $k < \dfrac{3}{2}$.

再比如集合问题中常遗漏空集情况,多项式问题中常忘记对最高项系数等于零的讨论,解析几何中常遗漏截距等于零、直线斜率可能不存在等情况,向量问题中常忘了特殊的零向量等等,凡此总总,极易犯下同例 4.7、例 4.8 相同的以偏代全、不完备的错误.

例 4.9 若 $x = 1$ 是函数 $f(x) = \dfrac{1}{3}x^3 + (a+1)x^2 - (a^2 + a - 3)x$ 的极值点,求 a 的值.

错解:令 $f'(x)|_{x=1} = [x^2 + 2(a+1)x - (a^2 + a - 3)]|_{x=1} = 0$,解得 $a = -2$ 或 3.

错因:极值点一定是驻点,但反之不真!解出 $a = -2$ 或 3 后一定要返回检验. $a = -2$ 或 3 只是满足题目条件的必要非充分条件.

正解:令 $f'(x)|_{x=1} = [x^2 + 2(a+1)x - (a^2 + a - 3)]|_{x=1} = 0$,解得 $a = -2$ 或 3. 当 $a = -2$ 时 $f'(x) = x^2 - 2x + 1 = (x-1)^2 \geqslant 0$,故 $f(x)$ 在 **R** 上严格增,没有极值点,如图 4.2(a) 所示. 当 $a = 3$ 时 $f'(x) = x^2 + 8x - 9 = (x-1)(x+9)$,可知 $x = 1$ 是 $f(x)$ 的极小值点,如图 4.2(b) 所示.

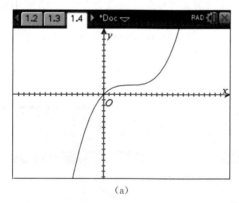
(a)

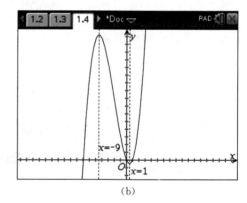
(b)

图 4.2

再如解分式方程、对数方程时出现的增根,换元后没有及时跟进范围,缺乏前提或条件意识等等,凡此总总,极易犯下同例 4.6、例 4.9 相同的混进杂质、不纯粹的错误.

一些"奇怪"的图像

在新课标出台及新教材试用前,每每遇到学生对函数 $y=\lg\dfrac{1}{x-1}$ 画出下面的图像(图 4.3),总是感到不可思议:x 取不到 1 就是直接在直线 $x=1$ 上画个圆圈吗?为什么不类比反比例函数看出直线 $x=1$ 是其渐近线呢?当时笔者的认识是这样:既然分母取不到零,那令分母等于零所得的直线就一定是该函数图像的渐近线,并将该认识迁移到其他地方. 比如:对于函数 $y=\dfrac{2x+7}{x-1}$,因为 $y=\dfrac{2x+7}{x-1}=2+\dfrac{9}{x-1}$,所以 $y\neq 9$,故直线 $y=9$ 是其图像的一条渐近线. 再如 $y=2^x$,因为 $y\in(0,+\infty)$,故 $y=0$(即 x 轴)是其图像的一条渐近线.

只有当 x 可以取某个值,却被人为挖去时,在作其图像时才直接改为空心. 如函数 $y=x^2(x\neq 0)$(图 4.4)等.

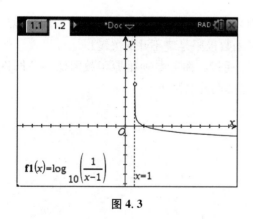

图 4.3

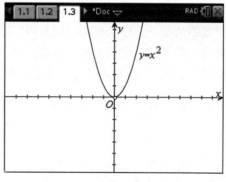

图 4.4

直到教了新教材中的"导数及其应用"这一章,才慢慢意识到上述认识的浅薄,也有了这样的感慨:大学本科时的"数学分析"真是白读了.

如函数 $f(x)=\dfrac{x\ln x}{x-1}$,$g(x)=\dfrac{\mathrm{e}^x\sin x-x}{x^2}$,$h(x)=\dfrac{\mathrm{e}^x-1}{x(\mathrm{e}^x+1)}$ 等,借助图形计算器可得它们的图像如图 4.5 所示(有一些显然的显示精度方面的微小误差).

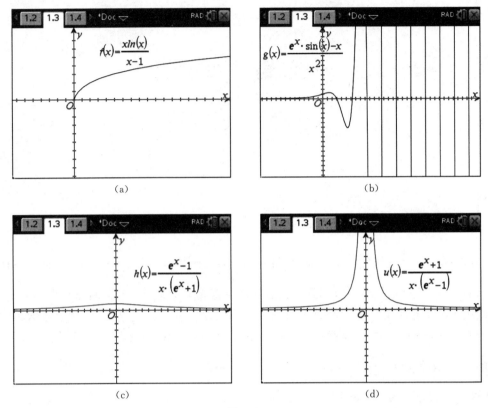

图 4.5

但在 $h(x)$ 的基础上稍微对解析式做些变化所得的函数 $u(x)=\dfrac{e^x+1}{x(e^x-1)}$ 的图像[图 4.5(d)]却又印证了以前的认识!

一个自然的问题是: 什么在影响着函数图像的结构? 曲线在什么情况下有渐近线? 在有渐近线的情况下怎样求出渐近线方程? 看来函数极限是绕不开的关键!

通过一阶导数的符号逆推原函数的单调性, 通过二阶导数逆推原函数图像的凸凹性是比较熟知的方法, 下面重点研究函数图像在无定义点处的性态.

先看函数 $f(x)=\dfrac{x\ln x}{x-1}$, 可知

$$\lim_{x\to 1}\dfrac{x\ln x}{x-1}=\lim_{t\to 0}\dfrac{(t+1)\ln(t+1)}{t}=1\cdot\lim_{t\to 0}\dfrac{\ln(t+1)}{t}=\lim_{t\to 0}\dfrac{\dfrac{1}{t+1}}{1}=1,$$

$$\lim_{x\to 0^+}\dfrac{x\ln x}{x-1}=(-1)\lim_{x\to 0^+}\dfrac{\ln x}{\dfrac{1}{x}}=-\lim_{x\to 0^+}\dfrac{\dfrac{1}{x}}{-\dfrac{1}{x^2}}=-\lim_{x\to 0^+}(-x)=0.$$

再看函数 $g(x)=\dfrac{e^x\sin x-x}{x^2}$, 可知

$$\lim_{x\to 0}\frac{e^x\sin x - x}{x^2} = \lim_{x\to 0}\frac{e^x(\sin x + \cos x) - 1}{2x} = \lim_{x\to 0}\frac{2e^x\cos x}{2} = 1,$$

$$\lim_{x\to \infty}\frac{e^x\sin x - x}{x^2} = \lim_{x\to \infty}\frac{e^x\sin x}{x^2} - \lim_{x\to \infty}\frac{x}{x^2} = \lim_{x\to \infty}\frac{e^x(\sin x + \cos x)}{2x} - 0 = 0.$$

再看函数 $h(x) = \dfrac{e^x - 1}{x(e^x + 1)}$，可知

$$\lim_{x\to 0}\frac{e^x-1}{x(e^x+1)} = \lim_{x\to 0}\frac{1}{e^x+1} \cdot \lim_{x\to 0}\frac{e^x-1}{x} = \frac{1}{2}\lim_{x\to 0}\frac{e^x}{1} = \frac{1}{2},$$

$$\lim_{x\to \infty}\frac{e^x-1}{x(e^x+1)} = \lim_{x\to \infty}\frac{1}{x} \cdot \lim_{x\to \infty}\frac{e^x-1}{e^x+1} = 0 \cdot 1 = 0.$$

而对于函数 $u(x) = \dfrac{e^x + 1}{x(e^x - 1)}$ 而言，我们有

$$\lim_{x\to 0}\frac{e^x+1}{x(e^x-1)} = \lim_{x\to 0}(e^x+1) \cdot \lim_{x\to 0}\frac{1}{x(e^x-1)} = 1 \cdot (+\infty) = +\infty,$$

$$\lim_{x\to \infty}\frac{e^x+1}{x(e^x-1)} = \lim_{x\to \infty}\frac{e^x+1}{e^x-1} \cdot \lim_{x\to \infty}\frac{1}{x} = 1 \cdot 0 = 0.$$

从以上结果我们可以初步体会到它们各自图像的合理性．

下面我们来看一般曲线何时有渐近线，存在渐近线时如何求其方程．

通过查阅高等数学教科书[1]，我们得知：

(1) 若曲线 C 上的动点 P 沿着曲线无限地远离原点时，点 P 与某一固定直线 l 的距离趋于零，则称直线 l 为曲线 C 的渐近线．

(2) ① 曲线 $y = f(x)$ 有斜渐近线 $y = kx + b$ 的充分必要条件是

$$\lim_{x\to \infty}\frac{f(x)}{x} = k, \quad \lim_{x\to \infty}[f(x) - kx] = b.$$

② 曲线 $y = f(x)$ 在点 x_0 存在垂直于 x 轴的渐近线 $x = x_0$ 的充分必要条件是

$$\lim_{x\to x_0}|f(x)| = +\infty \text{ 或 } \lim_{x\to x_0^+}|f(x)| = +\infty, \lim_{x\to x_0^-}|f(x)| = +\infty.$$

例 4.10 求曲线 $y = \dfrac{x^3}{x^2 + 2x - 3}$ 的渐近线．

分析与解 设 $f(x) = \dfrac{x^3}{x^2 + 2x - 3}$，则因为

$$\lim_{x\to \infty}\frac{f(x)}{x} = \lim_{x\to \infty}\frac{x^2}{x^2+2x-3} = 1, \quad \lim_{x\to \infty}[f(x) - 1 \times x] = \lim_{x\to \infty}\frac{-2x^2+3x}{x^2+2x-3} = -2,$$

故该曲线有一条斜渐近线 $y = x - 2$．

又因为

---

[1] 华东师范大学数学系．数学分析 上册[M]．北京：高等教育出版社，1990：176—178．

$$\lim_{x\to -3}|f(x)|=\lim_{x\to -3}\left|\frac{x^3}{(x+3)(x-1)}\right|=\lim_{x\to -3}\left|\frac{x^3}{x-1}\right|\cdot\lim_{x\to -3}\left|\frac{1}{x+3}\right|=\frac{27}{4}\cdot\lim_{x\to -3}\left|\frac{1}{x+3}\right|=+\infty,$$

$$\lim_{x\to 1}|f(x)|=\lim_{x\to 1}\left|\frac{x^3}{(x+3)(x-1)}\right|=\lim_{x\to 1}\left|\frac{x^3}{x+3}\right|\cdot\lim_{x\to 1}\left|\frac{1}{x-1}\right|=\frac{1}{4}\cdot\lim_{x\to 1}\left|\frac{1}{x-1}\right|=+\infty,$$

故该曲线还有两条垂直渐近线 $x=-3$ 和 $x=1$.

为了更准确地作出该函数的图像,以获得比较形象的、直观的整体把握,我们还需研究其单调性.

由 $f'(x)=\left(\dfrac{x^3}{x^2+2x-3}\right)'=\dfrac{x^2(x^2+4x-9)}{(x^2+2x-3)^2}=\dfrac{x^2(x+2+\sqrt{13})(x+2-\sqrt{13})}{(x^2+2x-3)^2}$ 得函数 $f(x)$ 在 $(-\infty,-2-\sqrt{13})$ 及 $(-2+\sqrt{13},+\infty)$ 上严格增,在 $(-2-\sqrt{13},-3)$,$(-3,1)$ 及 $(1,-2+\sqrt{13})$ 上严格减.

再由 $f''(x)=\dfrac{2x(7x^2-18x+27)}{(x^2+2x-3)^3}$ 及多项式 $7x^2-18x+27$ 恒大于零知函数 $f(x)$ 的图像在 $(-\infty,-3)$ 及 $(0,1)$ 上"上凸",在 $(-3,0)$ 及 $(1,+\infty)$ 上"下凸".

综合以上信息,我们可以比较精致地作出函数 $f(x)=\dfrac{x^3}{x^2+2x-3}$ 的图像,如图 4.6 所示.

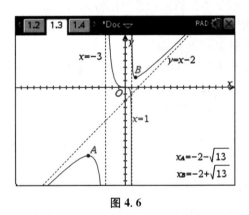

图 4.6

值得推荐的是,为了更好地让学生体会函数图像在无定义点处的几何特征(比如是直接在图像上画个圆圈还是图像要无限逼近该点处的竖直直线),我们在教学中可以选择某些解析式中有参数的函数,借助画图软件通过连续改变参数的值动态地呈现其图像,以体会上述几何特征的连接与突变过程,如函数 $f_1(x)=\dfrac{e^x}{x}-t\left(x+\dfrac{1}{x}\right)$,$f_2(x)=\dfrac{e^x-ax^2}{1+x}$ 等. 图 4.7(a)(b)(c) 展示了 $f_1(x)$ 的图像在 $x=1$ 附近的突变情况;图 4.7(d)(e)(f) 展示了 $f_2(x)$ 的图像在 $x=\dfrac{1}{e}$ 附近的突变情况. 图像的这种突变鲜明地诠释了"差之毫厘谬以千里""量变引起质变"等人生与哲学之理,极大地激发了学生对未知的探索冲动与激情. 关于这两个函数的其他一些讨论还会出现在本篇其他文章中.

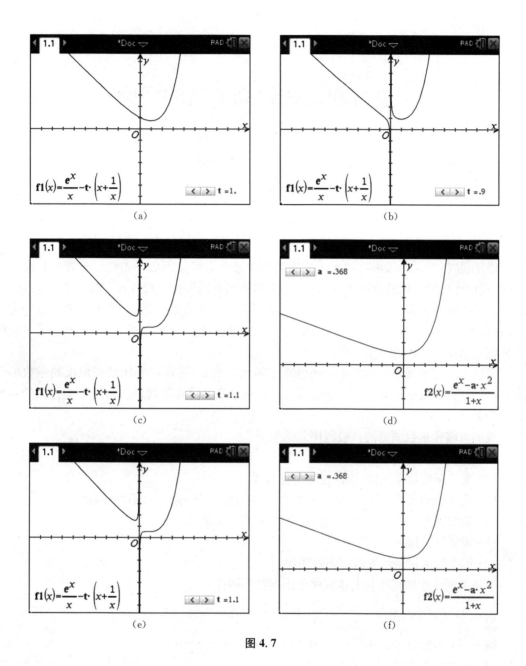

图 4.7

学过导数后如何画函数的图像？

俗话说"得图像者得函数""得函数者得高中数学"，可见函数中图像的重要性！没学导数前，我们作函数图像的方法主要有：①基本初等函数的图像直接作出；②通过分类讨论或代数变形将函数解析式化为基本初等函数，然后借助图像变换作图；③借助列表、描点、连线作图. 在方法②中最基本的图像变换有平移变换、对称变换、翻折变换和伸缩变换，其中伸缩变换在三角函数中较为常用.

导数工具的出现至少为函数作图带来了两大便利：一是可以更加确切地反映函数的形态（如单调区间、极值点、凸凹性、拐点等）；二是在不借助计算器列表的情况下能作图的函数大量增多了.

我们可将作函数图像的一般程序总结如下：

(1) 求函数的定义域；

(2) 考察函数的奇偶性、周期性等整体性质；

(3) 求函数的某些特殊点，如与两个坐标轴的交点、不连续点、不可导点等；

(4) 确定函数的单调区间、极值点、凸性区间以及拐点；

(5) 考察渐近线；

(6) 综合以上讨论结果画出函数图像.

下面举例说明如何按照上述程序作出函数的图像.

例 4.11 讨论函数 $y = \dfrac{(x-3)^2}{4(x-1)}$ 的形态，并作出其图像.

解 (1) 函数的定义域为 $(-\infty, 1) \cup (1, +\infty)$.

(2) 函数非奇非偶，不具有周期性.

(3) 曲线与 x 轴交于 $(3, 0)$，与 y 轴交于 $\left(0, -\dfrac{9}{4}\right)$.

(4) 令 $y' = \dfrac{(x-3)(x+1)}{4(x-1)^2} = 0$，解得驻点为 $x = -1, 3$. 当 $x < -1$ 或 $x > 3$ 时，$y' > 0$，这时函数严格递增；当 $-1 < x < 1$ 或 $1 < x < 3$ 时，$y' < 0$，这时函数严格递减.

(5) $y'' = \dfrac{2}{(x-1)^3}$. 当 $x < 1$ 时，$y'' < 0$，这时曲线是向上凸的；当 $x > 1$ 时，$y'' > 0$，这时曲线是向下凸的.

6) 因为 $\lim\limits_{x\to 1}\left|\dfrac{(x-3)^2}{4(x-1)}\right|=+\infty$,所以直线 $x=1$ 是曲线的垂直渐近线;又因为 $\lim\limits_{x\to\infty}\dfrac{f(x)}{x}=\lim\limits_{x\to\infty}\dfrac{(x-3)^2}{4x(x-1)}=\dfrac{1}{4}$,$\lim\limits_{x\to\infty}\left(f(x)-\dfrac{1}{4}x\right)=\lim\limits_{x\to\infty}\dfrac{-5x+9}{4(x-1)}=-\dfrac{5}{4}$,所以直线 $y=\dfrac{1}{4}x-\dfrac{5}{4}$ 是曲线的斜渐近线.

将(4)(5)所得结果列表如下(表 4.4).

表 4.4

x	$(-\infty, -1)$	-1	$(-1, 1)$	$(1, 3)$	3	$(3, +\infty)$
y'	$+$	0	$-$	$-$	0	$+$
y''	$-$	$-$	$-$	$+$	$+$	$+$
$y=f(x)$	$-\nearrow$向上凸	-2,极大	$-\searrow$向上凸	$+\searrow$向下凸	0,极小	$+\nearrow$向下凸

根据上面所讨论的结果,即可作出函数的图像(图 4.8).

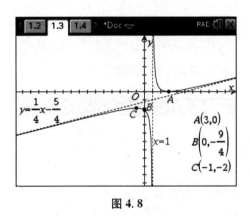

图 4.8

例 4.12 讨论函数 $g(x)=\sqrt[3]{x^3-x^2-x+1}$ 的性态,并作出其图像.

解 由于 $g(x)=\sqrt[3]{x^3-x^2-x+1}=\sqrt[3]{(x-1)^2}\cdot\sqrt[3]{x+1}$,可见此曲线与坐标轴交于 $(1, 0)$,$(-1, 0)$,$(0, 1)$ 三点. 显然函数非奇非偶,也不具有周期性.

由 $g'(x)=\dfrac{2}{3}\dfrac{\sqrt[3]{x+1}}{\sqrt[3]{x-1}}+\dfrac{1}{3}\cdot\dfrac{\sqrt[3]{(x-1)^2}}{\sqrt[3]{(x+1)^2}}=\dfrac{x+\dfrac{1}{3}}{\sqrt[3]{x-1}\cdot\sqrt[3]{(x+1)^2}}$ 得驻点 $x=-\dfrac{1}{3}$,不可导点 $x=\pm 1$. 但因函数在 $x=\pm 1$ 处连续,$y'|_{x=\pm 1}=\infty$,所以在 $x=\pm 1$ 处有垂直切线.

再由 $g''(x)=-\dfrac{8}{9\sqrt[3]{(x-1)^4}\cdot\sqrt[3]{(x+1)^5}}$ 可知曲线在 $(-\infty, -1)$ 下凸,在 $(-1, +\infty)$ 上凸.

可将上述结果列表如下(表 4.5).

表 4.5

x	$(-\infty, -1)$	-1	$\left(-1, -\dfrac{1}{3}\right)$	$-\dfrac{1}{3}$	$\left(-\dfrac{1}{3}, 1\right)$	1	$(1, +\infty)$
$g'(x)$	$+$	∞	$+$	0	$-$	∞	$+$
$g''(x)$	$+$	不存在	$-$	$-$	$-$	不存在	$-$
$g(x)$	凹增↗	拐点,$(-1,0)$	凸增↗	极大值$\dfrac{2}{3}\sqrt[3]{4}$	凸减↘	极小值0	凸增↗

最后再看渐近线的情况.

由 $\lim\limits_{x\to\infty}\dfrac{g(x)}{x}=\lim\limits_{x\to\infty}\dfrac{\sqrt[3]{x^3-x^2-x+1}}{x}=\lim\limits_{x\to\infty}\dfrac{\sqrt[3]{x^3-x^2-x+1}}{\sqrt[3]{x^3}}=1$ 及

$$\lim_{x\to\infty}[g(x)-1\cdot x]=\lim_{x\to\infty}(\sqrt[3]{x^3-x^2-x+1}-x)=\lim_{x\to\infty}(\sqrt[3]{x^3-x^2-x+1}-\sqrt[3]{x^3})$$

$$=\lim_{x\to\infty}\dfrac{-x^2-x+1}{\sqrt[3]{(x^3-x^2-x+1)^2}+\sqrt[3]{(x^3-x^2-x+1)x^3}+\sqrt[3]{(x^3)^2}}=-\dfrac{1}{3}$$

知曲线有斜渐近线 $y=x-\dfrac{1}{3}$.

根据以上信息我们便可作出函数 $g(x)$ 的图像如下(图 4.9).

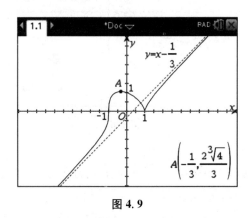

图 4.9

例 4.13 (2014·台州一模)已知函数 $f(x)=\dfrac{\mathrm{e}^x-ax^2}{1+x}$.

(1) 若 $a=0$,讨论 $f(x)$ 的单调性.

(2) 若 $f(x)$ 有三个极值点 x_1,x_2,x_3.

① 求 a 的取值范围；

② 求证：$x_1+x_2+x_3>-2$.

分析与解 本题中函数 $f(x)$ 的解析式中含有的字母 a 显然会影响其图像及性态,知晓图像的基本形状有助于理解题意,进而促进问题的解决.

容易求得 $f'(x) = \dfrac{x[e^x - a(x+2)]}{(1+x)^2}$，故 $x = 0$ 是一个驻点. 为了确定其他的驻点，我们令 $e^x - a(x+2) = 0$，则 $a(x+2) = e^x$，显然 $x = -2$ 不满足该方程，故可继续变形为 $a = \dfrac{e^x}{x+2}$. 因为 $\left(\dfrac{e^x}{x+2}\right)' = \dfrac{e^x(x+1)}{(x+2)^2}$，故 $y = \dfrac{e^x}{x+2}$ 在 $(-\infty, -2)$ 及 $(-2, -1)$ 上严格减，在 $(-1, +\infty)$ 上严格增，图像如图 4.10 所示. 从而 $y = \dfrac{e^x}{x+2}$ 的值域为 $(-\infty, 0) \cup \left[\dfrac{1}{e}, +\infty\right)$. 因此我们有：

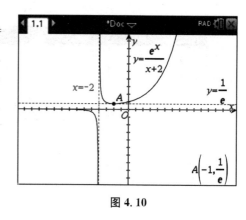

图 4.10

(1) 当 $a < 0$ 时，方程 $e^x - a(x+2) = 0$ 有且仅有一个负根 m_1，此时可知 $f(x)$ 有两个极值点，$x = m_1$ 是极大值点，$x = 0$ 是极小值点，如图 4.11(a)所示；

(2) 当 $0 \leqslant a < \dfrac{1}{e}$ 时，方程 $e^x - a(x+2) = 0$ 无解，此时 $f(x)$ 有一个极小值点 $x = 0$，如图 4.11(b)所示；

(3) 当 $a = \dfrac{1}{e}$ 时，方程 $e^x - a(x+2) = 0$ 有且仅有一个负根 $x = -1$，但需舍去，此时 $f(x)$ 有一个极小值点，如图 4.11(c)所示；

(4) 当 $\dfrac{1}{e} < a < \dfrac{1}{2}$ 或 $\dfrac{1}{2} < a < +\infty$ 时，方程 $e^x - a(x+2) = 0$ 有且仅有两个非零相异根 m_2, m_3，此时 $f(x)$ 有三个极值点，如图 4.11(d)(f)所示；

(5) 当 $a = \dfrac{1}{2}$ 时，方程 $e^x - a(x+2) = 0$ 有且仅有两个根，其中一个是负根，记为 m_4，另一个是 $x = 0$，此时 $f(x)$ 有一个极小值点 $x = m_4$，如图 4.11(e)所示.

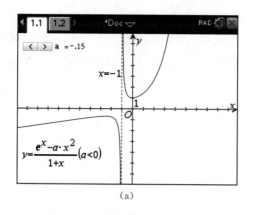

(a)

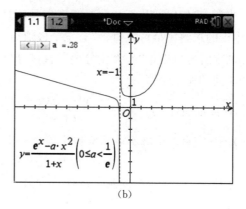

(b)

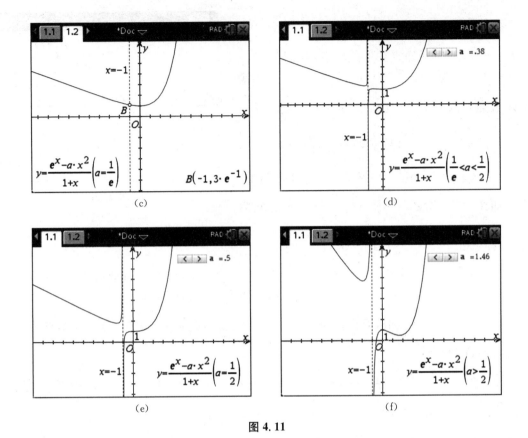

图 4.11

自此,上述分析回答了该试题的第(1)小问及第(2)小问的①. 即(1)的结论是:在 $(-\infty,-1)$ 及 $(-1,0)$ 上严格递减;在 $(0,+\infty)$ 上严格递增.(2)中①的结论是 $\left(\dfrac{1}{e},\dfrac{1}{2}\right)\cup\left(\dfrac{1}{2},+\infty\right)$.

当然,我们以上分析的主要用意仍是阐释如何较为准确地作图. 若回到试题求解本身,(2)中①的求解完全可以直奔"有三个极值点"这个主题. 若基于与(2)中②的衔接性,对(2)中①的求解也可以走"不参变分离",直接分析函数 $g(x)=e^x-a(x+2)$ 的根. 以下给出(2)中两小问的完整解答.

① 如前所述,$f'(x)=\dfrac{x[e^x-a(x+2)]}{(1+x)^2}$,首先 $f'(0)=0$,令 $g(x)=e^x-a(x+2)$,则 $g(x)=0$ 应有两个既不等于 0 也不等于 -1 的根. 求导可得 $g'(x)=e^x-a$,显然 $a\leqslant 0$ 不可以,此时 $g'(x)=e^x-a=0$ 有唯一的根 $x_0=\ln a$,并且 x_0 是 $g(x)$ 的极小值点.

要使 $g(x)=0$ 有两根,只要 $g(x_0)<0$ 即可[因为当 $x\to+\infty$ 和 $-\infty$ 时,均有 $g(x)\to+\infty$]. 由 $g(x_0)=e^{\ln a}-a(\ln a+2)=-a(\ln a+1)<0$ 解得 $a>\dfrac{1}{e}$. 又由 $g(0)\neq 0$,得 $a\neq\dfrac{1}{2}$.

反过来,若 $a > \dfrac{1}{e}$ 且 $a \neq \dfrac{1}{2}$,则 $g(-1) = \dfrac{1}{e} - a < 0$,$g(x) = 0$ 的两根中,一个大于 -1,另一个小于 -1. 于是在定义域中,连同 $x = 0$,$f'(x) = 0$ 共有三个相异实根,并且在这三个根左右,$f'(x)$ 的正负变号,它们就是 $f(x)$ 的三个极值点.

综上,a 的取值范围是 $\left(\dfrac{1}{e}, \dfrac{1}{2}\right) \cup \left(\dfrac{1}{2}, +\infty\right)$.

② 证明:由①可知 $f(x)$ 的三个极值点 x_1, x_2, x_3 中,两个是 $g(x) = 0$ 的两根(不妨设为 x_1, x_2,其中 $x_1 < -1 < x_2$),另一个是 $x_3 = 0$. 要证 $x_1 + x_2 + x_3 > -2$,只要证 $x_1 + x_2 > -2$,即只要证明 $x_1 > -x_2 - 2$. 因为 $g(x)$ 在 $(-\infty, \ln a)$ 上严格减,其中 $\ln a > -1$,故只要证 $g(x_1) < g(-x_2 - 2)$,其中 $g(x_1) = g(x_2) = 0$. 从而只要证 $g(x_2) < g(-x_2 - 2)$,即证 $e^{x_2} - a(x_2 + 2) < e^{-x_2 - 2} - a(-x_2 - 2 + 2)$,亦即证 $e^{x_2} - e^{-x_2 - 2} - 2a(x_2 + 1) < 0$. 由 $g(x_2) = e^{x_2} - a(x_2 + 2) = 0$ 得 $a = \dfrac{e^{x_2}}{x_2 + 2}$,由此代入上述不等式,只要证明 $e^{x_2} - e^{-x_2 - 2} - \dfrac{2e^{x_2}}{x_2 + 2}(x_2 + 1) < 0$,从而只要证 $x_2 e^{x_2} + (x_2 + 2) e^{-x_2 - 2} > 0$.

令 $h(x) = x e^x + (x + 2) e^{-x - 2}$,当 $x > -1$ 时,
$$h'(x) = (x + 1) e^x - (x + 1) e^{-x - 2} = (x + 1)(e^x - e^{-x - 2}) > 0,$$
故 $h(x)$ 在 $(-1, +\infty)$ 上严格增. 而 $h(-1) = -e^{-1} + e^{1-2} = 0$,所以当 $x > -1$ 时,$h(x) > 0$,于是我们证得 $x_2 e^{x_2} + (x_2 + 2) e^{-x_2 - 2} > 0$,从而也就证明了 $x_1 + x_2 + x_3 > -2$.

导数的容颜之"化新为旧与极限运算"

沪教版双新数学教材在选择性必修二课本中安排了"导数及其应用"这一章,我校的导数教学紧接在选择性必修一"第2章 圆锥曲线"之后.学生对导数的概念,尤其是对导数的运算普遍感觉简单(显然是基于与圆锥曲线比较的基础上),然而随着导数学习的深入,他们脸上的轻松逐渐变成了凝重.以下面这道题为例,为了促进学生的理解,教师应该采用什么样的教学对策呢?

例 4.14 已知函数 $f(x) = \ln x + \dfrac{b}{x+1}(b > 0)$,对任意的 $x_1, x_2 \in [1, 2]$,$x_1 \neq x_2$,都有 $\dfrac{f(x_1) - f(x_2)}{x_1 - x_2} < -1$,则实数 b 的取值范围是_____.

学生解法 1 因为 $\dfrac{f(x_1) - f(x_2)}{x_1 - x_2} < -1 < 0$,所以 $f(x)$ 在 $[1, 2]$ 上是严格减函数,故 $f'(x) = \dfrac{1}{x} - \dfrac{b}{(x+1)^2} \leqslant 0$,从而 $b \geqslant \dfrac{(x+1)^2}{x}$.因 $\dfrac{(x+1)^2}{x} = x + \dfrac{1}{x} + 2$ 在 $[1, 2]$ 上是严格增函数,故 $\left(\dfrac{(x+1)^2}{x}\right)_{\max} = 2 + \dfrac{1}{2} + 2 = \dfrac{9}{2}$,从而 $b \geqslant \dfrac{9}{2}$.

学生解法 2 $f'(x) = \dfrac{1}{x} - \dfrac{b}{(x+1)^2} = \dfrac{(x+1)^2 - bx}{x(x+1)^2}$,因对任意的 $x_1, x_2 \in [1, 2]$,$x_1 \neq x_2$,都有 $\dfrac{f(x_1) - f(x_2)}{x_1 - x_2} < -1$,所以 $\begin{cases} f'(1) = \dfrac{4-b}{4} < -1, \\ f'(2) = \dfrac{9-2b}{18} < -1, \end{cases}$ 解得 $b > \dfrac{27}{2}$.

学生解法 3 由题意可得 $f'(x) < -1$,即 $\dfrac{1}{x} - \dfrac{b}{(x+1)^2} < -1$,故 $b > \dfrac{(x+1)^2}{x} + (x+1)^2$.因为 $\dfrac{(x+1)^2}{x} + (x+1)^2 = x^2 + 3x + \dfrac{1}{x} + 3$ 在 $[1, 2]$ 上是严格增函数,故其最大值为 $2^2 + 3 \times 2 + \dfrac{1}{2} + 3 = \dfrac{27}{2}$.因此 b 的取值范围是 $\left(\dfrac{27}{2}, +\infty\right)$.

执有解法1的同学应该是对高一学过的增函数与减函数定义形式的等价变形产生了联想:对任意的 $x_1, x_2 \in [a, b]$ 且 $x_1 \neq x_2$,则

$(x_1-x_2)[f(x_1)-f(x_2)]>0 \Leftrightarrow \dfrac{f(x_1)-f(x_2)}{x_1-x_2}>0 \Leftrightarrow f(x)$ 在 $[a,b]$ 上是严格增函数;

$(x_1-x_2)[f(x_1)-f(x_2)]<0 \Leftrightarrow \dfrac{f(x_1)-f(x_2)}{x_1-x_2}<0 \Leftrightarrow f(x)$ 在 $[a,b]$ 上是严格减函数.

但很显然, $\dfrac{f(x_1)-f(x_2)}{x_1-x_2}<0$ 并不能保证 $\dfrac{f(x_1)-f(x_2)}{x_1-x_2}<-1$. 如何矫正该思路呢? 一个自然的想法是尝试着将右边的非 0 化为 0: $\dfrac{f(x_1)-f(x_2)}{x_1-x_2}<-1 \Leftrightarrow \dfrac{f(x_1)-f(x_2)}{x_1-x_2}+1<0$. 继而 $\dfrac{f(x_1)-f(x_2)+x_1-x_2}{x_1-x_2}<0$, 从而 $\dfrac{f(x_1)+x_1-[f(x_2)+x_2]}{x_1-x_2}<0$, 此时利用高一学过的结论可得函数 $f(x)+x$ 在 $[1,2]$ 上是严格减函数. 继续做下去就有: $[f(x)+x]'=f'(x)+1\leqslant 0$, 即 $f'(x) \leqslant -1$. 接下去同上述解法 3 可解得 b 的取值范围是 $\left[\dfrac{27}{2},+\infty\right)$. 由上述推导过程我们也可以看到, 尽管 $\dfrac{f(x_1)-f(x_2)}{x_1-x_2}<-1$ 保证了函数 $f(x)$ 是减函数, 但却不能止步于此, 它加上一个增函数 x 后所得的函数 $f(x)+x$ 也得是减函数才行!

值得说明的是, 上述基于"右边非 0 化为 0"的变形思路要比教辅资料及绝大多数老师们采用的"不等式两边同乘 x_1-x_2"更具数学味道. 因为这样做一方面避免了对 x_1,x_2 大小的讨论(尽管说个"不妨设"也可避免讨论, 但学生理解起来有些困难), 另一方面, 前者"化归"的数学感比后者要强得多!

执有解法 2 的同学显然是以特殊代替了一般, 而且列式也是错的! 事实上, 由"对任意的 $x_1,x_2 \in [1,2]$, $x_1 \neq x_2$, 都有 $\dfrac{f(x_1)-f(x_2)}{x_1-x_2}<-1$"推不出 $\begin{cases} f'(1)<-1, \\ f'(2)<-1. \end{cases}$ 为便于说理, 我们举个较为简单的例子. 考察函数 $y=x^2$, $x \in \left[-3,-\dfrac{1}{2}\right]$, 则对任意的 $x_1,x_2 \in \left[-3,-\dfrac{1}{2}\right]$, $x_1 \neq x_2$, 都有 $\dfrac{f(x_1)-f(x_2)}{x_1-x_2}=\dfrac{x_1^2-x_2^2}{x_1-x_2}=x_1+x_2<-1$, 但 $f'\left(-\dfrac{1}{2}\right)=2\times\left(-\dfrac{1}{2}\right)=-1$, 即 $f'\left(-\dfrac{1}{2}\right)<-1$ 不成立!

执有解法 3 的同学与执有解法 2 的同学犯了一个共同的错误, 就是对满足"对任意的 $x_1,x_2 \in [1,2]$, $x_1 \neq x_2$, 都有 $\dfrac{f(x_1)-f(x_2)}{x_1-x_2}<-1$"的函数 $f(x)$, 推不出 $f'(x)<-1$ 对任意的 $x \in [1,2]$ 恒成立, 理由见上述对解法 2 的分析. 事实上, 应该有 $f'(x) \leqslant -1$. 由此解得 b 的取值范围是 $\left[\dfrac{27}{2},+\infty\right)$.

解法 2 与解法 3 中由 $\dfrac{f(x_1)-f(x_2)}{x_1-x_2}<-1$ 推得 $f'(x)<-1$ 的错误做法值得深思, 其背后隐藏着"极限运算影响不等式的真相", 或者说"对不等式做过极限运算后会发生什么". 我们知道不等式具有乘方保序性和开方保序性:

如果 $a>b>0$, 那么 $a^n>b^n>0$(其中 n 是正整数);

如果 $a>b>0$，那么 $\sqrt[n]{a}>\sqrt[n]{b}$（其中 $n\geqslant 2$，n 是正整数）.

其实质就是不等式做过乘方运算、开方运算后所具有的性质.

对任意的 $x_1,x_2\in[1,2]$，$x_1\neq x_2$，可设 $x_1=x_2+h(h\neq 0)$，则

$$\frac{f(x_1)-f(x_2)}{x_1-x_2}<-1\Leftrightarrow\frac{f(x_2+h)-f(x_2)}{h}<-1,$$

对该不等式两边做"$h\to 0$"的极限运算，能得到 $\lim\limits_{h\to 0}\frac{f(x_2+h)-f(x_2)}{h}<\lim\limits_{h\to 0}(-1)$ 吗？即能得到"$f'(x_2)<-1,\forall x_2\in[1,2]$"吗？

举一个比较简单的例子，比如在原点的某一邻域内恒有 $|x|<|2x|$，但 $\lim\limits_{x\to 0}|x|=\lim\limits_{x\to 0}|2x|=0$. 还记得在学习高等数学中的函数极限时常遇见以下的判断对错题：

(1) 若 $\lim\limits_{x\to x_0}f(x)\geqslant\lim\limits_{x\to x_0}g(x)$，则 $\exists\delta>0$，当 $0<|x-x_0|<\delta$ 时 $f(x)\geqslant g(x)$；

(2) 若 $\exists\delta>0$ 使得当 $0<|x-x_0|<\delta$ 时 $f(x)>g(x)$ 且 $\lim\limits_{x\to x_0}f(x)=A_0$，$\lim\limits_{x\to x_0}g(x)=B_0$ 均存在，则 $A_0>B_0$；

(3) 若 $\exists\delta>0$，当 $0<|x-x_0|<\delta$ 时 $f(x)>g(x)$，则 $\lim\limits_{x\to x_0}f(x)>\lim\limits_{x\to x_0}g(x)$；

(4) 若 $\lim\limits_{x\to x_0}f(x)>\lim\limits_{x\to x_0}g(x)$，则 $\exists\delta>0$，当 $0<|x-x_0|<\delta$ 时 $f(x)>g(x)$.

以上所给的四个命题中只有(4)是正确的.(1)的反例如：$f(x)=|x|$，$g(x)=|2x|$；(2)的反例如：$f(x)=|2x|$，$g(x)=|x|$；(3)的反例如：$f(x)=|2x|$，$g(x)=|x|$ 或 $f(x)=\frac{1}{|x|}$，$g(x)=\frac{1}{|2x|}$.(4)的证明需要用到函数极限的局部保号性：若 $\lim\limits_{x\to x_0}f(x)=A>0$（或 <0），则对任何正数 $r<A$（或 $r<-A$），存在 x_0 的某一空心邻域 $U^*(x_0)=(x_0-\delta,x_0)\cup(x_0,x_0+\delta)$，使得对一切 $x\in U^*(x_0)$ 有 $f(x)>r>0$[或 $f(x)<-r<0$]. 在(4)中，因为 $\lim\limits_{x\to x_0}f(x)>\lim\limits_{x\to x_0}g(x)$，故 $\lim\limits_{x\to x_0}[f(x)-g(x)]>0$. 设 $\lim\limits_{x\to x_0}[f(x)-g(x)]=A$，则 $A>0$. 由局部保号性可知，对任何正数 $r<A$，存在 $U^*(x_0)$，使得对一切 $x\in U^*(x_0)$ 有 $f(x)-g(x)>r>0$，即在该空心邻域内总有 $f(x)>g(x)$，故(4)正确.

关于不等式的极限运算，高等数学中有一条性质叫作"函数极限的保不等式性"：

设 $\lim\limits_{x\to x_0}f(x)$ 与 $\lim\limits_{x\to x_0}g(x)$ 都存在，且在某邻域 $U^*(x_0;\delta)$ 内有 $f(x)\leqslant g(x)$，则 $\lim\limits_{x\to x_0}f(x)\leqslant\lim\limits_{x\to x_0}g(x)$.

注意，若将该性质条件中的 $f(x)\leqslant g(x)$ 改为 $f(x)<g(x)$，则结论仍然是 $\lim\limits_{x\to x_0}f(x)\leqslant\lim\limits_{x\to x_0}g(x)$，而不是 $\lim\limits_{x\to x_0}f(x)<\lim\limits_{x\to x_0}g(x)$.

基于高中生的知识局限与认知水平，教师可以通过直观演示帮助学生认识这种现象. 以前述例子为例，当 $b=\frac{27}{2}$ 时，用 Geogebra 演示"对任意的 $x_1,x_2\in[1,2]$，$x_1\neq x_2$，都有 $\frac{f(x_1)-f(x_2)}{x_1-x_2}<-1$"及"并非恒有 $f'(x)<-1$"如图 4.12 所示. 该图中 A,B 之间的函数图像即为题目所给的 $f(x)$ 当 $b=\frac{27}{2}$ 时的图像，直线 k 是点 B 处的切线，直线 j 即直线

CD,是 $f(x)$ 图像上任意两点构成的直线,左边可很快找到这些直线的方程,从而读出它们各自的斜率,迅速判断出其与 -1 的大小.

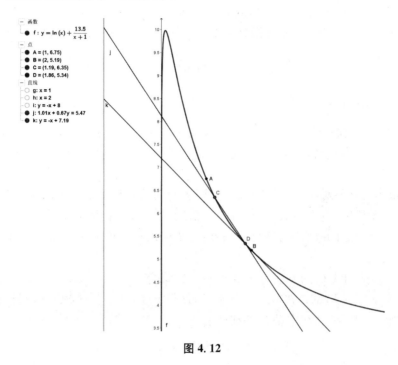

图 4.12

为帮助学生更好地认识这类问题,加深解法 1 分析中所强调的化归思想,教师可再提供多个类似的问题供学生研练,如下列各题所示.

练习 1 已知 $f(x)=2ax^2+5$ 是定义在 **R** 上的函数,若对于任意的 $-1<x_1<x_2<3$,都有 $\dfrac{f(x_1)-f(x_2)}{x_1-x_2}>-4$,则实数 a 的取值范围是_____.(答案: $\left[-\dfrac{1}{3},1\right]$)

练习 2 已知二次函数 $f(x)=ax^2-x+1$,若对任意的 $x_1,x_2\in[1,+\infty)$ 且 $x_1\neq x_2$,都有 $\dfrac{f(x_1)-f(x_2)}{x_1-x_2}>1$,则实数 a 的取值范围是_____.(答案:$[1,+\infty)$)

练习 3 已知函数 $f(x)=a\ln x+\dfrac{1}{2}x^2$,若对任意两个不相等的正实数 x_1,x_2,都有 $\dfrac{f(x_1)-f(x_2)}{x_1-x_2}>-2$,则实数 a 的取值范围是_____.(答案:$[0,+\infty)$)

练习 4 已知函数 $f(x)=\begin{cases}(4a-2)x+a, & x<1, \\ \log_a x, & x\geqslant 1,\end{cases}$ 若对任意两个不相等的实数 x_1,x_2,都有 $\dfrac{f(x_1)-f(x_2)}{x_1-x_2}<0$,则实数 a 的取值范围是_____.(答案:$\left[\dfrac{2}{5},\dfrac{1}{2}\right)$)

练习 4 的作用是引着学生建立前后知识之间的紧密联系,更进一步强化右边不是零与右边是零之间的转化意识及形异质同的数学认识.

对练习 1 中的函数 $f(x)$,由 $\dfrac{f(x_1)-f(x_2)}{x_1-x_2}>-4$ 无法得知 $f(x)$ 是增还是减,但通过

移项后的不等式 $\dfrac{f(x_1)+4x_1-[f(x_2)+4x_2]}{x_1-x_2}>0$ 立知：$f(x)$ 加上一个增函数 $4x$ 后所得的新函数 $f(x)+4x$ 就成为一个增函数，由此即得 $f'(x)\geqslant-4$ 在 $(-1,3)$ 上恒成立. 另外，若基于考查学生的角度，该练习相对于本小节所讨论的"例"稍显逊色，因为即使学生由 $\dfrac{f(x_1)-f(x_2)}{x_1-x_2}>-4$ 得到 $f'(x)>-4$ 这种错误结论，但若其高一数学中含参不等式恒成立问题基本功扎实的话，依然可以得到正确结果 $a\in\left[-\dfrac{1}{3},1\right]$，是妥妥的"歪打正着". 对练习2、练习3可做类似分析，解题者要能够表述出试题背后述说的故事. 比如练习2在说"不仅 $f(x)$ 严格增而且 $f(x)-x$ 也要严格增"；练习3在说"$f(x)$ 未必严格增但 $f(x)+2x$ 就严格增了".

为什么很多同学面对新情境问题或字母繁多的问题无从下手？我们认为"不知道题目在说什么"是重要原因. 克服办法有两个：一是借助具体例子帮助理解，即抽象符号具体化；二是要"读出字母背后的故事"或"用自己的语言描述出题目说的是什么"，即抽象符号口语化. 试举两例说明.

例 4.15 已知曲线 C 的方程为 $F(x,y)=0$，集合 $T=\{(x,y)\mid F(x,y)=0\}$，若对于任意的 $(x_1,y_1)\in T$，都存在 $(x_2,y_2)\in T$，使得 $x_1x_2+y_1y_2=0$ 成立，则称曲线 C 为 Σ 曲线. 下列方程所表示的曲线中是 Σ 曲线的有_____（写出所有 Σ 曲线的序号）.

① $\dfrac{x^2}{2}+y^2=1$；② $x^2-y^2=1$；③ $y^2=2x$；④ $|y|=|x|+1$

难点1 不理解符号 $F(x,y)=0$. 化解难点的方法是拿"具体例子说事". 当然，由于题目所给的序号①到序号④中四个方程的右边均非零，也确实增加了理解难度！但其本质是学生的转化意识淡薄，不知道零与非零是可以"弹指之间"互相转化的. 比如①中的方程可化为 $\dfrac{x^2}{2}+y^2-1=0$，则其对应的 $F(x,y)$ 就是二元二次多项式 $\dfrac{x^2}{2}+y^2-1$，即 $F(x,y)=\dfrac{x^2}{2}+y^2-1$. 剩余的其他三个方程可请学生回答相应的 $F(x,y)$ 分别是什么.

难点2 不知道"对于任意的 $(x_1,y_1)\in T$，都存在 $(x_2,y_2)\in T$，使得 $x_1x_2+y_1y_2=0$ 成立"在讲什么. 其本质是数形结合意识淡薄. 化解难点的方法是请学生将其翻译为自己的日常用语，即用大白话来解读，比如上述 Σ 曲线的定义可以解读为"对函数图像上任意一点 A，都能在图像上找到另一点 B，使得 $OA\perp OB$"等. 为催生学生翻译数学符号的意识与能力，建议教师在平时的教学中要经常请学生表达、描述一些数学现象，不仅让"出声想"成为习惯，也让"会解读"成为乐趣.

本例答案是①③.

例 4.16 （上海2020年秋季高考第12题）设 $k\in\mathbf{N}^*$，已知平面向量 $\boldsymbol{a}_1,\boldsymbol{a}_2;\boldsymbol{b}_1,\boldsymbol{b}_2,\cdots,\boldsymbol{b}_k$ 两两不同，且 $|\boldsymbol{a}_1-\boldsymbol{a}_2|=1$，对任意的 $i=1,2$ 及 $j=1,2,3,\cdots,k$，$|\boldsymbol{a}_i-\boldsymbol{b}_j|\in\{1,2\}$，则 k 的最大值是_____.

本题字母较多，特别是对向量 $\boldsymbol{b}_j$ 的介绍极易让学生畏难而退. 其实命题人对 $\boldsymbol{b}_j$ 所做的有些故弄玄虚的叙述（比如故意出现 $\boldsymbol{b}_1,\boldsymbol{b}_2,\cdots,\boldsymbol{b}_k$；$j=1,2,\cdots,k$ 等无关紧要的表达）的一个重要目的是干扰学生，意在考查学生在分析问题时有没有"抓主要矛盾，淡化次要因素"

的意识与习惯. 我们认为,理解题意的要领是对流动下标 i,j 的处理. 首先化解 i 带来的理解困难,方法是逐个列出,即

$$\text{对任意的 } i=1,2 \text{ 均有 } |\boldsymbol{a}_i-\boldsymbol{b}_j|\in\{1,2\} \Leftrightarrow \begin{cases} |\boldsymbol{a}_1-\boldsymbol{b}_j|=1 \text{ 或 } 2, \\ |\boldsymbol{a}_2-\boldsymbol{b}_j|=1 \text{ 或 } 2. \end{cases}$$

其次化解 j 带来的理解困难,方法是"用大白话把意思描述出来",其实题目就是在问"最多有几个向量 $\boldsymbol{b}$ 满足 $\begin{cases} |\boldsymbol{a}_1-\boldsymbol{b}|=1 \text{ 或 } 2, \\ |\boldsymbol{a}_2-\boldsymbol{b}|=1 \text{ 或 } 2 \end{cases}$".

综合上述分析,用自己的话把该题翻译一下就是:有两个不同的向量 $\boldsymbol{a}_1,\boldsymbol{a}_2$,满足 $|\boldsymbol{a}_1-\boldsymbol{a}_2|=1$,问最多有几个不同的向量 $\boldsymbol{b}$ 使得 $\begin{cases} |\boldsymbol{a}_1-\boldsymbol{b}|=1 \text{ 或 } 2, \\ |\boldsymbol{a}_2-\boldsymbol{b}|=1 \text{ 或 } 2? \end{cases}$ 这就容易理解多了!通过作图或建系就可求得最多有 6 个,如图 4.13 所示,其中 $\overrightarrow{OA_i}=\boldsymbol{a}_i(i=1,2)$,两个小圆的半径均为 1,两个大圆的半径均为 2,在此基础上得到公共点 $B_j(j=1,2,\cdots,6)$,$\overrightarrow{OB_j}=\boldsymbol{b}_j(j=1,2,\cdots,6)$.

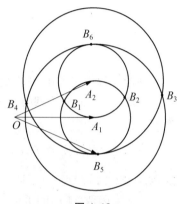

图 4.13

导数的容颜之"存在但解不出?"
——兼谈"存在"的三种处理对策

学完导数后笔者出测验卷,其中有下面这两道题:

试题 1 若直线 l 同时与曲线 $C_1: x^2+y^2=2$ 和曲线 $C_2: y=e^x+1$ 相切,则直线 l 的方程为_____.

试题 2 已知函数 $f(x)=\dfrac{\ln x-2}{x}+1$,$g(x)=me^x+f(x)$($m\in \mathbf{R}$,e 为自然对数的底数).

(1) 求函数 $f(x)$ 的极值;

(2) 若 $\forall x\in(0,+\infty)$,$g(x)<0$ 恒成立,求 m 的取值范围.

试题 1 的参考解答如下:设曲线 C_2 上的切点坐标为 $(x_0, e^{x_0}+1)$,则切线方程为 $y-(e^{x_0}+1)=e^{x_0}(x-x_0)$,即 $e^{x_0}x-y+1+e^{x_0}-x_0e^{x_0}=0$.再根据它与圆 C_1 相切可得 $\dfrac{|1+e^{x_0}-x_0e^{x_0}|}{\sqrt{(e^{x_0})^2+1}}=\sqrt{2}$,故 $x_0=0$,所以切线方程为 $x-y+2=0$.

相信所有人读过该解答后的第一困惑一定是:方程 $\dfrac{|1+e^{x_0}-x_0e^{x_0}|}{\sqrt{(e^{x_0})^2+1}}=\sqrt{2}$ 只有一个解 $x_0=0$ 吗?显然 $x_0=0$ 只是肉眼观察的结果,可能并没穷尽其所有的解.但面对这样一个稍嫌复杂的超越方程,靠肉眼确实无法再找到其他的解了.但笔者借助 TI 图形计算器又获得另外两个解,以下展示了计算过程及相应的图形(图 4.14),确实应该有三条满足题目条件的切线.

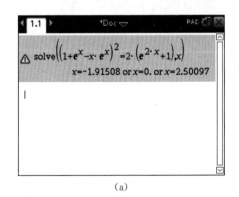
(a)

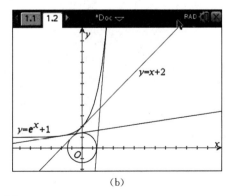
(b)

图 4.14

基于这些探索,笔者认为应把试题 1 中"则直线 l 的方程为_____"改为"则直线 l 的方程可以为_____".

我们发现,该题中出现了(可能也是在导数中经常出现的)所谓的超越方程. 通过查阅资料,我们获知:

超越方程(英语:transcendental equation)是包含超越函数的方程,也就是方程中有无法用自变量的多项式或开方表示的函数,与超越方程相对的是代数方程. 超越方程的求解无法利用代数几何来进行. 大部分的超越方程求解没有一般的公式,也很难求得解析解.

所谓解析解(analytical solution),简单来讲就是一些严格的求根公式,根据该公式给出任意的自变量就可以求得问题的解,他人可以利用这些公式计算各自的问题.

与解析解相对的通常被称为数值解(numerical solution),是采用某种计算方法,如有限元的方法、数值逼近、插值等方法得到的解,别人只能利用数值计算的结果,而不能随意给出自变量并求出计算值.

确实,接下来我们会发现,尽管在试题 2 中出现的超越方程比较简单,但也无法得到其精确解,此时"如何描述它"就显得特别重要,也是教师创设陈述之白(在时间与空间上留白,让学生陈述自己对数学对象或现象的理解),锻炼学生数学表达的好机会.

对试题 2(2)的分析:由 $g(x) < 0$ 得 $m < \dfrac{2-x-\ln x}{x e^x}$. 记 $h(x) = \dfrac{2-x-\ln x}{x e^x}$,则 $h'(x) = \dfrac{(x+1)(x+\ln x - 3)}{x^2 e^x}$. 再记 $\varphi(x) = x + \ln x - 3$,则 $\varphi'(x) = 1 + \dfrac{1}{x}$. 因 $x > 0$,故 $\varphi'(x) > 0$,从而 $\varphi(x) = x + \ln x - 3$ 在 $(0, +\infty)$ 上是严格增函数. 由于 $\varphi(2) = \ln 2 - 1 < 0$,$\varphi(3) = \ln 3 > 0$,由根的存在定理得 $\varphi(x) = 0$ 有且只有一个解 x_0,且 $x_0 \in (2, 3)$. 故当 $0 < x < x_0$ 时 $h'(x) < 0$;当 $x > x_0$ 时 $h'(x) > 0$. 从而 $h(x)$ 在 $(0, x_0)$ 上严格减,在 $(x_0, +\infty)$ 上严格增,其中 $x_0 \in (2, 3)$ 且 $x_0 + \ln x_0 - 3 = 0$. 故

$$m < h(x_0) = \dfrac{2 - x_0 - \ln x_0}{x_0 e^{x_0}} = \dfrac{2-3}{x_0 e^{x_0}} = \dfrac{-1}{x_0 e^{x_0}} = -\dfrac{1}{e^3},$$

即 $m \in \left(-\infty, -\dfrac{1}{e^3}\right)$.

上述求解过程中出现的方程 $x + \ln x - 3 = 0$ 仍为超越方程,通过分析函数 $\varphi(x) = x + \ln x - 3$ 的单调性和函数值我们断定该方程有且只有一个解,却无法求出,此时准确地描述它是重要的:$x_0 \in (2, 3)$ 且 $x_0 + \ln x_0 - 3 = 0$. 教师应引导学生学会从两个角度描述这样一个存在但求不出的数学对象:一是较为精确地指出其所属区间,即范围,这可以借助普通的科学计算器的 tab 功能(如图 4.15);二是给出其满足的等式并知晓其变形后所得的副产品,如 $x_0 + \ln x_0 - 3 = 0 \Leftrightarrow x_0 =$

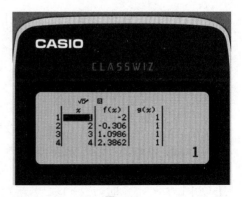

图 4.15

$e^{3-x_0} \Leftrightarrow x_0 e^{x_0} = e^3$ 等等.

此处还应借机让学生体会"任何一个数都可以化为指数形式,也都可以化为对数形式",如 $2 = e^{\ln 2} = 3^{\log_3 2} = \cdots$, $-2 = -e^{\ln 2} = -3^{\log_3 2} = \cdots$;$x_0 = \ln e^{x_0} = \log_a a^{x_0}(a > 0, a \neq 1)$. 有了这种认识,就可以由 $y = 3 \times 8^x = 8^{\log_8 3} \times 8^x = 8^{x + \log_8 3}$ 得知函数 $y = 3 \times 8^x$ 的图像可以由 $y = 8^x$ 的图像向左平移 $\log_8 3$ 个单位而得. 也可以由

$$y = \log_2(16^x + 1) - 2x = \log_2(16^x + 1) - \log_2 2^{2x} = \log_2 \frac{16^x + 1}{4^x} = \log_2(4^x + 4^{-x})$$

得知函数 $y = \log_2(16^x + 1) - 2x$ 为偶函数.

最后我们梳理一下存在性问题的三种不同处理对策.

第一类是存在就行,无须求出也无须描述. 学生在高一时做的含参方程有解、含参不等式有解问题大抵属于这一类. 如"关于 x 的方程 $9^x + (a + 4) \cdot 3^x + 4 = 0$ 有实数解,求实数 a 的取值范围""不等式 $2^x - \dfrac{2}{x} - a > 0$ 在 $[1, 2]$ 内有实数解,求实数 a 的取值范围"等等.

第二类是存在但求不出,但需准确描述. 此类问题的教学重点是讲清存在的道理及描述的要点. 如前面例举的试题 2.

第三类是存在且需求出. 此类问题的教学要点是讲清存在的道理及求的具体方法. 试举三例如下.

试题 3 已知函数 $f(x) = a\ln x + \dfrac{1}{2}x^2 - (a + 1)x(a \in \mathbf{R}$ 且 $a \neq 0)$.

(1) 当 $a < 0$ 时,求函数 $f(x)$ 的极值;

(2) 当 $a > 0$ 时,求函数 $f(x)$ 零点的个数.

分析:(1) 略. (2) $f'(x) = \dfrac{(x-1)(x-a)}{x}$.

① 若 $0 < a < 1$,当 $0 < x < a$ 时,$f'(x) > 0$,函数单调递增;

当 $a < x < 1$ 时,$f'(x) < 0$,函数单调递减;

当 $x > 1$ 时,$f'(x) > 0$,函数单调递增.

所以 $f(x)$ 有极大值 $f(a) = a\ln a + \dfrac{1}{2}a^2 - (a+1)a = a\left(\ln a - \dfrac{1}{2}a - 1\right) < 0$,极小值 $f(1) = -a - \dfrac{1}{2} < 0$. 又 $f(2a + 2) = a\ln(2a + 2) > 0$,所以函数 $f(x)$ 有 1 个零点.

② 若 $a = 1$,则 $f'(x) = \dfrac{(x-1)^2}{x} \geqslant 0$,所以函数 $f(x)$ 单调递增,此时 $f(1) = -\dfrac{3}{2} < 0$,$f(2a + 2) = a\ln(2a + 2) > 0$,所以函数 $f(x)$ 有 1 个零点.

③ 若 $a > 1$,当 $0 < x < 1$ 时,$f'(x) > 0$,函数单调递增;

当 $1 < x < a$ 时,$f'(x) < 0$,函数单调递减;

当 $x > a$ 时,$f'(x) > 0$,函数单调递增.

所以 $f(x)$ 有极大值 $f(1)=-a-\dfrac{1}{2}<0$,显然极小值 $f(a)<0$.

又 $f(2a+2)=a\ln(2a+2)>0$,所以函数 $f(x)$ 有 1 个零点.

综上所述,当 $a>0$ 时,函数 $f(x)$ 的零点个数为 1.

上述解答中"$f(x)$ 存在正的函数值"是每一小类都必须说清楚的,否则无法得到"只有 1 个零点"的结论. 而学生对出现三次的"$f(2a+2)>0$"是不理解的! 甚至有些莫名其妙. 教学中要结合图像引导学生理解并突破两点:一是在极小值点右面有没有正的函数值直接影响了函数图像的走向(是只能在 x 轴下方还是可以穿过 x 轴到其上方去);二是如何找到函数值为正时对应的自变量(找到一个即可). 对为什么是"$2a+2$"的解释建议一定要引导学生仔细观察函数 $f(x)$ 解析式的结构"$f(x)=a\ln x+\dfrac{1}{2}x^2-(a+1)x$",本着求简的原则,令 $\dfrac{1}{2}x^2-(a+1)x=0$,则得 $x=0$ 或 $x=2a+2$,考虑到 $x>0$,我们取 $x=2a+2$. 然后再验证此时的 $f(2a+2)=a\ln(2a+2)>a\ln 2>0$. 做过这样的解释后仍会有很多同学问:老师,那 $a+1$ 或 $3a+3$ 行不行? 此时教师如何应对? 教师心里清楚 $3a+3$ 肯定是行的,但 $a+1$ 却未必! 因为 $3a+3$ 保证了 $f(x)$ 解析式的前半部分 $a\ln x$ 与后半部分 $\dfrac{x[x-(2a+2)]}{2}$ 均为正数,但 $a+1$ 却只能保证 $a\ln x$ 为正,无法保证 $\dfrac{(a+1)[a+1-(2a+2)]}{2}$ 为正. 事实上,$\dfrac{(a+1)[a+1-(2a+2)]}{2}=\dfrac{-(a+1)^2}{2}<0$,这样对 $f(a+1)$ 的正负性的说理就遭遇困难. 通过这样的分析,学生可能会得到这样的自悟:只要选择使得 $a\ln x$ 与 $\dfrac{x[x-(2a+2)]}{2}$ 均为正数(或一个为正,另一个非负)的 x 就够了[找到一个使得 $f(x)>0$ 成立的充分条件! 无需必要],由此可得 $\begin{cases}a\ln x>0,\\ \dfrac{x[x-(2a+2)]}{2}\geqslant 0\end{cases}\Leftrightarrow\begin{cases}x>1,\\ x\geqslant 2a+2\end{cases}\Rightarrow x\geqslant 2a+2$,原来如此!

佛陀说:真理可以自己证得! 如果我们善于通过多种途径(如简单的例子、图像、横纵类比等)启发学生时常获得自悟,那教师的功德真的是无量的.

试题 4 (浦东新区 2023 届高三数学三模试题)

已知实数 $p\in(0,1)$,$f(x)=\dfrac{x}{\sqrt{1+x}}$,$g(x)=\ln(1+px)-\ln(1-px)$.

(1) 求 $f'(0)$;

(2) 若 $g(x)>x$ 对一切 $x\in\left(0,\dfrac{1}{p}\right)$ 成立,求 p 的最小值;

(3) 证明:当正整数 $n\geqslant 2$ 时,$\displaystyle\sum_{k=1}^{n}\dfrac{1}{\sqrt{k^2+k}}<\ln\dfrac{3n+1}{2}$.

此处只讨论第(2)小题,命题者提供的标准解答如下.

(2) 解:设 $h(x)=g(x)-x$,则 $h'(x)=\dfrac{p}{1+px}+\dfrac{p}{1-px}-1=\dfrac{2p}{1-p^2x^2}-1$.

当 $p=\frac{1}{2}$ 时,对一切 $x \in (-2,2)$, $h'(x)=\frac{1}{1-4x^2}-1>0$, 故函数 $y=h(x)$ 在区间 $(-2,2)$ 上严格增,从而由 $h(0)=0$ 知对一切 $x \in (0,2)$, $h(x)>0$, 即 $g(x)>x$ 对一切 $x \in (0,2)$ 成立;

当 $0<p<\frac{1}{2}$ 时,取 $x_0=\frac{\sqrt{1-2p}}{p} \in \left(0,\frac{1}{p}\right)$, 得 $h(x_0)=\ln(1-x_0^2)-x_0=\ln(2p)-\frac{\sqrt{1-2p}}{p}<0$, 即 $g(x_0)>x_0$ 不成立.

综上,p 的最小值是 $\frac{1}{2}$.

首先更正上述解答中的一个错误:$h'(x)=\frac{1}{1-4x^2}-1>0$ 应为 $h'(x)=\frac{1}{1-\frac{x^2}{4}}-1\geqslant 0$.

该解答分两步证明了两件事,第 1 步是证明 $p=\frac{1}{2}$ 符合(2)中的要求;第 2 步是证明当 $0<p<\frac{1}{2}$ 时不符合(2)中的要求,从而得到 $p_{\min}=\frac{1}{2}$. 这也是在阅读该解答时通常会产生的两处困惑. 对第 1 步的困惑是"为什么想到单独讨论 $p=\frac{1}{2}$? 而不是 $p=\frac{1}{3}$, $\frac{1}{4}$? 等等";对第 2 步的困惑是"为什么想到取 $x_0=\frac{\sqrt{1-2p}}{p}$? 有无更自然一些的解法? 第 2 步是否必不可少?"

同上述解法,第(2)小题等价于 $h(x)>0$ 对一切 $x \in \left(0,\frac{1}{p}\right)$ 恒成立. 注意到 $h(0)=0$, 若 $h(x)$ 在 $\left(0,\frac{1}{p}\right)$ 上严格增,则必符合要求. 为此我们令 $h'(x)>0$, 即 $\frac{2p}{1-p^2x^2}-1>0$. 因为 $x \in \left(0,\frac{1}{p}\right)$, 故 $1-p^2x^2 \in (0,1)$, 从而

$$\frac{2p}{1-p^2x^2}-1>0 \Leftrightarrow 1-p^2x^2<2p \Leftrightarrow \frac{1-2p}{p^2}<x^2 \Leftrightarrow \frac{1-2p}{p^2}\leqslant 0 \Leftrightarrow \frac{1}{2}\leqslant p<1.$$

自此,我们证明了这样的事实:当 $\frac{1}{2}\leqslant p<1$ 时符合第(2)小题中的要求(找到了一个充分条件!). 上述标答中的第 1 步其实也是找到并证明了一个充分条件,即 $p=\frac{1}{2}$. 分析到此处我们也意识到,上述标答中的第 2 步确实仍然需要. 因为万一有比 $\frac{1}{2}$ 还小的正数 p 也满足第(2)小问的要求呢? 第 2 步的作用就是证明了这种"万一"是不可能发生的.

为此,当 $0<p<\frac{1}{2}$ 时,我们要证明 $g(x)>x$ 对 $x \in \left(0,\frac{1}{p}\right)$ 并不总是成立的,即要在 $\left(0,\frac{1}{p}\right)$ 上找到某一个 x_0(注意此处的要求是"存在且要把它是什么明明白白地写出来"),

使得 $g(x_0) \leqslant x_0$. 难在如何找？沿着哪条路去找呢？

当笔者学习命题者给出的标准解答时，面对解答中的下述推理竟久久无法理解：$h(x_0) = \ln(1-x_0^2) - x_0 = \ln(2p) - \dfrac{\sqrt{1-2p}}{p} < 0$. 最后的 $\ln(2p) - \dfrac{\sqrt{1-2p}}{p} < 0$ 确实显然问题出在前面这两个等号. 若此处的第二个等号成立，则有 $1-x_0^2 = 2p$，$x_0 = \sqrt{1-2p}$，与先前所取的 $x_0 = \dfrac{\sqrt{1-2p}}{p}$ 矛盾！再来看第一个等号，若其成立，则有 $\ln(1+px_0) - \ln(1-px_0) = \ln(1-x_0^2)$，从而 $\dfrac{1+px_0}{1-px_0} = 1-x_0^2$，化简得 $px_0^2 - x_0 - 2p = 0$，解出 $x_0 = \dfrac{1+\sqrt{1+8p^2}}{2p}$（舍负），也与先前所取的 $x_0 = \dfrac{\sqrt{1-2p}}{p}$ 矛盾！看来这个答案真是误人子弟、害人不浅啊.

我们现在的任务是将其错误之白补上，计划有两种方案.

方案 1 沿着上述"举反例"的思路.（存在且需找出！）

我们姑且相信命题者给出的反例 $x_0 = \dfrac{\sqrt{1-2p}}{p}$（暂时不追究该反例如何想出）. 此时

$$g(x_0) - x_0 = \ln\dfrac{1+\sqrt{1-2p}}{1-\sqrt{1-2p}} - \dfrac{\sqrt{1-2p}}{p} = \ln\dfrac{1+t}{1-t} - \dfrac{2t}{1-t^2}(\text{其中 } 0 < t < 1).$$

令 $F(t) = \ln\dfrac{1+t}{1-t} - \dfrac{2t}{1-t^2}(0 < t < 1)$，则因为 $F'(t) = \dfrac{-2t^2}{(1-t^2)^2} < 0$，故 $F(t)$ 在 $(0,1)$ 上严格减，从而 $F(t) < F(0) = 0$，即 $g(x_0) < x_0$.

看来命题者给出的这个反例确实是可行的，但如何想到这个 x_0 却"只可意会不可言传"，耐人寻味.

方案 2 直接证明当 $p \in \left(0, \dfrac{1}{2}\right)$ 时，不等式 $g(x) \leqslant x$，$x \in \left(0, \dfrac{1}{p}\right)$ 有解.（存在无须找出！）

由 $g(x) \leqslant x$ 得 $\ln(1+px) - \ln(1-px) \leqslant x$，$\dfrac{1+px}{1-px} \leqslant e^x$，$p \leqslant \dfrac{e^x - 1}{x(e^x + 1)}$. 设 $G_1(x) = \dfrac{e^x - 1}{x(e^x + 1)}$，则 $G_1'(x) = \dfrac{2xe^x - e^{2x} + 1}{x^2(e^x + 1)^2}$. 再设 $G_2(x) = 2xe^x - e^{2x} + 1$，则 $G_2'(x) = 2e^x(1 + x - e^x)$. 再设 $G_3(x) = 1 + x - e^x$，则 $G_3'(x) = 1 - e^x < 0$. 因此 $G_3(x)$ 严格减，故 $G_3(x) < G_3(0) = 0$，从而 $G_2'(x) < 0$，$G_2(x)$ 严格减，$G_2(x) < G_2(0) = 0$. 继续推 $G_1'(x) < 0$，$G_1(x)$ 严格减，因此

$$G_1(x) < \lim_{x \to 0} G_1(x) = \lim_{x \to 0} \dfrac{e^x - 1}{x(e^x + 1)} = \lim_{x \to 0} \dfrac{1}{e^x + 1} \cdot \lim_{x \to 0} \dfrac{e^x - 1}{x} = \dfrac{1}{2} \lim_{x \to 0} \dfrac{e^x}{1} = \dfrac{1}{2} \cdot 1 = \dfrac{1}{2}.$$

故欲使不等式 $p \leqslant \dfrac{e^x - 1}{x(e^x + 1)}$ 有解，只需 $p < \dfrac{1}{2}$，而这是满足的.

这样我们就完成了方案 2.

试题 5 （浦东新区 2023 届高三数学二模试题）

设 P 是坐标平面 xOy 上的一点，曲线 Γ 是函数 $y=f(x)$ 的图像. 若过点 P 恰能作曲线 Γ 的 k 条切线 $(k\in \mathbf{N})$，则称 P 是函数 $y=f(x)$ 的"k 度点".

(1) 判断点 $O(0,0)$ 与点 $A(2,0)$ 是否为函数 $y=\ln x$ 的 1 度点，不需要说明理由.

(2) 已知 $0<m<\pi$，$g(x)=\sin x$. 证明：点 $B(0,\pi)$ 是 $y=g(x)(0<x<m)$ 的 0 度点.

(3) 求函数 $y=x^3-x$ 的全体 2 度点构成的集合.

不得不说，本题出得十分用心！命题者从过一点向圆锥曲线所作切线的条数这种平时教学与学习中司空见惯的现象出发，创设了令人眼前一亮的"新定义问题"，并且三小问从特殊到一般、从易到难层层递进，任何学生均能在该题上有所作为，但获得满分却是难上加难. 从题型上来看其设计也是颇费考虑，既有判断题（未知结论需探知，无须说理），也有证明题（告知结论需证明，必须说理），又有求值题（未知结论需探知，需要说理）.

俗话说，没有对比就没有伤害. 从下面这道 2023 届某区高三数学二模的压轴题（试卷的第 21 题）也可明显看出浦东新区这道压轴题的高品质.

(1) 求简谐振动 $y=\sin x+\cos x$ 的振幅、周期和初相位 $\varphi(\varphi\in[0,2\pi))$；

(2) 若函数 $y=\sin\dfrac{1}{2}x+\dfrac{1}{2}\cos x$ 在区间 $(0,m)$ 上有唯一的极大值点，求实数 m 的取值范围；

(3) 设 $a>0$，$f(x)=\sin ax-a\sin x$，若函数 $y=f(x)$ 在区间 $(0,\pi)$ 上是严格增函数，求实数 a 的取值范围.

我们只讨论浦东新区这道压轴题的第 (3) 小问. 以下是命题者提供的标准答案. 我们择重分析一些可能会遭遇的阅读难点，以括号中的楷体字给出了相应环节的点评.

对试题 5(3) 的分析 对任意 $t\in\mathbf{R}$，曲线 $y=x^3-x$ 在点 (t,t^3-t) 处的切线方程为 $y-(t^3-t)=(3t^2-1)(x-t)$.

故点 (a,b) 为函数 $y=x^3-x$ 的一个 2 度点当且仅当关于 t 的方程 $b-(t^3-t)=(3t^2-1)(a-t)$ 恰有两个不同的实数解.

设 $h(t)=2t^3-3at^2+(a+b)$，则点 (a,b) 为函数 $y=x^3-x$ 的一个 2 度点当且仅当 $y=h(t)$ 有两个不同的零点. [此处宜先求出 $h'(t)=6t^2-6at=6t(t-a)$，观察得驻点 0 与 a，才自然地想到分 $a=0$，$a>0$，$a<0$ 三小类讨论.]

若 $a=0$，则 $h(t)=2t^3+b$ 在 $\mathbf{R}$ 上严格增，只有一个实数解，不合要求.

若 $a>0$，因为 $h'(t)=6t^2-6at$，解得 $y=h(t)$ 有两个驻点 $t=0$，$t=a$.

由 $t<0$ 或 $t>a$ 时 $h'(t)>0$ 得 $y=h(t)$ 严格增；而当 $0<t<a$ 时 $h'(t)<0$，得 $y=h(t)$ 严格减. 故 $y=h(t)$ 在 $t=0$ 时取得极大值 $h(0)=a+b$，在 $t=a$ 时取得极小值 $h(a)=b+a-a^3$. 又因为 $h\left(-\sqrt[3]{\dfrac{a+b}{2}}\right)=-3a\sqrt[3]{\left(\dfrac{a+b}{2}\right)^2}<0$，$h(3a+\sqrt[3]{|b|})\geqslant a>0$（注：此处需加上"若 $h(0)\ne 0$"），所以当 $h(0)>0>h(a)$ 时，由零点存在定理，$y=h(t)$ 在 $(-\infty,0)$，$(0,a)$，$(a,+\infty)$ 上各有一个零点，不合要求；当 $0>h(0)>h(a)$ 时，$y=h(t)$ 仅在 $(a,+\infty)$ 上有一个零点，不合要求；当 $h(0)>h(a)>0$ 时，$y=h(t)$ 仅在 $(-\infty,0)$ 上有一个零点，也不合要求.

[在上述推理过程中,说清楚"函数 $y=h(t)$ 的图像必经过第三象限的某一点,也必经过第一象限横坐标大于 a 的某一点"非常重要! 显然难点在于 $-\sqrt[3]{\frac{a+b}{2}}$ 与 $3a+\sqrt[3]{|b|}$ 是如何找到的(存在且找出!). 还有其他选择吗? 若有,还可选择哪些自变量? 因过程稍长,为了不影响阅读该解答的流畅性,我们将分析放在了解答之后. 另外,答案中给的这一段推理过程在逻辑上有些混乱,我们也一并在后面给予优化.]

故 $y=h(t)$ 有两个不同的零点当且仅当 $h(0)=0$ 或 $h(a)=0$.

若 $a<0$,同理可得 $y=h(t)$ 有两个不同的零点当且仅当 $h(0)=0$ 或 $h(a)=0$.

(对此处"同理"的解释,因过程稍长,我们放在解答之后.)

综上,$y=x^3-x$ 的全体 2 度点构成的集合为 $\{(a,b)|b=-a$ 或 $b=a^3-a, a\neq 0\}$.

补白 1 对如何找到 $-\sqrt[3]{\frac{a+b}{2}}$ 与 $3a+\sqrt[3]{|b|}$ 的分析.

由 $h(t)=2t^3-3at^2+a+b=(2t^3+a+b)-3at^2$ 展开设想:若括号中的项为零,可能会使最终的函数值小于零. 接下来是做检验的工作:由 $2t^3+a+b=0$ 得 $t=-\sqrt[3]{\frac{a+b}{2}}$. 此时 $h(t)=-3at^2=-3a\left(-\sqrt[3]{\frac{a+b}{2}}\right)^2<0$. 注意该式需在 $h(0)=a+b>0$ 的前提下,因为只有这样才能保证 $t=-\sqrt[3]{\frac{a+b}{2}}<0$,才能对后续零点个数的分析起作用.

如果说发现负数 $-\sqrt[3]{\frac{a+b}{2}}$ 尚有迹可循,那么找到大于 a 的数 $3a+\sqrt[3]{|b|}$ 就显得有些难以言传. 我们只尝试着做一下其函数值确实大于零的推理:

$h(t)=2t^3-3at^2+a+b=t^2(2t-3a)+a+b=(3a+\sqrt[3]{|b|})^2(6a+2\sqrt[3]{|b|}-3a)+a+b$(注意此处出现的 $6a-3a$ 恰为 $3a$!).

继而我们就有

$h(t)=(3a+\sqrt[3]{|b|})^2(3a+2\sqrt[3]{|b|})+a+b \geq 2|b|+a+b \geq |b|+b+a \geq 0+a$
$=a>0.$

不得不说,找到 $-\sqrt[3]{\frac{a+b}{2}}$ 与 $3a+\sqrt[3]{|b|}$ 或与其具有同样功能的其他两个数是很困难的! 我们刚才的分析只是"事后诸葛". 那么,能不能不寻找上述"正例"而直接证明点的存在性呢(存在但无须求出!)? 为此需要证明以下两个命题为真:

命题 1 当 $a>0$ 时关于 t 的不等式 $2t^2-3at^2+a+b<0$ 有负数解.

命题 2 当 $a>0$ 时关于 t 的不等式 $2t^2-3at^2+a+b>0$ 有大于 a 的解.

但这似乎也不是一件很容易的工作,其中一个原因在于其抽象性要比计算具体自变量处的函数值更高.

前文我们谈到,命题者给的标答中在 $a>0$ 情况下的论述显得有些逻辑不清,我们在下面的"补白 2"中将给出 $a<0$ 时层次清晰、逻辑序更加分明的论述. 同时再次经历寻找证据

(类似 $-\sqrt[3]{\dfrac{a+b}{2}}$ 与 $3a+\sqrt[3]{|b|}$ 这样的数)的过程.

补白 2 对 $a<0$ 情况下"同理"的解释.

若 $a<0$,因为 $h'(t)=6t^2-6at$,解得 $y=h(t)$ 有两个驻点 $t=0$,$t=a$.

由 $t<a$ 或 $t>0$ 时 $h'(t)>0$ 得 $y=h(t)$ 严格增;而当 $a<t<0$ 时 $h'(t)<0$,得 $y=h(t)$ 严格减. 故 $y=h(t)$ 在 $t=0$ 时取得极小值 $h(0)=a+b$,在 $t=a$ 时取得极大值 $h(a)=b+a-a^3$.

① 若 $h(0)=a+b=0$,则 $h(t)=2t^3-3at^2+a+b=t^2(2t-3a)$,为了说明图像如图 4.16(a) 所示,而非图 4.16(b),我们要找一个比 a 小且函数值为负的数 t. 为此令 $\begin{cases}t<a,\\2t-3a<0,\end{cases}$ 解得 $t<\dfrac{3a}{2}$,可以取 $t=3a$,则 $h(3a)=9a^2(6a-3a)=27a^3<0$. 由零点存在定理可得此时 $y=h(t)$ 在 $(-\infty,a)$ 上也有一个零点,故一共两个零点(因为 0 已经是零点),符合要求.

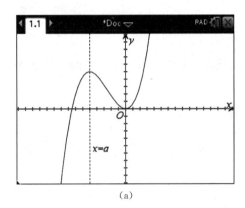
(a)

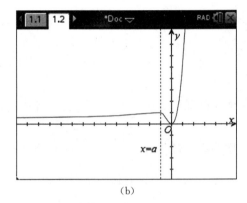
(b)

图 4.16

② 若 $h(0)=a+b>0$,由单调性可知此时 $h(t)$ 在 $[a,+\infty)$ 上无零点,而 $h(t)$ 在 $(-\infty,a)$ 上严格增,故在 $(-\infty,a)$ 上至多有一个零点,不合要求.

③ 若 $h(0)=a+b<0$,则

(i) 若 $h(a)=a+b-a^3<0$,由单调性可知此时 $h(t)$ 在 $(-\infty,0]$ 上无零点,而 $h(t)$ 在 $(0,+\infty)$ 上严格增,故在 $(0,+\infty)$ 上至多有一个零点,不合要求.

(ii) 若 $h(a)=a+b-a^3=0$,此时我们将说明 $y=h(t)$ 的图像如图 4.17(a) 所示,而非图 4.17(b). 为此我们要找一个比 0 大且函数值为正的数 t,即 $\begin{cases}t>0,\\2t^3-3at^2+a+b>0.\end{cases}$ 由 $a+b-a^3=0$ 可得只需 $\begin{cases}t>0,\\2t^3-3at^2+a^3>0.\end{cases}$ 观察多项式 $2t^3-3at^2+a^3$ 的结构,我们令 $2t^3+a^3=0$,解得 $t=\sqrt[3]{-\dfrac{a^3}{2}}$,显然 $t>0$ 且 $h(t)=0-3at^2=-3at^2>0$. 又因 $h(0)=a+b<0$ 及 $h(t)$ 在 $(0,+\infty)$ 上严格增,从而由零点存在定理可得此时 $y=h(t)$ 在 $(0,+\infty)$ 上也有一个零点,故一共两个零点(因为 a 已经是零点),符合要求.

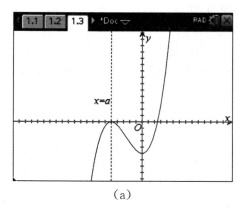
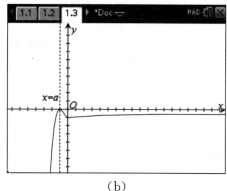

(a)   (b)

图 4.17

(iii) 若 $h(a)=a+b-a^3>0$, 此时我们将说明函数 $y=h(t)$ 在直线 $x=a$ 左面的图像必与 x 轴有且只有一个交点, 同时在 y 轴右面的图像也必与 x 轴有且只有一个交点(如图 4.18 所示). 根据前面叙述的单调性, 我们只需找到满足下面条件的 t_1, t_2 即可:

$$\begin{cases} t_1 < a, \\ 2t_1^3 - 3at_1^2 + a + b < 0, \end{cases} \begin{cases} t_2 > 0, \\ 2t_2^3 - 3at_2^2 + a + b > 0. \end{cases}$$

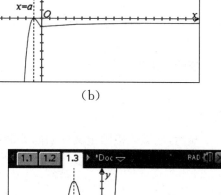

图 4.18

类似于 ② 取 $t_2 = \sqrt[3]{-\dfrac{a+b}{2}}$ 即可, 因为 $\sqrt[3]{-\dfrac{a+b}{2}} > 0$ 且 $h(t_2) = 0 - 3at_2^2 = -3at_2^2 > 0$.

对于 t_1 的选取, 考虑到 $2t_1^3 - 3at_1^2 + a + b = t_1^2(2t_1 - 3a) + a + b$, 我们取 $t_1 = 3a - \sqrt[3]{|b|}$, 则 $t_1 = 3a - \sqrt[3]{|b|} \leqslant 3a < a$, 且

$$h(t_1) = (3a - \sqrt[3]{|b|})^2 [2(3a - \sqrt[3]{|b|}) - 3a] + a + b$$
$$= (3a - \sqrt[3]{|b|})^2 (3a - 2\sqrt[3]{|b|}) + a + b.$$

若记 $x = 3a, y = \sqrt[3]{|b|}$, 则因为 $x < 0, y \geqslant 0$, 故有

$$h(t_1) = (x-y)^2(x-2y) + a + b = x^3 - 4x^2y + 5xy^2 - 2y^3 + a + b$$
$$= x(x^2 - 4xy + 5y^2) - 2y^3 + a + b.$$

而

$$x(x^2 - 4xy + 5y^2) - 2y^3 + a + b = x[(x-2y)^2 + y^2] - 2y^3 + a + b \leqslant 0 - 2y^3 + a + b,$$

故

$$h(t_1) \leqslant 0 - 2y^3 + a + b \leqslant 0 + a + b < 0.$$

由上述推理并结合单调性及零点存在定理可知 $y=h(t)$ 在 $(-\infty,a)$，$(a,0)$，$(0,+\infty)$ 上各有一个零点，不合要求.

综上，当 $a<0$ 时，$y=h(t)$ 有两个不同的零点当且仅当 $h(0)=0$ 或 $h(a)=0$.

可以看到，上述阐释的逻辑链条非常清晰，在该过程中，结合图像获得从代数角度所需的突破点是思考的核心.

试题 6 证明 $\lim\limits_{n\to\infty}\dfrac{1}{n^\alpha}=0$，这里 α 为正数.

证明 由于 $\left|\dfrac{1}{n^\alpha}-0\right|=\dfrac{1}{n^\alpha}$，故对任给的 $\varepsilon>0$，只要取 $N=\left[\dfrac{1}{\varepsilon^{\frac{1}{\alpha}}}\right]+1$，则当 $n>N$ 时，便有 $\dfrac{1}{n^\alpha}<\dfrac{1}{N^\alpha}<\varepsilon$，即 $\left|\dfrac{1}{n^\alpha}-0\right|<\varepsilon$. 这就证明了 $\lim\limits_{n\to\infty}\dfrac{1}{n^\alpha}=0$.

显然，用数列极限定义证明的关键是找到合适的 N，用 ε 的表达式直接给出符合要求的 N 是最佳的选择(存在并找出!).

导数的容颜之"分还是不分?"

"参变分离"技术可以处理很多含参问题,"求谁设谁、求谁分谁"是很多高中数学教师与学生的口头禅."含参方程有解无解或解的个数问题、含参不等式恒成立问题首选参变分离"也成为一种思考习惯.确实,对不同问题而言,分离与不分离所带来的繁或简有时相差很大.

例 4.17 命题 p:对任意 $x \in \mathbf{R}$,$x^2 - 2mx - 3m > 0$ 成立;命题 q:存在 $x \in \mathbf{R}$,$x^2 + 4mx + 1 < 0$ 成立.

(1) 若命题 q 为假命题,求实数 m 的取值范围;

(2) 若命题 p 和 q 有且只有一个为真命题,求实数 m 的取值范围.

分析与解 显然,对本例来讲,由于不等式左边对应的函数是学生非常熟悉的、比较确定的一元二次函数,因此不施行参变分离是较好的选择,否则对命题 p 和 q 为真时的分析都将陷入分三小类讨论的境地.在具体求解时,只需挨个考察相应的一元二次函数的图像"悬在 x 轴上,切在 x 轴上,交在 x 轴上"即可迅速列出所满足的代数条件:$\Delta_1 < 0$,$\Delta_2 > 0$. 问题(1)(2)的答案分别是:$\left[-\dfrac{1}{2}, \dfrac{1}{2}\right]$;$(-\infty, -3] \cup \left[-\dfrac{1}{2}, 0\right) \cup \left(\dfrac{1}{2}, +\infty\right)$.

例 4.18 已知函数 $f(x) = e^x \sin x + ax^2 + bx$,$a, b \in \mathbf{R}$.

(1) 当 $a = b = 0$ 时,求函数 $y = f(x)$ 的图像在 $x = 0$ 处的切线方程;

(2) 当 $a = 1$ 时,$f(x)$ 在区间 $(-\infty, 0)$ 上有零点,求实数 b 的取值范围;

(3) 当 $b = -1$ 时,$f(x) \geqslant 0$ 在 $x \in \left[0, \dfrac{\pi}{2}\right]$ 上恒成立,求实数 a 的取值范围.

分析与解 (1) 切线方程为 $y = x$,过程略;

(2) 方法一:走参变分离之路.

问题等价于方程 $e^x \sin x + x^2 + bx = 0$ 有负实数解.将参数 b 分离出来有 $-b = \dfrac{e^x \sin x}{x} + x$(我们称 $-b$ 为团参).设 $g(x) = \dfrac{e^x \sin x}{x} + x (x < 0)$,则 $-b$ 的范围即为函数 $g(x)$ 的值域.

易知 $g'(x) = \dfrac{e^x[(x-1)\sin x + x \cos x] + x^2}{x^2}$. 设 $h(x) = e^x[(x-1)\sin x + x \cos x] + x^2$,则 $h'(x) = 2x(e^x \cos x + 1)$. 因 $x < 0$,故 $0 < e^x < 1$. 由 $-1 \leqslant \cos x \leqslant 1$ 得 $-e^x \leqslant e^x \cos x \leqslant e^x$,从而 $-1 < -e^x \leqslant e^x \cos x \leqslant e^x < 1$,因此 $h'(x) < 0$,$h(x)$ 在 $(-\infty, 0)$ 上

严格减. 由于 $h(0)=0$, 故 $h(x)>0$, 即 $g'(x)>0$, 因此 $g(x)$ 在 $(-\infty,0)$ 上严格增. 而 $\lim\limits_{x\to 0}g(x)=\lim\limits_{x\to 0}\left(\dfrac{e^x\sin x}{x}+x\right)=\lim\limits_{x\to 0}e^x\lim\limits_{x\to 0}\dfrac{\sin x}{x}+\lim\limits_{x\to 0}x=1$(此处用到基本极限 $\lim\limits_{x\to 0}\dfrac{\sin x}{x}=1$ 及极限的四则运算法则), 又 $\lim\limits_{x\to -\infty}g(x)=\lim\limits_{x\to -\infty}\left(\dfrac{e^x\sin x}{x}+x\right)=-\infty$, 故 $g(x)$ 在 $(-\infty,0)$ 上的值域为 $(-\infty,1)$. 所以 $-b$ 的取值范围是 $(-\infty,1)$, 从而 b 的取值范围是 $(-1,+\infty)$.

方法二: 不施行参变分离.

设 $f(x)=e^x\sin x+x^2+bx$, 则问题等价于 $f(x)$ 在 $(-\infty,0)$ 上有零点. 易知 $f'(x)=e^x(\sin x+\cos x)+2x+b$, $f''(x)=2(e^x\cos x+1)>0$, 故 $f'(x)$ 在 $(-\infty,0)$ 上严格增且 $f'(0)=1+b$. ① 若 $1+b\leqslant 0$, 则 $f(x)$ 在 $(-\infty,0)$ 上严格减. 由于 $f(0)=0$, 故 $f(x)$ 在 $(-\infty,0)$ 上恒大于零, 不合题意. ② 若 $1+b>0$, 则因为 $f'(0)>0$, $f'(x)$ 在 $(-\infty,0)$ 上严格增, 我们想知道 $f'(x)$ 在 $(-\infty,0)$ 上会不会有零点, 继而决定 $f(x)$ 单调性的分界点. 考虑到 $f'(x)=e^x(\sin x+\cos x)+2x+b<2e^x+2x+b<2+2x+b$(此处的变形是用放缩法把超越函数变为多项式函数), 故当 $x=-\dfrac{b+2}{2}$ 时就有 $f'\left(-\dfrac{b+2}{2}\right)<0$, 且 $-\dfrac{b+2}{2}\in\left(-\infty,-\dfrac{1}{2}\right)\subset(-\infty,0)$. 故 $\exists x_0\in(-\infty,0)$ 使得 $f'(x_0)=0$[且由 $f'(x)$ 的单调性知 $x_0>-\dfrac{b+2}{2}$]. 从而我们知道 $f(x)$ 在 $(-\infty,x_0)$ 上严格减, 在 $(x_0,0)$ 上严格增. 但 $f(0)=0$, 故 $f(x_0)<0$, 因此 $f(x)$ 在 $(x_0,0)$ 上无零点. 现在我们关心的是 $f(x)$ 在 $(-\infty,x_0)$ 上有没有零点? 显然若有的话至多只有一个. 为了讲清楚这件事, 我们期望找到一个使得 $f(x)$ 的函数值为正数的 x, 假设这是可以办到的, 设其为 m, 则 m 要满足两个要求: $\begin{cases}m<x_0,\\ f(m)>0.\end{cases}$ 注意到 $f(x)=e^x\sin x+x^2+bx>-1+x^2+bx=x^2+bx-1$(把超越函数化为多项式函数), 我们令 $x^2+bx-1=0$, 解得 $x=\dfrac{-b\pm\sqrt{b^2+4}}{2}$. 取 $m=\dfrac{-b-\sqrt{b^2+4}}{2}$, 则 $m<\dfrac{-b-2}{2}<x_0$ 且 $f(m)>0$. 至此我们证明了 $f(x)$ 在 $(-\infty,x_0)$ 上有且仅有一个零点, 从而 $f(x)$ 在 $(-\infty,0)$ 上有且仅有一个零点, 符合题意.

综上, b 的取值范围是 $(-1,+\infty)$.

(3) 方法一: 走参变分离之路.

由 $e^x\sin x+ax^2-x\geqslant 0$ 得 $ax^2\geqslant x-e^x\sin x$, 当 $x=0$ 时该式恒成立; 当 $x\in\left(0,\dfrac{\pi}{2}\right]$ 时可得 $a\geqslant\dfrac{x-e^x\sin x}{x^2}$. 设 $g(x)=\dfrac{x-e^x\sin x}{x^2}$, 则 $g'(x)=\dfrac{e^x[(2-x)\sin x-x\cos x]-x}{x^3}$. 再设 $h(x)=e^x[(2-x)\sin x-x\cos x]-x$, 则 $h'(x)=(1-2x)e^x\cos x+e^x\sin x-1$, $h''(x)=2xe^x(\sin x-\cos x)$. 因当 $x\in\left(0,\dfrac{\pi}{4}\right)$ 时 $h''(x)<0$, 当 $x\in\left(\dfrac{\pi}{4},\dfrac{\pi}{2}\right]$ 时 $h''(x)>0$, 故函数 $y=h'(x)$ 在 $\left(0,\dfrac{\pi}{4}\right)$ 上严格减, 在 $\left(\dfrac{\pi}{4},\dfrac{\pi}{2}\right]$ 上严格

增. 而 $h'(0)=0, h'\left(\dfrac{\pi}{4}\right)<0, h'\left(\dfrac{\pi}{2}\right)>0$, 故 $y=h'(x)$ 在 $\left(0, \dfrac{\pi}{2}\right]$ 上有且仅有一个零点 x_0, 且 $x_0\in\left(\dfrac{\pi}{4}, \dfrac{\pi}{2}\right)$. 由此我们获得函数 $y=h(x)$ 的单调性为: 在 $(0, x_0)$ 上严格减, 在 $\left(x_0, \dfrac{\pi}{2}\right]$ 上严格增. 又因为 $h(0)=0, h\left(\dfrac{\pi}{2}\right)>0$, 故 $x_1\in\left(x_0, \dfrac{\pi}{2}\right)$ 使得 $h(x_1)=0$, 且在 $(0, x_1)$ 上 $h(x)<0$, 在 $\left(x_1, \dfrac{\pi}{2}\right)$ 上 $h(x)>0$. 从而 $g(x)$ 在 $(0, x_1)$ 上严格减, 在 $\left(x_1, \dfrac{\pi}{2}\right]$ 上严格增. 因为 $g(0)=-1, g\left(\dfrac{\pi}{2}\right)\approx -1.31299$, 故所求 a 的取值范围为 $[-1, +\infty)$.

方法二: 不施行参变分离.

对函数 $f(x)=e^x\sin x+ax^2-x$ 依次求各阶导数得

$$f'(x)=e^x(\sin x+\cos x)+2ax-1,$$
$$f''(x)=2e^x\cos x+2a,$$
$$f'''(x)=2e^x(\cos x-\sin x),$$

可知 $f''(x)$ 在 $\left(0, \dfrac{\pi}{4}\right)$ 上严格增, 在 $\left(\dfrac{\pi}{4}, \dfrac{\pi}{2}\right)$ 上严格减. 又 $f''(0)=2+2a, f''\left(\dfrac{\pi}{2}\right)=2a$.

① 当 $a\geqslant 0$ 时, $f''(x)\geqslant 0$, 从而 $f'(x)$ 在 $\left[0, \dfrac{\pi}{2}\right]$ 上严格增, $f'(x)\geqslant f'(0)=0$, 故 $f(x)$ 在 $\left[0, \dfrac{\pi}{2}\right]$ 上严格增. 因此 $f(x)\geqslant f(0)=0$ 在 $\left[0, \dfrac{\pi}{2}\right]$ 上恒成立, 符合题意.

② 当 $-1\leqslant a<0$ 时, $f''(0)\geqslant 0, f''\left(\dfrac{\pi}{2}\right)<0$, 则 $f''(x)$ 在 $\left(0, \dfrac{\pi}{2}\right)$ 上存在唯一零点, 记作 x_2. 当 $x\in(0, x_2)$ 时 $f''(x)>0, f'(x)$ 严格增; 当 $x\in\left(x_2, \dfrac{\pi}{2}\right)$ 时 $f''(x)<0, f'(x)$ 严格减. 因为 $f'(0)=0, f'\left(\dfrac{\pi}{2}\right)=e^{\frac{\pi}{2}}+a\pi-1\geqslant e^{\frac{\pi}{2}}-\pi-1>0$, 所以 $f'(x)\geqslant 0$ 在 $\left[0, \dfrac{\pi}{2}\right]$ 上恒成立, 从而 $f(x)$ 在 $\left[0, \dfrac{\pi}{2}\right]$ 上严格增. 又 $f(0)=0$, 所以 $f(x)\geqslant 0$ 在 $\left[0, \dfrac{\pi}{2}\right]$ 上恒成立, 符合题意.

③ 当 $a<-1$ 时, $f''(0)<0, f''\left(\dfrac{\pi}{2}\right)<0$, 此时为了确定 $f''(x)$ 的符号, 由前述 $f''(x)$ 的单调性, 需对 $f''(x)_{\max}=f''\left(\dfrac{\pi}{4}\right)$ 的符号进行讨论. 由

$$f''\left(\dfrac{\pi}{4}\right)=2e^{\frac{\pi}{4}}\cos\dfrac{\pi}{4}+2a<2e^{\frac{\pi}{4}}\cos\dfrac{\pi}{4}-2\approx 1.10177$$

知 $f''(x)$ 在 $\left[0, \dfrac{\pi}{2}\right]$ 上的符号不定. 记 $m=2e^{\frac{\pi}{4}}\cos\dfrac{\pi}{4}\approx 3.10177$, 则

(i) 当 $m+2a\leqslant 0$, 即 $a\leqslant -\dfrac{m}{2}$ 时, $f''(x)\leqslant 0$ 在 $\left[0, \dfrac{\pi}{2}\right]$ 上恒成立, 故 $f'(x)$ 在

$\left[0, \frac{\pi}{2}\right]$ 上严格减,从而 $f'(x) \leqslant f'(0) = 0$,继而 $f(x)$ 在 $\left[0, \frac{\pi}{2}\right]$ 上严格减,所以 $f(x) \leqslant f(0) = 0$,不符合题意.

(ii) 当 $m + 2a > 0$,即 $-\frac{m}{2} < a < -1$ 时,$f''(x)$ 在 $\left(0, \frac{\pi}{4}\right)$,$\left(\frac{\pi}{4}, \frac{\pi}{2}\right)$ 上各有一个零点,分别记为 x_3,x_4. 从而可得 $f'(x)$ 在 $(0, x_3)$ 及 $\left(x_4, \frac{\pi}{2}\right)$ 上严格减,在 (x_3, x_4) 上严格增. 因为 $f'(0) = 0$,$f'\left(\frac{\pi}{2}\right) > 0$,故存在 $x_5 \in (x_3, x_4)$ 使得 $f'(x_5) = 0$,且 $f'(x)$ 在 $(0, x_5)$ 上恒小于零,在 $\left(x_5, \frac{\pi}{2}\right)$ 上恒大于零. 从而 $f(x)$ 在 $(0, x_5)$ 上严格减,在 $\left(x_5, \frac{\pi}{2}\right)$ 上严格增. 因此 $f(x) \leqslant 0$ 在 $(0, x_5) \subset \left[0, \frac{\pi}{2}\right]$ 上恒成立,不符合题意.

综上 a 的取值范围为 $[-1, +\infty)$.

注意,刚才方法二的第③小类还可以做如下的简洁说理:

易知 $x \geqslant \sin x$ 在 $\left[0, \frac{\pi}{2}\right]$ 上恒成立,故而我们有

$$f(x) = e^x \sin x + ax^2 - x \leqslant xe^x + ax^2 - x = x(e^x + ax - 1).$$

设 $\omega(x) = e^x + ax - 1$,则 $\omega'(x) = e^x + a$. 令 $\omega'(x) = 0$,解得 $x = \ln(-a)$. 故当 $x \in (0, \ln(-a))$ 时 $\omega'(x) < 0$,$\omega(x)$ 严格减. 因为 $\omega(0) = 0$,所以 $\omega[\ln(-a)] < 0$. 取 $x_6 = \min\left\{\ln(-a), \frac{\pi}{2}\right\}$,则 $\omega(x_6) < 0$,所以 $f(x_6) < 0$,不合题意.

值得提醒的是,"有图可依"是我们在解题过程中必须坚持的! 比如为什么要这样分类,每一小类如何推进,都需在作出示意图、直观观察的基础上再进行严密的过程书写.

显然,无论在思维的容量上还是在解题过程的流畅性上,"参变分离"都是(2)(3)两小题较好的选择. 但有时我们也会遭遇一些分离之后受阻或根本无法分离的尴尬.

例 4.19 已知函数 $f(x) = \frac{1}{2}x^2 + ax$.

(1) 当 $a = 1$ 时,求曲线 $y = f(x)$ 在点 $(1, f(1))$ 处的切线方程;

(2) 若函数 $g(x) = f(x) - (a+1)\ln x$ 恰有两个零点,求实数 a 的取值范围.

分析与解 (1) 切线方程为 $4x - 2y - 1 = 0$,过程略.

(2) 有两个大的思路. 一是不参变分离直接对 $g(x) = \frac{1}{2}x^2 + ax - (a+1)\ln x$ 求导,得 $g'(x) = \frac{(x-1)(x+a+1)}{x}$ $(x > 0)$,接下来根据 $-a-1$ 与 $0, 1$ 之间的大小关系分五小类讨论:①$-a-1 < 0$;②$-a-1 = 0$;③$0 < -a-1 < 1$;④$-a-1 = 1$;⑤$-a-1 > 1$,属于典型的"对参数讨论求参数"类型. 过程略,最终求得 a 的取值范围为 $\left(-1, -\frac{1}{2}\right)$.

第二个思路是分离过之后再求导. 令 $g(x) = \frac{1}{2}x^2 + ax - (a+1)\ln x = 0$ 得 $a(x - $

$\ln x) = \ln x - \frac{1}{2}x^2$. 由 $(x - \ln x)' = 1 - \frac{1}{x} = \frac{x-1}{x}$ 知 $x - \ln x$ 在 $(0,1)$ 上严格减,在 $(1, +\infty)$ 上严格增,故 $x - \ln x \geqslant 1 - \ln 1 = 1$. 从而可得 $a = \frac{\ln x - \frac{1}{2}x^2}{x - \ln x}$. 令 $h(x) = \frac{\ln x - \frac{1}{2}x^2}{x - \ln x}$,则 $h'(x) = \frac{(x-1)(2\ln x - x - 2)}{2(x - \ln x)^2}$. 再由 $(2\ln x - x - 2)' = \frac{2}{x} - 1 = \frac{2-x}{x}$ 知 $2\ln x - x - 2$ 在 $(0, 2)$ 上严格增,在 $(2, +\infty)$ 上严格减,故 $2\ln x - x - 2 < 2\ln 2 - 2 - 2 < 0$. 因此当 $x \in (0, 1)$ 时 $h'(x) > 0$,当 $x \in (1, +\infty)$ 时 $h'(x) < 0$. 从而 $h(x)$ 在 $(0, 1)$ 上严格增,在 $(1, +\infty)$ 上严格减,且 $h(x)_{\max} = h(1) = -\frac{1}{2}$.

应该说,思路二至此都是一帆风顺的,但接下来为了确定使方程 $a = \frac{\ln x - \frac{1}{2}x^2}{x - \ln x}$ 有两个解的 a 的取值范围,会遭遇两个困难,其一是"$h(0)$"=? 此处之所以对 $h(0)$ 加了双引号,是因为作为函数值的 $h(0)$ 是不存在的,但当 x 无限接近 0 时 $h(x)$ 所趋近的那个值却必须求出来,即求 $\lim\limits_{x \to 0^+} \frac{\ln x - \frac{1}{2}x^2}{x - \ln x}$,显然这是一个右极限. 该极限的严密求解要用到高等数学的方法,比如洛必达法则. 我们有

$$\lim_{x \to 0^+} \frac{\ln x - \frac{1}{2}x^2}{x - \ln x} = \lim_{x \to 0^+} \frac{\frac{1}{x} - x}{1 - \frac{1}{x}} = \lim_{x \to 0^+} \frac{1 - x^2}{x - 1} = \lim_{x \to 0^+}(-1 - x) = -1.$$

其二是在 $x = 1$ 的右侧函数 $h(x)$ 会严格递减到哪儿? 会减到负无穷吗? 为什么? 即需考察极限 $\lim\limits_{x \to +\infty} \frac{\ln x - \frac{1}{2}x^2}{x - \ln x}$. 事实上,由洛必达法则得

$$\lim_{x \to +\infty} \frac{\ln x - \frac{1}{2}x^2}{x - \ln x} = \lim_{x \to +\infty} \frac{\frac{1}{x} - x}{1 - \frac{1}{x}}$$
$$= \lim_{x \to +\infty}(-1 - x) = -\infty.$$

基于以上分析,我们可得 a 的取值范围为 $\left(-1, \frac{1}{2}\right)$. 为了留下一个直观的认知,我们给出 $y = h(x)$ 的图像,如图 4.19 所示.

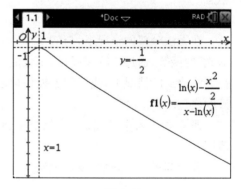

图 4.19

例 4.20 设函数 $f(x) = x^3 + 3|x - a|, a \in \mathbf{R}$.

(1) 若 $a = 1$,求曲线 $y = f(x)$ 在 $x = 2$ 处的切线方程;

(2) 当 $x \in [-1, 1]$ 时,求函数 $f(x)$ 的最小值;

(3) 已知 $a > 0$,且对任意的 $x \in [1, +\infty)$,都有 $f(x+a) - f(1+a) \geqslant 15a^2 \ln x$,求实数 a 的取值范围.

分析与解 (1) 切线方程为 $15x - y - 19 = 0$,过程略.

(2) $f(x)_{\min} = \begin{cases} -3a - 4, & a \leqslant -1, \\ a^3, & -1 < a < 1, \\ 3a - 2, & a \geqslant 1. \end{cases}$ 过程略.

我们重点分析第(3)小问.

(3) 由题意知对任意的 $x \in [1, +\infty)$,都有

$$(x+a)^3 + 3a - 15a^2 \ln x - (a+1)^3 - 3 \geqslant 0.$$

显然,我们无法分离出 a(迈不开腿),此时与例 4.18 类似,可将上述不等式左边视为一个函数,运用导数工具分析其最小值,再令其最小值大于等于零即可.

设 $g(x) = (x+a)^3 + 3x - 15a^2 \ln x - (a+1)^3 - 3$,$x > 0$,则 $g'(x) = 3(x+a)^2 + 3 - \dfrac{15a^2}{x}$,$x > 0$,从而 $g''(x) = 6(x+a) + \dfrac{15a^2}{x^2}$,$x > 0$. 因为 $a > 0$,所以 $g''(x) > 0$,从而 $g'(x)$ 严格增. 于是当 $x \geqslant 1$ 时,$g'(x) \geqslant g'(1) = 3(1+a)^2 + 3 - 15a^2 = -6(a-1)(2a+1)$.

① 若 $g'(1) \geqslant 0$,即 $0 < a \leqslant 1$,$g'(x) \geqslant 0$ 恒成立,当且仅当 $x = a = 1$ 时取等号,从而 $g(x)$ 在区间 $[1, +\infty)$ 上严格增,此时 $g(x)_{\min} = g(1) = 0$,满足题意.

② 若 $g'(1) < 0$,即 $a > 1$,则因为 $g'(x)$ 在 $[1, +\infty)$ 上严格增,且

$$g'(a) = 3(a+a)^2 + 3 - 15a = 3(4a^2 - 5a + 1) = 3(a-1)(4a-1) > 0$$

及 $g'(x)$ 的图像连续不断,所以必存在唯一的 $x_0 > 1$,使得 $g'(x_0) = 0$. 于是当 $1 < x < x_0$ 时,$g'(x) < g'(x_0) = 0$,从而 $g(x)$ 在 $(1, x_0)$ 上严格减,所以 $g(x_0) < g(1) = 0$,不合题意.

综上所述,a 的取值范围为 $(0, 1]$.

在无法分离的情况下,与例 4.18 类似,我们"带参工作",直接分析左边这个"参变共处一式"的函数,通过二阶、一阶导函数的性质获得原函数的单调性、零点等性质. 但有的时候,在无法分离的情况下,我们如上操作可能依然会遭遇失败,此时"巧构新函数"是可以尝试的破题之道.

例 4.21 若不等式 $\lambda e^x + \ln \lambda \geqslant \ln x$ 对任意的 $x \in (0, +\infty)$ 恒成立,求正数 λ 的取值范围.

分析与解一 显然,我们无法从 $\lambda e^x + \ln \lambda \geqslant \ln x$ 中分离出 λ,考虑先移项得 $\lambda e^x + \ln \lambda - \ln x \geqslant 0$. 设 $f(x) = \lambda e^x + \ln \lambda - \ln x$,则 $f'(x) = \lambda e^x - \dfrac{1}{x} = \dfrac{\lambda x e^x - 1}{x}$. 设 $g(x) = \lambda x e^x - 1$,则 $g'(x) = \lambda e^x(x+1)$,因 $\lambda > 0$,$x > 0$,故 $g'(x) > 0$,从而 $g(x)$ 在 $(0, +\infty)$ 上严格增. 因 $g(0) = -1$ 且当 $x \to +\infty$ 时 $g(x) \to +\infty$,故 $\exists x_0 > 0$ 使得 $g(x_0) = \lambda x_0 e^{x_0} - 1 = 0$,即 $\lambda x_0 e^{x_0} = 1 (x_0 > 0)$. 从而在 $(0, x_0)$ 上 $f'(x) < 0$,在 $(x_0, +\infty)$ 上 $f'(x) > 0$. 故 $f(x)$ 在

$(0,x_0)$ 上严格减,在 $(x_0,+\infty)$ 上严格增. 因此 $f(x)_{\min}=f(x_0)=\lambda\mathrm{e}^{x_0}+\ln\lambda-\ln x_0$. 由题意,只需 $\lambda\mathrm{e}^{x_0}+\ln\lambda-\ln x_0\geqslant 0$. 接下来的问题转化为我们要从混合组

$$\begin{cases} x_0>0, \\ \lambda x_0\mathrm{e}^{x_0}=1, \\ \lambda\mathrm{e}^{x_0}+\ln\lambda-\ln x_0\geqslant 0 \end{cases}$$

中解出 λ 的取值范围. 此处有两个难点:一是 x_0 的较为精确的范围怎么确定?二是如何处理上述混合组?受阻!

分析与解二 我们尝试从已知不等式的整体结构出发构造新的函数.

构造方法 1 由 $\lambda\mathrm{e}^x+\ln\lambda\geqslant\ln x$ 得 $\lambda\mathrm{e}^x\geqslant\ln x-\ln\lambda=\ln\dfrac{x}{\lambda}$,从而 $\mathrm{e}^x\geqslant\dfrac{1}{\lambda}\ln\dfrac{x}{\lambda}$,$x\mathrm{e}^x\geqslant\dfrac{x}{\lambda}\ln\dfrac{x}{\lambda}$,即 $x\mathrm{e}^x\geqslant\ln\dfrac{x}{\lambda}\cdot\mathrm{e}^{\ln\frac{x}{\lambda}}$. 考察函数 $f(x)=x\mathrm{e}^x$,则因为 $f'(x)=\mathrm{e}^x(x+1)>0$,故 $f(x)$ 在 $(0,+\infty)$ 上严格增. 从而 $x\geqslant\ln\dfrac{x}{\lambda}$(若 $\ln\dfrac{x}{\lambda}\leqslant 0$,该式也成立),即 $\mathrm{e}^x\geqslant\dfrac{x}{\lambda}$,继而 $\lambda\geqslant\dfrac{x}{\mathrm{e}^x}$. 因 $\left(\dfrac{x}{\mathrm{e}^x}\right)'=\dfrac{1-x}{\mathrm{e}^x}$,故 $\left(\dfrac{x}{\mathrm{e}^x}\right)_{\max}=\dfrac{1}{\mathrm{e}^1}=\dfrac{1}{\mathrm{e}}$. 因此 $\lambda\geqslant\dfrac{1}{\mathrm{e}}$,即为所求.

构造方法 2 仔细观察不等式 $\lambda\mathrm{e}^x+\ln\lambda\geqslant\ln x$ 中诸项的结构,注意到 $\ln(\lambda\mathrm{e}^x)=\ln\lambda+x$,我们在上述不等式两边同时加上 x 可得 $\lambda\mathrm{e}^x+\ln\lambda+x\geqslant\ln x+x$,即 $\lambda\mathrm{e}^x+\ln(\lambda\mathrm{e}^x)\geqslant\ln x+x$. 考察函数 $g(x)=\ln x+x$,显然 $g(x)$ 在 $(0,+\infty)$ 上严格增. 因此必有 $\lambda\mathrm{e}^x\geqslant x$,从而 $\lambda\geqslant\dfrac{x}{\mathrm{e}^x}$. 接下来同"构造方法 1"计算可得 λ 的取值范围为 $\left[\dfrac{1}{\mathrm{e}},+\infty\right)$.

以上我们讨论了在含参问题中使用"参变分离"可能会遇到的各种情形,在秉持"首选参变分离"的基础上,明了这些情形是十分必要的. 现在做一下小结.

情形 1:可以参变分离,且参变分离后可以顺利地将函数分析到底;

情形 2:可以参变分离,参变分离后各阶导函数分析得比较顺畅,但最后在倒推原函数的性质时要用到高等数学中的基本极限、洛必达法则等知识;

情形 3:可以参变分离,但分出的函数的一阶导函数(或后续构造的新函数的导函数)更为复杂,无法继续下去,此时需转为直接处理不分离的函数;

情形 4:无法参变分离,但直接处理不分离的函数比较顺利;

情形 5:无法参变分离,直接处理不分离的函数也有困难,此时在仔细分析已知条件式结构的基础上可以考虑"巧构新函数"实现转化.

情形 3 的相应实例可参见后面的例 4.25(2).

作为必要的补充,除以上五种情形之外,我们还会遇到笔者所称谓的"半分离"与"先求后验". 前者变形操作的目的常指向"以形驭数",即所谓的几何法,如例 4.22. 后者建立在先观察出某数(非区间端点)是某点处的函数值,有点类似于解高次方程中的试根法,如例 4.23、例 4.24.

例 4.22 若关于 x 的方程 $\sqrt{4x-x^2}-kx+4k-3=0$ 有且只有两个不同的实数根,求实数 k 的取值范围.

分析与解一（完全分离） 由 $\sqrt{4x-x^2}-kx+4k-4=0$ 得 $k(x-4)=\sqrt{4x-x^2}-3$，显然 $x\neq 4$（否则左右不相等），故有 $k=\dfrac{\sqrt{4x-x^2}-3}{x-4}$. 设 $h(x)=\dfrac{\sqrt{4x-x^2}-3}{x-4}$，$0\leqslant x<4$，则 $h'(x)=\dfrac{3\sqrt{4x-x^2}+2(x-4)}{(x-4)^2\sqrt{4x-x^2}}=\dfrac{\sqrt{4-x}\,(3\sqrt{x}-2\sqrt{4-x})}{(x-4)^2\sqrt{4x-x^2}}$. 易知当 $\dfrac{16}{13}<x<4$ 时 $h'(x)>0$，当 $0\leqslant x<\dfrac{16}{13}$ 时 $h'(x)<0$. 故 $h(x)$ 在 $\left[0,\dfrac{16}{13}\right]$ 上严格减，在 $\left(\dfrac{16}{13},4\right)$ 上严格增. 又因为 $h(0)=\dfrac{3}{4}$，$h\left(\dfrac{16}{13}\right)=\dfrac{5}{12}$，$h(4)=\lim\limits_{x\to 4^-}\dfrac{\sqrt{4x-x^2}-3}{x-4}=\lim\limits_{t\to 0^-}\dfrac{\sqrt{-t(t+4)}-3}{t}=+\infty$，故最终我们可得 k 的取值范围是 $\left(\dfrac{5}{12},\dfrac{3}{4}\right]$.

分析与解二（完全不分离） 设 $F(x)=\sqrt{4x-x^2}-kx+4k-3$，则 $F'(x)=\dfrac{2-x}{\sqrt{4x-x^2}}-k$，$F''(x)=\dfrac{-4}{\sqrt{4x-x^2}(4x-x^2)}<0$，因此 $F'(x)$ 在 $(0,4)$ 上严格减.

$$F'(0)=\lim_{x\to 0^+}\left(\dfrac{2-x}{\sqrt{4x-x^2}}-k\right)=2\lim_{x\to 0^+}\dfrac{1}{\sqrt{4x-x^2}}-k=+\infty,$$

$$F'(4)=\lim_{x\to 4^-}\left(\dfrac{2-x}{\sqrt{4x-x^2}}-k\right)=\lim_{t\to 0^-}\left(\dfrac{-t-2}{\sqrt{-t^2-4t}}-k\right)=-\infty,$$

故存在唯一的 $x_0\in(0,4)$ 使得 $F'(x_0)=0$，即 $\dfrac{2-x_0}{\sqrt{4x_0-x_0^2}}-k=0$，① 且当 $x\in(0,x_0)$ 时 $F'(x_0)>0$，当 $x\in(x_0,4)$ 时 $F'(x_0)<0$. 从而 $F(x)$ 在 $(0,x_0)$ 上严格增，在 $(x_0,4)$ 上严格减. 由于 $F(0)=4k-3$，$F(4)=-3$，故欲满足题目要求，即欲使函数 $F(x)$ 在 $[0,4]$ 上有两个零点，必须 $\begin{cases}F(0)\leqslant 0,\\ F(x_0)>0,\end{cases}$ 即 $\begin{cases}4k-3\leqslant 0,\quad ②\\ \sqrt{4x_0-x_0^2}-kx_0+4k-3>0.\quad ③\end{cases}$ 如何由①③式中解出 k 的范围？此处受阻！

分析与解三（半分离） 由 $\sqrt{4x-x^2}-kx+4k-3=0$ 得 $\sqrt{4x-x^2}=k(x-4)+3$. 设 $f(x)=\sqrt{4x-x^2}$，$g(x)=k(x-4)+3$，则原问题等价于函数 $f(x)$ 与 $g(x)$ 的图像[前者是上半圆，后者是恒过点 $(4,3)$ 的中心直线系]有且只有两个不同的交点. 在同一坐标系中作出它们的图像，容易求得 $k\in\left(\dfrac{5}{12},\dfrac{3}{4}\right]$.

由此可见，当我们面对具体的问题时，对方法的灵活选择是很关键的，平时的训练与反复尝试、对比可培养在解题现场尽快锁定较佳选择的题感，这需要解题者不断地思考与积累，绝非一日之功.

例 4.23 不等式 $x^4-3x+a\ln x+2\geqslant 0$ 在 $x\in(0,3)$ 上恒成立，求实数 a 的取值范围.

分析与解 观察可知不等式 $x^4-3x+a\ln x+2\geqslant 0$ 左边的代数式当 $x=1$ 时的值恰为零. 故若设 $f(x)=x^4-3x+a\ln x+2$，则上述不等式即 $f(x)\geqslant f(1)$，其中 $x\in(0,3)$.

因此 $f(x)_{\min}=f(1)=0$，故 1 是 $f(x)$ 的极小值点. 因为 $f'(x)=4x^3-3+\dfrac{a}{x}$，故 $f'(1)=1+a=0, a=-1$.

当 $a=-1$ 时，$f'(x)=4x^3-3-\dfrac{1}{x}=\dfrac{4x^4-3x-1}{x}=\dfrac{(x-1)(4x^3+4x^2+4x+1)}{x}$，可知当 $0<x<1$ 时 $f'(x)<0$，当 $1<x<3$ 时 $f'(x)>0$. 故 $f(x)$ 在 $(0,1)$ 上严格减，在 $(1,3)$ 上严格增. 因此 $f(x)_{\min}=f(1)=0$，从而 $x^4-3x+a\ln x+2\geqslant 0$ 在 $x\in(0,3)$ 上恒成立.

综上，a 的取值范围是 $\{-1\}$.

本题若走"参变分离""参变不分离"或"参变半分离"之路，可能都要费一番周折. 下面的例 4.24 是一道类似的题.

例 4.24 若对任意的 $x\in(0,2)$，$\dfrac{1}{(x-2)^2}\geqslant a\ln x+1$ 恒成立，求实数 a 的取值集合.

分析与解 原不等式可变为 $\dfrac{1}{(x-2)^2}-a\ln x-1\geqslant 0$. 观察可知该不等式左边的代数式当 $x=1$ 时的值恰为零. 故若设 $g(x)=\dfrac{1}{(x-2)^2}-a\ln x-1$，则上述不等式即 $g(x)\geqslant g(1)$，其中 $x\in(0,2)$. 因此 $g(x)_{\min}=g(1)=0$，故 1 是 $g(x)$ 的极小值点. 因为 $g'(x)=\dfrac{-2}{(x-2)^3}-\dfrac{a}{x}$，故 $g'(1)=2-a=0, a=2$.

当 $a=2$ 时，$g'(x)=\dfrac{-2}{(x-2)^3}-\dfrac{2}{x}=\dfrac{2(x-1)(x^2-5x+8)}{x(2-x)^3}$，可知当 $0<x<1$ 时 $g'(x)<0$，当 $1<x<2$ 时 $g'(x)>0$. 故 $g(x)$ 在 $(0,1)$ 上严格减，在 $(1,2)$ 上严格增. 因此 $g(x)_{\min}=g(1)=0$，从而 $\dfrac{1}{(x-2)^2}\geqslant a\ln x+1$ 在 $x\in(0,2)$ 上恒成立.

综上，a 的取值集合是 $\{2\}$.

值得提醒的是，类似例 4.23、例 4.24 中的方法在使用时可能会因不顾前提、盲目模仿而致误，如例 4.25(2).

例 4.25 (2021·山东省潍坊第四中学高三月考) 已知函数 $f(x)=\ln(x+1)-kx-1$，$x\geqslant 0$.

(1) 讨论函数 $f(x)$ 的单调性；

(2) 若关于 x 的不等式 $f(x)+\dfrac{e^x}{x+1}\geqslant 0$ 对任意的 $x\geqslant 0$ 恒成立，求实数 k 的取值范围.

分析与解 (1) 当 $k\leqslant 0$ 时，$f(x)$ 在 $[0,+\infty)$ 上严格增；当 $0<k<1$ 时，$f(x)$ 在 $\left(0,\dfrac{1}{k}-1\right)$ 上严格增，在 $\left(\dfrac{1}{k}-1,+\infty\right)$ 上严格减；当 $k\geqslant 1$ 时，$f(x)$ 在 $[0,+\infty)$ 上严格减. 过程略.

(2) 不等式 $f(x)+\dfrac{e^x}{x+1}\geqslant 0$ 即 $\ln(x+1)-kx-1+\dfrac{e^x}{x+1}\geqslant 0$. 若记 $h(x)=\ln(x+1)-kx-1+\dfrac{e^x}{x+1}$，则该不等式可写为 $h(x)\geqslant h(0)$，故 0 是函数 $h(x)$ 的最小值点且最小

值为 0. 因为 $h'(x) = \dfrac{1}{x+1} - k + \dfrac{x\mathrm{e}^x}{(x+1)^2}$，令 $h'(0) = 0$ 解得 $k = 1$，从而 k 的取值范围是 $\{1\}$.

显然，在(2)的上述解答中混淆了最值点与极值点这两个概念. 我们知道，极值点未必是最值点，最值点也未必是极值点. 因此武断地令 $h'(0) = 0$ 是错误的！

对(2)的正确求解可以走"不参变分离＋用不等式 $\mathrm{e}^x \geqslant x+1$＋对 k 分类讨论"之路，可求得 k 的取值范围是 $(-\infty, 1]$，过程从略.

导数的容颜之"当超越方程与多项式方程有等根时"

周末卷中出现的下面这道题(记为例 4.26)是富有独立思考精神的学生出错最多的.

例 4.26 已知函数 $f(x)=\dfrac{e^x}{x}-t\left(x+\dfrac{1}{x}\right)$ 在区间 $(0,+\infty)$ 上有且只有一个极值点，则实数 t 的取值范围为_____.

好几个优秀学生给出的答案均是 $(-\infty,1]\cup\left\{\dfrac{e}{2}\right\}$，而正确答案应是 $(-\infty,1]$. 那么 $\dfrac{e}{2}$ 是怎么产生的呢？

容易求得 $f'(x)=\dfrac{(x-1)[e^x-t(x+1)]}{x^2}$，故 $x=1$ 是一个驻点. 欲使函数 $f(x)$ 在区间 $(0,+\infty)$ 上有且只有一个极值点，需对 $g(x)=e^x-t(x+1)$ 有什么要求呢？我们通过以下几种情形做些分析.

① $g(x)$ 在 $(0,+\infty)$ 上无零点.
② $g(x)$ 在 $(0,+\infty)$ 上有唯一的零点 $x=1$.
③ 不管 $g(x)$ 在 $(0,+\infty)$ 上有没有零点，满足 $g(x)\geqslant 0$ 恒成立就行.
④ 不管 $g(x)$ 在 $(0,+\infty)$ 上有没有零点，满足 $g(x)\leqslant 0$ 恒成立就行.

对于情形①，由 $e^x-t(x+1)=0$ 得 $t=\dfrac{e^x}{x+1}$. 由于 $\left(\dfrac{e^x}{x+1}\right)'=\dfrac{xe^x}{(x+1)^2}>0$，故 $\dfrac{e^x}{x+1}$ 在 $(0,+\infty)$ 上严格增，因此 $\dfrac{e^x}{x+1}\in(1,+\infty)$. 故 $a\leqslant 1$.

对于情形②，由 $g(1)=e^1-t(1+1)=0$ 解得 $t=\dfrac{e}{2}$. 当 $t=\dfrac{e}{2}$ 时，$g(x)=e^x-\dfrac{e}{2}(x+1)$，故 $g'(x)=e^x-\dfrac{e}{2}$，从而当 $0<x<\ln\dfrac{e}{2}$ 时 $g'(x)<0$，当 $x>\ln\dfrac{e}{2}$ 时 $g'(x)>0$. 所以此时 $g(x)$ 在 $\left(0,\ln\dfrac{e}{2}\right)$ 上严格减，在 $\left(\ln\dfrac{e}{2},+\infty\right)$ 上严格增. 又因 $g(0)=e^0-\dfrac{e}{2}(0+1)=1-\dfrac{e}{2}<0$，$g(1)=0$，故 $x=1$ 确实是 $g(x)$ 在 $(0,+\infty)$ 上唯一的零点，继而 $f'(x)$ 在

$(0,+\infty)$ 上确实只有一个零点 $x=1$. 但为什么 $t=\dfrac{e}{2}$ 不符合题目要求呢?

我们知道,驻点未必是极值点,所以当 $t=\dfrac{e}{2}$ 时所获得的唯一驻点 $x=1$ 是否为原函数 $f(x)$ 的极值点需经检验才行! 教材中明确指出:"要找到函数 $f(x)$ 的极值点,通过 $f'(x_0)$ 找到驻点 $x=x_0$ 只是第一步,还要根据驻点附近 $f'(x)$ 的符号才能断定 x_0 是否为 $f(x)$ 的极值点."

由 $f'(x)=\dfrac{(x-1)\left[e^x-\dfrac{e}{2}(x+1)\right]}{x^2}$,令 $h(x)=(x-1)\left[e^x-\dfrac{e}{2}(x+1)\right]$,则我们容易求得 $h'(x)=x(e^x-e)$,故当 $0<x<1$ 时 $h'(x)<0$,当 $x>1$ 时 $h'(x)>0$. 由此可得 $h(x)$ 在 $(0,1)$ 上严格减,在 $(1,+\infty)$ 上严格增,故 $h(x)\geqslant h(1)=0$. 由此可见在驻点 $x=1$ 附近 $f'(x)$ 的符号并未发生变化,因此 $t=\dfrac{e}{2}$ 不符合题目要求. 此时的 $f(x)$ 在 $(0,+\infty)$ 上是严格递增的,如图 4.20(a) 所示. 为便于比较,我们也同时给出了当 t 取其他一些值时函数 $y=\dfrac{e^x}{x}-t\left(x+\dfrac{1}{x}\right)$ $(x\in \mathbf{R},x\neq 0)$ 的完整图像[图 4.20(b)(c)(d)(e)].

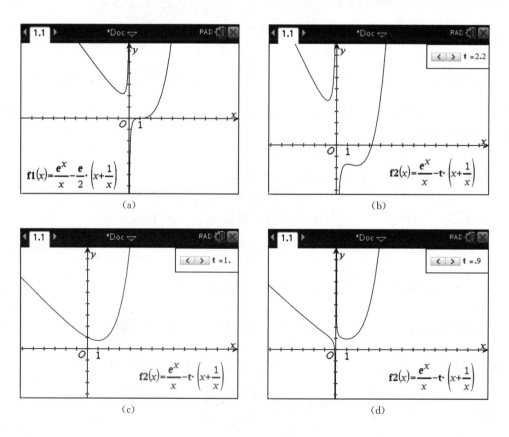

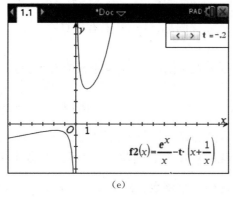

(e)

图 4.20

值得关注的是,当 $t=1$ 时函数 $f(x)=\dfrac{e^x}{x}-\left(x+\dfrac{1}{x}\right)$ 的图像并不以 y 轴为渐近线!这是因为 $\lim\limits_{x\to 0}\left[\dfrac{e^x}{x}-\left(x+\dfrac{1}{x}\right)\right]=\lim\limits_{x\to 0}\dfrac{e^x-x^2-1}{x}=\lim\limits_{x\to 0}\dfrac{e^x-2x}{1}=1$,而当 $t>1$ 时,

$$\lim_{x\to 0^+}\left[\dfrac{e^x}{x}-t\left(x+\dfrac{1}{x}\right)\right]=\lim_{x\to 0^+}\left(\dfrac{e^x-1}{x}+\dfrac{1-t}{x}-tx\right)=\lim_{x\to 0^+}\dfrac{e^x-1}{x}+\lim_{x\to 0^+}\dfrac{1-t}{x}-\lim_{x\to 0^+}tx$$
$$=1-\infty-0=-\infty,$$

$$\lim_{x\to 0^-}\left[\dfrac{e^x}{x}-t\left(x+\dfrac{1}{x}\right)\right]=\lim_{x\to 0^-}\left(\dfrac{e^x-1}{x}+\dfrac{1-t}{x}-tx\right)=\lim_{x\to 0^-}\dfrac{e^x-1}{x}+\lim_{x\to 0^-}\dfrac{1-t}{x}-\lim_{x\to 0^-}tx$$
$$=1+\infty-0=+\infty.$$

$t<1$ 的情况则与 $t>1$ 相反.

对于情形③,由 $g(x)=e^x-t(x+1)\geqslant 0$ 得 $t\leqslant\dfrac{e^x}{x+1}$ 在 $(0,+\infty)$ 上恒成立,由情形①中的分析可知 $\dfrac{e^x}{x+1}\in(1,+\infty)$,故 $t\leqslant 1$.

对于情形④,由 $g(x)=e^x-t(x+1)\leqslant 0$ 得 $t\geqslant\dfrac{e^x}{x+1}$ 在 $(0,+\infty)$ 上恒成立,$t\in\varnothing$.

综上,我们发现这些优秀学生虽然思考问题比较全面,但仍然不够严密,对驻点与极值点的关系尚缺乏足够清楚的认识.

在课堂上分析本题时,绝大多数同学的认识让笔者警惕,与前述优秀生相比较,除去他们没有考虑超越方程 $e^x-t(x+1)=0$ 可能与多项式方程 $x-1=0$ 有等根这种特殊情况外,他们一致认为"方程 $e^x-t(x+1)=0$ 必须无解才行".确实,按照这种思路做出来的也是正确结果"$t\leqslant 1$".但在上课与学生交流时总感觉哪儿不对,又苦于没有清晰的理由说服大家.

下课后,在暂时思考无果的情况下笔者用手机查到了网上的一些解答,这些解答基本上是一致的,现将其核心思路摘录如下:

由 $f'(x)=\dfrac{(x-1)[e^x-t(x+1)]}{x^2}$,因为函数 $f(x)$ 在区间 $(0,+\infty)$ 上有且只有一个

极值点，所以 $f'(x)$ 在区间 $(0, +\infty)$ 上有且只有一个实数根，即方程 $\dfrac{(x-1)[e^x - t(x+1)]}{x^2} = 0$ 在区间 $(0, +\infty)$ 上有且只有一个实数根. 因为 $x = 1$ 已是该方程的根，所以 $e^x - t(x+1) = 0$ 在区间 $(0, +\infty)$ 上没有实数根，即方程 $t = \dfrac{e^x}{x+1}$ 在区间 $(0, +\infty)$ 上没有实数根，等价于 $y = t$ 与 $y = \dfrac{e^x}{x+1}$ 的图像在 $(0, +\infty)$ 上没有交点.

笔者读过这段解析之后内心是满怀疑惑的. 几次尝试之后（具体方法是先人为写出一个能成为上述思路反例的解析式作为导函数，再利用高等数学中学的不定积分知识找出它的一个原函数），找到了这样一个函数：$y = \dfrac{x^2}{2} - 5x + \dfrac{4}{x} + 8\ln x$. 若记其为 $F(x)$，则易知

$$F'(x) = x - 5 - \dfrac{4}{x^2} + \dfrac{8}{x} = \dfrac{x^3 - 5x^2 + 8x - 4}{x^2} = \dfrac{(x-1)(x-2)^2}{x^2}.$$

故可推知 $F(x)$ 在 $(0, 1)$ 上严格减，在 $(1, +\infty)$ 上严格增. 然而导函数除了有一个零点 $x = 1$ 外，还有介于 $(0, +\infty)$ 内的第二个零点 $x = 2$!

类似的反例还可以轻松地找到不少，再如对于函数

$$G(x) = \dfrac{x^4}{4} - \dfrac{11x^3}{3} + \dfrac{47}{2}x^2 - 97x + \dfrac{36}{x} + 96\ln x,$$

计算可得 $G'(x) = \dfrac{(x-1)(x-2)^2(x-3)^3}{x^2}$. 故可推知 $G(x)$ 在 $(0, 1)$ 上严格减，在 $(1, +\infty)$ 上严格增. 然而导函数除了有一个零点 $x = 1$ 外，还有介于 $(0, +\infty)$ 内的另两个零点 $x = 2$ 和 $x = 3$!

事实上，只要在上述构造的函数 $F(x)$ 或 $G(x)$ 的基础上再加上一个任意的常值函数所得的函数也都可以作为反例，即存在无数个反例.

为获得一个直观的印象，我们给出函数 $F(x)$ 与 $G(x)$ 的图像如下（图 4.21）.

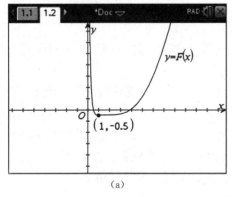

(a)

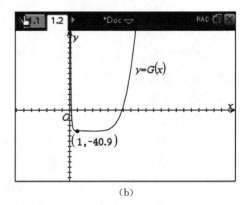

(b)

图 4.21

由上述分析可知绝大部分同学以及网上的解答依据均是错误的！然而循着错误原理却得出了正确的结果,是偶然的巧合？还是题目中函数的结构特征使得这种错误不再是错误？这是一个值得深思与继续探究的课题.

让我们再看两道类似的问题,期待能窥到其中的奥秘.

下面这道例 4.27 与例 4.26 的类型完全相同,但在细节处理上却又大相径庭!

例 4.27 已知函数 $f(x)=\dfrac{e^x}{x}-ax+a\ln x$,其中 $a>0$.

(1) 若函数 $f(x)$ 仅在 $x=1$ 处取得极值,求实数 a 的取值范围;

(2) 若函数 $f(x)$ 在 $(0,+\infty)$ 上有且只有一个极值点,求实数 a 的取值范围.

分析与解 (1) 容易求得 $f'(x)=\dfrac{(x-1)(e^x-ax)}{x^2}$,令 $g(x)=e^x-ax(x>0)$,仿照例 4.26 的做法,我们通过以下几种情形做些分析.

① $g(x)$ 在 $(0,+\infty)$ 上无零点.

② $g(x)$ 在 $(0,+\infty)$ 上有唯一的零点 $x=1$.

③ 不管 $g(x)$ 在 $(0,+\infty)$ 上有没有零点,满足 $g(x)\geqslant 0$ 恒成立就行.

④ 不管 $g(x)$ 在 $(0,+\infty)$ 上有没有零点,满足 $g(x)\leqslant 0$ 恒成立就行.

对于情形①,由 $e^x-ax=0$ 得 $a=\dfrac{e^x}{x}$.由于 $\left(\dfrac{e^x}{x}\right)'=\dfrac{e^x(x-1)}{x^2}$,故 $\dfrac{e^x}{x}$ 在 $(0,1)$ 上严格减,在 $(1,+\infty)$ 上严格增.又 $\lim\limits_{x\to 0^+}\dfrac{e^x}{x}=+\infty$,$\lim\limits_{x\to+\infty}\dfrac{e^x}{x}=\lim\limits_{x\to+\infty}\dfrac{e^x}{1}=+\infty$,因此 $\dfrac{e^x}{x}\in[e,+\infty)$.故 $0<a<e$.

对于情形②,由 $g(1)=e^1-a\cdot 1=0$ 解得 $a=e$.当 $a=e$ 时,$g(x)=e^x-ex$,故 $g'(x)=e^x-e$,从而当 $0<x<1$ 时 $g'(x)<0$,当 $x>1$ 时 $g'(x)>0$.所以此时 $g(x)$ 在 $(0,1)$ 上严格减,在 $(1,+\infty)$ 上严格增.又因 $g(0)=e^0-e\cdot 0=1>0$,$g(1)=0$,故 $x=1$ 确实是 $g(x)$ 在 $(0,+\infty)$ 上唯一的零点,继而 $f'(x)$ 在 $(0,+\infty)$ 上确实只有一个零点 $x=1$.那是不是像例 4.26 一样最终 $a=e$ 却不合题意呢？看来仍需检验才能下结论！

由 $f'(x)=\dfrac{(x-1)(e^x-ex)}{x^2}$,令 $h(x)=(x-1)(e^x-ex)$,由前述对情形①中函数 $y=\dfrac{e^x}{x}$ 单调性的讨论可知,当 $x\in(0,1)$ 时 $\dfrac{e^x}{x}>e$,从而 $e^x>ex$,$e^x-ex>0$,此时有 $h(x)<0$,$f'(x)<0$;而当 $x\in(1,+\infty)$ 时 $\dfrac{e^x}{x}>e$,从而 $e^x>ex$,$e^x-ex>0$,此时有 $h(x)>0$,$f'(x)>0$.故在唯一的驻点 $x=1$ 两侧 $f'(x)$ 的符号发生了改变,因此 $a=e$ 也符合题意！如图 4.22(a)所示.为便于比较,我们也同时给出了当 a 取其他一些值时函数 $y=\dfrac{e^x}{x}-ax+a\ln x$ 的完整图像[图 4.22(b)(c)].

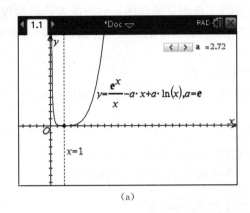
(a)
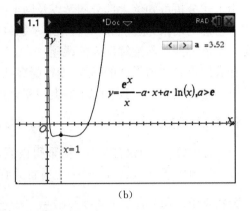
(b)

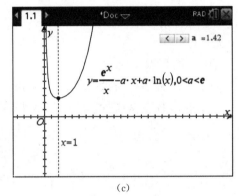
(c)

图 4.22

一个共同的规律是:在形如 $f'(x)=\dfrac{(x-x_0)g(x)}{x^{2n}}(n\in\mathbf{N}^*)$ 的导函数的表达式中,当超越方程 $g(x)=0$ 与多项式方程 $x-x_0=0$ 有等根时,该根 x_0 能否成为原函数的极值点取决于函数 $g(x)$ 在 x_0 两侧是否变号. 若变号则不能(如例 4.26),若不变号则能[如例 4.27(1)],如图 4.23(a)(b)所示.

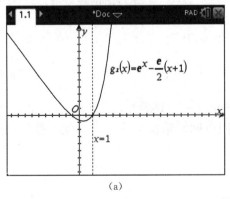
(a)
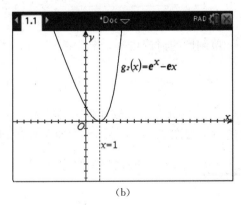
(b)

图 4.23

对于情形③,由$g(x)=e^x-ax\geqslant 0$得$a\leqslant \dfrac{e^x}{x}$在$(0,+\infty)$上恒成立,由情形①中的分析可知$\dfrac{e^x}{x}\in[e,+\infty)$,故$0<a\leqslant e$.

对于情形④,由$g(x)=e^x-ax\leqslant 0$得$a\geqslant \dfrac{e^x}{x}$在$(0,+\infty)$上恒成立,$a\in\varnothing$.

看来无论是例4.26还是例4.27,用情形③中提供的思路是最简洁、准确的!

现在我们来看例4.27(2).

由(1)我们已经知道若$x=1$是$f(x)$在$(0,+\infty)$上唯一的极值点,则a的取值范围是$(0,e]$.下面要思考的是若唯一的那个极值点不是$x=1$,而是另外一个数,这种情况可能发生吗? 由$f'(x)=\dfrac{(x-1)(e^x-ax)}{x^2}$可知$x=1$是驻点,但它不是极值点.因此那个唯一的极值点一定是方程$e^x-ax=0$的解.由$e^x-ax=0$得$a=\dfrac{e^x}{x}$.由前述对函数$h(x)=\dfrac{e^x}{x}$的分析可知,$h(x)$在$(0,1)$上严格减,在$(1,+\infty)$上严格增,且$\lim\limits_{x\to 0^+}\dfrac{e^x}{x}=\lim\limits_{x\to+\infty}\dfrac{e^x}{x}=+\infty$,故$h(x)\in[e,+\infty)$.

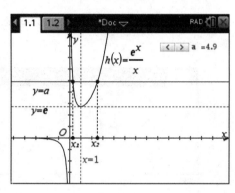

图4.24

如图4.24,当$a\geqslant e$时方程$e^x-ax=0$有解,但当$a=e$时的解$x=1$已证其为极值点,故只需考察$a>e$时的情况.设此时方程$e^x-ax=0$的解为x_1,x_2,其中$0<x_1<1<x_2$.x_1,x_2中的某一个可能成为$f(x)$的极值点吗?(当然还需满足此时$x=1$不能再是极值点)

当$x\in(0,x_1)$时,$\dfrac{e^x}{x}>a$且$x<1$,从而$e^x-ax>0$且$x-1<0$,此时$f'(x)<0$,$f(x)$严格减;当$x\in(x_1,1)$时,$\dfrac{e^x}{x}<a$且$x<1$,从而$e^x-ax<0$且$x-1<0$,此时$f'(x)>0$,$f(x)$严格增;当$x\in(1,x_2)$时,$\dfrac{e^x}{x}<a$且$x>1$,从而$e^x-ax<0$且$x-1>0$,此时$f'(x)<0$,$f(x)$严格减;当$x\in(x_2,+\infty)$时,$\dfrac{e^x}{x}>a$且$x>1$,从而$e^x-ax>0$且$x-1>0$,此时$f'(x)>0$,$f(x)$严格增.故$f(x)$有三个极值点,其中x_1,x_2是极小值点,1是极大值点.如图4.22(b)是当$a=3.52$时函数$f(x)$的图像.

由此可见,例4.27(2)的答案仍然是$a\in(0,e]$.

我们自然要问,有没有可能那个唯一的极值点是$g(x)$的某一个零点而非其前面那个一次多项式的根呢?笔者带着这个问题去寻找身边资料中现成的题目,一时竟没有合适的发现.后来一想为什么不自己构造呢?于是很快就有了下面自编的例4.28.

例4.28 已知函数$f(x)=\dfrac{x^2}{2}+\dfrac{2}{x}-(a+1)x+(a+2)\ln x$.

(1)若函数$f(x)$仅在$x=1$处取得极值,求实数a的取值范围;

(2) 若函数 $f(x)$ 在 $(0,+\infty)$ 上有且只有一个极值点,求实数 a 的取值范围.

分析与解 容易求得

$$f'(x) = x - \frac{2}{x^2} - (a+1) + \frac{a+2}{x} = \frac{x^3 - 2 - (a+1)x^2 + (a+2)x}{x^2}$$
$$= \frac{x^3 - x^2 - ax^2 + ax + 2x - 2}{x^2},$$

从而我们有 $f'(x) = \dfrac{(x-1)(x^2 - ax + 2)}{x^2}$.

对于(1),仿照例 4.26、例 4.27 中情形③中提供的思路,令 $x^2 - ax + 2 \geqslant 0$ 在 $(0,+\infty)$ 上恒成立(此处笔者在探索时犯了错误,写了"在 $(0,+\infty)$ 上"却没考虑,而是直接令 $\Delta \leqslant 0$ 解得 $a = [-2\sqrt{2}, 2\sqrt{2}]$. 后来在用课件画图时才意识到错误,此处正是"人技良性互动"的结果),解得 $a \in (-\infty, 2\sqrt{2})$. 图 4.25 显示了当 $a = -6, -2\sqrt{2}, 2\sqrt{2}, 4.4$ 时函数 $f(x)$ 的图像.

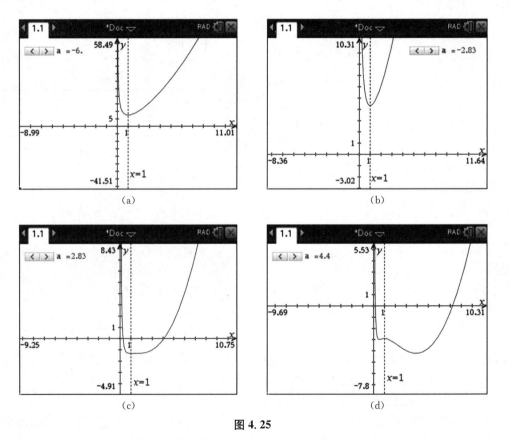

图 4.25

对于第(2)小问,由导函数的解析式显然可见当 $a=3$ 时,$x=1$ 已不是极值点,唯一的那个极值点变成了 $x=2$! 事实上,笔者在构造函数 $f(x)$ 时正是先在纸上写出一个类似上述结构的 $f'(x)$,再用求不定积分的方法反推出 $f(x)$ 的解析式(当然不止一个).

现在我们来看一下,事情是怎样发生反转的.

首先同例 4.26、例 4.27 类似,我们要考虑当方程 $x^2-ax+2=0$ 也有 $x=1$ 这个根的情况,此时由 $1^2-a\cdot 1+2=0$ 得 $a=3$. 此时的导函数 $f'(x)$ 变为 $f'(x)=\dfrac{(x-1)^2(x-2)}{x^2}$,显然 $x=2$ 是唯一的驻点,且当 $x\in(0,2)$ 时 $f'(x)\leqslant 0$(等号仅在 $x=1$ 处取到),当 $x\in(2,+\infty)$ 时 $f'(x)>0$. 故 $f(x)$ 在 $(0,2)$ 上严格减,在 $(2,+\infty)$ 上严格增,$x=2$ 是极小值点,如图 4.26 所示.

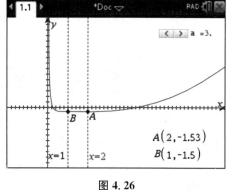

图 4.26

接下来的问题是除了 $a\in(-\infty,2\sqrt{2})\cup\{3\}$ 外,还有其他的实数 a 符合例 4.28(2) 的要求吗?

由 $x^2-ax+2=0$ 得 $a=x+\dfrac{2}{x}(x>0)$. 我们首先从几何角度再感受一下 $a=3$ 为什么可以把本应该属于 $x=1$ 的极值权抢过来给了 $x=2$.

由图 4.26 可知,当 $x\in(0,1)$ 时,$x+\dfrac{2}{x}>a$ 且 $x<1$,从而 $x^2-ax+2>0$ 且 $x-1<0$,此时 $f'(x)<0$,$f(x)$ 严格减;当 $x\in(1,2)$ 时,$x+\dfrac{2}{x}<a$ 且 $x>1$,从而 $x^2-ax+2<0$ 且 $x-1>0$,此时 $f'(x)<0$,$f(x)$ 严格减;当 $x\in(2,+\infty)$ 时,$x+\dfrac{2}{x}>a$ 且 $x>1$,从而 $x^2-ax+2>0$ 且 $x-1>0$,此时 $f'(x)>0$,$f(x)$ 严格增. 故 $f(x)$ 只在驻点 $x=2$ 两侧有单调性的改变,而在 $x=1$ 两侧则失去了这种特性. 故只有 $x=2$ 是极值点,且是极小值点.

现在我们来考察 $a\in(2\sqrt{2},3)\cup(3,+\infty)$ 时的情况,借助图像思考仍是明智之举.

如图 4.27(a)(b)所示,当 $a\in(3,+\infty)$ 时,方程 $x^2-ax+2=0$ 有两个相异的正根 x_1,x_2,其中 $0<x_1<1<x_2$.

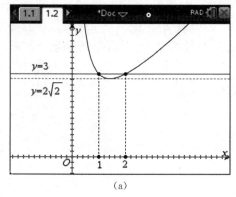
(a)

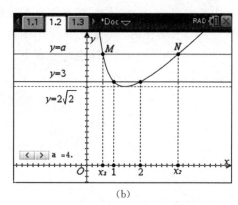
(b)

图 4.27

当 $x\in(0,x_1)$ 时,$x+\dfrac{2}{x}>a$ 且 $x<1$,从而 $x^2-ax+2>0$ 且 $x-1<0$,此时

$f'(x)<0$,$f(x)$ 严格减;当 $x\in(x_1,1)$ 时,$x+\dfrac{2}{x}<a$ 且 $x<1$,从而 $x^2-ax+2<0$ 且 $x-1<0$,此时 $f'(x)>0$,$f(x)$ 严格增;当 $x\in(1,x_2)$ 时,$x+\dfrac{2}{x}<a$ 且 $x>1$,从而 $x^2-ax+2<0$ 且 $x-1>0$,此时 $f'(x)<0$,$f(x)$ 严格减;当 $x\in(x_2,+\infty)$ 时,$x+\dfrac{2}{x}>a$ 且 $x>1$,从而 $x^2-ax+2>0$ 且 $x-1>0$,此时 $f'(x)>0$,$f(x)$ 严格增.故 $f(x)$ 有三个极值点,其中 x_1,x_2 是极小值点,1 是极大值点.图 4.25 中呈现了当 $a=4.4$ 时函数 $f(x)$ 的图像.

当 $a\in(2\sqrt{2},3)$ 时,方程 $x^2-ax+2=0$ 有两个相异的正根 x_1,x_2,其中 $1<x_1<x_2$,如图 4.28.当 $x\in(0,1)$ 时,$x+\dfrac{2}{x}>a$ 且 $x<1$,从而 $x^2-ax+2>0$ 且 $x-1<0$,此时 $f'(x)<0$,$f(x)$ 严格减;当 $x\in(1,x_1)$ 时,$x+\dfrac{2}{x}>a$ 且 $x>1$,从而 $x^2-ax+2>0$ 且 $x-1>0$,此时 $f'(x)>0$,$f(x)$ 严格增;当 $x\in(x_1,x_2)$ 时,$x+\dfrac{2}{x}<a$ 且 $x>1$,从而 $x^2-ax+2<0$ 且 $x-1>0$,此时 $f'(x)<0$,$f(x)$ 严格减;当 $x\in(x_2,+\infty)$ 时,$x+\dfrac{2}{x}>a$ 且 $x>1$,从而 $x^2-ax+2>0$ 且 $x-1>0$,此时 $f'(x)>0$,

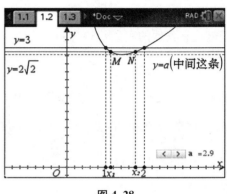

图 4.28

$f(x)$ 严格增.故 $f(x)$ 有三个极值点,其中 1,x_2 是极小值点,x_1 是极大值点.

综合上述分析,我们将例 4.27(2) 的答案确认为 $a\in(-\infty,2\sqrt{2}]\cup\{3\}$.

研究还在继续,能否找到这样的例子:在形如 $f'(x)=\dfrac{(x-x_0)g(x)}{x^{2n}}(n\in\mathbf{N}^*)$ 的导函数的表达式中,$g(x)=0$ 是超越方程而不是多项式方程,当超越方程 $g(x)=0$ 与多项式方程 $x-x_0=0$ 有等根时,该根 x_0 不是原函数 $f(x)$ 的极值点,但原函数唯一的极值点是超越方程 $g(x)=0$ 的另一个根.这也是笔者下一步需要继续探索的.对数学的探索与理解之路永无尽头,但充满诱惑与风采!

导数的容颜之"从奇异的'点范围'到'隔离直线'"

近期复习导数,做到过一道解法与结果都很独特的含参不等式恒成立问题.

例 4.29 若不等式 $x^2 - a\ln x \geqslant 1$ 对任意的 $x \in (0, +\infty)$ 恒成立,求实数 a 的取值范围.

分析与解 初步判断这是一道常规的含参不等式恒成立问题. 思路主要是参变分离与参变不分离.

探索 1(参变分离) 由 $x^2 - a\ln x \geqslant 1$ 得 $a\ln x \leqslant x^2 - 1$.

(1) 若 $x = 1$,则不等式变为 $a \cdot 0 \leqslant 1^2 - 1$,即 $0 \leqslant 0$,成立,$a \in \mathbf{R}$.

(2) 若 $0 < x < 1$,则不等式变为 $a \geqslant \dfrac{x^2-1}{\ln x}$. 令 $f(x) = \dfrac{x^2-1}{\ln x}$,则因为

$$f'(x) = \frac{2x\ln x - (x^2-1)\cdot \dfrac{1}{x}}{(\ln x)^2} = \frac{2x\ln x - x + \dfrac{1}{x}}{(\ln x)^2} \geqslant \frac{2x\left(1-\dfrac{1}{x}\right) - x + \dfrac{1}{x}}{(\ln x)^2}$$

(当且仅当 $x = 1$ 时取到等号),

从而 $f'(x) > \dfrac{2x - 2 - x + \dfrac{1}{x}}{(\ln x)^2} = \dfrac{x + \dfrac{1}{x} - 2}{(\ln x)^2} > 0$,故 $f(x)$ 在 $(0, 1)$ 上严格增. 而

$$\lim_{x\to 1^-}\frac{x^2-1}{\ln x} = \lim_{x\to 1^-}\frac{2x}{\dfrac{1}{x}} = \lim_{x\to 1^-} 2x^2 = 2,$$

故此种情况下我们求得 a 的取值范围为 $a \geqslant 2$.

(3) 若 $x > 1$,则不等式变为 $a \leqslant \dfrac{x^2-1}{\ln x}$. 类似上述(2)中讨论可得 $f(x)$ 在 $(1, +\infty)$ 上严格增,又因为 $\lim_{x\to 1^+}\dfrac{x^2-1}{\ln x} = 2$,故此种情况下我们求得 a 的取值范围为 $a \leqslant 2$.

综上,a 的取值范围为 $\mathbf{R} \cap (-\infty, 2] \cap [2, +\infty) = \{2\}$.

这个结果还是挺出乎意料的,是典型的"点范围",即取值范围中只有一个数. 尽管在高一学函数、高二学数列时也遇到过这种范围,但在导数中学生还是第一次遇到(类似于例 4.23、例 4.24),特别是与其他的含参不等式恒成立问题的结果相比较,这个"点范围"确实有

些独特.

探索 1 对学生来讲有两处难点:其一是对函数 $f(x)$ 单调性的分析,如果仅通过多次求导来判断 $f(x)$ 的单调性有些困难,因此使用了不等式 $\ln x \geqslant 1 - \frac{1}{x}$,化超越为代数,比较顺利;其二是如何确定 $f(x)$ 在 $x=1$ 处的"值",使用了洛必达法则求函数极限.

探索 2(不参变分离) 设 $g(x) = x^2 - a\ln x - 1$,则 $g'(x) = 2x - \frac{a}{x} = \frac{2x^2 - a}{x}$.

(1) 当 $a \leqslant 0$ 时,$g'(x) > 0$,$g(x)$ 在 $(0, +\infty)$ 上严格增,因为 $g\left(\frac{1}{e}\right) = \frac{1}{e^2} + a - 1 < 0 + a \leqslant 0$,即 $g\left(\frac{1}{e}\right) < 0$,不符合题意.

(2) 当 $a > 0$ 时,$g'(x)$ 在 $\left(0, \sqrt{\frac{a}{2}}\right)$ 上为负,在 $\left(\sqrt{\frac{a}{2}}, +\infty\right)$ 上为正,从而 $g(x)$ 在 $\left(0, \sqrt{\frac{a}{2}}\right)$ 上严格减,在 $\left(\sqrt{\frac{a}{2}}, +\infty\right)$ 上严格增,故 $g(x)_{\min} = g\left(\sqrt{\frac{a}{2}}\right)$. 由题意必须 $g(x)_{\min} \geqslant 0$,即 $g\left(\sqrt{\frac{a}{2}}\right) \geqslant 0$,即 $\frac{a}{2} - a\ln\sqrt{\frac{a}{2}} - 1 \geqslant 0$,亦即 $a - a\ln\frac{a}{2} - 2 \geqslant 0$. 记

$$h(x) = x - x\ln\frac{x}{2} - 2 \quad (x > 0),$$

则 $h'(x) = 1 - \ln\frac{x}{2} - x \cdot \frac{2}{x} \cdot \frac{1}{2} = -\ln\frac{x}{2}$,显然 $h'(x)$ 在 $(0, +\infty)$ 上严格减,且 $h'(2) = 0$. 故 $h(x)$ 在 $(0, 2)$ 上严格增,在 $(2, +\infty)$ 上严格减,故 $h(x) \leqslant h(2) = 0$,从而 $a - a\ln\frac{a}{2} - 2 \leqslant 0$. 所以不等式 $a - a\ln\frac{a}{2} - 2 \geqslant 0$ 只能当取等号的时候才能成立! 又因为取等号时当且仅当 $a = 2$,本小类最终求得的 a 的范围是 $\{2\}$.

综上,a 的取值范围是 $\{2\}$.

相对于探索 1,探索 2 对学生来讲难度较低,但第(2)小类中对不等式 $a - a\ln\frac{a}{2} - 2 \geqslant 0$ 的求解稍嫌诡异. 打个比方说,要求一个本来非正的数非负,那它只能是 0,这样就把解该不等式的问题转化为解方程即可,再根据等号成立的条件立得解集.

在探索 2 第(2)小类求解时,在寻求 $g(x)_{\min}$ 的过程中,可能会发现一个稍纵即逝的现象:$g(1) = 0$. 这让我们马上联想到可以把题设中的不等式改写为函数不等式,即 $g(x) \geqslant g(1)$. 这种结构通常会让人联想到"借助单调性脱去外套 g"的变形操作,但这对于求参数 a 的取值范围好像没有多大帮助. 久思之后,我们发现,$g(1)$ 实际上充当了函数 $g(x)$ 的最小值的角色,而 $1 \in (0, +\infty)$,故 1 是 $g(x)$ 的极小值点. 由 $g'(1) = 0$ 求得 a 的值,再检验即可(类似于例 4.23、例 4.24). 由此可得下面的探索 3.

探索 3 设 $g(x) = x^2 - a\ln x - 1$,则 $g(1) = 0$. 因为 $x^2 - a\ln x - 1 \geqslant 0$ 恒成立,故 1 是 $g(x)$ 的极小值点. 由 $g'(x) = 2 \times 1 - \frac{a}{1} = 0$ 解得 $a = 2$. 当 $a = 2$ 时,对 $g(x) = x^2 - $

$2\ln x - 1$ 求导得 $g'(x) = 2x - \dfrac{2}{x} = \dfrac{2(x+1)(x-1)}{x}$,故可得 $g(x)$ 在 $(0,1)$ 上严格减,在 $(1, +\infty)$ 上严格增,从而 $g(x)_{\min} = g(1) = 0$,$g(x) = x^2 - a\ln x - 1 \geqslant 0$ 恒成立,符合题意. 综上,a 的取值范围是 $\{2\}$.

以下给出了当 a 取几个不同值时的函数 $g(x) = x^2 - a\ln x - 1$ 的图像(图 4.29),以便在横向对比中深化对例 4.29 的认识.

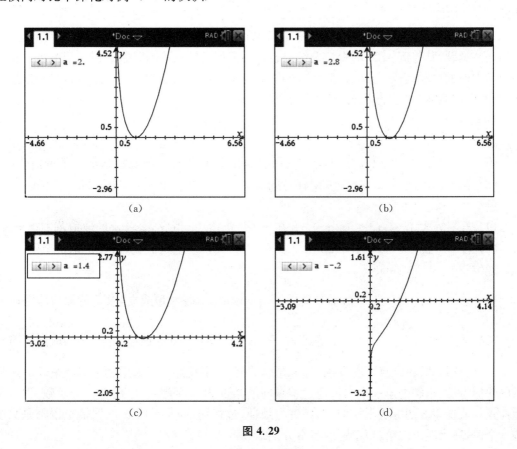

图 4.29

本题的"奇异果"(奇异的结果)让笔者浮想联翩.

回顾与反思一 高一、高二在学习"函数的单调性"与"数列"时也遇到过类似的问题,摘录如下.

例 4.30 已知函数 $f(x) = -x^2 + 1$,$g(x) = f[f(x)]$,若负实数 p 使得函数 $F(x) = pg(x) + f(x)$ 在 $(-3, 0)$ 上单调递增,且在 $(-\infty, -3]$ 上单调递减,求 p 的取值范围.

例 4.30 可用函数单调性定义转化为含参不等式恒成立问题,当然也可用导数完成,比如根据 -3 是极小值点来寻求突破点. 答案是 $p \in \left\{-\dfrac{1}{17}\right\}$.

例 4.31 已知数列 $\{a_n\}$ 满足 $a_1 = a$(a 为常数,$a \in \mathbf{R}$),$a_{n+1} = 2^n - 3a_n$($n \in \mathbf{N}^*$),设 $b_n = \dfrac{a_n}{2^n}$($n \in \mathbf{N}^*$).

(1) 求数列 $\{b_n\}$ 所满足的递推公式;

(2) 求常数 c, q 使得 $b_{n+1}-c=q(b_n-c)$ 对一切 $n\in \mathbf{N}^*$ 恒成立；

(3) 求数列 $\{a_n\}$ 的通项公式并求使得数列 $\{a_n\}$ 为递增数列时实数 a 的取值范围.

解 （1）$\begin{cases} b_1=\dfrac{a}{2}, \\ b_{n+1}=\dfrac{1}{2}-\dfrac{3}{2}b_n(n\in \mathbf{N}^*);\end{cases}$ （2）$c=\dfrac{1}{5}$, $q=-\dfrac{3}{2}$；（3）$a\in\left\{\dfrac{2}{5}\right\}$. 过程从略.

回顾与反思二 继例 4.29 之后,笔者又遇到了与之结构极为类似的一些试题,对于其中的某些试题,其与例 4.29 的做法及结果也颇为相似,呈"点范围"状态. 但对于其他一些结构极为类似的试题,解法与结果却完全不同. 通过求解这些试题构成的题组可以真切地感受到"量变引起质变,差之毫厘异之千里"的智慧之语.

例 4.32

题组一

(1) 若不等式 $x^2-a\ln x-1\geqslant 0$ 对任意的 $x\in(0,+\infty)$ 恒成立,求 a 的取值范围；

(2) 若不等式 $x^2-a\ln x\geqslant 0$ 对任意的 $x\in(0,+\infty)$ 恒成立,求 a 的取值范围.

题组二

(1) 若不等式 $3x-x^4\leqslant a\ln x+2$ 在 $x\in(0,3)$ 上恒成立,求 a 的取值范围；

(2) 若不等式 $3x-x^4\leqslant a\ln x+2.1$ 在 $x\in(0,3)$ 上恒成立,求 a 的取值范围.

题组三

(1) 对任意的 $x\in(0,2)$,不等式 $\dfrac{1}{(x-2)^2}\geqslant a\ln x+1$ 恒成立,求 a 的取值范围；

(2) 对任意的 $x\in(0,2)$,不等式 $\dfrac{1}{(x-2)^2}\geqslant a\ln x+0.5$ 恒成立,求 a 的取值范围.

通过分析与具体计算可以发现,每个题组的第(1)小题都可以采用例 4.29 "探索 3" 中提供的快捷方法,求解的第一步都可通过移项将右边变为零,而将左边视为一个函数. 但若采用探索 1 或探索 2 的方法则较例 4.29 更为烦琐,过程均从略. 最终 a 的取值范围都是只能取一个值,三个题组的第(1)小题的答案分别是 $\{2\}$,$\{-1\}$,$\{2\}$.

每个题组的第(2)小题仅仅是把第(1)小题不等式中的常数做了十分微小的改动,但其做法却变得颇为烦琐(有时困难重重),无法再走"探索 3"中提供的简洁之路,结果也不再是"点范围",我们先以题组一的(2)为例一窥差异.

对不等式 $x^2-a\ln x\geqslant 0$ 的处理仍有两种大家熟知的方法,一种是参变分离,另一种是参变不分离. 若沿第一种思路则有 $a\ln x\leqslant x^2$,类似于例 4.29 的探索 1,对 x 分三种情况讨论易得(过程从略)：① 当 $x=1$ 时,$a\in\mathbf{R}$；② 当 $0<x<1$ 时,$a\geqslant\lim\limits_{x\to 0^+}F(x)=0$；③ 当 $0<x<1$ 时,$a\leqslant F(x)_{\min}=F(\sqrt{e})=2e$,其中 $F(x)=\dfrac{x^2}{\ln x}$. 故 $a\in\mathbf{R}\cap[0,+\infty)\cap(-\infty,2e]=[0,2e]$.

若将此处的函数 $F(x)=\dfrac{x^2}{\ln x}$ 与例 4.29 探索 1 中的函数 $f(x)=\dfrac{x^2-1}{\ln x}$ 在图像上做比较,会发现两者明显的区别,如图 4.30(a)(b) 所示.

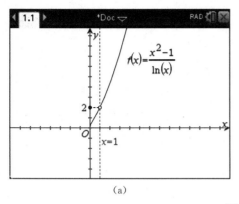 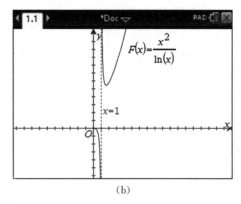

(a)   (b)

图 4.30

做到这儿,不知为什么,笔者突然就想到"导数及其应用"章测验卷中的一道新定义问题,即下面的例 4.33.

例 4.33 若存在实常数 k 和 b,使得函数 $F(x)$ 和 $G(x)$ 对其公共定义域上的任意实数 x 都满足: $F(x) \geqslant kx+b$ 和 $G(x) \leqslant kx+b$ 恒成立,则称此直线 $y=kx+b$ 为 $F(x)$ 和 $G(x)$ 的"隔离直线",已知函数 $f(x)=x^2(x \in \mathbf{R})$,$g(x)=\dfrac{1}{x}(x<0)$,$h(x)=2\mathrm{e}\ln x(x>0)$,有下列两个命题:

命题 α: $f(x)$ 和 $h(x)$ 之间存在唯一的"隔离直线" $y=2\sqrt{\mathrm{e}}x-\mathrm{e}$;

命题 β: $f(x)$ 和 $g(x)$ 之间存在"隔离直线",且 b 的最小值为 -1.

则下列说法正确的是( ).

A. 命题 α、命题 β 都是真命题

B. 命题 α 为真命题,命题 β 是假命题

C. 命题 α 为假命题,命题 β 是真命题

D. 命题 α、命题 β 都是假命题

本例的正确选项是 B. 通过解答例 4.33 我们发现 $f(x)=x^2$ 与 $h(x)=2\mathrm{e}\ln x$ 之间有且只有一条隔离直线 $y=2\sqrt{\mathrm{e}}x-\mathrm{e}$. 若将"题组一"两个问题中的不等式分别改写为 $x^2-1 \geqslant a\ln x$,$x^2 \geqslant a\ln x$,我们问:当 a 满足什么条件时 $y=x^2-1$ 与 $y=a\ln x$ 之间存在唯一的隔离直线? $y=x^2$ 与 $y=a\ln x$ 之间存在唯一的隔离直线时呢?

如何刻画两个函数之间"存在唯一"的隔离直线?这条唯一的隔离直线应该就是它们对应图像的公切线.

首先来看函数 $y=x^2-1$ 与 $y=a\ln x$. 显然存在隔离直线的必要条件是 $x^2-1 \geqslant a\ln x$ 与 $a\ln x \geqslant x^2-1$ 两者之间至少有一个要恒成立. 若前者恒成立,则由例 4.32 题组一(1)的结论可知 a 的取值范围是 $\{2\}$. 此时,函数 $y=x^2-1$ 与 $y=2\ln x$ 的公切线方程为 $2x-y-2=0$,如图 4.31(a)所示. 若后者恒成立,则由 $a\ln 2 \geqslant 3$ 可知必有 $a>0$,此时因为 $\lim\limits_{x \to 0^+}(x^2-1-a\ln x)=+\infty$,故 $a\ln x \geqslant x^2-1$ 不可能恒成立. 综上,当且仅当 $a=2$ 时,函数 $y=x^2-1$ 与 $y=a\ln x$ 间存在隔离直线,并且只有一条,其方程为 $2x-y-2=0$.

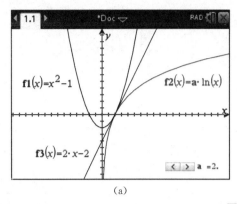
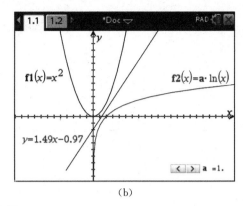

(a)   (b)

图 4.31

再来看函数 $y=x^2$ 与 $y=a\ln x$. 若 $x^2 \geqslant a\ln x$ 恒成立, 则由例 4.32 题组一(2)的结论可知 a 的取值范围是 $[0, 2e]$, 故存在无数个 a, 使得这两个函数间有隔离直线, 图 4.31(b) 显示了 $a=1$ 时的其中一条隔离直线. 当且仅当 $a=2e$ 时, $y=x^2$ 与 $y=a\ln x$ 间存在唯一的隔离直线, 其方程是 $y=2\sqrt{e}x-e$, 如图 4.31(c)所示, 同上述例 4.33 中所述的 $f(x)$ 与 $h(x)$.

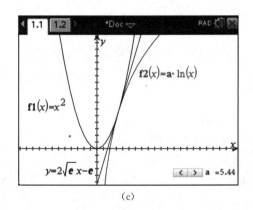

(c)

写到这儿, 一道有歧义的题目又浮现在脑海:

例 4.34 已知曲线 $C_1: y=x^3$ 和 $C_2: y=ax^2+x-2 (a \in \mathbf{R})$.

(1) 若曲线 C_1, C_2 在 $x=1$ 处的切线互相垂直, 求 a 的值;

(2) 若与曲线 C_1, C_2 在 $x=x_0$ 处都相切的直线的斜率大于 3, 求 a 的取值范围.

分析与解 (1) $a=-\dfrac{2}{3}$, 过程略. (2)命题者对该小问给出的解答如下: 由题意, 切线的斜率 $k=3x_0^2=2ax_0+1>3$, 可得 $3x_0^2-1=2ax_0$, 且 $x_0>1$ 或 $x_0<-1$. 所以 $2a=3x_0-\dfrac{1}{x_0}$. 令 $h(x)=3x-\dfrac{1}{x}$, 则函数 $h(x)$ 在 $(1,+\infty)$ 和 $(-\infty,-1)$ 上是增函数, 所以 $h(x)>h(1)=2$ 或 $h(x)<h(-1)=-2$, 即 $2a>2$ 或 $2a<-2$, 解得 $a>1$ 或 $a<-1$.

在分析该题第(2)小问时, 笔者根据学生作业中出现的问题(花了不少精力在不等式

$2ax_0+1>3$ 上)重点对如何处理混合组 $\begin{cases} 3x_0^2>3, & ① \\ 2ax_0+1>3, & ② \\ 3x_0^2=2ax_0+1 & ③ \end{cases}$ 做了讲解. 首先是将其优化, 即将式②删去, 等价转化为较为简单的混合组 $\begin{cases} 3x_0^2>3, & ① \\ 3x_0^2=2ax_0+1, & ③ \end{cases}$ 继而"求谁分谁", 把欲求的 a(或 $2a$)与 x_0 分离开来, 把求 a 的取值范围的问题转化为求函数 $h(x)=3x-\dfrac{1}{x}$ 的值域问题.

但笔者在课上分析完后, 成绩一直较好的张同学举手示意有疑问. 他说: "都相切的直线是一条还是两条? 如果是两条, 即在 $x=x_0$ 处分别与 C_1,C_2 相切的两条直线, 题目并没说它们的斜率相等. 如果是一条, 那么这条直线应该是曲线 C_1,C_2 在 $x=x_0$ 处的公切线, x_0 就应该是一个确定的值, 是满足方程 $x_0^3+x_0-4=0$ 的那个唯一的解, 而不能说 $x_0>1$ 或 $x_0<-1$! 总之, 无论是哪一种情况, 上述标答都是错误的."

看笔者与各位同学一脸茫然, 张同学继续说: "上述标答其实是按照'与 C_1,C_2 在 $x=x_0$ 处分别相切的两条直线平行且斜率都大于 3'来做的."

笔者逐渐听明白了, 原来命题者和绝大多数解题者都犯了想当然的错误. 我请张同学继续把第(2)小问按照他的想法在黑板上写出来, 如下.

例 4.34(2)的解:

第一种情况: 视为两条切线.

由 $\begin{cases} 3x_0^2>3, & ① \\ 2ax_0+1>3 & ② \end{cases}$ 得 $\begin{cases} x_0>1 \text{ 或 } x_0<-1, \\ ax_0>1, \end{cases}$ 即 $\begin{cases} x_0>1, \\ ax_0>1 \end{cases}$ 或 $\begin{cases} x_0<-1, \\ ax_0>1, \end{cases}$ 从而有 $\begin{cases} x_0>1, \\ a>\dfrac{1}{x_0} \end{cases}$ 或 $\begin{cases} x_0<-1, \\ a<\dfrac{1}{x_0}, \end{cases}$ 得 $a>1$ 或 $a<-1$.

第二种情况: 视为一条直线.

由 $\begin{cases} 3x_0^2>3, & ① \\ 2ax_0+1>3, & ② \\ 3x_0^2=2ax_0+1, & ③ \\ x_0^3=ax_0^2+x_0-2, & ④ \end{cases}$ 优化可得 $\begin{cases} 3x_0^2>3, & ① \\ 3x_0^2=2ax_0+1, & ③ \\ x_0^3=ax_0^2+x_0-2, & ④ \end{cases}$ 由③④ 消去字母 a 可

得 $x_0^3=\dfrac{3x_0^2-1}{2x_0}x_0^2+x_0-2$, 化简得 $x_0^3+x_0-4=0$, 借助计算器可得近似解 $x_0\approx 1.3788$, 满足式①. 再由式③得 $a=\dfrac{1}{2}\left(3x_0-\dfrac{1}{x_0}\right)\approx 1.70556$, 即 a 的取值范围是一个单元集合 $\{1.70556\}$.

感谢张同学的见解, 让笔者的教学有了更多的思考.

反思 1: 命题、解题、改编题一定要亲自做题, 并且要返璞归真地回到原点去思考才能不被一些暗示、现成的解答或结论所影响, 甚至被其主导. 学生面对一个数学问题, 他能利用的只是学到的知识与方法, 没有所谓的教学经验、身边现成答案的干扰, 往往可以从最自然之处开展思维, 见教师所未见.

反思 2：在上述第二种情况的求解过程中出现了无法试出根的一元三次方程,学生用中学数学的方法自然无法写出其精确解.作为教师,应该知道,可以由卡尔达诺公式获得精确解.

卡尔达诺公式:三次方程 $x^3+px+q=0$ 的求根公式为

$$x=\sqrt[3]{-\frac{q}{2}+\sqrt{\frac{q^2}{4}+\frac{p^3}{27}}}+\sqrt[3]{-\frac{q}{2}-\sqrt{\frac{q^2}{4}+\frac{p^3}{27}}},$$

故由 $x_0^3+x_0-4=0$ 得

$$x_0=\sqrt[3]{-\frac{-4}{2}+\sqrt{\frac{(-4)^2}{4}+\frac{1^3}{27}}}+\sqrt[3]{-\frac{-4}{2}-\sqrt{\frac{(-4)^2}{4}+\frac{1^3}{27}}}=\sqrt[3]{2+\frac{\sqrt{327}}{9}}+\sqrt[3]{2-\frac{\sqrt{327}}{9}}.$$

反思 3：导数教学更需以形助数.

在导数教学中有一个很奇怪的现象,教师极少画出所讨论的函数的完整的图,而只是以局部的示意图呈现单调性、极值、最值等,这与高一对基本初等函数的教学形成鲜明的对比.究其原因,一是完整的图往往需借助作图软件才可以画出,而数学教师更重"一黑板又一黑板"的现场板书,但信息技术的使用占用了不少本该用来板书的空间.二是导数问题的求解更重环环相扣的代数推理,关键处画幅示意图也就够了.长此以往,这些函数在学生(包括教师)头脑里没有留下直观的印象,并不利于对导数的学习与掌握.

对本例来讲,解完后若再辅以图像展示,则显然是有益的.如下呈现了两种情况下的相应图像[图 4.32(a)是标答情况,图 4.32(b)是有公切线情况].

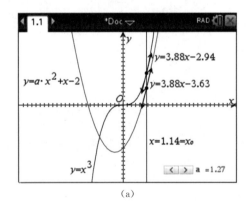

(a)

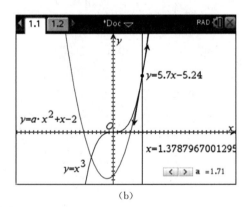

(b)

图 4.32

当观察到两曲线相切后

毋庸置疑,解题永远是数学教师与学生生活的主旋律,思想、方法讲得再好,面对题目时手足无措,绝不是称职的教师. 笔者在教学中时常会遭遇这种尴尬之事,此时,借助手中的工具(如出示曾经做过的相似题、用 TI 图形计算器作图观察、学过的数形结合或换元转化等思想方法)探索思路,在暂时解不出的困境下为学生指引一条基本可行的推进之路是十分必要且重要的. 下面这道题出自嘉定区 2020 学年高一第一学期期末考卷,是填空题的最后一题.

例 4.35 已知二次函数 $f(x)=x^2+mx+n$ 的图像和 x 轴恒有公共点,实数 l 使得不等式 $l \leqslant (m-1)^2+(n-1)^2+(m-n)^2$ 恒成立,则 l 的最大值为_____.

分析与解 易知,本题可转化为下面的纯代数问题:

当 $m^2-4n \geqslant 0$ 时,求 $(m-1)^2+(n-1)^2+(m-n)^2$ 的最小值.

面对转化后的这个问题,笔者首先想到的是两个图,一个是抛物线,另一个是未知的圆锥曲线(如椭圆或双曲线). 事实上,若令 $m=x$,$n=y$,则上述问题继续转化为:

当 $x^2-4y \geqslant 0$ 时,求 $(x-1)^2+(y-1)^2+(x-y)^2$ 的最小值.

或:当 $y \leqslant \dfrac{x^2}{4}$ 时,求 $t=(x-1)^2+(y-1)^2+(x-y)^2$ 的最小值.

尝试用 TI 图形计算器画个图看看,或许能一窥端倪. 如图 4.33,我们发现当区域 $y \leqslant \dfrac{x^2}{4}$ 与椭圆 $(x-1)^2+(y-1)^2+(x-y)^2-t=0$(当 $t=0$ 时是一个点,当 $t<0$ 时无图形)有公共点时,t 确实应该有一个最小值,显示 t 的近似值在 1.1~1.3 之间.

此处需说明的是,二元二次方程 $(x-1)^2+(y-1)^2+(x-y)^2-t=0$ 可以变为

$$2x^2-2xy+2y^2-2x-2y+2-t=0.$$

机器显示,它表示的始终是椭圆. 这点我们也可借助高等数学中解析几何的知识予以证明[①]. 一般地,设平面上二次曲线 C 的一般方程为

---

① 陈志杰. 高等代数与解析几何(下)[M]. 北京:高等教育出版社,2007:133—136.

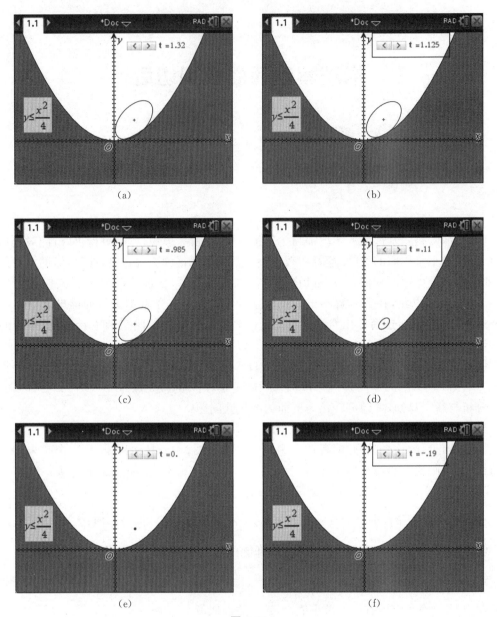

图 4.33

$$F(x, y) = a_{11}x^2 + 2a_{12}xy + a_{22}y^2 + 2b_1 x + 2b_2 y + c = 0 (其中 a_{11}, a_{12}, a_{22} 不全为零).$$

记 $I_1 = a_{11} + a_{22}$, $I_2 = a_{11}a_{22} - a_{12}^2$, $I_3 = \begin{vmatrix} a_{11} & a_{12} & b_1 \\ a_{12} & a_{22} & b_2 \\ b_1 & b_2 & c \end{vmatrix}$, $K_1 = \begin{vmatrix} a_{11} & b_1 \\ b_1 & c \end{vmatrix} + \begin{vmatrix} a_{22} & b_2 \\ b_2 & c \end{vmatrix}$, 则

根据不变量 I_1, I_2, I_3 及半不变量 K_1 的不同取值,二次曲线 C 的分类如表 4.6 所示.

表 4.6

型别	类别	识别标志	化简后方程
（Ⅰ）椭圆型 $I_2 > 0$	(1)椭圆	I_3 与 I_1 异号	$\lambda_1 x'^2 + \lambda_2 y'^2 + \dfrac{I_3}{I_2} = 0$
	(2)虚椭圆	I_3 与 I_1 同号	
	(3)点	$I_3 = 0$	
（Ⅱ）双曲型 $I_2 < 0$	(4)双曲线	$I_3 \neq 0$	
	(5)一对相交直线	$I_3 = 0$	
（Ⅲ）抛物型 $I_2 = 0$	(6)抛物线	$I_3 \neq 0$	$I_1 y'^2 \pm 2\sqrt{\dfrac{-I_3}{I_1}} x' = 0$
	(7)一对平行直线	$I_3 = 0, K_1 < 0$	$I_1 y'^2 + \dfrac{K_1}{I_1} = 0$
	(8)一对虚平行直线	$I_3 = 0, K_1 > 0$	
	(9)一对重合直线	$I_3 = 0, K_1 = 0$	

对方程 $2x^2 - 2xy + 2y^2 - 2x - 2y + 2 - t = 0$ 来讲，

$$a_{11} = 2, a_{12} = -1, a_{22} = 2, b_1 = -1, b_2 = -1, c = 2 - t,$$

故 $I_1 = 4, I_2 = 3, I_3 = \begin{vmatrix} 2 & -1 & -1 \\ -1 & 2 & -1 \\ -1 & -1 & 2-t \end{vmatrix} = -3t$，由 $I_2 > 0$ 知该曲线属于"椭圆型"，且当 $t > 0$ 时是椭圆，当 $t = 0$ 时是一个点，当 $t < 0$ 时是虚椭圆（即无图形），与上述图形观察到的相一致.

上述作图观察给我们的启发是：算出两条曲线相切时的 t 的值即为其最小值，这就让我们想到导数工具. 虽然这种思路并不适合高一学生，但可以帮助教师在没有其他更好方法的境况下较快地获知结论.

设曲线 $y = \dfrac{x^2}{4}$ 与 $2x^2 - 2xy + 2y^2 - 2x - 2y + 2 - t = 0$ 相切在点 (x_0, y_0). 由 $y' = \dfrac{1}{2}x$ 及 $4x - 2(y + xy') + 4yy' - 2 - 2y' = 0$ 得 $4x_0 - 2\left(y_0 + x_0 \cdot \dfrac{x_0}{2}\right) + 4y_0 \cdot \dfrac{x_0}{2} - 2 - 2 \cdot \dfrac{x_0}{2} = 0$，化简得 $3x_0 - 2y_0 - x_0^2 + 2x_0 y_0 - 2 = 0$，即 $x_0^2 - 3x_0 + 2 + 2y_0(1 - x_0) = 0$，故有 $x_0 = 1$ 或 $x_0 - 2y_0 - 2 = 0$. 再由 $\begin{cases} y_0 = \dfrac{x_0^2}{4}, \\ 2x_0^2 - 2x_0 y_0 + 2y_0^2 - 2x_0 - 2y_0 + 2 - t = 0 \end{cases}$ （*）知：① 若 $x_0 = 1$，代入（*）解得 $y_0 = \dfrac{1}{4}, t = \dfrac{9}{8}$；② 若 $x_0 - 2y_0 - 2 = 0$，代入（*）得 $x_0^2 - 2x_0 + 4 = 0$，无解!

故我们基本可以断定原题答案为 $t_{\max} = \dfrac{9}{8} (= 1.125)$，与图形计算器显示的非常吻合.

作为教师，上述探索是完全可行也应该是要理解并掌握的.

但作为一道出现在高一数学试卷上的题目，我们还应该继续探索更合适的方法. 有了答案的引领,我们会有什么新的作为吗?

题目条件中的"二次函数"容易让人联想到"三个二次",在此基础上,一旦把"恒有公共点"用字母 x_1, x_2 表示出来,我们的脑海里又会产生一些新的联想. 比如在初中学习过一元二次方程的求根公式、一元二次多项式的因式分解,还学习过一元二次函数的一般式、顶点式与零点式;在高中学习过实系数一元二次方程的求根公式与因式分解;在大学可能学习过从卡尔达诺,到拉格朗日,再到阿贝尔、伽罗瓦的多项式方程求解的探索历程. 其中"用系数表示根"的求根公式和"用根表示系数"韦达定理让人印象颇深. 至此,我们会有一个大胆而自然的想法:若把此处关于系数 m, n 的多项式 $F(m,n) = (m-1)^2 + (n-1)^2 + (m-n)^2$ 转化为关于根 x_1, x_2 的多项式(用根表示系数! 这样就可避开对不等式 $m^2 - 4n \geqslant 0$ 的直接利用),会不会带来一些突破呢?

由 $F(m,n) = (m-1)^2 + (n-1)^2 + (m-n)^2 = 2m^2 + 2n^2 - 2m - 2n - 2mn + 2$ 及 $m = -(x_1 + x_2)$, $n = x_1 x_2$,得

$$\begin{aligned}F(m,n) &= 2(x_1+x_2)^2 + 2x_1^2 x_2^2 + 2(x_1+x_2) - 2x_1 x_2 + 2(x_1+x_2)x_1 x_2 + 2 \\ &= 2x_1^2 + 2x_2^2 + 4x_1 x_2 + 2x_1^2 x_2^2 + 2x_1 + 2x_2 - 2x_1 x_2 + 2x_1^2 x_2 + 2x_2^2 x_1 + 2 \\ &= 2x_1^2(x_2^2 + x_2 + 1) + 2x_2^2(x_1 + 1) + 2(x_1+1)(x_2+1) \\ &= 2x_1^2(x_2^2 + x_2 + 1) + 2(x_1+1)(x_2^2 + x_2 + 1) \\ &= 2(x_1^2 + x_1 + 1)(x_2^2 + x_2 + 1),\end{aligned}$$

从而 $F(m,n) = 2\left[\left(x_1+\dfrac{1}{2}\right)^2 + \dfrac{3}{4}\right]\left[\left(x_2+\dfrac{1}{2}\right)^2 + \dfrac{3}{4}\right] \geqslant 2 \cdot \dfrac{3}{4} \cdot \dfrac{3}{4} = \dfrac{9}{8}$,当且仅当 $x_1 = x_2 = -\dfrac{1}{2}$,即 $\begin{cases} m = 1, \\ n = \dfrac{1}{4} \end{cases}$ 时取到等号,$F(m,n)_{\min} = \dfrac{9}{8}$,故 $l_{\max} = \dfrac{9}{8}$.

自此,我们详细叙述了教师如何开展对本例的数学探索以及是如何启发学生想到严密求解方法的. 在刚才所述的严密方法中,面对两个字母 m, n 的多项式,我们并未实施消元(m, n 之间是不等关系,消元有些困难;若实施放缩的话,放缩度也不好把握),而是以方程为媒介,借用根表示系数,将其转化为 x_1, x_2 的多项式,尽管仍然含有两个字母,似乎没有进展,但在悄然转化之间化解了不等关系所带来的消元难点,使得这种不等关系自然被满足.

应该说该问题已经得到了圆满的解决,然而一些学生课后探索的热情还在继续,他们从柯西不等式角度又提供了不一样的解法,但需要很强的技巧性,在凑配与放缩时也没有一定的规律可循. 这很像古代对一元三次方程与四次方程的研究,直到拉格朗日的出现才摆脱了孤立无章的配、凑之路,而走上了一条系统的研究坦途,为伽罗瓦后来的成功登顶指引了正确的方向.

当然,正像没有一节课是完美的一样,波利亚在《怎样解题》中曾说过:"没有任何一个题目是彻底完成了的."作为拥有 TI 图形计算器和学过导数的教师本人,我们还可以有更快的获得答案的对策.

对策1:取不等式中的等号,消元后直接用机器获得结果,如图 4.34 所示.

图 4.34

对策 2：取不等式中的等号，消元后用导数求得结果，如图 4.35(a)(b)所示.

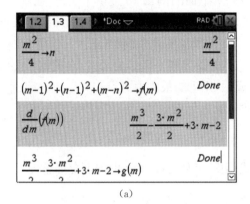

(a)

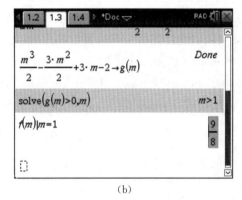

(b)

图 4.35

另外，还可以在令 $m-1=x$，$n-1=y$ 而转化为问题"当 $y \leqslant \dfrac{(x+1)^2}{4}-1$ 时，求 $x^2+y^2+(x-y)^2$ 的最小值"之后，令 $z=x-y$，则问题继续转化为：在空间直角坐标系 xOy 中，当 x，y 满足 $y \leqslant \dfrac{(x+1)^2}{4}-1$ 时，求平面 $z=x-y$ 上的点到原点距离平方的最小值. 利用 TI 图形计算器的三维作图功能也会获得一些直观的感受，如图 4.36(a)(b)所示.

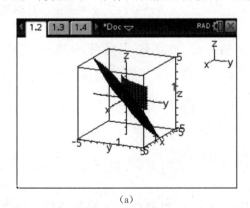

(a)

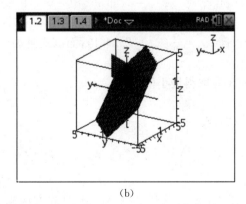

(b)

图 4.36

在"只取等号算出来是对的"背后

在《当观察到两曲线相切后》一文的最后,我们对下面的例 4.36 提供了快速"捕获"答案的简易做法. 即把不等式 $m^2-4n \geqslant 0$ 当成等式 $m^2-4n=0$ 来用,最终求得的结果也是正确的. 本文我们继续探析一下其背后的道理,再介绍另外类似的几个例子(正例与反例).

例 4.36 已知二次函数 $f(x)=x^2+mx+n$ 的图像和 x 轴恒有公共点,实数 l 使得不等式 $l \leqslant (m-1)^2+(n-1)^2+(m-n)^2$ 恒成立,则 l 的最大值为_____.

分析与解 为清楚起见,我们仍将该例等价转化为问题:

当 $y \leqslant \dfrac{x^2}{4}$ 时,求 $t=(x-1)^2+(y-1)^2+(x-y)^2$ 的最小值.

考虑到"多个字母选一为主"的主元思想,我们视 y 为主元,对 t 做如下变形整理:

$$t=(x-1)^2+(y-1)^2+(x-y)^2=2y^2-2y(x+1)+2x^2-2x+2$$
$$=2\left(y-\dfrac{x+1}{2}\right)^2+\dfrac{3}{2}(x^2-2x+1).$$

自此我们发现其实可将原问题继续转化为"先求关于 y 的一元二次函数 $t=2\left(y-\dfrac{x+1}{2}\right)^2+\dfrac{3}{2}(x^2-2x+1)$ 在区间 $\left(-\infty,\dfrac{x^2}{4}\right]$ 上的最小值". 该问题很常规,学生比较熟悉.

(1) 若 $\dfrac{x^2}{4} \geqslant \dfrac{x+1}{2}$,即 $x \in (-\infty, 1-\sqrt{3}] \cup [1+\sqrt{3}, +\infty)$,当 $y=\dfrac{x+1}{2}$ 时取得最小值,且 $t_{\min}=\dfrac{3}{2}(x^2-2x+1)$,而该式是关于 x 的一元二次函数,易得当 $x=1-\sqrt{3}$ 或 $x=1+\sqrt{3}$ 时取得最小值 $\dfrac{9}{2}$.

(2) 若 $\dfrac{x^2}{4} < \dfrac{x+1}{2}$,即 $x \in (1-\sqrt{3}, 1+\sqrt{3})$,当 $y=\dfrac{x^2}{4}$ 时取得最小值,且 $t_{\min}=2\left(\dfrac{x^2}{4}-\dfrac{x+1}{2}\right)^2+\dfrac{3}{2}(x^2-2x+1)=\dfrac{(x^2-2x+4)^2}{8}$,故当 $x=1$ 时,$t_{\min}=\dfrac{9}{8}$.

综上,我们完全采用高一函数的方法求得 $t_{\min}=\dfrac{9}{8}$,也就获得了原题的最终答案为

$l_{\max} = \dfrac{9}{8}$.

反思上述求解过程,随着视角的转变,即将不等式 $y \leqslant \dfrac{x^2}{4}$ 视为定义域 $\left(-\infty, \dfrac{x^2}{4}\right]$,面前的一切瞬间变得异常亲切!同时也明白了"把不等式 $m^2 - 4n \geqslant 0$ 当成等式 $m^2 - 4n = 0$ 来用"背后的道理,当然这种处理是在无计可施的情况下而为之,有一定的冒险成分.

一般地,当在同一问题背景下遇到两个变量时,心怀主元思想,让它们分别以主角的身份依次登场,往往可以把一个完全陌生的难题化归为异常熟悉的容易题.

例 4.37 已知函数 $f(x) = 2023\mathrm{e}^x - ax^2 - 1 (a \in \mathbf{R})$ 有两个极值点 x_1, x_2,且 $x_2 \geqslant 2x_1$,则实数 a 的取值范围为_____.

关于本题有一段有趣的故事.在高二第二学期期末考前,我们备课组每位老师各出一份复习卷.笔者在试做该题所在的复习卷时,在该题上花了很长时间.因此在布置该套试卷时,特意删去了它所在的第 11 题以及另一道较难的选择题.第二天批改作业时发现几位同学均做了该题,而且答案都是对的,就颇感诧异,认为肯定是参考了网上的解答.上课前,其中的两位同学对我表示了质疑:"老师,这个第 11 题不难啊,为什么划掉不让我们做?"由于课前时间紧张,我并未请他们阐述自己的解法,而是请他们课后写下求解过程给我,现抄录如下:

学生的解答:由题意知 $f'(x) = 2023\mathrm{e}^x - 2ax$ 有两个零点,即关于 x 的方程 $a = \dfrac{2023\mathrm{e}^x}{2x}$ 有两个不同的解.令 $g(x) = \dfrac{2023\mathrm{e}^x}{2x}$,则由 $g'(x) = \dfrac{2023}{2} \cdot \dfrac{\mathrm{e}^x(x-1)}{x^2}$ 可知,$g(x)$ 在 $(-\infty, 0)$ 和 $(0, 1)$ 上严格减,在 $(1, +\infty)$ 上严格增,如图 4.37 所示,$0 < x_1 < 1 < x_2$ 且 $g(x_1) = g(x_2)$.

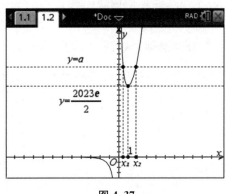

图 4.37

由 $g(x_1) = g(x_2)$ 得 $\dfrac{\mathrm{e}^{x_1}}{x_1} = \dfrac{\mathrm{e}^{x_2}}{x_2}$,取 $x_2 = 2x_1$,则有 $\dfrac{\mathrm{e}^{x_1}}{x_1} = \dfrac{\mathrm{e}^{2x_1}}{2x_1}$,解得 $x_1 = \ln 2$,此时 $g(x_1) = \dfrac{2023}{2} \cdot \dfrac{\mathrm{e}^{\ln 2}}{\ln 2} = \dfrac{2023}{\ln 2}$,故欲满足题目要求,$a$ 的取值范围为 $\left[\dfrac{2023}{\ln 2}, +\infty\right)$.

很显然,这些同学大胆地把不等式 $x_2 \geqslant 2x_1$ 当成了等式 $x_2 = 2x_1$ 来用,先是顺利地求出了 x_1 的值,继而通过对图像的直观感知获得满足题目要求的取值范围(注意此处只是直观感知,缺乏严格论证).但巧的是,这个结果是正确的.

易知当 $a \geqslant \dfrac{2023}{\ln 2}$ 时确实符合题意.事实上,此时直线 $y = a$ 与函数 $g(x) = \dfrac{2023\mathrm{e}^x}{2x}$ 的图像必有两个交点,设它们的横坐标为 x_1', x_2',且 $x_1' \leqslant x_1 < 1 < x_2 \leqslant x_2'$,则由 $x_2' \geqslant x_2 = 2x_1 \geqslant 2x_1'$ 知 $x_2' \geqslant 2x_1'$,符合题目要求.故 "$a \geqslant \dfrac{2023}{\ln 2}$" 是 "函数 $f(x) = 2023\mathrm{e}^x - ax^2 - 1 (a \in \mathbf{R})$ 有两个极值点 x_1, x_2,且 $x_2 \geqslant 2x_1$" 的充分条件.问题是必要性满足吗?即除了不小于

$\frac{2023}{\ln 2}$ 的 a 符合题目要求外,还有其他符合要求的 a 吗?或者说能证明所有比 $\frac{2023}{\ln 2}$ 小的 a 都不符合要求吗?

看来,上述学生的做法是典型的以充分条件代替了充要条件. 为说明其的确是充要条件,我们需补证一件事,就是"满足题目要求的 x_1 的最大值是 $\ln 2$". 若设 $\frac{x_2}{x_1}=t$,则由题意知 $t \geqslant 2$,这等价于证明"满足题目要求的 x_1 的最大值在 $t=2$ 时取到". 这启发我们先用 t 表示出 x_1(注意此处的函数思想!).

仍由 $g(x_1)=g(x_2)$ 得 $\frac{\mathrm{e}^{x_1}}{x_1}=\frac{\mathrm{e}^{x_2}}{x_2}$,将 $x_2=tx_1$ 代入得 $\frac{\mathrm{e}^{x_1}}{x_1}=\frac{\mathrm{e}^{tx_1}}{tx_1}$,化简可得 $x_1=\frac{\ln t}{t-1}$. 至此,后续思路非常明朗. 令 $h(t)=\frac{\ln t}{t-1}$,则 $h'(t)=\frac{\frac{1}{t}(t-1)-\ln t}{(t-1)^2}=\frac{1-\frac{1}{t}-\ln t}{(t-1)^2}$,再由 $\left(1-\frac{1}{t}-\ln t\right)'=\frac{1}{t^2}-\frac{1}{t}=\frac{1-t}{t^2}<0$ 知 $h'(t)=\frac{1-\frac{1}{t}-\ln t}{(t-1)^2} \leqslant \frac{1-\frac{1}{2}-\ln 2}{(t-1)^2}<0$,从而 $h(t)$ 在 $[2,+\infty)$ 上严格减. $(x_1)_{\max}=h(t)_{\max}=h(2)=\frac{\ln 2}{2-1}=\ln 2$.

在此基础上,借助图像直观获得 $a \geqslant g(\ln 2)=\frac{2023}{\ln 2}$ 就非常严密了. 当然,也可把此处的"借助图像直观"通过逻辑推理书写出来. 如上,事实上我们已求得 x_1 的取值范围为 $(0, \ln 2]$. 接下来,欲求 a 的取值范围,只需将 a 表示为 x_1 的函数即可. 这件事其实前面早已做过,即 $a=\frac{2023\mathrm{e}^{x_1}}{2x_1}$. 由于 $\left(\frac{\mathrm{e}^x}{x}\right)'=\frac{\mathrm{e}^x x-\mathrm{e}^x}{x^2}=\frac{\mathrm{e}^x(x-1)}{x^2}$,故 $\frac{\mathrm{e}^x}{x}$ 在 $(0, \ln 2] \subseteq (0,1)$ 上严格减,因此可得 $\frac{2023\mathrm{e}^{\ln 2}}{2\ln 2} \leqslant a < \lim_{x_1 \to 0^+}\frac{2023\mathrm{e}^{x_1}}{2x_1}$,即 $\frac{2023}{\ln 2} \leqslant a <+\infty$,故 a 的取值范围为 $\left[\frac{2023}{\ln 2},+\infty\right)$.

作为一点补充,在取 $x_2=2x_1$ 算出 $x_1=\ln 2$, $x_2=2\ln 2$ 这种临界位置之后,还有一种直观地说明"那条水平的直线 $y=a$ 往上移才会满足题意"的方法. 由 $g(x_1)=g(x_2)$ 得 $\frac{\mathrm{e}^{x_1}}{x_1}=\frac{\mathrm{e}^{x_2}}{x_2}$,从而 $\frac{\mathrm{e}^{x_2}}{\mathrm{e}^{x_1}}=\frac{x_2}{x_1} \geqslant 2$,则 $\mathrm{e}^{x_2-x_1} \geqslant 2$, $x_2-x_1 \geqslant \ln 2$,所以只有向上移才可以!

乐定思变,我们自然要问:只考虑不等关系中的等号是否一直都可以"瞒天过海"地走向成功呢?

这不仅让我们想到高一在学"基本不等式"时某些同学冒险的讨巧做法. 比如对问题"设 a, b 为正数,且 $a+b=2$,求 $\frac{1}{a}+\frac{1}{b}$ 的最小值",直接令 $a=b$,由 $a+b=2$ 解出 $a=b=1$,再算出 $\frac{1}{a}+\frac{1}{b}=2$ 作为最小值,竟然也对. 但是我们知道,这种做法并不总是可以,比如把该题变为"设 a, b 为正数,且 $a+2b=2$,求 $\dfrac{1}{a}+\dfrac{1}{b}$ 的最小值",令 $a=b$ 或 $a=2b$,算出来都是错的,均为瞎蒙乱撞之举.

但此处,"寻找临界位置"的做法与之有所不同,确有一定的理性成分在内,可用这些同学的做法分析一些类似的问题以便获得更深的体会并探知隐藏其中的优劣之处. 比如:"已知函数 $f(x)=ae^x-\dfrac{1}{2}x^2-b(a,b\in \mathbf{R})$,若函数 $f(x)$ 有两个极值点 x_1, x_2,且 $\dfrac{x_2}{x_1}\geqslant 2$,求实数 a 的取值范围."该问题答案是 $\left(0,\dfrac{\ln 2}{2}\right]$,其中的水平直线只能向下移,过程从略.

例 4.38 (2021·广州一模)已知函数 $f(x)=x\ln x-ax^2+x(a\in \mathbf{R})$.

(1) 证明:曲线 $y=f(x)$ 在点 $(1,f(1))$ 处的切线 l 恒过定点;

(2) 若 $f(x)$ 有两个零点 x_1, x_2,且 $x_2\geqslant 2x_1$,证明:$\sqrt{x_1^2+x_2^2}>\dfrac{4}{e}$.

分析与解 (1) l 恒过定点 $\left(\dfrac{1}{2},0\right)$,过程略.

(2) 由 $f(x)=x\ln x-ax^2+x=0$ 得 $\ln x-ax+1=0$,故 $a=\dfrac{1+\ln x}{x}$. 设 $g(x)=\dfrac{1+\ln x}{x}$,则 $g'(x)=\dfrac{1-(1+\ln x)}{x^2}=\dfrac{-\ln x}{x^2}$,由此可得 $g(x)$ 在 $(0,1)$ 上严格增,在 $(1,+\infty)$ 上严格减,如图 4.38 所示. 当 $0<a<1$ 时,方程 $a=\dfrac{1+\ln x}{x}$ 有两个相异解 x_1, x_2,其中 $\dfrac{1}{e}<x_1<1<x_2$ [令 $g(x)=0$ 解得 $x=\dfrac{1}{e}$].

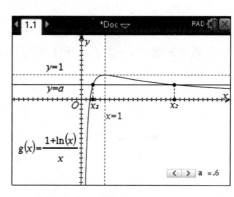

图 4.38

由 $g(x_1)=g(x_2)$ 得 $\dfrac{1+\ln x_1}{x_1}=\dfrac{1+\ln x_2}{x_2}$,$x_2(1+\ln x_1)=x_1(1+\ln x_2)$,若取 $x_2=2x_1$,代入化简可得 $1+2\ln x_1=\ln 2x_1$,即 $\ln x_1=\ln 2-1$,解得 $x_1=\dfrac{2}{e}$,此时 $x_2=\dfrac{4}{e}$,且

$$g\left(\dfrac{2}{e}\right)=\dfrac{1+\ln\dfrac{2}{e}}{\dfrac{2}{e}}=\dfrac{e+e(\ln 2-1)}{2}=\dfrac{e}{2}\ln 2<1,$$

故直线 $y=\dfrac{e}{2}\ln 2$ 是临界位置. 符合要求的 x_1, x_2 均可由介于直线 $y=\dfrac{e}{2}\ln 2$ 与 x 轴之间的水平直线截函数 $y=g(x)$ 的图像而得到的两个交点获得.

由上述分析可知 $x_1\in\left(\dfrac{1}{e},\dfrac{e}{2}\right]$. $\sqrt{x_1^2+x_2^2}\geqslant\sqrt{x_1^2+4x_1^2}=\sqrt{5}\,x_1>\dfrac{\sqrt{5}}{e}$. 证不出 $\sqrt{x_1^2+x_2^2}>\dfrac{4}{e}$!受阻.

点评:看来只是据 $x_2=2x_1$ 找到临界位置无济于问题的完全求解,还需做精细分析.

令 $t=\dfrac{x_2}{x_1}$,则 $t\geqslant 2$. 由 $\dfrac{1+\ln x_1}{x_1}=\dfrac{1+\ln x_2}{x_2}$ 得 $\dfrac{2+\ln x_1 x_2}{x_1+x_2}=\dfrac{\ln\dfrac{x_2}{x_1}}{x_2-x_1}$,从而 $2+\ln x_1 x_2=\dfrac{(x_2+x_1)\ln\dfrac{x_2}{x_1}}{x_2-x_1}=\dfrac{(t+1)\ln t}{t-1}$. 构造函数 $h(t)=\dfrac{(t+1)\ln t}{t-1}(t\geqslant 2)$,则 $h'(t)=\dfrac{t-\dfrac{1}{t}-2\ln t}{(t-1)^2}$,由 $\left(t-\dfrac{1}{t}-2\ln t\right)'=1+\dfrac{1}{t^2}-\dfrac{2}{t}=\dfrac{(t-1)^2}{t^2}>0$ 知 $t-\dfrac{1}{t}-2\ln t\geqslant 2-\dfrac{1}{2}-2\ln 2>0$,即 $h'(t)>0$. 从而 $h(t)\geqslant\dfrac{(2+1)\ln 2}{2-1}=3\ln 2$,所以 $2+\ln x_1 x_2\geqslant 3\ln 2$,$\ln x_1 x_2\geqslant 2\ln 2-2=\ln\dfrac{8}{e^2}$,$x_1 x_2\geqslant\dfrac{8}{e^2}$. 因此 $\sqrt{x_1^2+x_2^2}>\sqrt{2x_1 x_2}\geqslant\sqrt{2\cdot\dfrac{8}{e^2}}=\dfrac{4}{e}$,得证.

就导数的中学教育现状来看,最为急迫的是教师专业水平的提升与执教经验的不断丰富,"大学学过"与"中学来教"之间相距甚远,比如网上铺天盖地的"极值点偏移"问题与我而言太过遥远,因此虽年过半百却不敢有丝毫的懈怠. 新知面前人人平等,教师盛满属于导数的一碗水太难了,一点不易于学生想得到的那一小杯水.

用命题眼光教解题

不知从何时起,试卷已成为教师和学生挥之不去的生活伴侣,练习卷、周测卷、周末卷、月考卷、期中期末考卷,就连学案(或导学案、学历案、学程等)也是印成试卷形式.笔者是七零后人,20 世纪 80 年代读高中时试卷还是稀罕物,通常都是在期中考试、期末考试时才得见试卷真容(平时极少的试卷都是老师刻蜡纸油印的),就像见了圣物,满满的敬畏!那种感觉现在还铭记于心,尽管无法准确言说,却真实存在.

于是"分析试卷"就成为教师教学工作的常态.笔者认为,带着命题眼光对待试卷中的题目,既能发挥题目的最大功能,使得在"由薄变厚"的形式下实现数学学习的"由厚到薄",又可促进教师专业能力的快速提升.

下面这两道题目(记为例 4.39)分别来自两套导数复习卷:

例 4.39 (1) 函数 $f(x) = \dfrac{1}{3}x^3 - x^2$ 在区间 $[-1, 1]$ 内的最小值是_____.

(2) 若函数 $f(x) = x^3 + x^2 - 5x - 2$ 在区间 $(m, m+5)$ 内有最小值,则实数 m 的取值范围是( ).

A. $(-4, 1)$ B. $(-4, 0)$ C. $[-3, 1)$ D. $(-3, 1)$

如果教师在做到第(1)题时只是把该题讲清楚或略去不讲(因为很少有同学错),在备课时可能没有更多的想法,那么在过了一天或两天后再次面对第(2)题时,不同的教师就会有不同的处理.普通教师仍然只是把该题讲清楚,但拥有命题意识或变式习惯的教师则会有更多的想法了,他会迅速联想到刚做过的第(1)题,并想着如何在这两题的基础上让学生收获更多.为什么第(1)题几乎没人错,而第(2)题几乎都错呢?这是一个非常值得思考的现象.显然,第(1)题是"世界静悄悄"——函数和区间都是定的.注意,一旦"函数和区间都是定的"这种语言讲出来,师生的思维应该迅速都被拉回到高一了,当时对一元二次函数在给定区间上的最值问题讨论了很长时间,如定轴定区间、动轴定区间、定轴动区间等等.但第(2)题已经是蠢蠢欲动了——函数定但区间动.随之带来的难度上升得就不是一个级别了,"几乎都错"就在所难免.

攻克难点的方法也很简单,就是在备课时设计变式.比如,在师生分析过第(2)题后,笔者现场请学生演练下面两题:

变式 1 将函数 $f(x) = x^3 + x^2 - 5x - 2$ 在区间 $[a, 2]$ 上的最小值记为 $g(a)$,则 $g(a) = $ _____.

变式 2 将函数 $f(x)=x^3+x^2-5x-2$ 在区间 $[-2,t]$ 上的最大值记为 $h(t)$,则 $h(t)=$ _____.

这两道变式的答案分别是(过程从略):

$$g(a)=\begin{cases}-5, & a\in[-3,1),\\ a^3+a^2-5a-2, & a\in(-\infty,-3)\cup[1,2).\end{cases}$$

$$h(t)=\begin{cases}\dfrac{121}{27}, & t\in\left(-\dfrac{5}{3},\dfrac{7}{3}\right],\\ t^3+t^2-5t-2, & t\in\left(-2,-\dfrac{5}{3}\right]\cup\left(\dfrac{7}{3},+\infty\right).\end{cases}$$

然后将下面两题布置为课后作业:

变式 3 求函数 $g(x)=\dfrac{1}{3}x^3-x^2$ 在区间 $[a,1]$ 内的最小值.

变式 4 求函数 $g(x)=\dfrac{1}{3}x^3-x^2$ 在区间 $[-1,m]$ 内的最大值.

目的有二:一是在第一时间加深巩固刚才课堂变式中的方法;二是带动学生对两天前做过的类似问题的回忆(有学生感觉刚做过,大部分学生可能已没有印象,极少数学生会把两天前做过的那道题找出来并做对照).以解答题的形式出现,有两个用意:一是如何完整说理(比如先推理出单调性),而不是只做对结果;二是是否从心里认可最小值、最大值也是函数,即知不知道在"综上所述"时把它们都用函数的分段形式表示.

答案分别是(过程从略):

$$g(x)_{\min}=\begin{cases}-\dfrac{2}{3}, & 1-\sqrt{3}\leqslant a<1,\\ \dfrac{1}{3}a^3-a^2, & a<1-\sqrt{3},\end{cases}\quad g(x)_{\max}=\begin{cases}0, & 0\leqslant m\leqslant 3,\\ \dfrac{1}{3}m^3-m^2, & -1<m<0 \text{ 或 } m>3.\end{cases}$$

再比如,在沪教版新教材选择性必修二第 7 章"概率初步(续)"和第 8 章"成对数据的统计分析"复习卷中有这样一道题.

例 4.40 某篮球运动员每次投篮投中的概率是 $\dfrac{4}{5}$,每次投篮的结果相互独立,那么在他 10 次投篮中,最有可能投中的次数为_____次.

应该说,无论学生能否写出 $P(X=k)=\mathrm{C}_{10}^{k}\left(\dfrac{4}{5}\right)^{k}\left(\dfrac{1}{5}\right)^{10-k}$,都能获得这道填空题的正确答案.注意此处特别强调了"填空题",解题无需过程.一旦请学生讲出过程,命题者就会感到自己出题的失败.

生 1:很简单,$10\times\dfrac{4}{5}=8$(次).

听到该生的"正确"回答,备课充分与备课不充分的老师的表现完全不同.

备课不充分的老师会说这个答案是蒙对的,是凑巧了,接下来自己列出有 k 次投中的概率的表达式 $P(X=k)=\mathrm{C}_{10}^{k}\left(\dfrac{4}{5}\right)^{k}\left(\dfrac{1}{5}\right)^{10-k}$,然后教学生如何求其最大值.

备课充分的老师对上述学生的回答早有预期,知道他有一定蒙的成分但不讲出来,而是追问其道理. 若学生回答不出,则先启发其分析"投中的次数"这个随机变量所属的分布类型是二项分布,继而启发其说出二项分布期望的计算公式:若 $X \sim B(n, p)$,则 $E[X]=np$. 该生可能会有恍然大悟之感. 但此时教师并未停下,继续追问:期望又称均值,只是刻画了随机变量发生的平均水平(即平均投中几次),但现在问的是"最有可能投中的次数". 两者一致吗? 若学生不理解,教师就提出具体的问题.

师:让我们回到题目上来,若将题目中的 10 改为 9 呢?

生 1:因为 $9 \times \dfrac{4}{5}=7.2$,答案是 7 次.

(此时其他学生可能会有不同意见,教师请大家充分发表意见,但可能无法形成统一的认识.)

师:若将题目中的 10 改为 11 呢?

生 2:因为 $11 \times \dfrac{4}{5}=8.8$,答案是 9 次.

师:若将 10 改为 13 呢?

生 3:因为 $13 \times \dfrac{4}{5}=10.4$,答案是 10 次.

师:当然,我们还可以改变概率的值再问相同的问题. 在上面几位同学的回答中,生 1 的回答对而不全(应该是 7 次或 8 次),生 2 的回答正确,生 3 的回答是错的(应该是 11 次).

生:……(都非常困惑)

师:看来,不能在求出数学期望的基础上简单地用四舍五入决定答案,可能要涉及下取整或上取整了,背后的规律请同学们课后探索(留白到课后). 现在我们来分析在写出概率表达式 $P(X=k)=C_{10}^{k}\left(\dfrac{4}{5}\right)^{k}\left(\dfrac{1}{5}\right)^{10-k}$ 后如何求其最大值.

教师首先请学生分析出此处的变量是自然数 k,从而将其与数列产生联系,接着回忆求数列最大(小)项的邻差法或邻商法(相邻项作差或作商). 故令 $a_k=C_{10}^{k}\left(\dfrac{4}{5}\right)^{k}\left(\dfrac{1}{5}\right)^{10-k}$. 当然,有了方法后还会面临学生比较陌生的组合数公式. 但一切在教师的耐心引导下还算顺利,最终求出 a_8 最大.

可以发现,原题并不能考查出"正确答案"背后的学科素养.

除了鼓励学生课后探索二项分布中概率最大时的一般规律外,教师在讲解完严密做法后还可以有什么作为?

我们说,帮助学生"学会数学思维,学会分析问题"是教师教学的王道. 此时教师宜退出该特殊问题,回到一般状态下方能窥知思维的奥秘.

一般地,二项分布中 $P(X=k)=C_n^k p^k (1-p)^{n-k}$,面对该式,师生可能会发生下面的对话.

师:一般地,记 $a_k=C_n^k p^k (1-p)^{n-k}$,大家没有意见吧?

生 4:嗯没有.

生 5:欲言又止……

师:生 5 想说什么?

生 5:老师,此处的 n, p 是已知的吗?

师:没有告诉哪个已知.

生 5:那就不能将其记为 a_k,是数列才能这样记.

师:那你认为怎么简记该式比较合理?

生 5:若 n, p 已知,则记为 a_k;若 p, k 已知,则记为 a_n;若 n, k 已知,则记为 a_p.

师:其他同学有补充吗?

生 6:概率 p 不是自然数,用 a_p 不合适.

生 5:哦,我知道了,若 n, k 已知,则记为 $f(p)$.

师:在数学中"知谁求谁"问题十分常见. 如小学学过圆的周长公式 $C=2\pi r$ 与面积公式 $S=\pi r^2$ 之后的知一求二问题(三个量 r, C, S 中知道其中一个求另外两个);等差数列(或等比数列)中的知三求二问题(五个量 a_1, d, n, a_n, S_n 中知道其中三个求另外两个);点到直线距离公式中的知二求一问题(三个量 P, l, d 中知道其中两个求第三个). 此处的概率表达式 $C_n^k p^k (1-p)^{n-k}$ 中有三个字母 n, p, k,就相应地有刚才生 5 同学讲的三类问题. 前面的例 4.40 是知 n, p 求 k. 接下来请大家以例 4.40 为原型再编两道题目,分别体现"知二求一"中的另外两种类型.

生 7:某篮球运动员每次投篮投中的概率是 $p(0<p<1)$,每次投篮的结果相互独立,则当 $p=$ _____ 时,在他 10 次投篮中投中 3 次的概率最大.

此时班级有同学脱口而出说"十分之三". 但教师未置可否. 有可能教师课前对这么快出答案毫无预期,但偷看一眼自己课前备课本中写的答案,确实是十分之三,又感到些许失落. 此时教师的应对可以让该生在座位上写一下严格的推导过程.

生 8:某篮球运动员每次投篮投中的概率是 $\dfrac{4}{5}$,每次投篮的结果相互独立,则在多少次投蓝中投中 6 次的概率最大?

师:很好! 接下来请大家讲讲这两类问题的求解方法.

生 9:对生 7 提的问题,记 $f(p)=C_{10}^3 p^3 (1-p)^7 (0<p<1)$,然后……

师:这是一个陌生函数,处理陌生函数有一种有力的武器,是?

生 9:哦,求导.

师:具体讲讲.

生 9:因为

$$f'(p)=C_{10}^3[3p^2(1-p)^7+p^3\cdot 7(1-p)^6\cdot(-1)]=C_{10}^3 p^2(1-p)^6[3(1-p)-7p]$$
$$=C_{10}^3 p^2(1-p)^6(3-10p),$$

故当 $p\in\left(0, \dfrac{3}{10}\right)$ 时,$f(p)$ 严格增;当 $p\in\left(\dfrac{3}{10}, 1\right)$ 时,$f(p)$ 严格减. 因此当 $p=\dfrac{3}{10}$ 时 $f(p)$ 最大.

师:很好! 对生 8 提的问题大家有什么想法?

生 10:记 $a_n=C_n^6\left(\dfrac{4}{5}\right)^6\left(\dfrac{1}{5}\right)^{n-6}$,可用邻商法做. 因为

$$\frac{a_{n+1}}{a_n} = \frac{C_{n+1}^6 \left(\frac{4}{5}\right)^6 \left(\frac{1}{5}\right)^{n+1-6}}{C_n^6 \left(\frac{4}{5}\right)^6 \left(\frac{1}{5}\right)^{n-6}} = \frac{(n+1)!}{6!(n-5)!} \cdot \frac{6!(n-6)!}{n!} \cdot \frac{1}{5} = \frac{n+1}{5(n-5)}.$$

令 $\frac{n+1}{5(n-5)} \geqslant 1$,解得 $n \leqslant 6.5$. 故数列 $\{a_n\}$ 从 a_1 到 a_7 严格增,从 a_7 起严格减,$(a_n)_{\max} = a_7$. 即在 7 次投篮中投中 6 次的概率最大.

对该案例的分析带给我们这样的启示:

(1) 经常用"知什么求什么"的语言理清学生思维,可使学生的思维变得有序,学会从整体把握问题,继而寻找相应的解决方案.

(2) 小学就接触的枚举法,或称穷举法,即穷尽各种情况,对启迪高中学生的数学思维仍然作用巨大. 如一些学生对下述问题的思路是模糊的,解题时往往表现为瞎蒙乱撞.

已知命题 p:对任意 $x \in \mathbf{R}$,$x^2 - 2mx - 3m > 0$ 成立;命题 q:存在 $x \in \mathbf{R}$,使得 $x^2 + 4mx + 1 < 0$ 成立.

(1) 若命题 q 为假命题,求实数 m 的取值范围;

(2) 若命题 p 和 q 有且只有一个为真命题,求实数 m 的取值范围.

事实上,无论是对命题 p 还是 q,只需紧紧抓住抛物线与 x 轴有且仅有的三种位置关系(悬在上方、切在上方、交在上方),挨个考察,则很容易列出关于 Δ 的条件限制式.

(3) 寻找零散个例背后的一般规律是数学研究的最终目的,也是训练学生探究意识、提升探究能力的好载体. 对上述生 5 提的三类问题,其一般结论是什么呢? 向学生提出课后探究的要求,相信有不少同学定会沉浸其中,一探究竟.

第一类问题:若 n,p 已知,问当 k 取什么值时 $P(X=k) = C_n^k p^k (1-p)^{n-k}$ 最大?

答:① 当 $(n+1)p \notin \mathbf{N}^*$ 时,$P(X = [(n+1)p])$ 最大;

② 当 $(n+1)p \in \mathbf{N}^*$ 时,$P(X=(n+1)p) = P(X=(n+1)p-1)$ 最大.

第二类问题:若 p,k 已知,问当 n 取什么值时 $P(X=k) = C_n^k p^k (1-p)^{n-k}$ 最大?

答:当 $n = \left[\frac{k}{p}\right]$ 时 $P(X=k)$ 最大.

第三类问题:若 n,k 已知,问当 p 取什么值时 $P(X=k) = C_n^k p^k (1-p)^{n-k}$ 最大?

答:当 $p = \frac{k}{n}$ 时 $P(X=k)$ 最大.

需要强调的是,以课后的配套作业及时跟进是很重要的,比如,可布置下面这题:

甲篮球运动员每次投篮投中的概率是 $\frac{5}{6}$,每次投篮的结果相互独立,那么在甲 100 次投篮中,最有可能投中的次数是_____次;乙篮球运动员每次投篮投中的概率是 p,每次投篮的结果相互独立,那么当 $p=$_____时,乙投 100 次篮命中 59 次的概率最大.

在复习导数时,含参不等式恒成立问题是经常遇到的一类问题,既是重点又是难点. 几乎每一套导数复习卷中都会出现此类问题. 教师应在学生有所练习的基础上适时以"总结"跟进,以帮助学生上升到理论认识,以便今后再遇到此类问题时能有章可循、有序思考.

例 4.41 (1) 设函数 $f(x) = \ln x$,若不等式 $xf(x) \geqslant ax - 1$ 对任意的 $x \in [1, +\infty)$ 都成立,则实数 a 的取值范围是_____;(2) 设函数 $f(x) = \ln x$,若不等式 $af(x) \leqslant x - $

1 对任意的 $x \in (0, +\infty)$ 都成立,则实数 a 的取值范围是_____.

教师先针对试卷中出现的问题(1),将参变分离后求最值以及不分离直接通过分类讨论求最值这两种方法详细地讲清楚,然后在课堂上再补充问题(2)以总结出第三种方案"移项观察后得最值"[$g(1)=0$ 是函数 $g(x)=a\ln x - x + 1$ 的最大值],进而借助极值点一定是驻点(在导数均存在的前提下)先求后验[先解出 a 的值再检验 $g(1)=0$ 确实是最大值].最终让学生形成对"含参不等式恒成立问题的三种处理方案"的完整认识.

综上分析,我们认为,如何讲题目体现了身为教师价值的高低,一旦教师拥有命题意识,其眼中将不再是众多孤立零散的问题与试卷.如上所述,在教师的用心经营下,系统思维将会不断在学生头脑中生根、发芽、结果,核心素养的发展也成为自然无痕的常态.

缘何殊途无同归？

有这样一个问题：在 $\triangle ABC$ 中，$a=3$，$b=2\sqrt{6}$，$B=2A$. (1) 求 $\cos A$；(2) 求 c.

解 (1) 如图 4.39，在 $\triangle ABC$ 中运用正弦定理得

$$\frac{3}{\sin A}=\frac{2\sqrt{6}}{\sin B}, \frac{3}{\sin A}=\frac{2\sqrt{6}}{\sin 2A}=\frac{2\sqrt{6}}{2\sin A\cos A}, \cos A=\frac{\sqrt{6}}{3}.$$

(2) 法 1（运用关于角 A 的余弦定理）：由余弦定理得 $3^2=c^2+(2\sqrt{6})^2-2c\cdot 2\sqrt{6}\cdot\cos A$，将 $\cos A=\frac{\sqrt{6}}{3}$ 代入化简可得 $c^2-8c+15=0$，故 $c=3$ 或 5.

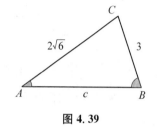

图 4.39

法 2（运用关于角 B 的余弦定理）：

由(1)得 $\cos B=\cos 2A=2\cos^2 A-1=2\cdot\left(\frac{\sqrt{6}}{3}\right)^2-1=\frac{1}{3}$，由余弦定理我们有 $(2\sqrt{6})^2=c^2+3^2-2c\cdot 3\cdot\cos B$，将 $\cos B=\frac{1}{3}$ 代入化简可得 $c^2-2c-15=0$，故 $c=-3$ 或 5，即 $c=5$.

可以看到上面所呈现的本题第(2)小问的两种解法，使用的均为余弦定理，却获得了不同的结果. 由于解题者清楚地记得老师的话"用余弦定理求'边边角'型解斜三角形问题的第三条边比较方便，且无需检验"，因此上述的法 1 在得到结论"$c=3$ 或 5"后自然地见好就收了. 但同样是利用余弦定理，法 2 却获得了正确的结果. 这是为何呢？说好的一题多解、殊途同归呢？

其实，当我们稍加分析就会发现，本题并非单纯的"边边角"型问题. 此处的"$B=2A$"并非仅仅是给出角，而且还给出了两角之间的关系. 在解出第(1)小问，得到 $\cos A=\frac{\sqrt{6}}{3}$ 之后，若心中还记得老师讲的另一条小窍门，则不管使用法 1 还是法 2，在未动笔求解之前就都会知道问题只可能有一解. 这个小窍门就是"边边角型问题可先画图（仰望苍穹，立地成佛）判断出解的个数"，然后再去求解就心中有数了.

若"边边角"中的"角"是 A，如图 4.40(a)，过 C 作 $CD\perp AB$ 于 D，由于 $CD=2\sqrt{6}\times\sin A=2\sqrt{6}\times\frac{\sqrt{3}}{3}=2\sqrt{2}<3=BC<2\sqrt{6}=AC$，故若无 $B=2A$ 的限制，则必有两解. 但由

于 $\angle AB'C$ 为钝角,显然已超过 $2A$(因为 $\cos A = \frac{\sqrt{6}}{3} = \sqrt{\frac{2}{3}} > \sqrt{\frac{1}{2}} = \cos\frac{\pi}{4}$,故 $A < \frac{\pi}{4}$),因此运用关于 A 的余弦定理也必然得出一解 $c = 5$,即图中的 $\triangle AB'C$ 不合要求.

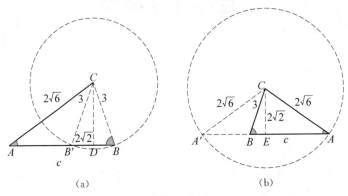

图 4.40

若"边边角"中的"角"是 B,如图 4.40(b),过 C 作 $CE \perp BA$ 于 E,由于 $CE = 3 \times \sin B = 3 \times \frac{2\sqrt{2}}{3} = 2\sqrt{2} < 2\sqrt{6} = BC$,但同时 $AC > 3 = BC$,故若无 $B = 2A$ 限制,则只有一解.

最后,我们再补充第(2)小问的其他几种解法如下.

法 3(运用关于角 C 的余弦定理,此时已经是边角边问题了):

由(1)得 $\cos B = \cos 2A = 2\cos^2 A - 1 = 2 \cdot \left(\frac{\sqrt{6}}{3}\right)^2 - 1 = \frac{1}{3}$,继而 $\cos C = -\cos(A+B) = -(\cos A \cos B - \sin A \sin B) = -\left(\frac{\sqrt{6}}{3} \cdot \frac{1}{3} - \frac{\sqrt{3}}{3} \cdot \frac{2\sqrt{2}}{3}\right) = \frac{\sqrt{6}}{9}$. 由余弦定理我们有 $c = \sqrt{(2\sqrt{6})^2 + 3^2 - 2 \cdot 2\sqrt{6} \cdot 3 \cdot \cos C} = \sqrt{(2\sqrt{6})^2 + 3^2 - 2 \cdot 2\sqrt{6} \cdot 3 \cdot \frac{\sqrt{6}}{9}} = 5$.

法 4(运用正弦定理):由 $\frac{3}{\sin A} = \frac{c}{\sin C} = \frac{c}{\sin(A+B)}$ 得

$$\frac{3}{\frac{\sqrt{3}}{3}} = \frac{c}{\sin A \cos B + \cos A \sin B} = \frac{c}{\frac{\sqrt{3}}{3} \cdot \frac{1}{3} + \frac{\sqrt{6}}{3} \cdot \frac{2\sqrt{2}}{3}},$$

解得 $c = 5$.

一节复数公开课

我校数学教师欲开一节区级公开课,课题定为"复数模的几何意义及其应用",在正式上课前一天请区教研员专家来听试讲课. 教师的教学设计简录如下(例题与图形单独编号).

一、知识回顾

$|z_1-z_2|$ 的几何意义:表示复数 z_1,z_2 在复平面上对应点 $Z_1(a,b),Z_2(c,d)$ 之间的距离(板书).

EX1. 请口答满足下列条件的复数 z 在复平面上对应的点的轨迹:
(1) $|z|=1$;   (2) $|z-2|=|z-3+4\mathrm{i}|$;
(3) $|z-2-2\mathrm{i}|<1$;   (4) $|z+2|+|z-2|=4$;
(5) $|z+2|+|z-2|=6$;   (6) $|z+2|-|z-2|=1$.

EX2. 写出下列方程所表示的曲线的复数表达形式:
(1) $\dfrac{x^2}{9}+\dfrac{y^2}{5}=1$;   (2) $\dfrac{y^2}{9}+\dfrac{x^2}{5}=1$;   (3) $\dfrac{x^2}{4}-\dfrac{y^2}{5}=1$;   (4) $\dfrac{y^2}{4}-\dfrac{x^2}{5}=1$.

二、利用复数模的几何意义求最值

例 1 已知复数 z 满足 $|z+3|+|z-3|=10$,求:(1) $|z|$ 的最值;(2) $|z+2|+|z-5-5\mathrm{i}|$ 的最小值.

例 2 已知复数 z 满足 $|z+1+\sqrt{3}\mathrm{i}|\leqslant 1$,求:(1) $|z|$ 的最大值和最小值;(2) $|z-1|^2+|z+1|^2$ 的最大值和最小值.

三、复数与轨迹问题

例 3 复数 z_1,z_2 满足 $\sqrt{3}z_1-1+(z_1-z_2)\mathrm{i}=0$,且 $|z_1-\sqrt{3}+\mathrm{i}|=1$,求:(1) 复数 z_2 对应点的轨迹;(2) $|z_1-z_2|$ 的最值.

四、课堂练习

已知 z_1,z_2 为复数,且 $|z_1|=1$,若 $z_1+z_2=2\mathrm{i}$,求 $|z_1-z_2|$ 的最大值.

五、课后思考题

1. 设非零复数 z_0 在复平面上对应一定点、z_1 在复平面上对应动点,满足 $|z_1-z_0|=|z_1|$,复数 z 在复平面上对应另一个动点且满足 $z_1 \cdot z=-1$,则复数 z 在复平面上对应点的轨迹是(   ).

A. 一条直线

B. 以 $-\dfrac{1}{z_0}$ 为圆心、$\left|-\dfrac{1}{z_0}\right|$ 为半径的圆

C. 焦距为 $2\left|\dfrac{1}{z_0}\right|$ 的双曲线

D. 以上都不对

2. 已知两个复数集合

$$A=\{z \mid |z-2| \leqslant 2\}, B=\left\{z \mid z=\dfrac{\mathrm{i}z_1}{2}+b, z_1 \in A, b \in \mathbf{R}\right\}.$$

(1) 若 $A \cap B = \varnothing$,求实数 b 的取值范围;

(2) 若 $A \cap B = B$,求实数 b 的取值范围.

六、课堂小结

1. 圆的复数方程:$|z-z_0|=r(r>0)$.
2. 椭圆的复数方程:$|z-z_1|+|z-z_2|=2a(a>0)$.
   (1) 若 $2a>|z_1-z_2|$,轨迹是椭圆.
   (2) 若 $2a=|z_1-z_2|$,轨迹是线段.
   (3) 若 $2a<|z_1-z_2|$,轨迹不存在.
3. 双曲线的复数方程:$||z-z_1|-|z-z_2||=2a(a>0)$.
   (1) 若 $2a<|z_1-z_2|$,轨迹是双曲线.
   (2) 若 $2a=|z_1-z_2|$,轨迹是两条射线.
   (3) 若 $2a>|z_1-z_2|$,轨迹不存在.

课后专家与授课教师的交流实录如下.

专家:对于本节课我们首先要明确四点——课程定位的适标性、例题的典型性、重难点的一致性、教是为了学的指导性. 其中第一条是说要清楚本课在课标中的位置,第二条是要仔细分析例题之间的异同,第四条是说讲练要一致.

首先看例题与练习. 你这节课是利用复数的几何意义将最值问题转化为几何问题,那我问你,例2(2)有什么几何意义?

若设 $z=x+y\mathrm{i}(x,y \in \mathbf{R})$,则 $|z-1|^2+|z+1|^2=(x-1)^2+y^2+(x+1)^2+y^2=2x^2+2y^2+2=2(x^2+y^2)+2$,接下来对 x^2+y^2 的处理就无须利用复数的几何意义了.

教师:我对例2(2)的解法是这样设计的:

$|z-1|^2+|z+1|^2=(z-1)\overline{z-1}+(z+1)\overline{z+1}=(z-1)(\bar{z}-\bar{1})+(z+1)(\bar{z}+\bar{1})$
$=(z-1)(\bar{z}-1)+(z+1)(\bar{z}+1)=z\bar{z}-z-\bar{z}+1+z\bar{z}+z+\bar{z}+1=2|z|^2+2.$

专家:用模方,它带来了什么便利呢? 模方就是模方,你要强化到什么程度呢?

教师:你不觉得化简起来很方便吗?

专家:方便在哪里? 我们讲的是通性通法,现在利用复数的代数形式已经很简单了.

(反思:用代数形式是各个击破,用模方公式是整体处理.前者是用定义,后者是用性质.正如等差、等比数列中的基本量法与性质法一样.看来,我还是没学会理性地看问题,还要向专家学习.并不是说好的东西就要用,关键是要看是不是为你本节课的目标服务.)

专家:另外,选这个题[指例1(2)]价值何在? 这道题去掉它不挺好吗? 你用到椭圆的什么性质了? 不是椭圆不一样做吗? 或者把$|z+2|+|z-5-5i|$换一下,换成用椭圆定义转化一下再求最值的结构.还有,例1(1)与例2(1)都是求$|z|$的最值,你就不能换成求$|z-1|$或$|z+1|$的最值吗? 例1题干上是椭圆,例2题干上变为了圆盘,然后仍然是$|z|$,还是到原点,太单调.我们在选例题的时候,真得要精挑细选,要仔细分析它们之间的差异有多大.

教师:这里是可以改为$|z-1|$或$|z+1|$的.

专家:我的建议你可以不采纳,但是,你要考虑,你这是面向全区的公开课,我的问题你明天要回答的.比如例题之间的差异,因为这毕竟要有个示范作用,没有示范作用,就有警示作用! 以后你选例题要怎么选? 要么侧重知识,要么侧重方法,但是绝对不能偏离主题.然后再看讲练这一块,你讲的与你练的是不匹配的,你课上讲的重点不是转化,但你后面的练习重点是转化,如课堂练习与课后思考题,全部是转化!

教师:嗯嗯是的.

专家:再看教法,也存在不少问题.你上课时常说"我再讲另一种解法",这太低级了,这不叫教学! 不能说"我再来介绍一种办法",你可以问学生"还有其他方法吗?"学生想不起来,你可以启发他.你自己搬出来一种方法,这样不行,另外,你搬出来的这种方法与你这节课的主题"用复数模的几何意义"有多大联系? 我们一直在说,你这节课要干啥? 你的目标要清晰,就是几何意义及其应用嘛,现在学生没有想到,你干吗自己要提出来?

教师:咦,这时不提出什么时候提出呢? 这是好方法啊!

专家:这是什么好方法啊,我们这块有好多都不要去做的.像这种(指的是课前练习2),这都是你自己创造的东西.像这种反过来的东西,我们是不做要求的! 我必须展示老师我自己,这个理念是不对的.

专家:比如学生做这种题目困难,我们要直面学生的困难,你可以这样(对学生说):说说你困难在哪儿呢? 他说不出来,那你现在要怎么做? 你来做一做.他把他的方法一展示,我们同学看一看,可以从什么地方突破啊? 哦,他一个办法,她一个办法,还有什么好办法吗? 整个课堂就显得很灵动,是一种思维的活动啊.你现在变成做一个做一个,你不行我来给你展示一下.还有一种办法,都是你自己在展示.学生欣赏吗? 因为这个课题我们都必须有核心、有中心的,现在公开课不是一定要出个彩,我们很平常的,哪一节课不可以上啊? 加减法不可以上吗? 一样可以上的.

教师:加减法,呵呵.

专家:是的,复数的加减法也是课程内容的一部分,我们必须去做啊. 只是我们认识得肤浅,对不？加减法为什么是这样做的？那不就把它引到深入了吗？再比如,乘法为什么是这样乘的,除了技能这方面,我们还是可以上出新意的,比如体系的建立. 要落实到技能这一块是简单的,但体系的建立它是不简单的. 所以能引起大家的思考,在我们的课堂教学设计里是要讲理念的. 还有,题目求解的过程一定不要在PPT上出现. 不然就是灌吗?! 你自己写好了,上课的时候放出来给学生们看,你不觉得那样很死板吗？那个不是课堂生成啊,是你课前准备啊,那我怎么知道当时就那么想啊,现场书写不很好吗？因为你写的过程是学生在想的过程,你一点点往下翻,这个教法不可以,不行我给你,不行我给你,那么为什么这么做？还能怎么做？就是不给学生这样的机会,教学不是这样教的！对吧？现场去做就是了,学生去做,有什么困难,然后引导学生"还有其他的想法吗？怎么才能想得到啊？"把困难解决掉,这节课不就行了吗？这才是课堂教学最重要的东西啊！三个例题两个练习,你现在全部是例题、例题、例题,讲练结合方面你要突出方法. 我今天接触的是什么方法啊？做完这个例题你有什么收获啊？你之前没有认识到的,我现在认识到了,好了,那么你再用一用,我拿一个练习,他做一做,会了不？会了. 好了,再看看这个呢,有一个变化了,这个有什么体会啊？我再总结总结,讲练结合嘛. 你例题体现的主要方法是什么？反倒后面的两道练习与前面的例题是有些差异的,前面的三道例题差异不大. 选题绝对不是堆砌,做了一个又一个,要多让学生总结,就问问学生,做完这些例题之后你有什么体会,原来没有现在有的是什么.

专家:回去后要再好好选选题. 这些例题有多大的差异？就是说我们这节课,围绕这个目标：几何意义及应用. 我们选题,要么你做,要么我讲,做完有什么收获啊？做完就得到了利用几何意义转化成最值. 好,那叫几何直观,可以的,因为你代数运算,我这里有几何直观,可以啊！那我们就充分地去做. 中间还有转化的数学思想. 最后再说说课本. 学生的课本都是白的,这个是不可以的！教书育人,书是你的根本哪.

教师:嗯好的,我今天再好好修改一下.

专家:另外,像今天的课堂小结,这个不是这节课里的,要拿掉. 明天再看看你的课堂结构.

(反思：专家看课,心中是有标准、有切入点的. 是有系统的理论依据的,绝不是仅凭感觉. 反观自己,还远没上升到有条理、有系统、有章法地看课、评课的境界. 由此想到指导学生考试和看一份试卷,要多向专家学习,学会理性地分析才行.)

下面是第二天教师的正式教案.

【教学目标】

1. 理解$|z|$和$|z_1-z_2|$的几何意义.

2. 掌握一些简单的复数方程在复平面上所表示的图形.

3. 能利用复数模的几何意义解决与模有关的问题.

4. 在利用复数模几何意义解题的过程中,感悟数学对象多元表示,领会数形结合、等价转化的数学思想,培养类比、迁移和知识的综合运用能力.

【教学重点与难点】

数学对象不同的表征形式之间的代换.

【教学过程】
出示北京航空航天大学理学院院长李尚志教授的一首诗：

复数
平方得负岂荒唐，左转两番朝后方．
加减乘除依旧算，方程有解没商量．

一、知识回顾

$|z_1-z_2|$ 的几何意义：表示复数 z_1，z_2 在复平面上对应点 $Z_1(a,b)$，$Z_2(c,d)$ 之间的距离．（板书）

EX. 请口答满足下列条件的复数 z 在复平面上对应的点的轨迹：
(1) $|z|=1$；
(2) $|z-2|=|z-3+4\mathrm{i}|$；
(3) $|z-2-2\mathrm{i}|<1$；
(4) $|z+2|+|z-2|=4$；
(5) $|z+2|+|z-2|=6$；
(6) $|z+2|-|z-2|=1$．

二、利用复数模的几何意义求最值

例1 已知复数 z 满足 $|z+3|+|z-3|=10$．(1)求出 $|z|$ 的最值；(2)求 $|z+3|+|z-1-\mathrm{i}|$ 的最大值．

例2 已知复数 z 满足 $|z+1+\sqrt{3}\mathrm{i}|\leqslant 1$，求：
(1) $|z-1|$ 的最大值和最小值；(2) $|z-1|^2+|z+1|^2$ 的最大值和最小值．

【归纳】利用复数模的几何意义，将复数的最值问题转化成几何问题，数形结合，找出了便捷的解题方法．

三、复数与轨迹问题

例3 复数 z_1，z_2 满足 $\sqrt{3}z_1-1+(z_1-z_2)\mathrm{i}=0$，且 $|z_1-\sqrt{3}+\mathrm{i}|=1$，求：
(1) 复数 z_2 对应点的轨迹；(2) $|z_1-z_2|$ 的最值．

【归纳】复数与解析几何关系非常密切，复数模的几何意义是沟通数与形的一座桥梁，在解题过程中，熟练代换，运用数形结合的思想方法解决问题．

【课堂小结】
1. 深刻理解 $|z_1-z_2|$ 的几何意义及其应用；
2. 数学对象不同的表征形式之间的转换；
3. 体会数学思想：数形结合、转化、类比、知识迁移．

【课堂练习】

练习1 设非零复数 z_0 在复平面上对应一定点，z_1 在复平面上对应动点，且满足 $|z_1-z_0|=|z_1|$，复数 z 在复平面上对应另一个动点且满足 $z_1 \cdot z=-1$，则复数 z 在复平面上对应点的轨迹是（　　）．

A. 一条直线 B. 以 $-\dfrac{1}{z_0}$ 为圆心、$\left|-\dfrac{1}{z_0}\right|$ 为半径的圆

C. 焦距为 $2\left|\dfrac{1}{z_0}\right|$ 的双曲线 D. 以上都不对

练习 2 已知 z_1，z_2 为复数，且 $|z_1|=1$，若 $z_1+z_2=2\mathrm{i}$，求 $|z_1-z_2|$ 的最大值.

【课后作业】

略.

【课后思考】

已知两个复数集合 $A=\{z\mid |z-2|\leqslant 2\}$，$B=\left\{z\mid z=\dfrac{\mathrm{i}z_1}{2}+b,\ z_1\in A,\ b\in \mathbf{R}\right\}$.

(1) 若 $A\cap B=\varnothing$，求实数 b 的取值范围；

(2) 若 $A\cap B=B$，求实数 b 的取值范围.

最后出示一首诗歌：从复数到复变函数

从 $\mathrm{i}^2=-1$，

到 $\mathrm{e}^{\mathrm{i}\pi}+1=0$，

从复数在黑暗中摸索，

到自变量用复数引进，

历经千年的孕育，

造就复变函数的雏形.

遭受种种非议，

已成过眼烟云.

单值解析、广义解析、

黎曼曲面、流数理论……

丰硕的成果，

如数家珍.

广泛的应用，

浑然天成.

这缘于实部与虚部，以爱(i)联姻.

冰与火之歌，

从古唱到今.

第二天区教研活动记录

一、笔者代表承办学校数学组发言

教书育人——教数育人(章建跃)，数学如何育人？具体体现为要教学生学会思考(并体会数学的文化价值). 而要教学生学会思考，南京师范大学附属中学特级教师、教授级高级教师陶维林老师说"教师首先要专业发展". 如何做呢？人民教育出版社章建跃博士说"要做好四个理解"——理解数学、理解教学、理解学生、理解技术. 2018 年 10 月 18 日，我校教师执教

了区级公开课"函数关系的建立",让学生课前搜集、研究相关的实际问题,在课堂上让大家踊跃发言、阐述,取得了很好的教学效果,本节课荣获长宁区 2018 年度课堂工程一等奖. 2018 年 10 月 26 日,我校教师执教了市级展示课"寻找变化中的不变",意在引导学生理解数学,学会数学的思维.本节课荣获 2018 年上海市学科德育精品课程.今天我校教师执教的这节课"复数模的几何意义及其应用"的用意之一是引导学生从联系的角度认识数学、理解数学.大家知道,复数的模是实数的绝对值概念的自然延伸与推广,通过初中数学的学习,同学们已会从两个角度把握绝对值这个概念.一是代数角度:$|a|=\begin{cases}a, & a>0,\\ 0, & a=0,\\ -a, & a<0;\end{cases}$ 二是几何角度:$|a|$ 表示数轴上与实数 a 对应的点 A 到原点 O 的距离,即 $|a|=OA$. 我们知道,距离这个概念在数学中是极为重要的一个核心概念,从两点间的距离、点到直线的距离、平行线间的距离、点到平面的距离、平面与平面之间的距离、异面直线的距离,到高等数学中,从线性空间到欧几里得空间,向量之间的距离、向量到子空间的距离等.本节课我们在引领学生认识数学、理解数学方面是这样思考的:通过数学对象间的多元联系来感悟数学、理解数学.此处的多元联系有横向联系与纵向联系.从实数的绝对值到复数的模这是纵向联系,将复数的模与向量的模、平面解析几何中的图形联系起来是横向联系,都是打通章节之间的联系.其实,并不是只有含有模的复数方程才拥有形.任何一个复数方程都有其形.这与实数方程也是一脉相承的.比如实数方程 $|x|=1$,我们既要看到这儿的数 $x=\pm 1$,又要看到其几何内涵,它可以表示数轴上的一个图形,这个图形就是与数 1 和 -1 对应的那两个点(此处不也是曲线的方程与方程的曲线吗?在数轴上不同样有这两个概念吗?不需要到平面直角坐标系中才有啊!).同样,复数方程 $z+1-i=0$ 也是某一图形的方程(某一曲线的方程).哪个曲线呢?就是复平面上的点 $(-1,1)$;而复数方程 $|z|=1$,既表示复数 $z=\cos\theta+i\sin\theta, \theta\in\mathbf{R}$,也表示图形;将这些复数对应的点集中起来就是其对应的图形,巧合的是,这些点恰好构成了一个以原点为圆心、半径为 1 的圆.由此可见,从实数方程到复数方程,均可从数与形这两个角度去理解它们、认识它们、欣赏它们.本节课聚焦于用复数的模的几何意义来求解一些最值与轨迹问题.这里面有数学抽象、直观想象、逻辑推理、数学运算等核心素养.

总是能顺着学生的思路展开教学是对一位教师执教的最大肯定.这很像印度 54 集大型电视连续剧《佛陀》第 33 集中悉达多领悟民女善生的话:从很多智者那儿得不到的道理从善生这儿得到了.你的话言简意深,我已穷极禁欲之道,依然什么都没有得到,你将我从迷途中点醒,你是我第一位导师.善生的话点醒了被苦行折磨得几近死亡的悉达多.这是否也像婴儿、儿童的话有时才能返璞归真,说出的是世间最质朴的道理?是否也像学生一样,从他们脑子里想出来、从他们嘴巴里讲出来的才是最返璞归真、没有经过加工的原汁原味的道理或认识啊?!顺着学生的思路,顺应学生的认知规律,并紧扣教学主题,才能在课堂上书写最生动的故事.

那么教师理解数学之后,如何引领学生理解数学、认识数学呢?本节拓展课的设计意图:通过同一数学对象不同表征形式之间的转换感悟数学,发展数学抽象与直观想象素养,提升数学语言的表达能力.当然,教师数学语言的简练与准确、课堂生成的有效利用、课堂教学节奏的灵活调整等等都需要不断提高.很感谢各位老师到我们学校来指导,殷切期待各位老师多提宝贵的建议与意见,我们教研组回去后会好好整理、学习,以求改善.谢谢大家!

二、对各校数学教师代表发言的记录

● 延安中学刘老师：$|z_1-z_2|$ 既表示复平面上与复数对应的点 Z_1，Z_2 之间的距离，又表示向量 $\overrightarrow{Z_1Z_2}$ 的模，本节题为"复数模的几何意义及其应用"，只涉及了前者，是否有些不全面？另外，例 3 应该选得简单一点，能说明思想方法即可. 例 1(2) 是否也加上"求最小值"，这样学生的认识会更全面一些. 其实在此处，教师上课时说反了，应该是下方的那个交点对应着最大值.

● 天山中学郑老师：例 1(1) 先观察再代数严格论证；(2) 是几何方法（代数方法失效）；例 2(1) 用几何方法；(2) 再回到代数方法. 所以例 1 与例 2 的选题用心良苦，对数形结合体现得很精彩，给人融会贯通的感觉.

三、区教研员专家的总结点评

1. 课程定位

高一、高二都有本有纲，拓展要考虑其价值与意义，考虑这一节课后学生的变化.

2. 校本训练系统

依纲靠本，对纲吃透，对本的把握，课堂是再创造、再发生的过程，看到我们学生的课本是白的，很多学校都是如此，有自己的讲义是不错的，但认为书上的内容不值得教就很值得大家思考，难道复数的加减法不值得教吗？不可以开公开课吗？高三一轮基础要夯实，如向量 $\vec{a}\,/\!/\,\vec{b}$. 要有体系的建立及背后的思考，简单内容背后的理解，不能停留在"是什么"的层面上.

3. 例题选择的典型性

讲练结合，让学生试一试，去实践才有经验的积累（笔者对此的反思：确实，只有这样才有自己的体会，有时让学生实践了，他们明白了道理就无需老师过多的说教. 就像印度 54 集大型电视连续剧《佛陀》中佛陀开导一位失去年幼儿子的妇女的方法，佛陀说：我可以让你的儿子复活. 但你要先去讨一颗荞麦粒，所要的人家必须是从来没有死过人的. 妇女经过自己的讨要发现不可能讨到. 于是自然就觉悟了. 最后，佛陀又宣讲了自己所认为的生命的真相，告诉了妇女如何寻求解脱. 生命的真相就是生老病死与受苦.）要考虑选什么例题作为练习、例题之间的差异性，既然是例 1、例 2、例 3，就要有不同的角度，体现不同的思考. 带着解一道题，再解一道题，注意到方法与思想的统领，困惑—转移—困惑.

4. 目标的适切性

虚数单位 i，加减乘除都有几何意义，复数模的几何意义只是形式，题目只是载体，思想、能力、素养要有载体. 难点不能偏离重点. 难点体现核心（笔者的反思：这样讲对吗？），难点与重点的匹配问题. 或示范或警示.

具体来讲：

(1) 知识回顾中的口答，例 3 能口答吗？（在脑海中过思路）现在的学生口答具有重要意义！

(2) 例 1(1)(2)、例 2(1) 都没有逃脱三角不等式. 普通学校是不要求例 1(2) 的，它不也是三角不等式吗?

笔者的反思:用三角不等式求解例1和例2.

例1 已知复数 z 满足 $|z+3|+|z-3|=10$. (1)求出 $|z|$ 的最值;(2)求 $|z+3|+|z-1-i|$ 的最大值.

例2 已知复数 z 满足 $|z+1+\sqrt{3}i| \leqslant 1$,求:

(1) $|z-1|$ 的最大值和最小值;(2) $|z-1|^2+|z+1|^2$ 的最大值和最小值.

解 对例1(1),因为 $|z|=\frac{1}{2}|2z|=\frac{1}{2}|z+3+z-3| \leqslant \frac{1}{2}(|z+3|+|z-3|)=5$,故 $|z|_{\max}=5$. 但如何用三角不等式求得 $|z|_{\min}$?

对例1(2),因

$$|z+3|+|z-1-i|=10-|z-3|+|z-1-i|=10+|z-1-i|-|z-3|$$
$$\leqslant 10+|z-1-i-z+3|=10+\sqrt{5},$$

故 $(|z+3|+|z-1-i|)_{\max}=10+\sqrt{5}$. 另一方面,因

$$|z+3|+|z-1-i|=10-|z-3|+|z-1-i|=10-(|z-3|-|z-1-i|)$$
$$\geqslant 10-|z-3-z+1+i|=10-\sqrt{5},$$

故 $(|z+3|+|z-1-i|)_{\min}=10-\sqrt{5}$.

或者统一写为

$$|z+3|+|z-1-i|=10-|z-3|+|z-1-i|=10+|z-1-i|-|z-3|$$
$$\in [10-|z-1-i-z+3|, 10+|z-1-i-z+3|]=[10-\sqrt{5}, 10+\sqrt{5}],$$

但这样做的弊端是做完后没有直观的形象留下来.

对例2(1),因 $||z-1|-|2+\sqrt{3}i|| \leqslant |z-1+2+\sqrt{3}i| \leqslant 1$,故 $||z-1|-\sqrt{7}| \leqslant 1$,从而 $\sqrt{7}-1 \leqslant |z-1| \leqslant \sqrt{7}+1$,故可得最大值与最小值.

(3) 模的几何意义会不会作比较,复数、向量一定要考虑价值或意义,简单的未必不重要,例2(2)能不能用纯几何方法做? 大家可以考虑一下.

(4) 单元教学设计,避免碎片化,一定要建立知识之间的联系. 通常情况下,我不建议老师们选择在公开课上上拓展课,课本上的基础教学内容也都可以上出新意,就看大家有没有这种水平. (笔者的反思:专家讲的很有道理,但真正做到位需要付出艰苦的努力,因为对数学、学生以及教学的理解直接影响了教学设计的品质,而这些理解绝非短期所为,也绝非一劳永逸,而是随着学生的改变而改变的.)

我的暑期夏日小测及遇到的两个问题

2019 年的那个暑假过得特别无聊,心中总是有一种危机感,总是感到自己已被很多人超越.但随着一天天过去,却连一点像样的文字也写不出.

7月18日第一次返校,我对讲课毫无兴趣,而是让两个班的学生做了第一次夏日小测,然后,到了8月7日,又网上给他们做了第二次夏日小测,两次小测题如下(注意每道题目对应一个知识点):

夏日小测一(测试内容:《上海市高中数学学科教学基本要求(试验本)》P.1-P.59;测试时间:2019.7.18)

1. 设集合 $M=\{x \mid x^2-mx+4=0, x \in \mathbf{R}\}$,且 $M \cap \{1, 2, 4\}=M$,求实数 m 的取值范围.

2. 设函数 $f(x)=\dfrac{(x+2)(x+a)}{x}$ 为奇函数.(1)求实数 a 的值;(2)若 $f(x)$ 在 $[1, 2]$ 上为增函数,求 a 的取值范围;(3)若 $a>0$,且 $f(x)>2a+2$ 在 $(0, +\infty)$ 上恒成立,求 a 的取值范围.

3. 画出这三个函数的图像:(1) $y=x^{\frac{2}{3}}$;(2) $y=3^{|x|}$;(3) $y=|\log_4 x|$.

4. 设 $\sin\left(\dfrac{\pi}{4}-\dfrac{\alpha}{2}\right)\cos\left(\dfrac{\pi}{4}-\dfrac{\alpha}{2}\right)=\dfrac{1}{9}$,$\alpha \in (3\pi, 4\pi)$,求 $\cos 2\alpha$ 和 $\tan\alpha$ 的值.

5. 在 $\triangle ABC$ 中,角 A, B, C 所对的边长分别为 a, b, c.若 $c=2\sqrt{3}$,$C=\dfrac{\pi}{3}$,且 $\triangle ABC$ 的面积为 $2\sqrt{3}$,求 a, b 的值.

6. 求函数 $f(x)=(\cos x+\sqrt{3}\sin x)\cos x$ 的最小正周期、单调递减区间、对称轴、对称中心坐标.

夏日小测二(测试内容:《上海市高中数学学科教学基本要求(试验本)》P.59-P.104;测试时间:2019.8.7)

1. 求三角方程 $\sqrt{3}\cos x+\sin x+1=0, x \in (-3\pi, 3\pi)$ 的解集.

2. 已知数列 $\{a_n\}$ 的递推公式为 $\begin{cases} a_1=2, \\ a_n=3a_{n-1}+9(n\geqslant 2, n \in \mathbf{N}^*), \end{cases}$ 求 $\{a_n\}$ 的通项公式.

3. 等比数列 $\{b_n\}$ 的前 n 项和为 T_n,求 $\lim\limits_{n\to\infty}\dfrac{T_{n-1}}{T_{n+2}}$.

4. $m>0, n>0$,若关于 x,y 的方程组 $\begin{cases} mx+y=2, \\ x+ny=2 \end{cases}$ 无解,求 $3m+3n+8$ 的取值范围.

5. 在矩形 $ABCD$ 中,边 AB, AD 的长分别为 $3, 2$,若 M, N 分别是边 BC, CD 上的点,且满足 $\dfrac{|\overrightarrow{BM}|}{|\overrightarrow{BC}|}=\dfrac{|\overrightarrow{CN}|}{|\overrightarrow{CD}|}$,求 $\overrightarrow{AM}\cdot\overrightarrow{AN}$ 的取值范围.

6. (1) 设复数 x 满足方程 $x-1=3a-3ai$,求满足不等式 $|x+1|<2$ 的实数 a 在复平面上所形成的图形的长度.

(2) 设复数 x 满足方程 $x-1=3a-3ai$,求满足不等式 $|x+1|<2$ 的复数 a 在复平面上所形成的图形的面积.

这两次小测中的所有题目均非网上能搜到的原题,但均源于两本资料——沪教版二期课改高中数学课本与《上海市高中数学学科教学基本要求(试验本)》,均改编自例题或练习题,或直接默写课本知识点.考的是基础知识、基本技能和最朴实最家常的数学思想方法,但学生做下来的结果却让人大跌眼镜:小测一高三(2)平均 51.05 分、高三(6)平均 48.18 分;小测二高三(2)平均 56.48 分、高三(6)平均 56.64 分.

小测二的第 3 题"等比数列 $\{b_n\}$ 的前 n 项和为 T_n,求 $\lim\limits_{n\to\infty}\dfrac{T_{n-1}}{T_{n+2}}$" 不出意料地出现了最常出现的问题:①分类讨论中思维的逻辑序不对(不知道讨论 $q=1$ 或不知道何时讨论 $q=1$);②对参数的讨论没有以不重不漏为标准的检验意识.

下面是交上来的 50 人中做得最好的两位:

解 1:黄同学[如图 4.41(a)]

(a)

解 2:皇甫同学[如图 4.41(b)]

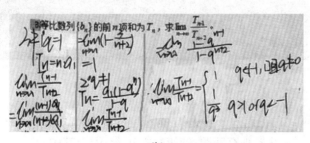

(b)

图 4.41

注：

(1) 她们最大的亮点是：对 q 取值讨论的先后逻辑顺序是对的（极少有人思路像这两位同学这么清楚）．

(2) 但仍有以下问题：①何来 a_1？②解 1 中 $q=0$ 为什么不挖掉呢？等比数列的公比能为 0 吗？解 2 中，$q=-1$ 时为什么不讨论呢？需知对字母分类讨论的一个重要原则是"不重不漏"！

其实最自然的讨论是上述"解 2"这个，"解 1"中抓住 $|q|$ 展开讨论，稍嫌蹩脚，估计是解题经验使然．

小测二的第 6 题是笔者临时编的，当初设想的解法如图 4.42(a)(b) 所示（摘录了某两位同学做的，记为思路 1）．

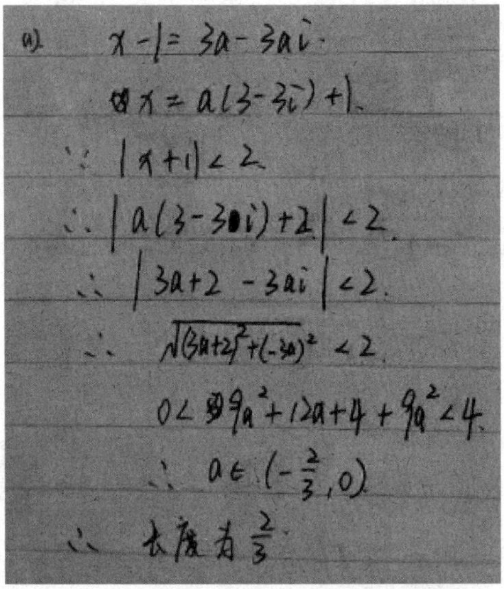

(a)

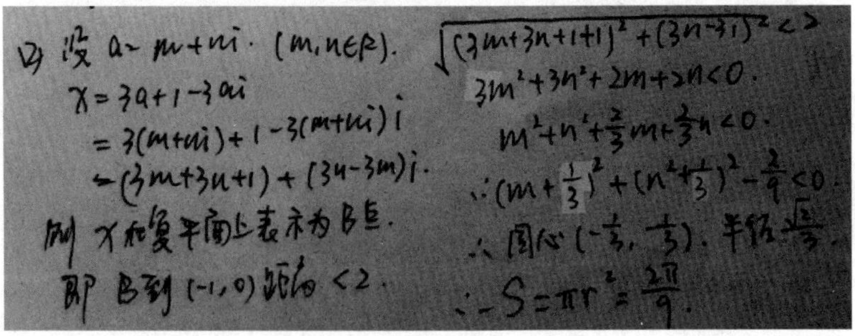

(b)

图 4.42

批阅时发现了 6(2) 的下面这个解法[记为思路 2，如图 4.42(c)]，在第一时间惊呼绝妙（后来在付同学的追问下才发现有问题，纯属歪打正着，因为其中的 $|x-1|\in[0,2]$ 是错的，应为 $|x-1|\in(0,4)$．

那么，为什么这么巧会歪打正着呢？沿着该思路能否正打正着呢？让我们顺着思路 2

继续思考：

（c）

因为 $x-1=3a-3a\mathrm{i}$，故 $a=\dfrac{x-1}{3-3\mathrm{i}}$，$|a|=\left|\dfrac{x-1}{3-3\mathrm{i}}\right|=\dfrac{|x-1|}{3\sqrt{2}}$．由 $|x+1|<2$ 得 $|x-1|\in(0,4)$，从而 $|a|=\dfrac{|x-1|}{3\sqrt{2}}\in\left(\dfrac{0}{3\sqrt{2}},\dfrac{4}{3\sqrt{2}}\right)=\left(0,\dfrac{2\sqrt{2}}{3}\right)$．式子 $|a|<\dfrac{2\sqrt{2}}{3}$ 意味着复数 a 在复平面上对应的点所形成的轨迹是以原点为圆心、半径为 $\dfrac{2\sqrt{2}}{3}$ 的实心圆面（挖去原点，因为 $|a|>0$），故其面积为 $\pi\left(\dfrac{2\sqrt{2}}{3}\right)^2=\dfrac{8}{9}\pi$．

显然，按思路 2 做出的结果与思路 1 的结果相左．问题出在哪儿呢？观察图 4.43 可能会帮助我们发现一些端倪：

思路 1 中算出的复数 a 的轨迹为实心圆面，其边界为圆 $\left(x+\dfrac{1}{3}\right)^2+\left(y+\dfrac{1}{3}\right)^2=\dfrac{2}{9}$（图中的小圆），相应的复数方程为 $\left|z+\dfrac{1}{3}+\dfrac{1}{3}\mathrm{i}\right|=\dfrac{\sqrt{2}}{3}$．而思路 2 中算出的复数的轨迹虽然也为实心圆面，但其边界为圆 $x^2+y^2=\dfrac{8}{9}$（图 4.43 中的大圆），相应的复数方程为 $|z|=\dfrac{2\sqrt{2}}{3}$．显然，由于小圆面被大圆面所包含，故我们可以看出思路 2 中的解法犯了"范围扩大"的错误．

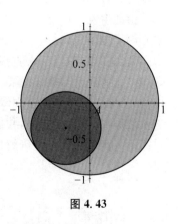

图 4.43

确实，我们由 $\left|a+\dfrac{1}{3}+\dfrac{1}{3}\mathrm{i}\right|<\dfrac{\sqrt{2}}{3}$，可以得到 $|a|-\left|\dfrac{1}{3}+\dfrac{1}{3}\mathrm{i}\right|\leqslant\left|a+\dfrac{1}{3}+\dfrac{1}{3}\mathrm{i}\right|<\dfrac{\sqrt{2}}{3}$，从而就有 $|a|<\dfrac{\sqrt{2}}{3}+\dfrac{\sqrt{2}}{3}=\dfrac{2\sqrt{2}}{3}$，但反之不真（由图 4.43 看得最为清楚）．

受思路1结果的启发,能否顺着思路2做出正确结果呢?

思路3:因为 $a=\dfrac{x-1}{3-3i}$,故 $a+\dfrac{1}{3}+\dfrac{1}{3}i=\dfrac{x-1}{3-3i}+\dfrac{1+i}{3}=\dfrac{x-1+(1+i)(1-i)}{3(1-i)}=\dfrac{x+1}{3(1-i)}$,从而 $\left|a+\dfrac{1}{3}+\dfrac{1}{3}i\right|=\left|\dfrac{x+1}{3(1-i)}\right|=\dfrac{|x+1|}{3\sqrt{2}}<\dfrac{2}{3\sqrt{2}}=\dfrac{\sqrt{2}}{3}$,即 $\left|a+\dfrac{1}{3}+\dfrac{1}{3}i\right|<\dfrac{\sqrt{2}}{3}$,故所求面积为 $\dfrac{2\pi}{9}$.

该解完毕,我们要问三个问题:①不依赖上述思路1的结果,如何发现考虑的恰好是 $a+\dfrac{1}{3}+\dfrac{1}{3}i$ 的模?②相对于思路1与思路3,上述思路2为什么会导致范围扩大?③你怎么知道所求的图形边界就是圆呢?($\dfrac{1}{3}+\dfrac{1}{3}i$ 在我们心目中是作为圆心的)

对于问题①,稍微仔细分析一下不难发现,"一次性地整体利用条件 $|x+1|<4$",而不是"先用条件 $|x+1|<4$ 推出 $|x-1|$ 的范围,再由 $|x-1|$ 的范围导出 a 的范围"是成功的关键.由此我们考察 $a+z_0$,由 $a+z_0=\dfrac{x-1}{3(1-i)}+z_0=\dfrac{x-1+3z_0(1-i)}{3(1-i)}$,令 $x-1+3z_0(1-i)=x+1$,解得 $z_0=\dfrac{2}{3(1-i)}=\dfrac{1+i}{3}$.

对于问题②,事实上,思路2的推理可梳理如下:

$$|a|=\left|\dfrac{x-1}{3(1-i)}\right|=\dfrac{|x+1-2|}{3\sqrt{2}}\leqslant\dfrac{|x+1|+|2|}{3\sqrt{2}}<\dfrac{2+2}{3\sqrt{2}}=\dfrac{2\sqrt{2}}{3},$$

可以看到,中间进行了两次放缩,导致范围扩大.

由此生发一些感想,多次倒手的东西极有可能会走样,可信度不高.一传十、十传百的话未必可靠.办事情托这个托那个,都不如直接托自己.有时人与人之间产生的隔阂没必要请中间人当和事佬,当事人直接坐下来谈谈,多沟通沟通,多数情况下就会冰释前嫌、重归于好.做题别绕圈子,抓住主要矛盾,淡化次要因素,抽丝剥茧逐一化解,甚至有时势如破竹、摧枯拉朽,催生出自己如排山倒海的思路也不是没有可能.

最后,需要指出的是,我们不依靠思路1中的设代数形式,也不用思路3中的空穴来风,只需用一步代换就可正确解出,请看思路4.

思路4:由 $\begin{cases}x=1+3a-3ai\\|x+1|<2\end{cases}$ 得 $|1+3a-3ai+1|<2$,从而 $|(3-3i)a+2|<2$,即 $|3-3i|\left|a+\dfrac{2}{3-3i}\right|<2$,$\left|a+\dfrac{1+i}{3}\right|<\dfrac{2}{3\sqrt{2}}=\dfrac{\sqrt{2}}{3}$,故所求面积为 $\dfrac{2\pi}{9}$.该思路回答了上述问题③.

悄无声息的错误

有这样两道题及相应的解：

1. 已知复数 x 满足 $x-1=3a-3a\mathrm{i}$，试求满足不等式 $|x+1|<2$ 的复数 a 在复平面上所表示的图形的面积.

解：$x-1=3a-3a\mathrm{i} \Rightarrow a=\dfrac{x-1}{3-3\mathrm{i}} \Rightarrow |a|=\left|\dfrac{x-1}{3-3\mathrm{i}}\right|=\dfrac{|x-1|}{3\sqrt{2}} \in \left(\dfrac{0}{3\sqrt{2}},\dfrac{4}{3\sqrt{2}}\right)=\left(0,\dfrac{2\sqrt{2}}{3}\right)$，即 $0<|a|<\dfrac{2\sqrt{2}}{3}$，故所求面积为 $S=\pi\left(\dfrac{2\sqrt{2}}{3}\right)^2=\dfrac{8\pi}{9}$.

2. 复数 z_1, z_2 满足 $\sqrt{3}z_1-1+(z_1-z_2)\mathrm{i}=0$，且 $|z_1-\sqrt{3}+\mathrm{i}|=1$，求：
(1) 复数 z_2 对应点的轨迹；
(2) $|z_1-z_2|$ 的最值.

解：(1) 由 $\sqrt{3}z_1-1+(z_1-z_2)\mathrm{i}=0$ 得 $z_1=\dfrac{1+z_2\mathrm{i}}{\sqrt{3}+\mathrm{i}}$，从而

$$z_1-\sqrt{3}+\mathrm{i}=\dfrac{1+z_2\mathrm{i}}{\sqrt{3}+\mathrm{i}}-\sqrt{3}+\mathrm{i}=\dfrac{z_2\mathrm{i}-3}{\sqrt{3}+\mathrm{i}}.$$

故由 $|z_1-\sqrt{3}+\mathrm{i}|=1$ 得 $\left|\dfrac{z_2\mathrm{i}-3}{\sqrt{3}+\mathrm{i}}\right|=1$，继而我们有

$|z_2\mathrm{i}-3|=2$，$|\mathrm{i}||z_2\mathrm{i}-3|=2|\mathrm{i}|$，$|-z_2-3\mathrm{i}|=2$，$|z_2+3\mathrm{i}|=2$.

所以复数 z_2 对应点的轨迹是以 $(0,-3)$ 为圆心、半径为 2 的圆.

(2) 由题设及(1)的结果可在复平面中作出复数 z_1, z_2 对应的图，如图 4.44 所示. 易得 $|z_1-z_2|_{\min}=|MN|=r+R-|C_1C_2|=3-\sqrt{7}$，$|z_1-z_2|_{\max}=|PQ|=r+R+|C_1C_2|=3+\sqrt{7}$.

对于第 1 题，如图 4.45，题解所得复数 a 的轨迹为无边界的实心圆面（去掉圆心）$0<x^2+y^2<\dfrac{8}{9}$.

现在让我们在该区域内取一点，比如 $A\left(0,\dfrac{1}{3}\right)$，对应

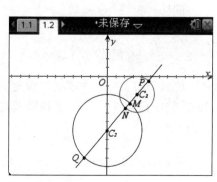

图 4.44

的复数 $a = \dfrac{1}{3}\mathrm{i}$,此时 $x = 1 + 3a - 3a\mathrm{i} = 2 + \mathrm{i}$,故 $|x+1| = |2+\mathrm{i}+1| = \sqrt{10} > 2$,不符合题意!该特例说明:$0 < |a| < \dfrac{2\sqrt{2}}{3}$ 保证不了题目所设定的条件 $|x+1| < 2$. 所以我们完全有理由做出判断:题解所求得的 $S = \dfrac{8\pi}{9}$ 大概有误.

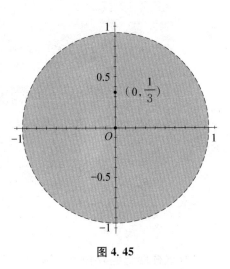

图 4.45

对问题 1 的其他分析已详细地记录在本书第四篇中的短文《我的暑期夏日小测及遇到的两个问题》中,此处不再重述.

对于第 2 题,(1)中运用代换法(类似于解析几何中求点的轨迹方程的四种基本方法"直接法、定义法、转代法、参数法"中的转代法)求得复数 z_2 满足的方程为 $|z_2 + 3\mathrm{i}| = 2$,继而得其轨迹,应该说过程简单、结果正确. 但对于其第(2)小问,我们来检验一下当分别取到题解所得最小值 $3 - \sqrt{7}$ 和最大值 $3 + \sqrt{7}$ 时相应的 z_1,z_2 的值.

直线 C_1C_2 的方程为 $y + 3 = \dfrac{-1-(-3)}{\sqrt{3}-0}x$,即 $y = \dfrac{2}{\sqrt{3}}x - 3$. 将它分别与两个圆的方程联立并求解,如下:

$$\begin{cases} y = \dfrac{2}{\sqrt{3}}x - 3, \\ (x-\sqrt{3})^2 + (y+1)^2 = 1 \end{cases} \Rightarrow P\left(\sqrt{3} + \dfrac{\sqrt{21}}{7},\ -1 + \dfrac{2\sqrt{7}}{7}\right),\ N\left(\sqrt{3} - \dfrac{\sqrt{21}}{7},\ -1 - \dfrac{2\sqrt{7}}{7}\right),$$

$$\begin{cases} y = \dfrac{2}{\sqrt{3}}x - 3, \\ x^2 + (y+3)^2 = 4 \end{cases} \Rightarrow Q\left(-\dfrac{2\sqrt{21}}{7},\ -3 - \dfrac{4\sqrt{7}}{7}\right),\ M\left(\dfrac{2\sqrt{21}}{7},\ -3 + \dfrac{4\sqrt{7}}{7}\right).$$

故当 $|z_1 - z_2|_{\min} = 3 - \sqrt{7}$ 时,$z_1 = \sqrt{3} - \dfrac{\sqrt{21}}{7} + \left(-1 - \dfrac{2\sqrt{7}}{7}\right)\mathrm{i}$,$z_2 = \dfrac{2\sqrt{21}}{7} + \left(-3 + \dfrac{4\sqrt{7}}{7}\right)\mathrm{i}$. 但此时 $\sqrt{3}z_1 - 1 + (z_1 - z_2)\mathrm{i} = \dfrac{3\sqrt{7}}{7} - \dfrac{5\sqrt{21}}{7}\mathrm{i} \neq 0$,与题设不符.

同样,当 $|z_1 - z_2|_{\max} = 3 + \sqrt{7}$ 时,$z_1 = \sqrt{3} + \dfrac{\sqrt{21}}{7} + \left(-1 + \dfrac{2\sqrt{7}}{7}\right)\mathrm{i}$,$z_2 = -\dfrac{2\sqrt{21}}{7} + \left(-3 - \dfrac{4\sqrt{7}}{7}\right)\mathrm{i}$. 但此时 $\sqrt{3}z_1 - 1 + (z_1 - z_2)\mathrm{i} = -\dfrac{3\sqrt{7}}{7} + \dfrac{5\sqrt{21}}{7}\mathrm{i} \neq 0$,与题设不符.

因此,我们发现,无视题目设定的 z_1,z_2 之间的联系,而武断地(盲目地、想当然地)分而治之,放任它俩各行其是,无视彼此之间的约束,就在不知不觉间犯了错误. 正确的解法应当是消元归一.

正解:由 $\sqrt{3}z_1 - 1 + (z_1 - z_2)\mathrm{i} = 0$ 得 $z_2 = z_1 - \dfrac{1 - \sqrt{3}z_1}{\mathrm{i}}$,从而

$$|z_1-z_2|=\left|\frac{1-\sqrt{3}z_1}{\mathrm{i}}\right|=|1-\sqrt{3}z_1|=\sqrt{3}\left|z_1-\frac{\sqrt{3}}{3}\right|.$$

若记 $A\left(\frac{\sqrt{3}}{3},0\right)$,则由 $|z_1-\sqrt{3}+\mathrm{i}|=1$ 及 $|AC_1|=\sqrt{\left(\sqrt{3}-\frac{\sqrt{3}}{3}\right)^2+(-1-0)^2}=\frac{\sqrt{21}}{3}$ 知 $\left|z_1-\frac{\sqrt{3}}{3}\right|_{\min}=|AC_1|-r=\frac{\sqrt{21}}{3}-1$,$\left|z_1-\frac{\sqrt{3}}{3}\right|_{\max}=|AC_1|+r=\frac{\sqrt{21}}{3}+1$,从而立得 $|z_1-z_2|_{\min}=\sqrt{3}\left(\frac{\sqrt{21}}{3}-1\right)=\sqrt{7}-\sqrt{3}$,$|z_1-z_2|_{\max}=\sqrt{3}\left(\frac{\sqrt{21}}{3}+1\right)=\sqrt{7}+\sqrt{3}$,且可分别求得相应的 z_1,z_2 的值. 将直线 AC_1 的方程 $y=-\frac{\sqrt{3}}{2}x+\frac{1}{2}$ 与圆 $\odot C_1$ 的方程 $(x-\sqrt{3})^2+(y+1)^2=1$ 联立并求解得

$$\begin{cases}y=-\frac{\sqrt{3}}{2}x+\frac{1}{2},\\(x-\sqrt{3})^2+(y+1)^2=1\end{cases}\Rightarrow\begin{cases}x=\sqrt{3}-\frac{2\sqrt{7}}{7},\\y=-1+\frac{\sqrt{21}}{7}\end{cases}\text{或}\begin{cases}x=\sqrt{3}+\frac{2\sqrt{7}}{7},\\y=-1-\frac{\sqrt{21}}{7}.\end{cases}$$

由此可得使 $|z_1-z_2|$ 取到最小值 $\sqrt{7}-\sqrt{3}$ 的 $z_1=\sqrt{3}-\frac{2\sqrt{7}}{7}+\left(-1+\frac{\sqrt{21}}{7}\right)\mathrm{i}$,相应的 $z_2=z_1-\frac{1-\sqrt{3}z_1}{\mathrm{i}}=\frac{\sqrt{7}}{7}+\left(-3+\frac{3\sqrt{21}}{7}\right)\mathrm{i}$;使 $|z_1-z_2|$ 取到最大值 $\sqrt{7}+\sqrt{3}$ 的 $z_1=\sqrt{3}+\frac{2\sqrt{7}}{7}+\left(-1-\frac{\sqrt{21}}{7}\right)\mathrm{i}$,相应的 $z_2=z_1-\frac{1-\sqrt{3}z_1}{\mathrm{i}}=-\frac{\sqrt{7}}{7}-\left(3+\frac{3\sqrt{21}}{7}\right)\mathrm{i}$.

一点感想:与先前算的结果比较,尽管

$$3-\sqrt{7}-(\sqrt{7}-\sqrt{3})=3+\sqrt{3}-2\sqrt{7}=\sqrt{12+6\sqrt{3}}-\sqrt{28}$$
$$=\sqrt{12+\sqrt{108}}-\sqrt{12+\sqrt{256}}<0$$

及

$$3+\sqrt{7}-(\sqrt{7}+\sqrt{3})=3-\sqrt{3}>0,$$

但最小值却真的不是 $3-\sqrt{7}$,最大值真的不是 $3+\sqrt{7}$! 正如人生中很多事情都是可遇而不可求,尽管心中那个目标很美好且自己万分地想得到. 此时明智的做法是绝不能强求,在属于自己的轨道上安全运行即可. 陈道明先生说:"一个人成熟的标志之一,就是明白每天发生在我们身上 99% 的事情,对于别人而言,都是毫无意义的." 然也.

对"单元视角下的沪教版高二立体几何教学"的思考

国家课程标准把高中数学必修课程和选择性必修课程所囊括的内容分为预备知识、函数、几何与代数、概率与统计、数学建模活动与数学探究活动五个主题.

在沪教版高中数学教材中,预备知识主题包括必修第1章"集合与逻辑"、第2章"等式与不等式". 函数主题包括必修第4章"幂函数、指数函数与对数函数"、第5章"函数的概念、性质及应用"、第7章"三角函数"以及选择性必修第4章"数列"、第5章"导数及其应用". 几何与代数主题包括必修第3章"幂、指数与对数"、第6章"三角"、第8章"平面向量"、第9章"复数"、第10章"空间直线与平面"、第11章"简单几何体"以及选择性必修第1章"平面直角坐标系中的直线"、第2章"圆锥曲线"、第3章"空间向量及其应用". 另外,概率与统计主题包括必修第12章"概率初步"、第13章"统计"以及选择性必修第6章"计数原理"、第7章"概率初步(续)"、第8章"成对数据的相关分析". 数学建模活动与数学探究活动主题包括《数学建模(必修四)》与《数学建模(选择性必修三)》两本书.

我们视立体几何为大单元,上属于"几何与代数"主题,下包括必修第10章"空间直线与平面"、第11章"简单几何体"以及选择性必修第3章"空间向量及其应用".

首先要明白学生为什么要学习立体几何. 我们认为一是公理化思想的渗透,二是空间想象能力的培养. 为此,每一位教师都应该认真学习希尔伯特的《几何基础》,在此基础上找到培养空间想象能力的教学载体,比如正方体的截面问题、翻折与展开问题等.

其次,在立体几何的整体结构上,新教材延续了"二期课改"教材的内容编排顺序:先学习空间点、线、面的基本位置关系(第10章,有四个公理、七个推论、12个定理),再学习第11章"简单几何体"[柱、锥、台、球,一个原理、一个思想(极限与微积分思想)、若干公式]. 从单元视角看,选择性必修第3章是换一种方法对必修第10章、第11章的验证与再认识,从第10章到第11章的推进路线是演绎,第10章为第11章提供逻辑基础;而第11章内部的推进路线是先并联后串联式的归纳,即先平行介绍具有核心地位的柱体、锥体,再给出一般的多面体和旋转体的概念,符合从具体到一般的心理规律. 而如果将第11章作为一个小单元,其"概念、性质、体积、表面积"的研究脉络贯穿始终.

基于上述认识,我们的教学顺序是:必修第10章、第11章,选择性必修第3章;第10章的教学重点是强化"空间直观想象"与"逻辑推理"素养,第11章的教学目标是培养学生的看图、画图、构图能力及与实物、模型、图形、符号、文字之间的表征转换,发展直观想象、数学运算素养. 采用的具体方法举例如下.

(1) 问题激发.

好的问题能培养学生有逻辑地有序思考的习惯. 在执教组内研讨课"异面直线判定定理"的梳理空间两条直线的位置关系时, 在直观演示的基础上, 我依次提出了以下问题: ①空间中存在不同在任何一个平面上的两条直线吗? 为什么? ②空间两条直线的位置关系, 除了相交、平行、异面, 还有其他的位置关系吗? 为什么? ③你如何理解我与某某同学是师生关系这句话? ④对于如何判断两条直线是异面直线你有什么想法?

好的问题能诱发学生持续深入的思考. 在备课组陈老师执教"球的体积"这节课时, 在"拓展迁移, 把握本质"环节创设了"半碗牛奶"的现实情境(课标中将情境划分为三种: 科学情境、数学情境、现实情境), 提出了两个问题: 高度为半球半径一半的球缺的体积是半球体积的几分之几? 体积为半球体积一半的球缺的高与半球的半径之间有何关系? 好多同学当天晚上就拿着自己探索的结论与老师交流.

(2) 难点研讨.

在教学中难免会遇到一些困惑, 比如: ①学生不会看图、不会画图怎么办? ②如何缩小立几学习中的性别差异? ③某些立几思维好的同学考试成绩低怎么办? ④某些数学优生"过度预习", 如何引导?

对于上面的现象我们会随时展开研讨, 思考相应的对策, 比如: ①实物演示, 对比辨识; 技术辅助, 多方观察. ②抽丝剥茧, 面授机宜; 微信沟通, 激励信心. ③出声响说过程; 重表达盘细节. ④引领规划, 适度预习; 着眼现学, 给题拔高.

(3) 学法渗透.

在立体几何每节课的教学中都有意识地进行"显性"的立体几何的学法渗透, 比如: 向身边寻答案; 向正方体中寻答案; 向初中平面几何寻答案; 向技术寻答案(学生自己可以安装立几学习软件等); 算证结合, 计算大如天(空间向量, 如两道类似的模考题、高考题); 及时总结, 理论实践相结合(抓好落实, 抓好作业的日日清、周周结).

(4) 一图到底, 一题一课.

二十年前, 在丰县二中听了一节课, 内容早忘了, 但一图多用、一图到底给我留下了深刻的印象. 十年前也听了复旦中学老教师储国根的一节课, 内容也忘了, 但一题一课的模式让我叹为观止. 前不久很偶然地也上了一节"一题一课", 如下:

如果四边形 $ABCD$ 是矩形, $SD \perp$ 平面 $ABCD$, D 是垂足, 那么图 4.46 中互相垂直的平面的组数是_____.

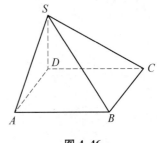

图 4.46

出我意料的是, 小小一题, 整整一节课都没有讨论完, 最后临下课时还有同学要发言, 既有成绩好的, 也有一些成绩中下的, 不得已, 几个同学在课后又与我讨论了大半个课间. 事后想来, 其中有序分类、正面说理、否定论证、完整审题、旧题新编、好课之标等均在其中, 也时刻提醒自己要时刻满怀敬畏之心善待每一个问题, 每一个同学, 每一节课.

由此我的体会是: 让节奏慢下来, 不蔓不枝, 可能更适合学生.

上海市教委教研室为 2022 年度上海市中小学中青年教师教学比赛主题说明所撰写的专题文章《高中数学: 以单元视角下的课时活动设计促进学生数学深度学习》中给出了"单元

视角下的课时活动设计"的一些要求:一是加强对数学整体性的理解.二是完善数学学习过程.三是改进数学活动设计,提出了四个改进方向:加强活动的多样化设计;关注活动的系列化、体验式设计;重视评价的多元化、工具化设计;注重信息技术的融合、创新.该文也给出了高中数学深度学习的主要特征:经验与结构、活动与体验、本质与变式、迁移与创造、价值与评判.这都为我们进行教学设计、听评课提供了明确的标准.

"被提前"的作截面

沪教版高中数学双新教材中,立体几何这块内容被安排在高中二年级第一学期必修三教材的第 10 章和第 11 章,分别是"第 10 章 空间直线与平面"和"第 11 章 简单几何体"."§10.1 平面及其基本性质"的第一课是长课时,以问题驱动学生通过观察、思考,引领学生"用直观思考问题,向身边寻找答案",归纳出三条公理及公理 2 的三条推论.接下来的第一个应用是一些判断对错题,比如"若空间四点不共面,则其中任意三点都不共线等(可转化为判断逆否命题);两两相交的三条直线不共面"等.接下来的第二课是三条公理及三条推论的另两个应用,分别是"证明线共面、点共线、线共点"问题.证明"线共面问题"常用"纳入平面法和添一(或添二等)重合法";教学时类似证明图 4.47 这种"线共面"问题所用的添一重合法暂时不教.

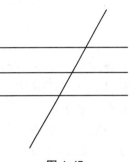

图 4.47

我校导学案上有这样一道题:

已知正方体 $ABCD-A_1B_1C_1D_1$ 中,$AB=a$,点 E,F,G,H,M,N 分别是 AB,BC,CC_1,AA_1,C_1D_1,D_1A_1 的中点.

(1) 求证:E,F,G,H,M,N 六点共面;

(2) 求六边形 $EFGHMN$ 的面积.

怎么做? 与办公室老师们讨论了一下该题,最后又参考了某搜题平台,发现本题其实是"添二重合法".

(1) 证明:如图 4.48(a)(b)所示,思路是先证明 MN 和 GH 确定一个平面,记作 α;再证明 MG 和 NF 确定一个平面,记作 β,因为这两个平面都过三个不共线的点 M,N,G,故 α,β 重合.至此证明了六点中的五个点 M,N,G,H,F 共面.同理,再记 NH 和 ME 确定的平面为 γ,则因为平面 α 与 γ 都过三个不共线的点 M,N,H,故 α,γ 重合.至此,六点共面得证!

本图中出现的正六边形在上海市二期课改数学教材高一下"同角三角比的关系",即"三类八式"(三类指平方关系、商数关系、倒数关系,一共八个三角恒等式)中用到过,后来又出现在"空间图形的平面直观图的画法"及"向量的加减法运算"中.

接下来"平面的基本性质"的第三个应用是"作正方体的截面".其实"截面"这个词第一次出现是在"§10.3.4 三垂线定理"这一节,教材在本节例 8 的"边款"中出现了"截面"二

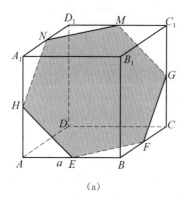 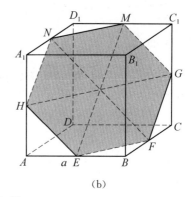

图 4.48

字:在此正方体中,还有哪些面的对角线与 BD_1 垂直? 为什么? 由此能得到 BD_1 垂直于哪些截面? 但截面的定义却滞后出现在第 10 章的探究与实践"正方体的截面"的边款中:用一个平面去截一个几何体,几何体表面与平面的交线所围成的平面图形叫作平面截几何体的截面.

在实际教学时,教师们往往以"过三点作正方体的截面"作为"平面的基本性质"的一个重要应用. 原因大概如下:正方体是空间图形的万花筒,又是学生相对来讲比较熟悉的几何体,以它作为载体来认识、理解反映点、线、面从属关系的平面的基本性质,从而提高学生的空间想象能力与对公理、推论的理解,此处是一个较好的"趁热打铁"机会. 在通过联结、延长、找交点、得交线等步骤来作出截面的过程中,学生慢慢去体会立体图形与平面图形在观察、认识上的不同,常犯的错误是把根本不可能相交的两条直线的交点画出来,说明其思维还停留在平面几何的层次. 在寻找交点的过程中,往往要在"缩小视角、放大视角""空间与平面"中来回转换,脑子不停地在思考,当遇到困难时,还会向身边的实物寻找启发或灵感,继而不断提升自己对空间图形中点、线、面关系的认识,"空间感"得以不断优化与完善. "用数学的眼光观察世界、用数学的思维思考世界、用数学的语言表达世界"的素养在其中得以发展. "题感、观感、手感"等感觉的提升是一个循序渐进、逐渐完善的过程.

笔者在引领学生以正方体为载体作截面时对"数学实验"有了更深的理解:回归最原始的思考状态,返璞归真地认识问题才更贴近学生的认知. 请看下面这个问题:

已知正方体 $ABCD\text{-}A_1B_1C_1D_1$, P 是棱 C_1C 上一点,画出直线 A_1P 和平面 $ABCD$ 的交点.

对于该问题,学生易犯的错误是在图形上取 A_1P 与 DC 延长线的交点作为所求作点. 如图 4.49 所示. 此时,理论上的解释是无法让学生领悟的,笔者用一个框架型正方体模型和两根长铁丝现场为学生演示(或让有上述错误认识的学生到前面来演示),并用手转动,同学们看得很清楚,这两条线是没有交点的! "真的去延长,真的去演示",返璞归真,是一种很好的催生理解的方法.

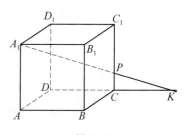

图 4.49

某年执教高三时遇到过浦东新区的一道模考题,是一个正三角形在 x 轴上滚动,求其一个顶点形成的曲线的一个周期及与 x 轴围成的面积,笔者就用手指夹着粉笔在黑板上现场画三角形滚动所划过的半圆,引起学生惊呼.再比如,在"过两点有多少个平面"时,我让学生到前面来演示,随手拿起第一排同学的学案,在书脊上用白板笔点两个点 A,B,也引起学生一片惊呼.此时数学不再枯燥,不再是高冷的抽象物,而是温暖可触的可爱形象,亲切地、活灵活现地呈现在大家面前.

对于"正方体的截面"这个主题,教师的一桶水中还要有些什么呢?笔者认为应该是:"已知的三个点中任两个点的连线都不在正方体的任何一个表面上,这种情况如何作截面?"下面介绍的两种方法出现在一些文献中.

一、垂线法

如图 4.50(a),在正方体 $ABCD$-$A_1B_1C_1D_1$ 中,已知 M,N,P 分别是棱 AB,CC_1,D_1A_1 上的点,求作过点 M,N,P 的正方体的截面.

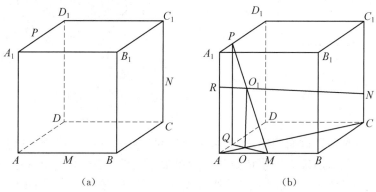

图 4.50

【分析】此类问题的难点在于已知的三点没有任何两点在正方体的同一侧面内,解题的方向是把该问题转化为第一类问题,即在已知的点中有两点在正方体的同一侧面内.设过点 M,N,P 的正方体的截面所在的平面为 α,则平面 α 与平面 AD_1 相交(公理3),我们有理由相信平面 α 与棱 AA_1 相交于一点,不妨设该点为 R,如果我们能确定 R 在棱 AA_1 上的位置,问题就转化为第一类问题.

【作法】如图 4.50(b)所示,过点 P 作棱 AD 的垂线,记垂足为 Q,连接 QM,AC,PM,记 $QM \cap AC = O$,过点 O 作线段 QM 的垂线,交线段 PM 于点 O_1,显然点 $O_1 \in$ 平面 α,又点 $O_1 \in$ 平面 ACC_1A_1,所以直线 NO_1 与直线 AA_1 共面且相交,其交点即为点 R,余下过程略.

二、向量法

如图 4.51(a),建立空间直角坐标系,不妨设正方体的棱长为 1,$M(1,a,0)$,$N(0,1,b)$,$P(c,0,1)$,设 $R(1,0,r)$ 是所求作的截面与棱 AA_1 的交点,则四点 M,N,P,R 共面,即向量 $\overrightarrow{RM}$,$\overrightarrow{RN}$,$\overrightarrow{RP}$ 共面.因为 $\overrightarrow{RM}=(0,a,-r)$,$\overrightarrow{RN}=(-1,1,b-r)$,$\overrightarrow{RP}=(c-1,0,1-r)$,根据平面向量基本定理知,存在实数对 (λ,μ),使得 $\overrightarrow{RP}=\lambda\overrightarrow{RM}+\mu\overrightarrow{RN}$,所以

$(c-1, 0, 1-r) = \lambda(0, a, -r) + \mu(-1, 1, b-r)$，从而 $\begin{cases} c-1=-\mu, \\ 0=\lambda a+\mu, \\ 1-r=-\lambda r+\mu b-\mu r, \end{cases}$ 消去 λ，μ 得 $r = \dfrac{a(1-b+bc)}{ac-c+1}$，即得 R 在棱 AA_1 上的具体位置[图 4.51(b)作出了完整的截面].

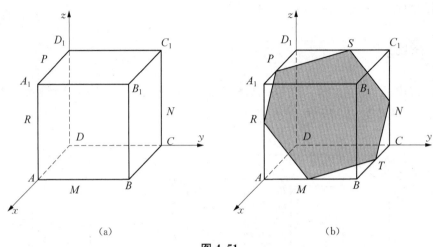

图 4.51

其实，上述这种情形截面的作法，大可不必另起炉灶去介绍垂线法或向量法，笔者在教学中以图 4.49 为契机启发学生很快找到一种更加简洁的作法. 事实上，在图 4.49 中，找到直线 A_1P 与底面 $ABCD$ 交点的关键是利用 $A_1A \parallel PC$！ 故可以先在平面 A_1ACP 中作出 A_1P 和 AC 的交点，即为直线 A_1P 与底面 $ABCD$ 的交点. 基于这种认识，为了作出过点 M，N，P 的正方体的截面，可先找到 PN 与底面 $ABCD$ 的交点. 为此，我们类比图 4.49 可先构作一条过点 P 且与 NC 平行的线，这很容易办到，比如过点 P 在平面 AA_1D_1D 内作 $PQ \parallel D_1D$，下面的作法与图 4.49 完全类似. 随着 PN 与底面 $ABCD$ 的交点被找到，问题也随即转化为第一类问题. 具体作图过程如图 4.51(c) 所示（六边形 $MENFPG$ 为所求作的截面）.

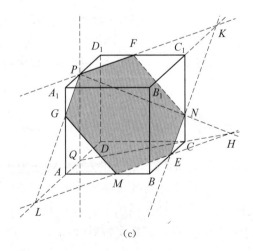

(c)

通过阅读教材"探究与实践　正方体的截面",我们知道,正方体的截面形状可能为三角形、四边形(正方形、矩形、梯形等)、五边形、六边形;且正多边形只能是正三角形、正方形与正六边形,不可能是正五边形,因为与正方体相对的表面相交的交线一定是平行的.

作为教学的好助手,除几何画板外,笔者还推荐"立几画板",这个软件的好处有:①可多角度观察一个几何体,更深刻地认识空间点、线、面的位置关系;②作线时自然地呈现出虚线或实线!但也有缺点(可能是自己运用不熟练的缘故),比如:①插入的正方体看起来有点斜;②操作时容易令几何体转动,需要锁定并多加练习.

笔者上课时经常三管齐下:实际物体;在几何画板中的正方体上现场用三角尺作图(长课时的情况下可让学生上去作图)或用鼠标直接作(因为用三角尺作时白板容易左右滑动导致图形错位);展示课前作好的截面图,通过多角度旋转让学生观察并谈体会.

在教学"作正方体的截面"时,笔者带领同学们一起依次做了以下三件事:

(1) 放映网上的视频:用平面切割正方体的动画及形成的截面形状(初步直观感知);

(2) 在正方体中作面与面的交线、线与面的交点(如作 ABC_1D_1 与 A_1B_1CD 的交线;作 A_1P 与 $ABCD$ 的交点,如图 4.49);

(3) 作出过三点的平面截正方体所得的截面(三角形、四边形、五边形、六边形;注意:所给三点中任意两点的连线不在表面上时启发学生参考图 4.49 的课外探索,课上不做要求).

三角形:比如在棱 A_1A,A_1B_1,A_1D_1 上各取一点;

四边形:比如取 D,A_1,B_1C_1;

五边形:比如在 A_1A,A_1B_1 上各取一点,再取点 C;

六边形:比如在棱 A_1A,A_1B_1,CC_1 上各取一点.

启发学生认识空间四边形的教学步骤

学生经过较长时间的立体几何知识学习仍不会画空间四边形及四面体是切实存在、回避不了的教学现象,因此引领学生循序渐进、拾级而上认识空间四边形、四面体是重要的教学任务. 为此,基于单元教学角度建议可经历以下各个认识步骤.

一、先做判断题

四边相等的四边形是菱形.(　　)

说理:

法一　先用四支笔在黑板面上摆出一个菱形;然后让一个顶点冲出黑板面(冲出平面,走向空间),则相邻的两条边也随之被带出,很显然其长度都没变,但此时出现的四边形已经不是平面图形了,而是空间四边形,这是借助直观.

法二　用手演示. 在第一遍教学时班级有同学就摆出了这样的造型.

二、回到抽象

会画空间四边形. 先由学生结合演示尝试给出描述性定义:不在同一平面上的四条线段首尾相接,并且最后一条的尾端与最初一条的首端重合,这样的四边形叫作空间四边形. 上海数学双新教材在必修三§10.2.1例2的边款中给出了空间四边形的定义:由空间四点首尾相接所成的四边形叫作空间四边形. 继而用图形语言表示它. 按照上面的叙述有两种画法[图4.52(a)(b)].

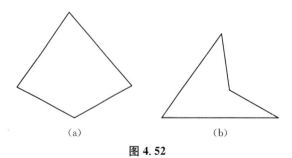

图 4.52

但很显然,这两种画法与平面几何中的凸四边形、凹四边形是一样的,没有空间感,凸显不出空间与平面的差异,怎么办呢? 俗话说"红花还要绿叶衬托",可以给她一个衬托物.

(1) 用别人衬托自己:用衬托平面,如图 4.53(a)(b).

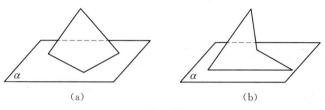

图 4.53

(2) 用自己衬托自己:联结对角线,构造出相应的几何体,即四面体,在四面体中认识空间四边形,并用教具给予实物展示[图 4.54(a)(b)].

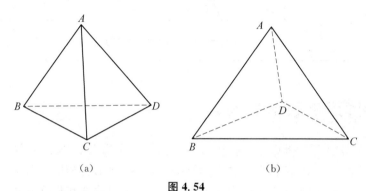

图 4.54

三、在正方体中寻找它

作为基本空间图形,要学会在更复杂的空间图形中识别、指认空间四边形或四面体,正方体(或长方体)是一种很好的载体.学生往往会发现正方体中不共线的四点两两连线围成的几何体都是四面体,因此四面体共有四个顶点、六条棱、四个面、三组对棱.

四、认识一些特殊的四边形及四面体,并与三棱锥相联系

仍可在正方体这个模型中找到它们,如:

(1) 三个角是直角的四边形未必是矩形,如图 4.55 中的 ABC_1A_1.

(2) 正四面体(四个面均为正三角形,六条棱均相等),任何一个面作为底面都是正四面体,如图 4.55 中的 DBC_1A_1(此时也可伺机伏笔,拓展推广至一般的正多面体的知识).

(3) 正三棱锥:有一个面是正三角形,与该面相对的顶点在该面上的投影是该面的中心,如图 4.55 中的 $C_1 - A_1DB$.

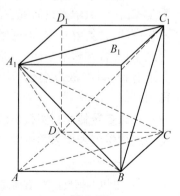

图 4.55

(4) 四个面均为直角三角形的四面体,如图 4.55 中的 A_1-ABC.

以上是第 1 小步"会找",即会在正方体中找;接下来是第 2 小步"会画"(会单独画出相应的四面体),如表 4.7 所示.

表 4.7

类型	正四面体	正三棱锥	四个面均为直角三角形的四面体
示意图			

五、立几中的数学文化浸润(初步)

《普通高中数学课程标准(2017 年版 2020 年修订)》在第六章"实施建议"中强调[①]:数学文化应融入数学教学活动. 在教学活动中,教师应有意识地结合相应的教学内容,将数学文化渗透在日常教学中,引导学生了解数学的发展历程,认识数学在科学技术、社会发展中的作用,感悟数学的价值,提升学生的科学精神、应用意识和人文素养,将数学文化融入教学,还有利于激发学生的数学学习兴趣,有利于学生进一步理解数学,有利于开拓学生视野,提升数学学科核心素养.

事实上,经常听到同行抱怨学生对空间垂直关系以及二面角掌握得不好,确实,笔者每次遇到讲授线线垂直、线面垂直、面面垂直的内容的时候,也曾经为学生的茫然而头痛. 怎么突破这个难点? 笔者经过实践,体会到从此处的数学文化入手,可能是一个好办法,具体做法如下.

先讲点相关的数学历史. 我国古代的数学成就除了在代数上独占鳌头外,在立体几何方面的成就也是举世共睹的. 在立体几何方面曾经做出过杰出贡献的有祖冲之、祖暅、刘徽等数学家. 古代数学家在研究空间几何体时,提出了两种比较特殊的锥体:阳马、鳖臑.《九章算术·商功》:"斜解立方,得两堑堵. 斜解堑堵,其一为阳马,一为鳖臑. 阳马居二,鳖臑居一,不易之率也. 合两鳖臑三而一,验之以棋,其形露矣."刘徽注:"此术臑者,背节也,或曰半阳马,其形有似鳖肘,故以名云. 中破阳马,得两鳖臑,鳖臑之起数,数同而实据半,故云六而一即得."

什么是鳖臑? 其实就是四个面均为直角三角形的三棱锥,两个鳖臑拼在一起就是阳马. 笔者就用鳖臑来作为学生学习空间垂直问题这个难点的突破口,效果较好.

---

① 中华人民共和国教育部. 普通高中数学课程标准(2017 年版 2020 年修订)[M]. 北京:人民教育出版社,2020:82.

在1992年全国高考理科数学试题中,曾经有这样的问题:
在四棱锥的四个侧面中,直角三角形最多有( )个?
A. 1　　　　　　B. 2　　　　　　C. 3　　　　　　D. 4
当年本题目的得分很低,足以说明学生对垂直关系的掌握是不乐观的.
笔者突破难点采用的是一种循序渐进的思路:

1. 提出问题

有没有四个面都是直角三角形的三棱锥？请用学具(塑料棒、橡皮泥)制作模型.

新课程标准对立体几何的教学要求十分符合学生的认知心理,概括起来就是"直观感知、操作确认、思辩论证、归纳证明"这几个重要环节.多年来,我在讲授立体几何时一直要求学生准备学具,用学具摆模型,或者用硬纸片制作几何体.那道著名的曾经让命题者尴尬的美国得克萨斯州中学生数学竞赛试题:一个正三棱锥和一个正四棱锥的所有棱长都相等,将它们的某两个面重合,组成的新几何体有几个面？解决时,就是先让学生制作模型,再去论证.

再在具体的几何体中寻找鳖臑,如图4.56.

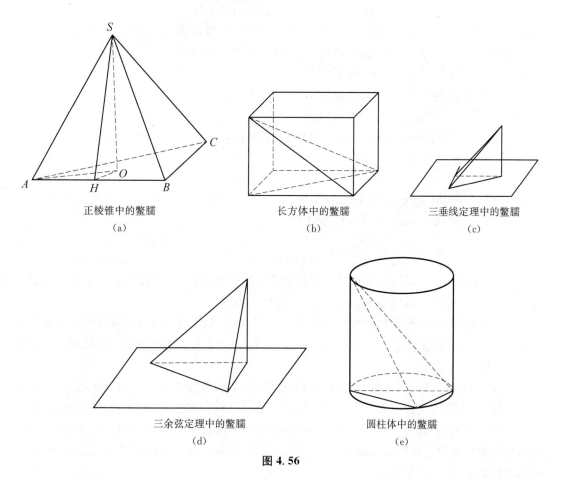

正棱锥中的鳖臑　　　　长方体中的鳖臑　　　　三垂线定理中的鳖臑
(a)　　　　　　　　　　　(b)　　　　　　　　　　　(c)

三余弦定理中的鳖臑　　　　圆柱体中的鳖臑
(d)　　　　　　　　　　　(e)

图4.56

2. 观察思考

将你摆出的几何体的直观图绘制出来,标上字母.然后观察其中有哪些线线垂直、线面垂直、面面垂直(鳖臑中有四个直角三角形,两个线面垂直,三个面面垂直)? 能给出证明吗?

引导学生"提炼"出一个有用的结论:如果一直线与三角形的两边垂直,那么必定与第三边垂直. 这样学生再思考垂直关系时,思维的质量就会有明显的提高.

3. 变换位置

再提供任意位置的鳖臑,由学生去观察. 最好能够给出一些比较复杂的几何体,由学生去发现其中隐藏着的鳖臑,如图 4.57(其中 $\angle BCD = 90°$,$AB \perp$ 平面 $ABCD$,$BM \perp AC$,$BN \perp AD$).

4. 灵活应用

对于二面角的教学,鳖臑也是一个特别好的载体. 可以让学生观察鳖臑中有多少个二面角? 哪些是直二面角? 哪些二面角的平面角已经给出? 如同垂直关系的教学一样,充分做好这些准备工作以后,再提供一些几何体供学生演练巩固提高. 如图 4.57 中,我们有:

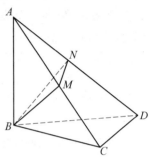

鳖臑中有鳖臑

图 4.57

AD 与底面 BCD 所成的角为 $\angle ADB$;AC 与底面 BCD 所成的角为 $\angle ACB$;BC 与平面 ABD 所成的角为 $\angle CBD$;CD 与平面 ABD 所成的角为 $\angle CDB$;BD 与平面 ACD 所成的角为 $\angle BDM$;AC 与平面 ABD 所成的角为 $\angle CAH$(H 为 C 在 BD 上的射影);二面角 $C-AB-D$ 的平面角为 $\angle CBD$;二面角 $A-CD-B$ 的平面角为 $\angle ACB$;二面角 $B-AD-C$ 的平面角为 $\angle BNM$. 且可证明如下结论:

(1) $\cos \angle ADC = \cos \angle BDC \cos \angle ADB$(三余弦定理);

(2) $\sin \angle BNM = \dfrac{\cos \angle ACB}{\cos \angle ADB}$;

(3) $\sin \angle BDM = \sin \angle ACB \sin \angle BDC$;

(4) $\sin \angle ADB = \sin \angle ACB \sin \angle ADC$;

(5) $\tan \angle ADC = \dfrac{\sin \angle BDC}{\sin \angle CAH}$.

有了上面的工作,相信学生对空间垂直关系一定有了比较深刻的认识,学生如同习了一身本领的将士,可以去经历更加如火如荼的"解题"洗礼了.

这样的处理,可以充分利用鳖臑的解题"标本"功能. 数学是关于模式的科学,尽管没有万能的解题模式,但是会有一些捷径. 教师就是要善于发现这些捷径,然后提供给学生,让他们少走弯路.

在教学中也可引用教材等资源中的相关介绍,比如沪教版新教材必修三练习11.3中的第1题如下:我国古代数学著作《九章算术》中研究过一种叫"鳖(biē)臑(nào)"的几何体(见《九章算术》卷第五"商功"之一六),它指的是由四个直角三角形围成的四面体. 用你学过的立体几何知识说明这种四面体确实存在. 再如,2015年湖北省高考数学第20题(文理科,此处选用的是文科第20题):

《九章算术》中,将底面为长方形且有一条侧棱与底面垂直的四棱锥称为阳马,将四个面都为直角三角形的四面体称为鳖臑.

在如图 4.58 所示的阳马 $P-ABCD$ 中,侧棱 $PD \perp$ 底面 $ABCD$,且 $PD=CD$,点 E 是 PC 的中点,连接 DE,BD,BE.

(Ⅰ)证明:$DE \perp$ 平面 PBC. 试判断四面体 $EBCD$ 是否为鳖臑. 若是,写出其每个面的直角(只需写出结论);若不是,请说明理由.

(Ⅱ)记阳马 $P-ABCD$ 的体积为 V_1,四面体 $EBCD$ 的体积为 V_2,求 $\dfrac{V_1}{V_2}$ 的值.

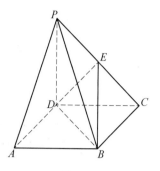

图 4.58

综上可见,鳖臑在立体几何研究中有着广泛的作用,在高考中高频率出现,其实这并不是偶然的,而是由其基本特征决定了它的基础性地位和作用. 我们知道,在平面内,由含最少条线段的封闭折线围成的多边形是三角形,任何一个多边形都可以分成若干个三角形,因此三角形就成为平面几何研究的一个重要对象,而任何一个三角形都可以分成两个直角三角形,这样直角三角形又成为重要对象的特殊对象. 与之相对应的两个重要定理就是勾股定理与射影定理,这两个定理所对应的图形也是平面几何的两个重要的基本的图形.

与平面类似,在空间中由含最少个面围成的封闭几何体是四面体,任何一个多面体都可以分成若干个四面体,而任意一个四面体都可以分解成若干个(最多有六个)鳖臑. 因此鳖臑也与平面几何中的直角三角形类似,成为立体几何研究的重要对象(四面体)中的特殊对象.

六、立几中的数学文化浸润(深入)

此处可用的资源有:①上海双新教材必修三在§11.3"多面体与旋转体"后安排了一篇课后阅读《多面体的欧拉定理》;②中国数学文化中的《梦溪笔谈》,其中"卷十八 技艺"中有语云:"算术求积尺之法,如刍萌、刍童、方池、冥谷、堑堵、鳖臑、圆锥、阳马之类,物形备矣,独未有隙积一术."其中刍萌、刍童、方池、冥谷、堑堵、鳖臑、圆锥、阳马均是指物体的形状,也可作为数学课外学习及研究的资源.

学生的力量
——记几次难忘的失误

在必修三立体几何教学中有几次失误至今仍耿耿于怀、不敢忘却.

2022学年第一学期笔者第一次教授新教材立体几何,相对于二期课改教材中的立体几何,笔者对新教材甚感亲切.因为其内容瞬间把我拉回了二十几年前大学毕业后所执教的立体几何,多次成对出现的判定定理与性质定理是对二期课改教材的更新,其实于我而言却是悠长的怀旧.但也许是见到了多年未见的老友,我竟多次失态了.

一、能确定几个平面?

线下教学期间布置了这样一道题:从同一点出发的四条射线能确定几个平面?对于本题,参考书以及网上给的答案均是1个、4个或6个,与我以往的教学经验相符,也就未做重新的思考.上课分析时,我的教学策略是两步走,第一步是"实物感知、操作确认",第二步是"线面归体、模型识别".详述如下.

第一步:请一位同学(记甲)就地取材从自己的笔袋里拿出四支笔(最好是细长的铅笔),然后再让甲同学自请一位同学(记作乙)作助手.请两位同学到讲台上,甲同学首先把四支笔摆成从同一点出发的射线形状,然后将其全部置于黑板面上,并请乙同学指认此时确定了几个平面(1个).然后甲同学将其中的一支笔向外抬,使其离开黑板面(冲出平面,走向空间!),再请乙同学指认此时确定了几个平面(4个),并具体讲清楚是哪几个,以及分别是哪两条射线确定的.接下来请乙同学帮着再把黑板面上三支笔中的一支向外抬,使其离开黑板面,再请乙(或甲,或其他同学)指认此时确定了哪几个平面(6个).

经过第一步,可以得到"确定1个、4个或6个"的结论.

第二步:回到学生熟悉的几何体中深化认识(如图4.59).射线AD,AE,AC,AB确定1个平面,即平面$ABCD$;射线AD,AC,AB,AA_1确定4个平面,分别是平面$ABCD$、平面ADD_1A_1、平面ABB_1A_1、平面ACC_1A_1;射线AD,AB,AA_1,AC_1确定6个平面,分别是平面ADD_1A、平面ABB_1A_1、平面ACC_1A_1、平面ADC_1B_1、平面ABC_1D_1、平面$ABCD$.

但下课后金同学马上给我画了下面一幅图(图4.60),并解释说:"还有这种特殊情况,答案应该是1,3,4,6."这幅图瞬间让我意识到了我思考的不足!并获得了以下的认识:

若增加条件"本题只讨论任两条射线不共线的情况",则答案才是1,4,6.或改为"从同一点出发的四条直线能确定几个平面?",答案也是1,4,6.可根据四条直线在空间中有且仅有三种位置关系"四条直线共面;四条直线中有且仅有三条共面;四条直线中的任何三条都不共面"经讨论而得.

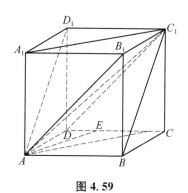

图 4.59

图 4.60

确实,经验不可靠,缺失了敬畏之心的教学处处暗藏危险.但遗憾的是,这种危险却还在我立体几何的教学中频频发生着.

二、有"可以"和没有"可以"的区别

《华东师大版一课一练　高中数学必修3》10.1(1)平面及其基本性质练习中有一道判断对错题:判断下列命题的真假,真命题打"√",假命题打"×".

(1) 空间三点可以确定一个平面.(　　)
(2) 两条直线可以确定一个平面.(　　)
(3) 两条相交直线可以确定一个平面.(　　)
(4) 一条直线和一个点可以确定一个平面.(　　)
(5) 三条平行直线可以确定三个平面.(　　)
(6) 两两相交的三条直线确定一个平面.(　　)

在一个班的连排课的第一节课上笔者对了这道题的答案,依次是×,×,√,×,×,×,因感觉难度较小并未详细分析.但课间该班的夏同学找到了我,产生了下面的对话.

夏:老师,第(5)小题有"可以"二字,应该是对的吧?

师:(说实话,从没关注过"可以"二字)哦……那应该是对的.

夏:谢谢老师.

师:待会第二节课改过来,谢谢你.

于是,在随后的第二节课上,笔者把上述第(5)小题的答案改为了"√",还表扬了刚才与我交流的那位同学,其他同学均没有质疑.

但接下来,当我在执教的另一个班以相同的理由分析过第(5)小题的课间,又遭到了该班金同学的质疑.

金:老师,如果因为(5)中有"可以"二字就是对的,那么命题(2)也应该是对的,但其实是错的!

师:……

其实当金同学讲完他的观点后我瞬间就顿悟了:(2)与(5)都是错的,有没有"可以"二字都是错的!比如,对于(5)而言,我给你如图 4.61 所示的三条平行直线 a,b,c,它们可以确定三个平面吗?显然不可以!即满足(5)的条件但不满足其结论,所以成为(5)的一个反例.但若将(5)改为"存在可以确定三个平面的三条平行直线"则是一个真命题.

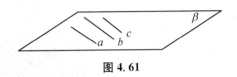

图 4.61

三、"看一眼感觉会做"式备课往往会闯祸

"教学五认真"是大家熟悉的内容和要求,即认真备课、认真上课、认真布置和批改作业、认真辅导、认真组织考试.随着教龄的增长,再加上平时工作的繁重,教师的认真之心可能会有所懈怠.身为一线教师,笔者耳濡目染了身边众多"抄一遍教案就上课、看一眼教案就进班"的教师行为,甚至"不备课就上课"的现象竟也时有出现.作为自身的切实体会,对题目"看一眼感觉会做"式备课往往会遭遇上课时的滑铁卢,要倍加警惕并改正.

沪教版必修三 10.3.2"直线与平面垂直"后有一道配套练习.

练习 10.3(3)/2:设 AB 和 CD 都是平面 α 的垂线,其垂足分别为 B,D.已知 $AB=2\,\mathrm{cm}$,$CD=5\,\mathrm{cm}$,$BD=4\,\mathrm{cm}$.求线段 AC 的长.

这是一道常规题,但可能是太大意,也可能是"分情况讨论、全面地考虑问题本就是常人思维的弱点",哪怕教了几十年书也没形成惯性思维,我在备课时看了一眼就直接选择跳过了,竟没有意识到其相对位置关系要分两种情况讨论,以至于在上课时就当场遭到了几位同学的质疑,还好当场就做了补充,没有误人子弟.

另一道类似的问题如下:

沪教版必修三 10.4.2"二面角"后有一道配套练习.

练习 10.4(2)/1:已知平面 $\alpha\perp$ 平面 β,判断下列命题是否正确,并说明理由:

(1) 平面 α 上的任意一条直线都垂直于平面 β 上的任意一条直线;

(2) 平面 α 上的任意一条直线都垂直于平面 β 上的无数条直线;

(3) 平面 α 上的任意一条直线都垂直于平面 β;

(4) 过平面 α 上任意一点作平面 α 与 β 交线的垂线 l,则 $l\perp\beta$.

作为教师,我们经常抱怨学生"为什么想不到这一点""为什么只想到这一点而忽略了另一点""为什么强调过多次的易错点仍会屡次重犯".其实,一旦我们换位思考,就不仅可以理解其"自然性",而且往往还可以找到好的教学方式,帮助学生优化或克服这些问题.以上面这道判断对错题为例,身为执教多年的教师,由于备课的草率,笔者在上课时对(4)的判断就出现了错误,没有意识到"平面与平面垂直的性质定理"中的关键一点是垂直于两平面交线的直线一定要在"其中一个平面上"!若再深究一下,如果说学生刚学过该定理没有这种"条件意识",那为什么教师对这种关键条件也如此淡漠呢?其根本原因大概要从我们平时的教学常常忽略"反面教学"寻起."只强调而不以例释义"是不利于培养学生的"条件意识、范围意识"的!

就"平面与平面垂直的性质定理"的教学为例,教师仅仅与学生一起在直观演示的基础上做了严格证明,然后是对其的具体应用.但对于为什么要求"垂直于两平面交线的直线一定要在其中一个平面上"师生均没有留下较深印象,每年的教学都是圈划过关键词之后也就不了了之了,年复一年也就成了常态.建议做优化如下:

请学生说说"过其中一个平面上的一点所作的直线如果不在该平面上",性质定理的结论还成立吗?为什么?预估学生会从两个角度做出分析与说理.第一个角度是拿课本、笔、手等实物演示,比如学生会说"斜一下也可能垂直"等语言,最终学生会发现不管该点在不在这两个平面的交线上,过该点与交线垂直的直线在某一个平面上且该平面与交线垂直.很显然,该平面内的直线与第二个平面不一定垂直.第二个角度是借助一些特殊的几何体说理,学生往往会选择正方体.先指定两个互相垂直的侧面,然后过其中一个平面内的某一点作与这两个平面的交线垂直的直线,继而发现该直线未必垂直于第二个平面.如图 4.62,平面 $ADD_1A_1 \perp ABCD$,$O_1 \in$ 平面 ADD_1A_1,$O_1O_2 \perp AD$,但 O_1O_2 与平面 $ABCD$ 并不垂直.

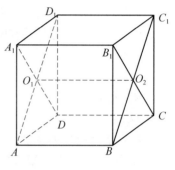

图 4.62

数学概念教学是一类重要课型,教师不仅要通过正面阐释引领学生对概念的理解,启发其从反面认识也同样重要.这不仅可加深学生对概念等数学对象的全面理解,而且也是训练逻辑思维、数学表达的好载体.比如对函数的单调性、奇偶性等概念的教学,既要知道何为单调递增、单调递减,也要会表达何为非增或非减,同时举出相应的例子.对奇偶性、等差数列、等比数列、古典概型、可导函数等的教学也是如此.

还有,标准情形与非标准情形的对照与转化也是深化学生认识的着力点,比如对三角形的高、圆锥曲线的标准方程的识别与运用等,其中对如何将非标准情形转化为标准情形是渗透数学转化思想的好机会.在每年的教学中,笔者都会遇到一些喜爱魔方的同学,这些同学往往对魔方中的标准情形与非标准情形以及如何把非标准情形转化为标准情形有深刻的认识,有的魔方高手早已形成下意识的条件反射与指间操作.数学教学中可充分调动他们的积极性,请他们来讲讲对标准与非标准的认识及心得.笔者还记得读本科期间学过的运筹学,使用单纯形法中所面对的标准与非标准至今仍历历在目,数学之美尽在其中.

笔者认为,"如果不这样将会怎样""如果不满足会发生什么"等启发用语宜成为教师在教学中经常使用的语言.

总之,面对学生的认知缺漏或屡犯错误,教师不仅要下意识地经常换位思考,而且要想办法改善之.以运算问题为例,不会算、算不对是学生的常态表现,此时,如果教师只说"你要仔细!要认真!"是没有用的.教师要做的不仅是要教会其对算理的理解,更要提供时间来训练学生的专注力.很多情况下,学生算不对是因为其专注力不够.我们可以每周拿出一节课来训练学生的专注力,如做强基训练、周测等.

四、惊险与精彩齐飞

这是一节"二面角"的习题课,主要任务是评讲昨天的作业,令我没想到的是,直到下课,第 2 道小小的填空题还没讨论完毕. 题目如下:

如果四边形 $ABCD$ 是矩形,$SD \perp$ 平面 $ABCD$,D 是垂足,那么图 4.63 中互相垂直的平面的组数是_____.

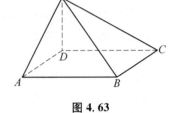

图 4.63

教学实录如下:

师:图中有哪几个平面?

生:平面 SAD、平面 SCD、平面 SAB、平面 SBC、平面 $ABCD$.

师:(上课时根本没想到连接 BD,AC,更没与同学们讨论要不要连接 BD,AC)很好!那么,这五个平面两两组对共有几对?是哪几对?

生:嗯……

师:我们可以考虑用枚举法来数出共有几对,但如何做到不重不漏呢?就需要做到有序枚举. 具体可以采用小学、初中学过的划线法或列表法.

法 1(划线法,见图 4.64):

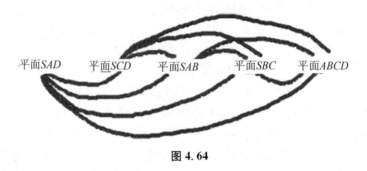

图 4.64

法 2(列表法,见表 4.8):

表 4.8

	平面 SAD	平面 SCD	平面 SAB	平面 SBC	平面 $ABCD$
平面 SAD	/	1	2	3	4
平面 SCD	/	/	5	6	7
平面 SAB	/	/	/	8	9
平面 SBC	/	/	/	/	10
平面 $ABCD$	/	/	/	/	/

顺便提一下,等同学们学习过排列组合的知识,再来计算共有几对就比较容易了.

生:哦,共有 10 对.

师:这 10 对中有几对符合题目要求呢? 让我们依次来看. 首先看第 1 对,平面 SAD 与平面 SCD 垂直吗? 请说出理由.

生:垂直. 因为

$$AD \perp SD, AD \perp CD, SD \subset 平面 SCD, CD \subset 平面 SCD, SD \cap CD = D,$$

故 $AD \perp$ 平面 SCD,而 $AD \subset$ 平面 SAD,从而平面 $SAD \perp$ 平面 SCD. (教师在法 1 中的对应划线旁或在法 2 对应空格的序号旁打钩或打叉,下同.)

师:很好. 那么第 2 对呢? 平面 SAD 与平面 SAB 垂直吗? 请说出理由.

生:垂直. 因为

$$AB \perp AD, AB \perp SD, AD \subset 平面 SAD, SD \subset 平面 SAD, AD \cap SD = D,$$

故 $AB \perp$ 平面 SAD,而 $AB \subset$ 平面 SAB,从而平面 $SAB \perp$ 平面 SAD.

师:很好,再来看第 3 对. 平面 SAD 与平面 SBC 垂直吗? 请说出理由.

生:看图感觉是不垂直的,但理由不知怎么说……

师:图中只有这两个平面的一个公共点 S,能否先作出它们的交线?

生:哦,可把这两个面延展一下. 把三角形 SAD 和三角形 SBC 都扩展为平行四边形即可,如图 4.65 所示,就有平面 $SAD \cap$ 平面 $SBC = SE$. 由于 $SE \parallel BC, BE \parallel SC, BC \perp SC$,故 $BE \perp SE$. 又 $AE \parallel SD, SE \parallel AD, SD \perp AD$,故 $AE \perp SE$. 而

$$AE \subset 平面 SAD, BE \subset 平面 SBC, 平面 SAD \cap 平面 SBC = SE,$$

故 $\angle AEB$ 是二面角 $B\text{-}SE\text{-}A$ 的平面角. 但 $\angle AEB \neq \dfrac{\pi}{2}$,从而平面 SAD 与平面 SBC 不垂直.

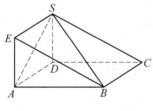

图 4.65

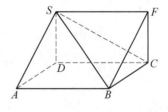

图 4.66

师:很好. 再来看第 4 对. 平面 SAD 与平面 $ABCD$ 垂直吗? 请说出理由.

生:垂直. 因为 $SD \perp$ 平面 $ABCD$,而 $SD \subset$ 平面 SAD,从而平面 $SAD \perp$ 平面 $ABCD$.

师:好的. 再来看第 5 对. 平面 SCD 与平面 SAB 垂直吗? 请说出理由.

生:不垂直. 理由与第 3 对的说理类似. 如图 4.66 所示,$\angle BFC$ 是二面角 $B\text{-}SF\text{-}C$ 的平面角. 但 $\angle BFC \neq \dfrac{\pi}{2}$,从而平面 SCD 与平面 SAB 不垂直.

师:很好. 再来看第 6 对. 平面 SCD 与平面 SBC 垂直吗? 请说出理由.

生:垂直. 因为

$BC \perp CD$, $BC \perp SD$, $CD \subset$ 平面 SCD, $SD \subset$ 平面 SCD, $CD \cap SD = D$, 故 $BC \perp$ 平面 SCD, 而 $BC \subset$ 平面 SBC, 从而平面 $SBC \perp$ 平面 SCD.

师:很好. 这种说理同刚才的哪几对的说理类似?

生:与第 1 对及第 2 对的说理类似.

师:很好. 再来看 7 对. 平面 SCD 与平面 $ABCD$ 垂直吗? 请说出理由.

生:垂直. 与刚才第 4 对的说理类似.

师:好的. 下面我们继续看第 8 对. 平面 SAB 与平面 SBC 垂直吗? 请说出理由.

生:从图上看感觉是不垂直的. 但我讲不出理由……

师:其他同学呢? 有什么想法?

生:(无人响应)

师:没关系,遇到困难不着急,可以暂时放一放,先看看第 9 对和第 10 对怎么样?

生:老师, 第 9 对与第 10 对均不符合题意. 因为平面 SAB 与平面 $ABCD$ 所成的二面角的平面角是 $\angle SAD$, 而平面 SBC 与平面 $ABCD$ 所成的二面角的平面角是 $\angle SCD$, 但这两个平面角均非直角.

师:很好! 目前我们找到了 5 对符合要求, 即第 1, 2, 4, 6, 7 对. 只剩下第 8 对了, 胜利在望啊!

(接下来的讨论,让我见识到了同学们的热情、智慧及通过试误实现顿悟的思维价值.)

生甲:(特殊化＋定量计算)当四边形 $ABCD$ 是正方形时平面 SAB 与平面 SBC 不垂直,那第 8 对就得不出"垂直"的结论. 而此时二面角 C-SB-A 的平面角是容易作出的. 如图 4.67.

设 $AB = BC = CD = DA = SD = a$, 则 $SA = SC = AC = \sqrt{2}a$, $SB = \sqrt{3}a$. 过点 C 作 $CG \perp SB$ 于 G, 连接 AG, 则因为 $\triangle SAB \cong \triangle SCB$, 故 $AG \perp SB$, 从而 $\angle AGC$ 是二面角 C-SB-A 的平面角. 在 $\triangle AGC$ 中, 因 $GC = GA = \dfrac{a \cdot \sqrt{2}a}{\sqrt{3}a} = \dfrac{\sqrt{6}a}{3}$, $AC =$

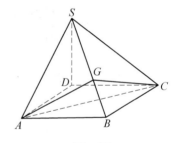

图 4.67

$\sqrt{2}a$, 故 $\cos \angle AGC = \dfrac{GA^2 + GC^2 - AC^2}{2GA \cdot GC} = -\dfrac{1}{2}$, 故 $\angle AGC = 120° \neq 90°$. 即平面 SAB 与平面 SBC 不垂直.

生乙:(反证法＋定性分析)我觉得可以用反证法. 假设平面 $SAB \perp$ 平面 SBC, 如图 4.68, 过点 C 在 $\triangle SBC$ 内作 $CH \perp SB$ 于 H, 由于 $\angle SCB = 90°$, 故 CH 与 CB 不重合. 由平面与平面垂直的性质定理可得 $CH \perp$ 平面 SAB, 故 $CH \perp AB$, 又 $CB \perp AB$, 但过一点只能有一条直线与已知直线垂直, 矛盾! 故平面 SAB 与平面 SBC 不垂直.

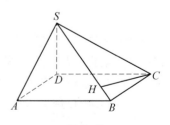

图 4.68

生丙:不对! 过一点有无数条直线与已知直线垂直.

生乙:……哦哦, 是的(面露尴尬之色).

师：换个角度再想想，由 $CH \perp AB$，$CB \perp AB$ 能得到什么结论？

生乙：哦，又因为 $CH \cap CB = C$，故可得 $AB \perp$ 平面 SBC，但这不可能，因为否则的话会导致 $AB \perp SB$，与 $\angle SAB = 90°$ 矛盾！

师：很好．（此时已下课了）

生丙：老师，可将该几何体展为长方体．

生丁：老师，可构造一个与平面 SAB 垂直的平面．

师：同学们，因时间关系，我们课后继续讨论哦，下节课我们再做个汇总．

下课后马上就有六七个同学跑上讲台，争着与笔者交流他们自己对第 8 对中的两个平面不垂直的看法，尽管又有个别同学运用了错误的结论得到矛盾，比如"同时垂直于同一个平面的两个平面垂直"等等，但他们求知的热情与思维的开放度让我欣喜，激我奋进．

对于本节课，笔者有如下反思：

一节课就只讨论了一道小题目，所得到的答案（5 对）与练习册后提供的标准答案（6 对）还不相同，究竟值不值？是提供的标答错了吗？还是课上讨论的某个环节出了问题？下课后通过查阅资料，笔者发现一道几乎完全相同的题，唯一不同的是题目的图中已连接了 BD，AC，提供的答案是 6 对（增加了平面 $SBD \perp$ 平面 $ABCD$）．哦，原来如此！那么，给学生做的这道已知图中没连接 BD，AC 到底要不要连接 BD，AC 呢？

另外，更为关键的，为什么没想到连接一下 BD，AC 呢？这似乎体现了解题者对题目表象背后的隐含条件缺乏主动挖掘的意识！具体到本题来讲，对数学对象的认识与把握缺乏全局视角与分类意识，事实上图中平面可分为三类，即底面、侧面、对角面．基于这点认识，就会自然地想到要不要连接 BD，AC（尽管要不要把平面 SAC，平面 SBD 算进去仍存在争议）．

前面所述的这些教学失误或瑕疵激励我不断地反思自我，并做了一点教学改革，比如鼓励学生在老师上课时积极发现并指出问题，计入平时分．教学实践证明，这种改革有些效果，兹举一例说明．

在教学选择性必修二"第 5 章　导数及其应用"5.3.2"利用导数研究函数的极值"时，笔者布置了下面这道作业：

设 a，b 是实数，$a \neq b$，若 $f(x) = (x-a)(x-b)^2$，函数 $y = f(x)$ 的导数为 $y = f'(x)$，且 $y = f(x)$ 和 $y = f'(x)$ 的零点均属于集合 $\{-3, 1, 3\}$，求函数 $y = f(x)$ 的极小值．

通过批改作业笔者发现，对学生来讲，求解本题最大的障碍是求不出 a，b 的值．于是在评讲时我再次运用"有序枚举"演示了求出 a，b 之值的最朴素的方法．

解：因为 $f(x) = (x-a)(x-b)^2$，故

$$f'(x) = 1 \cdot (x-b)^2 + (x-a) \cdot 2(x-b) \cdot 1 = (x-b)(3x - 2a - b),$$

从而根据题意我们有 $\begin{cases} a, b \in \{-3, 1, 3\}, \\ \dfrac{2a+b}{3}, b \in \{-3, 1, 3\}, \end{cases}$ 根据 $a, b \in \{-3, 1, 3\}$ 一共可分 6 种情况，每种情况只需检验 $\dfrac{2a+b}{3} \in \{-3, 1, 3\}$ 是否满足即可确定 a，b 的值，如表 4.9 所示．

表 4.9

a	b	$\dfrac{2a+b}{3}$	是否满足题目要求
3	-3	1	是
-3	3	-1	否
3	1	$\dfrac{7}{3}$	否
1	3	$\dfrac{5}{3}$	否
-3	1	$-\dfrac{5}{3}$	否
1	-3	$-\dfrac{1}{3}$	否

故只有 $a=3$,$b=-3$ 符合题意. 在此基础上便可顺利地求出 $f(x)$ 的极小值为 $f(1)=-32$.

下课后,一位同学立即找到我说:老师,求 a,b 时没必要这么烦琐,只需分两种情况就行. 您看,由于 $\dfrac{2a+b}{3}$ 是 a,b 的三等分点,故一定介于 a,b 之间,故 $\dfrac{2a+b}{3}$ 一定等于 1,若 $a=3$,则 $b=-3$,符合要求;若 $a=-3$,则 $b=9$,舍去.

该同学给我的启发是:在进行枚举时,不仅要做到有序,还需根据问题的结构,融入积极的思考,实现有技巧的有序枚举. 此处的技巧可以是"先排除明显不符的",或"通过预分析减少分类种数"等.

走出"学生想的你想不到"的误区

2019年4月26日下午第一节课后,二(2)班一位同学走进办公室,对我说:"老师,这道题我这样为什么做不出?"我一看是下面这道题:在空间四边形$ABCD$中(图4.69),E,F,G,H分别是AB,BC,CD,DA的中点,若对角线$BD=2$,$AC=4$,则EG^2+HF^2的值为(   ).

(A) 5　　　　　(B) 10　　　　　(C) 20　　　　　(D) 不确定

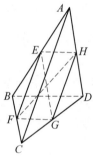
图 4.69

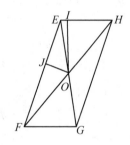
图 4.70

该同学平时比较喜欢动脑子,经常会想不少问题.他说:本题等价于在平行四边形$EFGH$中已知$EF=2$,$FG=1$,求EG^2+HF^2的值.我用平面几何的做法,没做出来.如图4.70,过点O在$\triangle EOH$内作$OI\perp EH$于I,设$EI=x$,则$IH=1-x$,从而$EG^2+HF^2=4(OE^2+OH^2)=4(OI^2+IE^2+OI^2+IH^2)=4[1+x^2+1+(1-x)^2]=4(2x^2-2x+3)$.他说:由于$x$是变化的,因此应选(D).但又感觉有点蹊跷,正常情况下这种选择题不会选择"不确定"这种答案,因此很困惑.

学生的这种做法很出乎我的意料,在以前的教学中也从没遇到过.沿此路走下去怎么样我也有点迷茫,但上述解答中有三处是显然的:一是采用这种"作垂线"的初中平面几何的套路来做肯定是可行的,而且无论x如何变化,OE^2+OH^2必为定值(变化中的不变,这也是数学之魅力所在);二是该同学错误地认为$OI=1$了;三是在上述解法中$EF=2$这个条件还没用到.于是笔者避开他这条思路,说可用平行四边形的一个性质(即平行四边形四条边的平方和等于两条对角线的平方和)来做,十分简洁,该性质可用余弦定理证明,高一老师应该是教过的.该同学承认自己早已不记得了,并再次问:"我这样做应该也可以的吧?"显然,如何沿着其思路把答案做出才是学生最关心的,也只有这样才可解开其心结.

沿上述思路做下去，笔者将自己给学生讲的完整的解题过程书写如下.

解：如图 4.70，过 O 作 $OI \perp EH$ 于 I，作 $OJ \perp EF$ 于 J，设 $EI=x$，$EJ=y$，则 $HI=1-x$，$FJ=2-y$，再令 $OI=h$，$OJ=k$，则有

$$\begin{cases} OE^2=x^2+h^2=y^2+k^2, & ① \\ OH^2=(1-x)^2+h^2=(2-y)^2+k^2. & ② \end{cases}$$

由 $S_{\triangle OEH}=S_{\triangle OEF}$ 得 $\frac{1}{2}\cdot 1\cdot h=\frac{1}{2}\cdot 2\cdot k$，即 $h=2k$. 代入 ① 得 $y^2=x^2+3k^2$. ③ 再将 $h=2k$ 与 ③ 代入 ②，化简可得 $2x-4y+3=0$.

于是，
$$\begin{aligned} OE^2+OH^2 &= x^2+h^2+(1-x)^2+h^2=2x^2-2x+1+8k^2 \\ &= 2x^2-2x+1+8\cdot\frac{y^2-x^2}{3}=\frac{-2x^2-6x+3+8y^2}{3} \\ &= \frac{-2x^2-6x+3+8\left(\frac{2x+3}{4}\right)^2}{3} \\ &= \frac{5}{2}. \end{aligned}$$

故 $EG^2+FH^2=4(OE^2+OH^2)=10$.

该法看起来很烦琐，等量关系和字母较多，消元很困难. 沿用学生的“作垂线(化斜为直)”这条思路，可将此法优化完善如下.

另解：如图 4.71，过 E 作 $EM \perp FG$ 于 M，过 H 作 $HN \perp FG$ 于 N，设 $GN=x$，则

$$\begin{aligned} & EG^2+FH^2 \\ =& EM^2+MG^2+FN^2+HN^2 \\ =& 2HN^2+(1-x)^2+(1+x)^2=2(4-x^2)+2+2x^2=10. \end{aligned}$$

显然，这种“化斜为直”的解法要简洁多了，事实上，其也可用来证明平行四边形的上述性质，即平行四边形四条边的平方和等于两条对角线的平方和. 在高中数学教师的心目中，这条性质一直是用两次余弦定理才能证出的. 该证明过程简写如下：

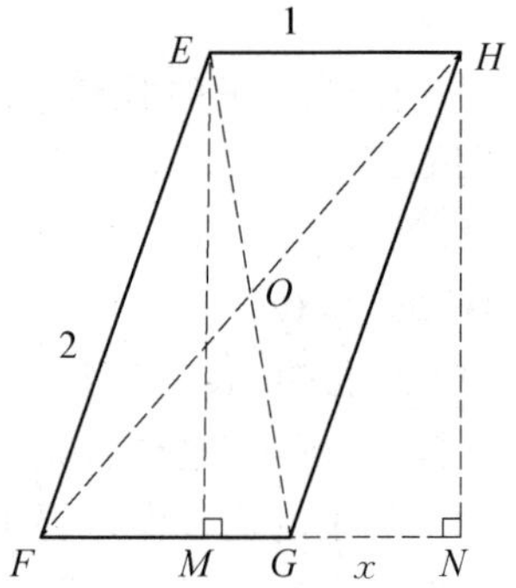

图 4.71

仍如图 4.71，我们有

$$\begin{aligned} & EG^2+FH^2 \\ =& EM^2+MG^2+FN^2+HN^2 \\ =& 2HN^2+(EH-x)^2+(EH+x)^2 \\ =& 2(EF^2-x^2)+2EH^2+2x^2=2(EF^2+EH^2). \end{aligned}$$

对于这件事，笔者有以下几点反思.

1. 学生为什么会这么想?

学生根深蒂固的思路仍在初中平面几何，作辅助线是其下意识的习惯性动作. 还有，看到直角三角形想到用三角比和勾股定理已是家常便饭，但看到一般的斜三角形想到正弦定理和余弦定理却很不自然，常需提醒. 而且提醒过能想到这两个定理是“何物”的学生也非

2. 教师的解法距离学生有多远？如何教这道题？

笔者曾参加过教师招聘的一些工作,有的校长比较喜欢招从教若干年甚至已获评高级职称的在职教师,有的校长喜欢招刚毕业的本科生或研究生,前者被认为"经验丰富、无须培养",后者被认为"可塑性强、精力旺盛". 笔者认为这两种做法皆有道理,但不可否认的是"从教多年的教师所拥有的可能是已经固化或僵化的经验",譬如解题方面,对于上题,笔者想到的就是用平行四边形的那条性质来做,或者给学生讲时顶多是用两次余弦定理重新推一遍,而不会想到或不愿去想其他新的更好的、更贴近学生的方法. 这就很危险了,确是思维僵化、不求上进的表现. 这种所谓的"二级结论"常被教师津津乐道、视为珍宝,美其名曰"整体处理、一步到位",但又有多少学生听说过？了然于胸的更是凤毛麟角.

当教师面对一道自己熟悉的题目(此处的熟悉仅指"曾做过多次",但不表示真的已参透它)时,也正处思维僵化的危险境地. 表现在如下几点. 一是他不会从最本源的、最自然的地方出发来思考该题；二是他不会再去想其他的解法；三是他不去想学生在做该题时是怎么想的；四是他不去想怎么教,而是毫不犹豫地把自己所认为的好的做法或答案强加给学生. 笔者在教"平面三公理"时布置过一道作业题："从同一点出发的四条射线能确定 n 个平面,则 n 所有的可能取值是_____." 学生的答案五花八门,笔者在批阅时把不同于标准答案"1,4,6"的全部给予一个大大的叉号. 课后,一位性格开朗的学生拿着该题对我说：老师,我之所以填 1,3,4,6,是因为考虑到"四条射线中可能会有某两条共线"这种情况,此时是确定 3 个平面. 笔者当时处于"秒悟"的状态,是啊,这种情况确实有可能发生啊！为什么号称"从教经验丰富"的自己就是想不到呢？其实原因倒是很简单——多年的教学惯性害了自己,就认为这种题目肯定还是老的答案,根本不从题目本身来思考,身陷记忆式的教学泥潭. 可怕的是这种事情在教师中屡见不鲜. 更可怕的是我们教师强化了"那些性格内向的学生"什么性格呢,是盲从！这真是误人终生的恶行！值得我们好好反思.

3. 从教经历之不完整及后天学习乏力导致教师"联系观"存在缺失

很多教师大学毕业后进入学校教书,有的终生都在高中,有的终生都在初中,等等. 哪怕是完中的教师被"大循环"的估计也是少数,这种现状时刻提醒我们要加强工作之余的学习,唯此才能整体把握、锤炼大眼光、拥有大格局. 也只有这样,才能不断提升以"联系观"思考问题的意识与能力.

比如上题,高中数学教师的定式思维就是"余弦定理",而想不到添加辅助线这种"平面几何"思维,不就是缺乏联系观的表现吗？再比如笔者遇到过的以下几个问题.

问题 1 (2006 年上海市高考试题)如图 4.72(a),当甲船位于 A 处时获悉,在其正东方向相距 20 海里的 B 处有一艘渔船遇险等待营救. 甲船立即前往救援,同时把消息告知在甲船的南偏西 30°、相距 10 海里处的乙船,试问乙船应朝北偏东多少度的方向沿直线前往 B 处救援？（角度精确到 1°）

分析：高中数学教师对本题的惯性解法是连接 BC,然后再在 $\triangle ABC$ 中用余弦定理. 但事实证明,绝大多数学生不这样想,他们的方法更简洁.

解：如图 4.72(b),过点 C 作 $CD \perp BA$ 于点 D,连接 BC,则在 $Rt\triangle ACD$ 中,$AD=5$,$CD=AC \cdot \cos 30°=5\sqrt{3}$,从而在 $Rt\triangle BCD$ 中,有 $\tan \angle BCD = \dfrac{25}{5\sqrt{3}} = \dfrac{5\sqrt{3}}{3}$,故 $\angle BCD=$

$\arctan\dfrac{5\sqrt{3}}{3}\approx 71°$. 这比标答中给的"先用余弦定理求$BC$,再用正弦定理求$\angle BCA$,再与$30°$相加"的思路简单多了.

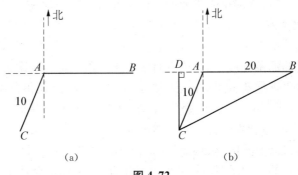

图 4.72

章建跃博士曾撰文强调教师专业发展的着力点是"四个理解"——理解数学、理解学生、理解教学、理解技术.一线教师与教研往往将重点放在"研究教学"上,而对"理解数学",特别是"理解学生"研讨不够,没好好去分析学生面对数学对象、数学现象时的真实想法.比如上例,作为教师,就要好好去分析"当离开教师正在教学的余弦定理这节课,为什么学生第一想到的还是作辅助线的平几方法".在学生的内心深处,究竟什么是那个下意识浮现出来的念头?难道唯有时间才能帮助达到"自然想到运用余弦定理"这种状态?还是要从我们教师的日常教学中寻找破解之法?虽然于本题而言,不用余弦定理更为简单,如果上述解法是学生经过比较之后的选择,则其智着实可佳!但若学生压根儿就想不到余弦定理,则要从教师身上寻找原因了.

类似的再看如下诸例.

问题 2

若复数$z=x+yi(x,y\in\mathbf{R})$满足条件$|z+3|+(-1)^n|z-3|=3a+(-1)^n\cdot a$(其中$n\in\mathbf{N}^*$),常数$a\in\left(\dfrac{3}{2},3\right)$.当$n$为奇数时,动点$P(x,y)$的轨迹为$C_1$;当$n$为偶数时,动点$P(x,y)$的轨迹为$C_2$.并且两条曲线都经过$D(2,\sqrt{2})$,求轨迹$C_1,C_2$的方程.

常规解法:分奇、偶讨论,对每一种情况都列出关于a^2,b^2的方程组,然后解两次方程组求出椭圆与双曲线的方程.

充分应用定义及图形的几何解法:其实画幅图就可以口算出来(图 4.73).

如图 4.73,若是椭圆,则$2a=4\sqrt{3}$,$a=2\sqrt{3}$,从而椭圆方程为$\dfrac{x^2}{12}+\dfrac{y^2}{3}=1$.若是双曲线,则$2a=2\sqrt{3}$,$a=\sqrt{3}$,从而双曲线方程为$\dfrac{x^2}{3}-\dfrac{y^2}{6}=1$.

画幅图,观察即知,这种不拘泥于套路的解法真是美不胜收!

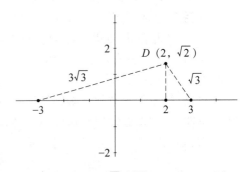

图 4.73

问题 3

(2019 年上海市春季高考数学第 20 题)已知抛物线 $y^2=4x$,F 为焦点,P 为准线 l 上一动点,线段 PF 与抛物线交于点 Q,定义 $d(P)=\dfrac{|FP|}{|FQ|}$.

(1) 若点 P 坐标为 $\left(-1,-\dfrac{8}{3}\right)$,求 $d(P)$;

(2) 求证:存在常数 a,使得 $2d(P)=|FP|+a$ 恒成立;

(3) 设 P_1,P_2,P_3 为准线 l 上的三点,且 $|P_1P_2|=|P_2P_3|$,试比较 $d(P_1)+d(P_3)$ 与 $2d(P_2)$ 的大小.

对于第(2)小问,常规解法是走坐标化的代数之路,但其实用几何方法要简单许多,如图 4.74.

$$2d(P)=\dfrac{2|FP|}{|FQ|}=\dfrac{2(|PQ|+|QF|)}{|FQ|}$$
$$=\dfrac{2|PQ|}{|QH|}+2=\dfrac{2|FP|}{|FR|}+2=|FP|+2.$$

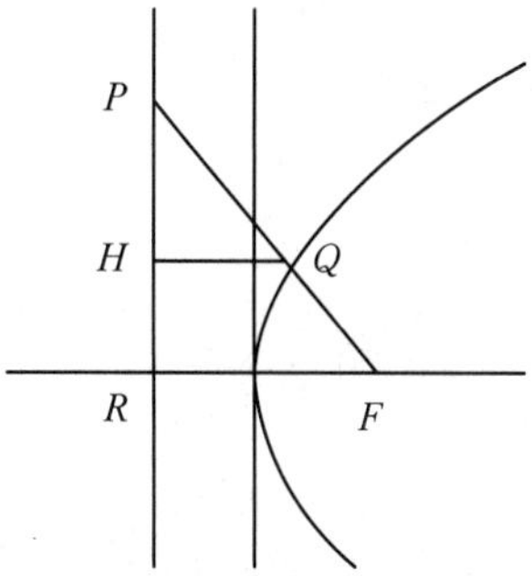

以上诸例启发笔者:不能学了后面的忘了前面的. 教师口口声声说要引导学生体会数学中的"联系",但如果自己打不通这些联系,岂不是很悲哀的事情.

图 4.74

这些漂亮的解法可让学生深深地体会到数学之美、数学之魅. 虽然有时会有一些缺陷,比如在解斜三角形时,作垂线的转化法常需分不同情况讨论,这方面它不如坐标法,后者的好处在于统一性,但就学生认知来看,前者却更为亲切自然,这一点谁都无法否认,因为这是无数的"学生解题现实"告诉我们的事实.

4. 作为选择题,此题还可以怎么做? 有哪些解题窍门?

(1) 公式法.

即直接用结论"平行四边形四条边的平方和等于两条对角线的平方和". 顺带提及,该结论推广到空间就是"平行六面体十二条棱的平方和等于四条体对角线的平方和".

(2) 余弦定理法.

即直接用两次余弦定理来求.

(3) 特殊化法.

即把平行四边形 $EFGH$ 视为矩形可得答案为 10. 但由于原题有"(D)不确定"这个选项,故为使合情推理更可靠,还需再算一到两种特殊情形,比如取 $\angle EFG=30°$,$45°$ 等.

(4) 测量法(真的去量).

几年前在网上看到过这样的教学视频,教师在讲平面几何中的一些问题时,真的去用尺规动手作图,然后用直尺或量角器量得结果. 当时很震惊,也感到十分新鲜——这可是学校里老师从来都不会教的方法! 静下心来想想,这又何尝不可? 这不就是最根本、最贴近生活之法吗? 笔者亲自按这种做法做了,得到的平方和是 9 点多,故选(B).

在网上还看到过这样的故事,说的是爱迪生有一次把一个电灯泡的玻璃壳交给他的助手,要他计算电灯泡的体积. 由于电灯泡不是规则的球形,这位助手算了一个上午也没有算出来. 爱迪生从外面回来时,看见助手仍然在一大堆公式和数据中苦苦思索. 他见到爱迪生后,表示抱歉,并解释由于电灯泡不规则而没有完成任务.爱迪生笑了笑,什么也没有说,接过助手手里的电灯泡壳,在里面注满了水,然后倒入一个量杯中,结果出来了,此时助手才恍然大悟.其实在中国也有类似的故事,如著名的"曹冲称象".

  由此想到中外教育之别,感到国外的教育特真实,紧贴实际,不做作.

听教师日常对话一则及反思

某天听到了办公室两位教师之间的如下对话,颇有感触.

教师甲:直线的倾斜角和斜率第一节课讲到什么程度呢?

教师乙:(开始了很有深度的解读)直线的点方向式方程与点法向式方程中方向向量与法向量都是不确定的,且都是两个字母,用到的也只是其方向,模长用不到.由此自然过渡到能否只要一个字母来刻画直线的方程呢?(比如只要一个点与另一个字母)(反思:什么原因呢?可能是因为没有充分利用平面直角坐标系这个背景.)由此过渡到直线的倾斜角,也可以用来刻画直线的方向.但倾斜角比较粗糙,并且角是一个几何概念,由此引出倾斜角的代数刻画,即斜率(斜率的定义式).但由于两点确定一条直线,故再引出直线的斜率的计算公式(由两点的坐标决定的斜率公式).直线的倾斜角与斜率的第一节课就是让学生体会倾斜角和斜率概念的必要性,方向向量、法向量、倾斜角、斜率之间的转换.

教师甲:那第一节课能不能讲知道"倾斜角(或斜率)的范围,求斜率(或倾斜角)的范围"这类题目呢?

教师乙:可以啊,这类题目不难的,其实就是函数问题而已.

自己的反思:

(1) 上过直线的点方向式方程后,赵同学说,这节课没听大懂.说以前没好好听也听懂了,但今天好好听了却没听大懂.什么原因呢?因为这里面有多种对象之间的转化:形、数;直线、方程、等式.更困难的是学生面对的是字母运算.

(2) 英语单词:直线 straight line. 用 l 表示直线. 方向向量:direction vector;法向量:normal vector. normal 在数学中意为法线. 斜率的英文单词是 slope,但斜率为什么不用 s 表示而用 k 表示呢?

(3) 没有证明纯粹性. 只验证了完备性,即直线上的点的坐标都满足方程,即由方程可描出直线上的所有的点. 没有遗漏. 纯粹性是没有多余,即由方程描出的点只是直线上的点,而不会得到其他的点. 即:完备性是没有遗漏,纯粹性是没有多余. 方程少就是有遗漏,不具备完备性;方程多就是有多余,不具备纯粹性. 通常求轨迹方程只是验证了完备性,而纯粹性需要检验,建系、设点、列式、化简、检验,此处的检验就是要对纯粹性进行检验.

(4) 什么叫作"求直线的方程"?求方程就是找关系,找直线上任一点的横、纵坐标之间的等量关系.

(5) 一点一方向:有点方向式方程、点法向式方程、点斜式方程(特别的是斜截式方程).

(6) 斜率,是高中学习中一个非常重要的概念.它的重要性以及意义可以从以下几个方面体现.

第一,从课标的视角看,在义务教育阶段,学生学习了一次函数,它的几何意义表示为一条直线,一次项的系数就是直线的斜率,只不过当直线与 x 轴垂直的时候无法表示.虽然没有明确给出斜率这个名词,但实际上思想已经渗透其中.以人教 A 版旧教材为例,在高中阶段的必修一以及必修二中都讨论了有关直线问题,选修一和选修二也都提到了与直线相关的一些问题.上述列举的内容,实际上都涉及了斜率的概念,因此可以说斜率是学生逐渐积淀下来的一个重要的数学概念.

第二,从数学的视角看,可以从以下四个角度来理解如何刻画一条直线相对于直角坐标系中 x 轴的倾斜程度.首先从实际意义看,斜率就是我们所说的坡度,是高度的平均变化率,用坡度来刻画道路的倾斜程度,也就是用坡面的切直高度和水平长度的比,相当于在水平方向移动一千米,在切直方向上升或下降的数值,这个比值实际上就表示了坡度的大小.这样的例子实际上有很多,比如楼梯及屋顶的坡度等等.其次,从倾斜角的正切值来看.还有就是从向量看,是直线向上方向的向量与 x 轴方向上的单位向量的夹角.最后是从导数这个视角来再次认识斜率的概念,这里实际上就是直线的瞬时变化率.认识斜率概念不仅对今后的学习起着很重要的作用,而且对今后学习的一些重要的数学解题方法也是非常有帮助的.

第三,从教材的视角看.从大纲来看,教材在处理直线的斜率这一部分知识的时候,首先讲直线的倾斜角,然后再讲直线的斜率,之后再引入经过直线上的两点的斜率公式的推导.从新课程标准来看,可以看到人教版 A 版的教材是先讲直线的倾斜角,然后再讲直线的斜率,只不过在处理上,是以问题提出的形式来说.首先是过点 P 可以作无数条直线,那么它都经过点 P,于是组成了一个直线束.这些直线的区别在哪儿呢? 容易看出它们的倾斜程度都不同.那么如何刻画这些直线的倾斜程度呢? 当直线 l 与 x 轴相交时,以 x 轴作为一个基准, x 轴的走向与直线 l 向上的方向之间所成的角 α 定义为直线 l 的倾斜角.之后讨论了倾斜角的取值范围,然后提出日常生活中与倾斜程度有关的量,让学生们自己举例子,比如身高与前进量的比;再比如说进二升三与进二升二去比较,那前者就会更陡一些.如果用倾斜角这个概念,那么我们会看到坡度实际上就是倾斜角 α 的正切值,它就刻画了直线的一个倾斜程度,这里要特别强调的是倾斜角不是 $90°$ 的直线都有斜率.由于倾斜角不同,直线的斜率不同,因此可以用倾斜角表示直线的倾斜程度,然后引导学生们去探索如何用过直线上的两个点来推导有关直线的斜率公式,同样在这里牵扯到有关的倾斜角是 $0°$ 到 $90°$、倾斜角是 $90°$ 以及 $90°$ 到 $180°$ 不同取值范围的斜率的表达形式.

第四,物理学习平均速度、瞬时速度、加速度等时需要运用其求解、推算.

第五,斜率可以参与代数运算,帮助我们更好地理解、推导,理解公式及其他相关方面.

显而易见的几何事实的代数证明

很早就学习过南京师范大学附属中学特级教师、教授级高级教师陶维林老师的"直线与圆的位置关系"这节课,今天忽然想再次听听这节课. 陶老师与学生问候过后什么都不讲,几何画板直接呈现了下面这段话:"解析几何以曲线为它的研究对象,当然要研究曲线之间的位置关系. 前面我们学习了直线间的位置关系,现在来研究直线与圆之间的位置关系." 忽然想到解析几何中两条直线垂直是这两条直线相交的特殊情况,怎么证呢? 即如下问题:

问题 1 已知直线 $l_1:a_1x+b_1y+c_1=0$, $l_2:a_2x+b_2y+c_2=0$,若 $l_1 \perp l_2$,求证 l_1 与 l_2 相交.

分析:本来在学校里已由 $a_1a_2+b_1b_2=0$ 证得 $a_1b_2-a_2b_1 \neq 0$,还以为解决了往年一直没来得及解决却一直悬在心头的问题,但现在踏踏实实坐在电脑前写下这道证明题时忽然感觉这题目问得有问题. 什么叫两直线垂直? 回到定义去! 难道不是相交成直角的两条相交直线吗? 再如立体几何中的推论 3,求证:两条平行直线确定一个平面. 如何证明过两条平行直线有一个平面? 其实就是由平行直线的定义立得.

至于由 $a_1a_2+b_1b_2=0$ 来证 $a_1b_2-a_2b_1 \neq 0$,只不过是作为一道纯粹的代数试题罢了,当然,这仍然值得尝试. 故将上述问题改为:

已知直线 $l_1:a_1x+b_1y+c_1=0$, $l_2:a_2x+b_2y+c_2=0$,求证:若 $a_1a_2+b_1b_2=0$,则 $a_1b_2-a_2b_1 \neq 0$.

发现思路的心路历程:四个字母肯定要消元,同时时刻谨记直线方程中的隐含要求 "$a_1^2+b_1^2 \neq 0$, $a_2^2+b_2^2 \neq 0$",即 a_1,b_1 不能同时为零,a_2,b_2 不能同时为零. 比如消去 b_2,就产生了分类讨论:$b_1 \neq 0$;$b_1=0$. 对于前者,我们有

$$a_1b_2-a_2b_1=a_1\left(-\frac{a_1a_2}{b_1}\right)-a_2b_1=-\frac{a_2(a_1^2+b_1^2)}{b_1},$$

欲证该式非零,由于 $a_1^2+b_1^2 \neq 0$,故必须先证明 $a_2 \neq 0$,这利用反证法容易说理. 对于后者,当然可以作为第二类展开证明,也不难. 但其实第二类似乎也可省略,如下.

证明:由于 a_1,b_1 不同时为零,不妨设 $b_1 \neq 0$,则有

$$a_1b_2-a_2b_1=a_1\left(-\frac{a_1a_2}{b_1}\right)-a_2b_1=-\frac{a_2(a_1^2+b_1^2)}{b_1}. \quad (*)$$

假设 $a_2=0$,则由 $a_1a_2+b_1b_2=0$ 得 $b_1b_2=0$,而 $b_1 \neq 0$,故 $b_2=0$,这与 a_2,b_2 不能同时为

零矛盾,故 $a_2 \neq 0$,因此(*)也不等于零,得证.

此处逻辑推理的味道颇有点像沪教版高中数学必修二第 9 章"复数"9.3 节"实系数一元二次方程"中在论证"实数的平方根"时的逻辑推理.

由前面陈述的"证明"我们想到:如何用类似的方法证明空间中:①垂直直线未必相交;②线面垂直一定线面相交;③面面垂直一定面面相交. 类似地,向量中:向量垂直未必相交. 由此得问题 2.

问题 2 用代数推理的方法证明:①空间中垂直直线未必相交;②线面垂直一定线面相交;③面面垂直一定面面相交.

看来这儿要用到空间解析几何中两直线垂直的判定法则、两直线相交的判定法则等等. 感兴趣的读者可以尝试给出自己的书写.

如何说明白这件事?

这是一节期中考试的考前复习课,内容是解析几何中的直线与圆锥曲线.几乎所有同学对下面这道作业题都一筹莫展.

在平面直角坐标系 xOy 中,已知点 $P(3,0)$ 在圆 $C:x^2+y^2-2mx-4y+m^2-28=0$ 内,动直线 AB 过点 P 且交圆 C 于 A,B 两点,若 $\triangle ABC$ 的面积等于 $8\sqrt{3}$ 的直线恰有三条,则正实数 m 的值为_____.

有位同学在布置作业的当天就完成了作业中的其他题目,唯独对该题毫无思路,于是在课间问到了我.由于我事先也未做过,所以竟也有些许茫然.但第一时间却浮现出以前做过的另一道题目:

圆 $x^2+y^2+2x+4y-3=0$ 上到直线 $x+y+1=0$ 的距离为 $\sqrt{2}$ 的点共有( ).

A. 1 个   B. 2 个

C. 3 个   D. 4 个

由于课间时间有限,我并未亲自动笔来做,只是启发该同学可以参考该题的求解思路寻找破解之道(其实我心里也没底).

回到办公室后,在思考无果的情况下,笔者借助网络获得了下面的解答.

解:由 $x^2+y^2-2mx-4y+m^2-28=0$ 得 $(x-m)^2+(y-2)^2=32$,则圆心 $C(m,2)$,半径 $r=4\sqrt{2}$.因为点 $P(3,0)$ 在圆内,故 $(3-m)^2+(0-2)^2<32$,解得 $3-2\sqrt{7}<m<3+2\sqrt{7}$.由已知得 $S_{\triangle ABC}=\frac{1}{2}r^2\sin\angle ACB=8\sqrt{3}$,解得 $\sin\angle ACB=\frac{\sqrt{3}}{2}$,则 $\angle ACB=\frac{\pi}{3}$ 或 $\frac{2\pi}{3}$.因为过点 P 的直线与圆相交于 A,B 两点,要使 $\triangle ABC$ 的面积等于 $8\sqrt{3}$ 的直线恰有 3 条,则 $\angle ACB$ 有最小值 $\frac{\pi}{3}$,所以 $|CP|=\frac{\sqrt{3}}{2}r$,即 $\sqrt{(m-3)^2+2^2}=\frac{\sqrt{3}}{2}\times 4\sqrt{2}$,解得 $m=3+2\sqrt{5}$ 或 $m=3-2\sqrt{5}$,但因 $m>0$,所以 $m=3+2\sqrt{5}$.该解答配图如下(图 4.75).

大概是笔者悟性太差的缘故,该解答我并未看懂.不得已,只能自己独立来做,且尽量遵循内心最真实的想法.以下是笔者的思路历程.

由点 P 在圆 C 内及 $m>0$,可解得 $0<m<3+2\sqrt{7}$.设点 C 到弦 AB 的距离为 d,由弦

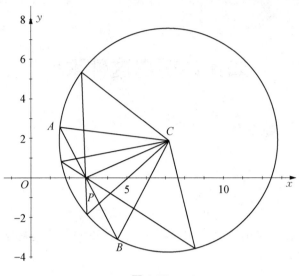

图 4.75

长公式及面积公式可得 $S_{\triangle ABC}=\frac{1}{2}|AB|d=\frac{1}{2}\cdot 2\sqrt{r^2-d^2}\cdot d=d\sqrt{32-d^2}=8\sqrt{3}$,解得 $d=2\sqrt{6}$ 或 $2\sqrt{2}$. 故直线 AB 应为圆 $\Gamma:(x-m)^2+(y-2)^2=24$ 或圆 $\Pi:(x-m)^2+(y-2)^2=8$ 的切线. 故原问题转化为:过点 P 的圆 Γ 及圆 Π 的切线恰有 3 条! 因此点 P 与圆 Γ 及圆 Π 的位置关系必须且只需满足:P 在其中一个圆上且在另一个圆外. 结合图形可知点 P 在圆 Γ 上,在圆 Π 外. 故得混合组 $\begin{cases}(3-m)^2+(0-2)^2=24, & ① \\ (3-m)^2+(0-2)^2>8, & ②\end{cases}$ 解得(只需解式 ①)$m=3+2\sqrt{5}$, 如图 4.76 所示.

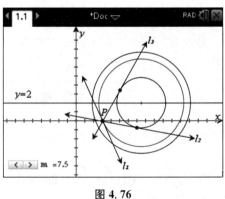

图 4.76

一般地,随着点 P 与圆 Γ 及圆 Π 的位置关系的变化,符合题中所给面积取值要求的直线 AB 的条数也相应地会发生变化,但只有 0, 2, 3, 4 四种情况, 如表 4.10 所示[记 $d=\sqrt{(3-m)^2+(0-2)^2}$].

表 4.10

点 P 与圆 Γ 的位置关系	点 P 与圆 Π 的位置关系	直线 AB 的条数	列式	解的情况（若去掉 m 为正数的限制）
内	内	0	$\begin{cases} d < 2\sqrt{6} \\ d < 2\sqrt{2} \end{cases}$	$1 < m < 5$
内	上	1	$\begin{cases} d < 2\sqrt{6} \\ d = 2\sqrt{2} \end{cases}$	无解
内	外	2	$\begin{cases} d < 2\sqrt{6} \\ d > 2\sqrt{2} \end{cases}$	$3 - 2\sqrt{5} < m < 1$ 或 $5 < m < 3 + 2\sqrt{5}$
上	内	1	$\begin{cases} d = 2\sqrt{6} \\ d < 2\sqrt{2} \end{cases}$	无解
上	上	2	$\begin{cases} d = 2\sqrt{6} \\ d = 2\sqrt{2} \end{cases}$	无解
上	外	3	$\begin{cases} d = 2\sqrt{6} \\ d > 2\sqrt{2} \end{cases}$	$m = 3 + 2\sqrt{5}$ 或 $3 - 2\sqrt{5}$
外	内	2	$\begin{cases} d > 2\sqrt{6} \\ d < 2\sqrt{2} \end{cases}$	无解
外	上	3	$\begin{cases} d > 2\sqrt{6} \\ d = 2\sqrt{2} \end{cases}$	无解
外	外	4	$\begin{cases} d > 2\sqrt{6} \\ d > 2\sqrt{2} \end{cases}$	$3 - 2\sqrt{7} < m < 3 - 2\sqrt{5}$ 或 $3 + 2\sqrt{5} < m < 3 + 2\sqrt{7}$

事实证明,当以上述方式讲给学生听时,绝大多数学生是秒懂的.

如何理解"有三个"?

高二第二学期期末复习以做复习卷为主,6月1日后的这个周末,数学周末卷中的第12题是最困扰学生的,也是周一返校后被问频率最高并且被连续一周多反复讨论的.试题如下:

已知 A 为椭圆 $\Gamma: \dfrac{x^2}{a^2}+\dfrac{y^2}{b^2}=1(a>b>0)$ 的上顶点,B,C 为该椭圆上的两点,且 $\triangle ABC$ 是以点 A 为直角顶点的等腰直角三角形,若满足条件的 $\triangle ABC$ 恰有三个,则椭圆 Γ 的离心率的取值范围为_____.

学生的难点有两处:一是想不懂为什么会有三个,二是不知从何下手做.显然,难点一是几何形象,难点二是代数切入.笔者认为化解第一个难点的方法有两个:一是徒手通过圆规作图感知;二是借助课件演示.而第二个难点则体现了学生对老师前期总结的处理垂直的三种基本方法的生疏或淡忘(也可能是怀疑),在一定程度上体现了面对烦琐计算或未知前途时的心理畏惧以及探究意志的欠缺.

以下两图可以有效地化解上述难点一.具体作图方法如下:先随便作一椭圆,然后以椭圆的上顶点为圆心、r 为半径作圆(此时椭圆固定,圆在变化),观察圆与椭圆的交点会发现,随着给定的椭圆不同,有时一共只存在一个等腰直角三角形,有时却一共可以有三个,而且有两个是同时出现的,即对应的是同一个 r.或者说在存在的这三个等腰直角三角形中有两个腰长,其中的一个腰长对应着两个等腰直角三角形[如图 4.77(a)(b)].

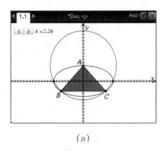 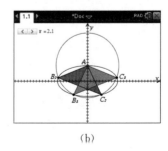

(a) (b)

图 4.77

上述直观感知获得的结论尚需转化为严密的代数推理.

面对难点二,教师应先引导学生回忆前期总结的垂直关系的处理对策:最常用的是借助向量的数量积运算来刻画垂直;其次是在两条直线斜率都存在且非零的前提下借助其斜率互为负倒数来刻画垂直;其三是考虑勾股定理(如焦点三角形问题等).

思路一:用斜率互为负倒数刻画垂直,用弦长相等刻画等腰.

易知直线 AB,AC 的斜率均存在且非零.设直线 AB 的方程为 $y=kx+b$,经过联立、消元、套用弦长公式、以 $-\dfrac{1}{k}$ 替换 k 等操作后我们可得 AB,AC 的长度表达式如图 4.78(a)(b)所示.由 $AB=AC$ 得 $b^2k^3-a^2k^2+a^2k-b^2=0$.

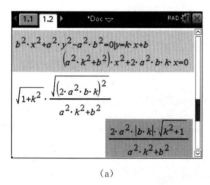
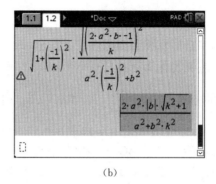

(a)　　　　　　　　　　　(b)

图 4.78

实践表明,由 $AB=AC$,即 $\sqrt{1+k^2}\dfrac{\sqrt{(2a^2bk)^2}}{a^2k^2+b^2}=\sqrt{1+\left(-\dfrac{1}{k}\right)^2}\dfrac{\sqrt{\left[2a^2b\left(-\dfrac{1}{k}\right)\right]^2}}{a^2\left(-\dfrac{1}{k}\right)^2+b^2}$ 经过代数变形得到 $b^2k^3-a^2k^2+a^2k-b^2=0$ 对学生来讲颇为困难,一般要算好久.好多同学连 $\sqrt{1+\left(-\dfrac{1}{k}\right)^2}$ 中含有 $\sqrt{1+k^2}$ 都看不出,还有对分式 $\dfrac{\sqrt{\left[2a^2b\left(-\dfrac{1}{k}\right)\right]^2}}{a^2\left(-\dfrac{1}{k}\right)^2+b^2}$ 结构的理解,看不出分子分母中可以约去一些含有 k 的式子,直接变为 $\dfrac{|k|\sqrt{(2a^2b)^2}}{a^2+b^2k^2}$(可不妨设 $k>0$).

在老师的提示与纠误下好不容易得到 $b^2k^3-a^2k^2+a^2k-b^2=0$ 后,学生又陷入了迷茫——不知道要做什么,更不知道怎么做!前者体现了"转化意识"较弱,不知道本题的解题大思路是把有三个等腰直角三角形的几何问题转化为上述关于 k 的一元三次方程有三个相异实根的代数问题.后者体现了对多字母代数式结构的整体感知较弱.一是还没养成"用不同眼光"观察诸字母的习惯,比如谁是常量,谁是变量,体现在代数变形上就是不会按主元 k 的降幂对各单项式有序排列.二是看不出 1 一定是该方程的解(从几何上看也是很显然的),或等价地讲,看不出上述方程的左边其实是可以很方便地通过"分组"实现因式分解的.事实上,我们有 $b^2(k^3-1)-a^2k(k-1)=0$.笔者在对学生进行现场答疑时本以为提示到这儿应该没什么难度了吧.殊不知,哪怕平时成绩非常优秀的同学仍然一脸茫然!追根溯源,大概是因为初中学习时没有第一时间接触到立方差的因式分解公式:$a^3-b^3=(a-b)(a^2+ab+b^2)$,因此,尽管高中教师在高一上学期就早已补充过这个公式,学生仍然无法形成牢固的记忆,从而导致认知结构的局部缺失. 这正如建高楼和考场答卷——建造时的疏忽靠后期的"修补"效果太微;答卷时的第一感获得的错误结果较难在检查环节被发现.

在老师把立方差因式分解公式给学生后,学生顺利得到
$$(k-1)[b^2k^2+(b^2-a^2)k+b^2]=0,$$
继而令 $\begin{cases}(b^2-a^2)^2-4b^4>0,\\ b^2\cdot 1^2+(b^2-a^2)\cdot 1+b^2\neq 0\end{cases}$,解得 $a>\sqrt{3}b$. 由此最终解得离心率的取值范围为 $\left(\frac{\sqrt{6}}{3},1\right)$.

得到答案后宜再回到课件上去演示,改变椭圆中 a,b 之间的大小关系,用"知道答案"的眼光去感受为什么有时只有一个,有时却能有三个. 此时,值得关注的是"恰有一个"与"恰有三个"的分界点 "$e=\frac{\sqrt{6}}{3}$",即当 $a=\sqrt{3}b$ 时的椭圆的情况. 此时关于 k 的一元三次方程 $b^2(k^3-1)-a^2k(k-1)=0$ 会变为 $b^2(k-1)^3=0$,它有三个重根 $k=1$. 从图形上看,如图 4.79 所示. 直线 AP,AQ 的斜率分别为 $1,-1$,其中 P,Q 是直线 AP,AQ 与圆 $x^2+(y-b)^2=s^2$ 的交点,而 B_1,B_2,C_1,C_2 是圆与椭圆的交点. 可以发现,随着圆的半径 s 的逐渐变大,B_1,B_2 和点 P 重合为一点后消失不见,C_1,C_2 和点 Q 重合为一点后消失不见.

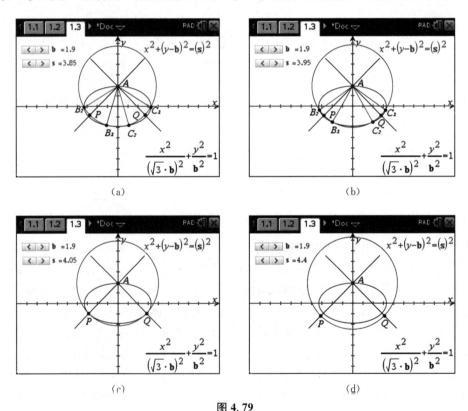

图 4.79

思路二:用向量数量积为零刻画垂直,用斜率互为负倒数刻画等腰.

该思路中我们是把"等腰直角"中的"等腰"也转化为垂直来处理.

易知 $\triangle ABC$ 的边 BC 所在直线的斜率一定存在,设其方程为 $y=kx+m$. 由 $\begin{cases} y=kx+m, \\ \dfrac{x^2}{a^2}+\dfrac{y^2}{b^2}=1 \end{cases}$ 得 $(a^2k^2+b^2)x^2+2kma^2x+a^2(m^2-b^2)=0$,令 $\Delta>0$ 解得 $b^2>a^2k^2+m^2$. 设 $B(x_1,y_1)$,$C(x_2,y_2)$,则由 $\overrightarrow{AB}\cdot\overrightarrow{AC}=0$ 得 $x_1x_2+y_1y_2-b(y_1+y_2)+b^2=0$. 将 $y_1=kx_1+m$,$y_2=kx_2+m$ 及 $x_1+x_2=-\dfrac{2kma^2}{a^2k^2+b^2}$,$x_1x_2=\dfrac{a^2(m^2-b^2)}{a^2k^2+b^2}$ 代入化简并计算可得 $m=b$ 或 $m=\dfrac{b(b^2-a^2)}{b^2+a^2}$. 故直线 BC 恒过定点 $(0,b)$ 或 $\left(0,\dfrac{b(b^2-a^2)}{b^2+a^2}\right)$,由题意 $(0,b)$ 须舍去,即直线 BC 的方程为 $y=kx+\dfrac{b(b^2-a^2)}{b^2+a^2}$.

刚才我们的推理都是依赖 AB,AC 之间的垂直关系,接下来考虑等腰. 设线段 BC 的中点为 M,则 $k_{AM}=-\dfrac{1}{k}$,注意该式一旦写出错误已经发生! 学生在此处极易失解,需先讨论 $k=0$ 的情况! 故调整如下.

(1) 当 $k=0$ 时,直线 BC 的方程为 $y=\dfrac{b(b^2-a^2)}{b^2+a^2}$,由椭圆的对称性可知此时的 $\triangle ABC$ 自然也是等腰的,故符合题意.

(2) 当 $k\neq 0$ 时,由韦达定理易得线段 BC 中点 M 的坐标为 $\left(-\dfrac{kma^2}{a^2k^2+b^2},\dfrac{mb^2}{a^2k^2+b^2}\right)$,其中 $m=\dfrac{b(b^2-a^2)}{b^2+a^2}$. 由 $k_{AM}=-\dfrac{1}{k}$ 经计算可得 $k^2=\dfrac{a^2-3b^2}{a^2+b^2}$,故欲使有三个等腰直角三角形,此处的 k 必须有两个相异解,故 $a^2-3b^2>0$,$a>\sqrt{3}b$,继而离心率的取值范围为 $\left(\dfrac{\sqrt{6}}{3},1\right)$.

为避开对 k 的讨论,或者说为避免在不知不觉中犯下错误,我们仍然可以走向量之路. 由直线 AM 的方向向量 $\left(-\dfrac{kma^2}{a^2k^2+b^2},\dfrac{mb^2}{a^2k^2+b^2}-b\right)$ 与直线 BC 的方向向量 $(1,k)$ 垂直可得 $\dfrac{-kma^2}{a^2k^2+b^2}+\left(\dfrac{mb^2}{a^2k^2+b^2}-b\right)\times k=0$,化简可得(此处仍须提防犯"方程两边同除以 k"的"失根"错误)$k=0$ 或 $k^2=\dfrac{a^2-3b^2}{a^2+b^2}$,接下来的操作同前述分析.

需要指出的是,在所有的计算过程中,以下错误是常犯的,需要教师专门指出并演示避开错误的具体对策,必要时需要教师的"故错"操作以引起学生的关注. 这些错误有:输入计算器时出错、分式与整式做加减运算通分后整式忘记乘以分母、不会首先通过分析方程的整体结构发现各项可以提取公因式等等. 前两者会导致后续运算全错,后者会导致陷入繁杂无序的运算最终无法突出重围.

非常巧合的是,在一周之后的周测卷上,出现了与上述填空题极为相似的一道解答题(并非命题老师刻意为之,考前更未对学生做过任何暗示):

在平面直角坐标系中,已知 F_1,F_2 分别是椭圆 $C:\dfrac{x^2}{4}+y^2=1$ 的左焦点和右焦点.

(1) 设 T 是椭圆 C 上的任意一点,求 $\overrightarrow{TF_1} \cdot \overrightarrow{TF_2}$ 的取值范围;

(2) 设 $A(0,1)$,直线 l 与椭圆 C 交于 B,D 两点,若 $\triangle ABD$ 是以 A 为直角顶点的等腰直角三角形,求直线 l 的方程.

分析与解 事实上,本题的第(2)小题是上述填空题的具体化,思路一与思路二均可借用. 不仅如此,在具体求解前可以"未卜先知",由于本题中 $a=2, b=1$,满足 $a > \sqrt{3}b$,故最终应该有三个等腰直角三角形,从而本题中直线 BD 的方程应该有三个!

接下来的任务是具体算出 BD 的方程,显然前述思路二中的结论可以直接套用(此时思路一的价值要逊色一些). 由思路二中的分析我们知道

$$m = \frac{b(b^2 - a^2)}{b^2 + a^2}, k = 0 \text{ 或 } k^2 = \frac{a^2 - 3b^2}{a^2 + b^2}.$$

将 $a=2, b=1$ 代入立得 $m = -\dfrac{3}{5}, k = 0$ 或 $k = \pm\dfrac{\sqrt{5}}{5}$,从而直线 BD 的方程为

$$y = -\frac{3}{5} \text{ 或 } y = \pm\frac{\sqrt{5}}{5}x - \frac{3}{5}.$$

为获得更全面的认识,作为对比,我们也尝试用一下思路一. 将思路一中的中间结论 $(k-1)[b^2k^2 + (b^2-a^2)k + b^2] = 0$ 用于本题(其中 k 是直线 AB 的斜率,且不妨设其为正数),我们有 $(k-1)[1 \cdot k^2 + (1-4)k + 1] = 0$,解得 $k = 1$ 或 $k = \dfrac{3 \pm \sqrt{5}}{2}$. 故直线 AB 的方程为 $y = x + 1, y = \dfrac{3+\sqrt{5}}{2}x + 1, y = \dfrac{3-\sqrt{5}}{2}x + 1$,与之对应的直线 AD 的方程依次为 $y = -x + 1, y = -\dfrac{3-\sqrt{5}}{2}x + 1, y = -\dfrac{3+\sqrt{5}}{2}x + 1$. 接下来如何求得直线 BD 的方程呢?思路一中并未用 k 和椭圆中的 a, b 表示出等腰直角三角形的底边所在直线的方程,因此,此处我们无法直接套用!写到这儿不由得心生感慨:一般结论的力量,确实美且魅;有时"避开特殊研究一般"实为上策,乃一劳永逸之举,往往可以找到被特殊所掩盖着的一般规律. 现在我们所面临的操作非常无趣,就是把 $AB(AD)$ 的方程与椭圆方程联立解出点 $B(D)$ 的坐标,继而获得直线 BD 的方程. 这件工作我们请计算器来做,如图 4.80(a)(b).

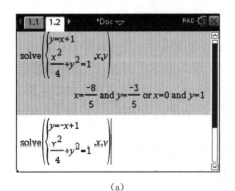

(a)

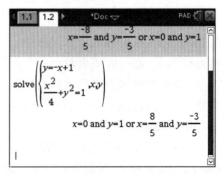

(b)

图 4.80

继而可知直线 BD 的方程为 $y=-\dfrac{3}{5}$.

由图 4.81 可知直线 BD 的方程为 $y=\dfrac{\sqrt{5}}{5}x-\dfrac{3}{5}$.

类似图 4.81 可获得直线 BD 的第三个方程为 $y=-\dfrac{\sqrt{5}}{5}x-\dfrac{3}{5}$.

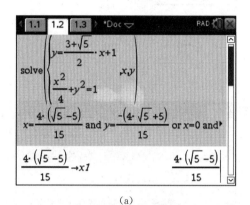

(a)

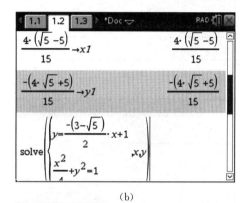

(b)

(c)

图 4.81

写到此处,问题得以圆满解决,但笔者心中却仍有遗憾——能不能沿着上述填空题的思路一用 k 和椭圆中的 a,b 表示出等腰直角三角形的底边所在直线的方程呢? 表示出来后再用该一般结论验证一下上述通过"无趣操作"求得的直线 BD 的方程岂不是一件饱含诱惑的快事?

这看起来是一件很烦琐的工作,但计算器却可以轻松完成,如图 4.82 所示.

由此我们获知等腰直角三角形的底边所在直线的方程为

$$\dfrac{(1-k^2)b^2}{k(a^2+b^2)}x+y+\dfrac{b(a^2-b^2)}{a^2+b^2}=0. \qquad (*)$$

这儿 k 是其中一条腰所在直线的斜率,并且满足 $k=1$ 或 $b^2k^2+(b^2-a^2)k+b^2=0$.

我们用刚才解答题(2)中求得的正确结果来检验一下这个一般结论.

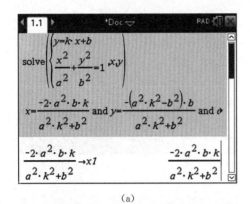
(a)

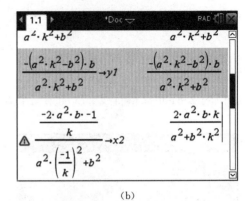
(b)

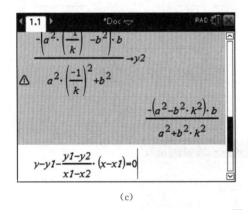
(c)

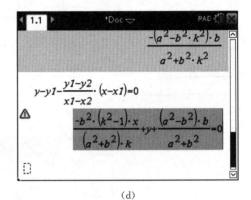
(d)

图 4.82

将 $a=2$, $b=1$ 代入方程 $b^2k^2+(b^2-a^2)k+b^2=0$ 可得 $k^2-3k+1=0$, 解得 $k=\dfrac{3\pm\sqrt{5}}{2}$.

再将 $a=2$, $b=1$ 及 $k=1$ 或 $k=\dfrac{3\pm\sqrt{5}}{2}$ 代入(*)可得三个方程: $y=-\dfrac{3}{5}$, $y=\dfrac{\sqrt{5}}{5}x-\dfrac{3}{5}$ 及 $y=-\dfrac{\sqrt{5}}{5}x-\dfrac{3}{5}$, 与先前求得的完全相符!

上述"机算"与"检验"的过程虽然价值不大, 但确认"前后相符"后所获得的心灵的满足与愉悦却真真切切.

从"搜到了却看不懂"到"代数眼光看几何的一次胜利"

这是2018学年第二学期期中考试的前一天,上课时给学生做了"期中复习最后一卷".谁说分数是学生心中永远的痛,它又何尝不是老师心中挥之不去的梦魇.临考前教师想尽办法,变着法子,大卷子、小卷子、白卷子、灰卷子、公式默写、查缺补漏扫白,每天总是想着学生这也不会、那也不会,心里真是急死了.但教育是慢动作,急又有何用? 特别是数学,对知识、方法、原理的理解,对方法的熟练运用乃至临场的随机应变能力,没有时间的积累是不行的,教师永远无法代替学生.

临近下班,(2)班一位学生拿着一张试卷跑进办公室,弱弱地问道:"老师,这个第(3)小问怎么做啊?"于是,下面这道题就呈现在我的眼前:

例4.42 设椭圆 $\Gamma: \dfrac{x^2}{a^2}+\dfrac{y^2}{b^2}=1(a>b>0)$ 过点 $M(2,\sqrt{2})$,$N(\sqrt{6},1)$.

(1) 求椭圆 Γ 的方程;

(2) F_1,F_2 为椭圆的左、右焦点,直线 l 过 F_1 与椭圆交于 A,B 两点,求 $\triangle F_2AB$ 面积的最大值;

(3) 求动点 P 的轨迹方程,使得过点 P 存在两条互相垂直的直线 l_1,l_2,且都与椭圆只有一个公共点.

学生已算出(1)的答案为 $\dfrac{x^2}{8}+\dfrac{y^2}{4}=1$,(2)的答案为 $4\sqrt{2}$. 对于(3),考虑到明天就是期中考试,经验告诉我,对于这种难题最好不要"深究". 于是我先给学生讲了一下思路:设 $P(x_0, y_0)$,由 $\begin{cases} y-y_0=k(x-x_0), \\ \dfrac{x^2}{8}+\dfrac{y^2}{4}=1 \end{cases}$ 消去 x 或 y 后令 $\Delta=0$,得到关于 k 的方程,其要有两个互为负倒数的解,用韦达定理即得结论. 但由于自己心里其实也没底,预感到要花不少时间(当然也未必确保能当场做出),况且学生今晚还是要把时间多花在基础知识的复习上,所以我说"先回去复习其他的,我待会做好后微信发你",就把学生打发走了. 当时学生反复说"好像是个圆吧",我竟无言以对视作耳旁风,好惭愧!

不知为什么,接下来我却没有勇气沿着刚才给学生讲的上述思路做下去(可能是对自己不自信,也可能是急功近利的心态使然,或者这就是自己亟待改善的工作习惯吧,作为教师的人性的弱点?),而是打开手机,在网络搜题中找到了该题的解答,如下:

解(3):设 $l_1: x_1 x + 2y_1 y = 8$,切点为 (x_1, y_1);$l_2: x_2 x + 2y_2 y = 8$,切点为 (x_2, y_2). 由 $l_1 \perp l_2$ 得 $x_1 x_2 + 4 y_1 y_2 = 0$,① 易解得 l_1, l_2 的交点为 $P\left(\dfrac{8(y_2 - y_1)}{x_1 y_2 - x_2 y_1}, \dfrac{4(x_1 - x_2)}{x_1 y_2 - x_2 y_1}\right)$,故 $x^2 + y^2 = \dfrac{64(y_2 - y_1)^2 + 16(x_2 - x_1)^2}{(x_1 y_2 - x_2 y_1)^2}$. 由 $x_1^2 + 2y_1^2 = 8$,② $x_2^2 + 2y_2^2 = 8$,③ 将②×③再结合①得 $3 y_1^2 y_2^2 + 4(y_1^2 + y_2^2) = 16$.④ 结合①②③④进行化简,可得 $x^2 + y^2$ 为定值 12,即 P 的轨迹方程为 $x^2 + y^2 = 12$.

看了该解答,我首先给学生做了回复:"本题对上海学生来讲是超纲的,因为要用到微积分中的导数的方法来推导出一个结论后再做,这个结论是'过椭圆 $\dfrac{x^2}{a^2} + \dfrac{y^2}{b^2} = 1$ 上一点 $M(x_0, y_0)$ 的椭圆的切线方程是 $\dfrac{x_0 x}{a^2} + \dfrac{y_0 y}{b^2} = 1$',因此今天这道题的这一小问果断放弃,等考好试后有时间再讲. 不过,你刚才说的对,确实是一个圆,其方程为 $x^2 + y^2 = 12$."

接下来,紧迫的任务就是搞懂上述解答. 事实上,上述解答给我的感觉就是"雾里看花",不谦虚地讲就是"看不懂". 笔者认为此处的核心是:在条件"$x_1^2 + 2y_1^2 = 8$,$x_2^2 + 2y_2^2 = 8$,$x_1 x_2 + 4 y_1 y_2 = 0$"下,如何从含有四个参数的多元参数方程 $\begin{cases} x = \dfrac{8(y_2 - y_1)}{x_1 y_2 - x_2 y_1}, \\ y = \dfrac{4(x_1 - x_2)}{x_1 y_2 - x_2 y_1} \end{cases}$ 中消去 x_1,x_2,y_1,y_2 获得点 (x, y) 的普通方程?过程中突然出现的 $x^2 + y^2$ 就像波利亚所讲的"帽子里变出来的兔子"一样令人瞠目——为什么这么坚毅地去计算 $x^2 + y^2$ 呢?若姑且将此看作"试一试",但这种尝试却极有可能中途被放弃,因为②×③获得式④这一步不容易想到,但它却必不可少. 现在反思 1 中详细分析如下.

反思 1 将上述计算 $x^2 + y^2$ 的过程补充完整

$x^2 + y^2 = \dfrac{64(y_2 - y_1)^2 + 16(x_2 - x_1)^2}{(x_1 y_2 - x_2 y_1)^2} = 16 \cdot \dfrac{4(y_2^2 + y_1^2 - 2 y_2 y_1) + x_2^2 + x_1^2 - 2 x_2 x_1}{x_1^2 y_2^2 + x_2^2 y_1^2 - 2 x_1 x_2 y_1 y_2}$.

分别以 $8 - 2y_1^2$,$8 - 2y_2^2$,$-4 y_1 y_2$ 替换上式中的 x_1^2,x_2^2,$x_1 x_2$ 化简可得

$$x^2 + y^2 = \dfrac{8(y_1^2 + y_2^2 + 8)}{2 y_1^2 + 2 y_2^2 + y_1^2 y_2^2}. \tag{$*$}$$

如果没有解答中导出的式④,化到式(∗)基本上也就铩羽而归了. 因为已知的三个等式均已用过(不过是分别用的). 其实尽管有了解答中导出的式④(笔者也亲自做了验算,它确实是对的),笔者在用其继续化简式(∗)时也尝试了几次才成功(其中对未知的忐忑常让解题者犯一些莫名其妙的错误,而对一道陌生的问题,教师又比学生高明多少呢?也许远不如某些学生应对得从容).

由④得 $y_1^2 y_2^2 = \dfrac{16 - 4(y_1^2 + y_2^2)}{3}$,代入(∗)可得

$$x^2+y^2=\frac{8(y_1^2+y_2^2+8)}{2y_1^2+2y_2^2+\dfrac{16-4(y_1^2+y_2^2)}{3}}=\frac{24(y_1^2+y_2^2+8)}{2y_1^2+2y_2^2+16}=12.$$

反思2 回归初心，探索出新解法

上述求解过程对上海学生（甚至教师）来讲有几处"想不到"：一是用切点坐标表示椭圆的切线方程，即 $x_ix+2y_iy=8(i=1,2)$，这种做法只在圆中出现过；二是在消参时尝试两式平方相加是正常思路，但得到常数 12 的过程却异常艰辛，若不是已知答案，极难坚定不移地推下去；三是②×③结合式①获得式④. 总而言之，这种消元法似乎有点"难于上青天"．

基于该分析，笔者想"别人的终归不属于自己，欣赏一下而已"，还是要回归初心，沿最初的想法尝试一下吧！以下是探索过程：

设 $P(x_0, y_0)$，若过 P 的切线的斜率不存在，则 $P(\pm2\sqrt{2}, 2)$ 或 $P(\pm2\sqrt{2}, -2)$，这四个点在所求的轨迹中．下设切线的斜率存在，其方程可写为 $y-y_0=k(x-x_0)$，将其与椭圆方程联立得

$$\begin{cases} y-y_0=k(x-x_0), \\ \dfrac{x^2}{8}+\dfrac{y^2}{4}=1 \end{cases} \Rightarrow \begin{cases} x-x_0=\dfrac{1}{k}(y-y_0), \\ x^2+2y^2=8 \end{cases} \Rightarrow \begin{cases} x=my+t, \\ x^2+2y^2=8, \end{cases}$$

其中 $m=\dfrac{1}{k}$，$t=x_0-my_0$. 消去 x 得 $(my+t)^2+2y^2-8=0$，即 $(m^2+2)y^2+2mty+t^2-8=0$，令 $\Delta=0$ 得 $4m^2-t^2+8=0$，从而 $4m^2-(x_0-my_0)^2+8=0$，$(4-y_0^2)m^2+2x_0y_0m+8-x_0^2=0$. 由题意该方程要有两个互为负倒数的实根（因为 $m_1m_2=\dfrac{1}{k_1}\cdot\dfrac{1}{k_2}=\dfrac{1}{-1}=-1$），故

$$\begin{cases} \Delta'=(2x_0y_0)^2-4(4-y_0^2)(8-x_0^2)>0, \\ m_1m_2=\dfrac{8-x_0^2}{4-y_0^2}=-1, \end{cases} \begin{cases} x_0^2+2y_0^2>8, \\ x_0^2+y_0^2=12, \end{cases}$$

至此我们得到了点 P 的轨迹方程为 $x^2+y^2=12$ [注意到一方面由于点 P 在椭圆外，因此条件 $x_0^2+2y_0^2>8$ 自然被满足；另一方面 $(\pm2\sqrt{2}, 2)$，$(\pm2\sqrt{2}, -2)$ 已被方程 $x^2+y^2=12$ 所包含]．

上述解法同样体现了代数眼光的力量（涉及代数中的等式有解问题）．

利用该思路，也可很方便地求解更一般的情况，即：求动点 P 的轨迹方程，使得过点 P 存在两条互相垂直的直线 l_1，l_2，且都与椭圆 $\Gamma: \dfrac{x^2}{a^2}+\dfrac{y^2}{b^2}=1(a>b>0)$ 只有一个公共点．

设 $P(x_0, y_0)$，若过 P 的切线的斜率不存在，则 $P(\pm a, b)$ 或 $P(\pm a, -b)$，这四个点在所求的轨迹中．下设切线的斜率存在，其方程可写为 $y-y_0=k(x-x_0)$，将其与椭圆方程联立得

$$\begin{cases} y-y_0=k(x-x_0), \\ \dfrac{x^2}{a^2}+\dfrac{y^2}{b^2}=1 \end{cases} \Rightarrow \begin{cases} y=kx+t, \\ b^2x^2+a^2y^2=a^2b^2, \end{cases}$$

其中 $t=y_0-kx_0$. 消去 y 得 $(b^2+a^2k^2)x^2+2kta^2x+a^2t^2-a^2b^2=0$, 令 $\Delta=0$ 得 $t^2-b^2-a^2k^2=0$, 即 $(y_0-kx_0)^2-b^2-a^2k^2=0$, $(x_0^2-a^2)k^2-2x_0y_0k+y_0^2-b^2=0$. 由题意该方程要有两个互为负倒数的实根,故 $\begin{cases}\Delta'=(2x_0y_0)^2-4(x_0^2-a^2)(y_0^2-b^2)>0,\\ k_1k_2=\dfrac{y_0^2-b^2}{x_0^2-a^2}=-1,\end{cases}$ $\begin{cases}b^2x_0^2+a^2y_0^2>a^2b^2,\\ x_0^2+y_0^2=a^2+b^2,\end{cases}$ 即

我们得到点 P 的轨迹方程为 $x^2+y^2=a^2+b^2$ [注意到一方面由于点 P 在椭圆外,因此条件 $b^2x_0^2+a^2y_0^2>a^2b^2$ 自然被满足;另一方面 $(\pm a,b),(\pm a,-b)$ 已被方程 $x^2+y^2=a^2+b^2$ 所包含].

反思 3 对于本题,教师的"一桶水"中应该有些什么?

(一) 首先,一般眼光看特殊,我们也应该知晓该题其他小问的一般结论

对于第(2)小问,其一般形式的问题是:设 F_1, F_2 为椭圆 $\Gamma: \dfrac{x^2}{a^2}+\dfrac{y^2}{b^2}=1(a>b>0)$ 的左、右焦点,直线 l 过 F_1 与椭圆交于 A, B 两点,求 $\triangle F_2AB$ 面积的最大值.

解:设直线 l 的方程为 $x=my-c(c=\sqrt{a^2-b^2})$, 由 $\begin{cases}x=my-c,\\ \dfrac{x^2}{a^2}+\dfrac{y^2}{b^2}=1\end{cases}$ 得 $(a^2+b^2m^2)y^2-2mcb^2y-b^4=0$, 从而 $S_{\triangle F_2AB}=\dfrac{1}{2}\cdot 2c\cdot |y_1-y_2|=c\sqrt{(y_1+y_2)^2-4y_1y_2}$, 由韦达定理,将 $y_1+y_2=\dfrac{2mcb^2}{a^2+b^2m^2}$, $y_1y_2=\dfrac{-b^4}{a^2+b^2m^2}$ 代入上式并化简可得

$$S_{\triangle F_2AB}=2acb^2\sqrt{\dfrac{1}{b^4t+\dfrac{c^4}{t}+2b^2c^2}} \quad (\text{其中 } t=m^2+1\geqslant 1).$$

(1) 若 $\dfrac{c^2}{b^2}\leqslant 1$, 即 $b<a\leqslant\sqrt{2}b$, 当 $t=1$, 或 $m=0$ 时,

$$(S_{\triangle F_2AB})_{\max}=2acb^2\sqrt{\dfrac{1}{b^4+c^4+2b^2c^2}}=\dfrac{2acb^2}{a^2}=\dfrac{2cb^2}{a}=2eb^2.$$

其中 $e=\dfrac{c}{a}$ 是该椭圆的离心率.

(2) 若 $\dfrac{c^2}{b^2}>1$, 即 $a>\sqrt{2}b$, 当 $t=\dfrac{c^2}{b^2}$ 时,

$$(S_{\triangle F_2AB})_{\max}=2acb^2\sqrt{\dfrac{1}{2b^2c^2+2b^2c^2}}=ab.$$

对于本题,由于 $a=2\sqrt{2}$, $b=2$, 故 $a=\sqrt{2}b$, $(S_{\triangle F_2AB})_{\max}=2eb^2=2\cdot\dfrac{2}{2\sqrt{2}}\cdot 2^2=4\sqrt{2}$.

写到这儿,猛然想起连续任教高三的那九年,有连续几年一轮复习资料使用的都是由光明日报出版社出版的《高中数学复习点要 高三总复习(供第一轮总复习用)》这本书,在该

书§11.7"直线与圆锥曲线的应用(二)"所梳理的考点三"最值问题"中始终有这样一道例题:"过椭圆 $\dfrac{x^2}{3}+\dfrac{y^2}{2}=1$ 的左焦点 F_1 作直线 l 交椭圆于 A,B 两点,设右焦点为 F_2,求 $\triangle AF_2B$ 面积的最大值."

该题中的 $\triangle AF_2B$ 恰好是当 $l \perp x$ 轴时获得最大值,笔者讲解时主要是强调了当已知直线的横截距 t 时常选择设法"$x=my+t$"的好处,而没有去深究为什么恰好是当 $l \perp x$ 轴时获得最大值背后的一般规律,现在看来真的是不思进取之举啊! 其实,有了上面的推导,该题就变得十分自然:因为由于 $a=\sqrt{3}$,$b=\sqrt{2}$,故 $a<\sqrt{2}b$,从而就属于(1)这种情形,因此 $(S_{\triangle F_2AB})_{\max}=2eb^2=2\cdot\dfrac{1}{\sqrt{3}}\cdot\sqrt{2}^2=\dfrac{4\sqrt{3}}{3}$,这正是那几年早已背熟于心的这道题的答案. 原来是这样! 此时心胸变得非常舒畅,一股拨开云雾见青天的幸福与满足感油然而生! 并且马上就有了以下的感悟:

(1) 具体情境往往遮住了问题或现象背后的本质,只有将其一般化才能发现隐藏的秘密或规律.

(2) 只有当教师知晓题目背后的秘密时(面对题目心似明镜,一眼望去清澈见底),他才能从容地实施变式教学. 如教师在求解好原题所给椭圆 $\dfrac{x^2}{8}+\dfrac{y^2}{4}=1$ 相应的最值问题后,将其分别变为 $\dfrac{x^2}{8}+\dfrac{y^2}{3}=1$,$\dfrac{x^2}{8}+\dfrac{y^2}{5}=1$. 这看似随意一变,其实意蕴无穷(分别对应 $a=\sqrt{2}b$,$a>\sqrt{2}b$,$a<\sqrt{2}b$),教师的功底也在不经意间显露无遗. 下面两张表格(表 4.11、表 4.12)在诠释相应的主题时也是意味深长,其中前者对应的主题为"与对数函数有关的复合函数的定义域或值域何时是实数集 **R**",后者对应的主题为"曲线与方程的关系"(注:呈现给学生的是需要填写的空白表格).

表 4.11

函数	定义域	值域	真数 t 的图像	相应的 Δ
$y=\lg x^2$	$(-\infty, 0) \cup (0, +\infty)$	**R**		$\Delta = 0$
$y=\lg(x^2+1)$	**R**	$[0, +\infty)$		$\Delta < 0$

(续表)

函数	定义域	值域	真数 t 的图像	相应的 Δ
$y=\lg(x^2-1)$	$(-\infty,-1)\cup(1,+\infty)$	R		$\Delta>0$

表 4.12

曲线	方程	关系	备注
一、三象限角平分线	$y=x$	曲线上的点的坐标都是方程的解；以方程的解为坐标的点都在曲线上	既完备又纯粹
	$y=(\sqrt{x})^2$	曲线上的点的坐标不都是方程的解；以方程的解为坐标的点都在曲线上	纯粹不完备
	$y^2=x^2$	曲线上的点的坐标都是方程的解；以方程的解为坐标的点不都在曲线上	完备不纯粹
	$y=\|x\|$	曲线上的点的坐标不都是方程的解；以方程的解为坐标的点不都在曲线上	既不完备也不纯粹

(3) 要想人前轻而易举、游刃有余，背后就得死去活来、探出究竟.

(4) 研究意识可让自己的教书生涯摆脱复制式的低层次循环. 笔者在拙著《师说高中数学拓展课》(复旦大学出版社，2016 年)的前言中曾说过这样一段话：常年身处教学第一线的数学教师，经常会有这样的体会：在当年的教学过程中又遇到了前几年就遇到过的"对教材中某点规定的不解或某种讲法的不满""学生问到的但被教师以各种理由婉拒回答的问题""某些数学问题连续几年教授的都是相同的解法""教学中遇到的某些问题在教参和其他参考资料中、通过网络搜索或与同事研讨交流都找不到答案"，等等. 作为一个用心的数学教师，上述问题在第一或第二次遇到时可能会被记录，然而通过对若干骨干教师的调查表明，这些问题的解决似乎是一个毫无尽头的过程，它们会随着教师年复一年的教学不断重现后又被搁置. 笔者认为，只有拥有研究意识才可以改善或避免这种现象.

(二) 其次，该题有无背景，是什么？

该题的背景是"准圆""蒙日圆". 蒙日是法国数学家、化学家、物理学家，画法几何的创始人.

"百度百科"中有这样的叙述：椭圆的两正交切线的交点的轨迹称为准圆. 椭圆 $\dfrac{x^2}{a^2}+\dfrac{y^2}{b^2}=1(a>b>0)$ 的准圆是圆心在椭圆中心、半径为 $\sqrt{a^2+b^2}$ 的圆，其方程为 $x^2+y^2=a^2+b^2$.

市面上出现的与椭圆的准圆有关的一些题目有：

1. （2010年北京市海淀区二模、2014年北京市石景山区一模）

给定椭圆 $C: \dfrac{x^2}{a^2} + \dfrac{y^2}{b^2} = 1 (a > b > 0)$，称圆心在原点 O、半径为 $\sqrt{a^2 + b^2}$ 的圆是椭圆的"准圆"．若椭圆的一个焦点为 $F(\sqrt{2}, 0)$，其短轴上的一个端点到 F 的距离为 $\sqrt{3}$．

（1）求椭圆 C 的方程和其"准圆"的方程．

（2）点 P 是椭圆 C 的"准圆"上的动点，过点 P 作椭圆的切线 l_1, l_2 交"准圆"于点 M, N．

① 当 P 为"准圆"与 y 轴正半轴的交点时，求直线 l_1, l_2 的方程并证明 $l_1 \perp l_2$；

② 求证：线段 MN 的长为定值．

参考答案：(1) $\dfrac{x^2}{3} + y^2 = 1$，$x^2 + y^2 = 4$．(2) ① $y = \pm x + 2$；② $|MN| = 4$．

2. （2013年黄浦区一模）

给定椭圆 $C: \dfrac{x^2}{a^2} + \dfrac{y^2}{b^2} = 1 (a > b > 0)$，称圆心在原点 O、半径为 $\sqrt{a^2 + b^2}$ 的圆是椭圆的"准圆"．若椭圆的一个焦点为 $F(\sqrt{2}, 0)$，其短轴的一个端点到 F 的距离为 $\sqrt{3}$．

（1）求椭圆 C 的方程和其"准圆"的方程；

（2）过椭圆 C 的"准圆"与 y 轴正半轴的交点 P 作直线 l_1, l_2 使得 l_1, l_2 与椭圆都只有一个交点，求直线 l_1, l_2 的方程；

（3）若点 A 是椭圆 C 的准圆与 x 轴正半轴的交点，B, D 是椭圆 C 上的两相异点，且 $BD \perp x$ 轴，求 $\overrightarrow{AB} \cdot \overrightarrow{AD}$ 的取值范围．

参考答案：(1) $\dfrac{x^2}{3} + y^2 = 1$，$x^2 + y^2 = 4$；(2) $y = \pm x + 2$；(3) $[0, 7 + 4\sqrt{3})$．

3. （2014年广东理科数学）

已知椭圆 $C: \dfrac{x^2}{a^2} + \dfrac{y^2}{b^2} = 1 (a > b > 0)$ 的一个焦点为 $(\sqrt{5}, 0)$，离心率为 $\dfrac{\sqrt{5}}{3}$．

（1）求椭圆 C 的标准方程；

（2）若动点 $P(x_0, y_0)$ 为椭圆 C 外一点，且点 P 到椭圆 C 的两条切线相互垂直，求点 P 的轨迹方程．

参考答案：(1) $\dfrac{x^2}{9} + \dfrac{y^2}{4} = 1$；(2) $x^2 + y^2 = 13$．

（三）其他有关的一般结论还有哪些？

1. 任何椭圆 $\dfrac{x^2}{a^2} + \dfrac{y^2}{b^2} = 1 (a > b > 0)$ 都有两个姊妹圆 $x^2 + y^2 = R^2$ 与 $x^2 + y^2 = r^2$，其中 $R^2 = a^2 + b^2$，$\dfrac{1}{r^2} = \dfrac{1}{a^2} + \dfrac{1}{b^2}$．前者圆上任意一点对椭圆的切点弦的张角恒为直角；后者圆的任意切线被椭圆截得的弦对椭圆中心的张角恒为直角．

前者圆亦即前面提及的椭圆的准圆，我们用前述"直接写出切线方程"的方法再次对它做一下证明[仅证明完备性,即准圆上的任一点 $P(x,y)$ 都满足方程 $x^2+y^2=a^2+b^2$].

设两个切点坐标分别为 (x_1,y_1),(x_2,y_2),则相应的切线方程分别为 $b^2x_1x+a^2y_1y=a^2b^2$,$b^2x_2x+a^2y_2y=a^2b^2$,联立它们并解其交点得 $\begin{cases} x=\dfrac{-a^2(y_1-y_2)}{x_1y_2-x_2y_1}, \\ y=\dfrac{b^2(x_1-x_2)}{x_1y_2-x_2y_1}, \end{cases}$ 这样问题就转化为纯粹的代数问题:

在条件 $\begin{cases} b^2x_1^2+a^2y_1^2=a^2b^2, & ① \\ b^2x_2^2+a^2y_2^2=a^2b^2, & ② \\ b^4x_1x_2+a^4y_1y_2=0 & ③ \end{cases}$ 下,将参数方程 $\begin{cases} x=\dfrac{-a^2(y_1-y_2)}{x_1y_2-x_2y_1}, \\ y=\dfrac{b^2(x_1-x_2)}{x_1y_2-x_2y_1} \end{cases}$ 化为普通方程.

其中式③源于两条切线互相垂直.

为简化形式,我们记 $\dfrac{a^2}{b^2}=m$,则 $x_1^2=a^2-my_1^2$,$x_2^2=a^2-my_2^2$,$x_1x_2=-m^2y_1y_2$,在此基础上,我们有

$$x^2+y^2=\frac{a^4(y_1-y_2)^2+b^4(x_1-x_2)^2}{(x_1y_2-x_2y_1)^2}$$

$$=\frac{a^4(y_1^2-2y_1y_2+y_2^2)+b^4(a^2-my_1^2+a^2-my_2^2+2m^2y_1y_2)}{(a^2-my_1^2)y_2^2+(a^2-my_2^2)y_1^2+2m^2y_1^2y_2^2}$$

$$=\frac{c^2y_1^2+c^2y_2^2+2b^4}{y_1^2+y_2^2+\dfrac{2c^2}{b^4}y_1^2y_2^2}. \qquad (*)$$

此处略做停留,做一个小小的"check"是比较有意义的:当 $a^2=8$,$b^2=4$ 时上式就是 $x^2+y^2=\dfrac{4y_1^2+4y_2^2+32}{y_1^2+y_2^2+\dfrac{8}{16}y_1^2y_2^2}=\dfrac{8(y_1^2+y_2^2+8)}{2y_1^2+2y_2^2+y_1^2y_2^2}$,这与前面已经推得的结果是相符的!这个小小的"check"暗示了我们的探索之旅应该行驶在正确的轨道上,也坚定了我们继续努力坚持下去的信心.

接下来要消去式$(*)$中不和谐的项 $y_1^2y_2^2$ 而达到形式的对称与统一.①×②并结合③可得等式 $(m^4-m^2)y_1^2y_2^2=a^4-ma^2(y_1^2+y_2^2)$,将其代入式$(*)$得(注意 $m^4-m^2\neq 0$)

$$x^2+y^2=\frac{c^2y_1^2+c^2y_2^2+2b^4}{y_1^2+y_2^2+\dfrac{2c^2}{b^4}\dfrac{a^4-ma^2(y_1^2+y_2^2)}{m^4-m^2}}=\frac{c^2y_1^2+c^2y_2^2+2b^4}{y_1^2+y_2^2+\dfrac{2b^2(b^2-y_1^2-y_2^2)}{a^2+b^2}}$$

$$=(a^2+b^2)\cdot\frac{c^2y_1^2+c^2y_2^2+2b^4}{c^2y_1^2+c^2y_2^2+2b^4}=a^2+b^2.$$

当我们依靠脑想手算得到最终的结果时,内心的喜悦是无以言表的,有时要比借助机器更有味道与充实感.这就像徒步登山与坐索道上山的区别,只有用我们的双脚一步步去丈量山上的每一寸土地,才能深刻地体会到诗人汪国真的那句名言"没有比脚更长的路,没有比

人更高的山".

下面再给出后者圆的相应性质之证明.

设所求圆的方程为 $x^2+y^2=r^2$,过其上任意一点 $M(x_1,y_1)$ 的圆的切线方程为 $x_1x+y_1y=r^2$. 由 $\begin{cases} x_1x+y_1y=r^2, \\ \dfrac{x^2}{a^2}+\dfrac{y^2}{b^2}=1 \end{cases}$ 得 $\dfrac{x^2}{a^2}+\dfrac{y^2}{b^2}=1=1^2=\left(\dfrac{x_1x+y_1y}{r^2}\right)^2$,该式两边同除以 x^2 并整理可得 $\left(\dfrac{r^4}{b^2}-y_1^2\right)\left(\dfrac{y}{x}\right)^2-2x_1y_1\cdot\dfrac{y}{x}+\dfrac{r^4}{a^2}-x_1^2=0$,由题意知这个关于 $\dfrac{y}{x}$ 的方程的两根互为负倒数,故有 $\dfrac{r^4}{a^2}-x_1^2=y_1^2-\dfrac{r^4}{b^2}$ 对任意 (x_1,y_1) 恒成立,由于 $x_1^2+y_1^2=r^2$,因此得到 $\dfrac{1}{r^2}=\dfrac{1}{a^2}+\dfrac{1}{b^2}$.

与后者圆相关的一些题目有：

（Ⅰ）(2009 年北京高考理科)

已知双曲线 $C:\dfrac{x^2}{a^2}-\dfrac{y^2}{b^2}=1(a>0,b>0)$ 的离心率为 $\sqrt{3}$,右准线方程为 $x=\dfrac{\sqrt{3}}{3}$.

(1) 求双曲线 C 的方程;

(2) 设直线 l 是圆 $O:x^2+y^2=2$ 上动点 $P(x_0,y_0)(x_0y_0\neq 0)$ 处的切线, l 与双曲线 C 交于不同的两点 A,B,证明 $\angle AOB$ 的大小为定值.

参考答案:(1) $x^2-\dfrac{y^2}{2}=1$;(2) $\angle AOB=90°$.

注:本题是椭圆中的上述性质在双曲线中的迁移,相应的圆的方程为 $x^2+y^2=r^2\left(其中\dfrac{1}{r^2}=\dfrac{1}{a^2}-\dfrac{1}{b^2}\right)$.

（Ⅱ）(2014 年北京市丰台区二模)

已知椭圆 $E:\dfrac{x^2}{8}+\dfrac{y^2}{4}=1$ 与直线 $l:y=kx+m$ 交于 A,B 两点, O 为坐标原点.

(1) 若直线 l 过椭圆 E 的左焦点,且 $k=1$,求 $\triangle AOB$ 的面积;

(2) 若 $OA\perp OB$,且直线 l 与圆 $O:x^2+y^2=r^2$ 相切,求圆 O 的半径 r 的值.

参考答案:(1) $\dfrac{8}{3}$;(2) $r=\sqrt{\dfrac{a^2b^2}{a^2+b^2}}=\dfrac{2\sqrt{6}}{3}$.

2. 椭圆的准圆概念在双曲线与抛物线中的相应结论.

(1) 双曲线 $\dfrac{x^2}{a^2}-\dfrac{y^2}{b^2}=1(a>b>0)$ 的两条互相垂直的切线的交点的轨迹是圆 $x^2+y^2=a^2-b^2$;

(2) 抛物线 $y^2=2px$ 的两条互相垂直的切线的交点的轨迹是该抛物线的准线.

也许正是由于抛物线类似的性质对应的点的轨迹为抛物线的准线,所以在椭圆与双曲线中相应的圆被称为准圆.

椭圆规与参数方程

我校有一间 TI 创新实验室,里面除有 100 套待更新的 TI 图形计算器外,还有很多立体几何、解析几何教具,如各种多面体、旋转体、异面直线演示仪、线面垂直模型等,还有三角板、圆规、椭圆规等.2023 年 5 月,TI 实验室轮流接待了好几个因新冠复阳、发水痘的班级,有一次去此处听课,看到废置数年的椭圆规,不仅生出些许感慨.

如果说老师们面对数十把圆规没有想用的欲望(可能感觉没有新意吧),那么面对多个椭圆规而不用,大概只能解释为不会用了.虽然有新意、不会用但没有想用的冲动就颇耐人寻味.青年教师职初期的应接不暇、教育与教学的分离,中年教师的职业倦怠、因循守旧、惯性执教,老年教师对未知世界的恐惧、因代沟及新知而升起的力不从心,大抵从布满灰尘的椭圆规上可见一斑.

沪教版普通高中教科书数学选择性必修第一册第 2 章"圆锥曲线"2.5 节"曲线与方程"是选学内容,但我校对"2.5.1 求轨迹的方程"及"2.5.2 简单的参数方程"比较重视,按教材配套的"教学参考资料"中建议的课时的两倍(共 4 课时)进行了教学.

教材对"轨迹方程"的介绍依然沿用了从特殊到一般的逻辑顺序,就像必修一中对函数单元的介绍、选择性必修一中对数列单元的介绍.在"2.5.1 求轨迹的方程"正式出场之前,轨迹、轨迹方程以散落的明珠的形式在教材上已经出现了五次:

第 1 次:"2.1.2 圆的标准方程"中的例 2

设平面上有一条长度为 4 的线段 AB,试建立适当的平面直角坐标系,求到线段 AB 两端点的距离的平方和为 16 的点的轨迹方程.

在该题解答的结语中,教材一并给出了轨迹方程与轨迹的描述:所求轨迹方程为 $x^2 + y^2 = 4$,其轨迹是以 $O(0, 0)$ 为圆心、AB 为直径的圆.

第 2 次:"2.1.4 直线与圆的位置关系"中的例 9

过圆 $O: x^2 + y^2 = 16$ 外一点 $M(2, -6)$ 任意作一条割线交圆 O 于 A, B 两点,求弦 AB 的中点 C 的轨迹.

本题可用直接法(如基于几何位置关系分析的向量法、点差法等)、参数法等.

第 3 次:"2.1.5 圆与圆的位置关系"中的例 12

如图 4.83,圆 O_1 与圆 O_2 的半径都是 1,$O_1O_2 = 4$,过动点 P 分别作圆 O_1、圆 O_2 的切线 PM, PN(M, N 分别

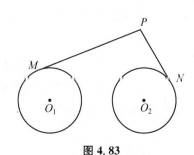

图 4.83

为切点),使得$|PM|=\sqrt{2}|PN|$.试通过建立适当的平面直角坐标系,求动点 P 的轨迹.

教材中安排这样一道例题的原因之一大概是因为其背景是著名的阿波罗尼斯圆,在教学中可以该例题为源开展数学小专题,或布置学生撰写数学小论文.

第 4 次:习题 2.1B组的第 5 题

已知动直线 $kx-y+1=0$(其中 $k\in\mathbf{R}$)和圆 $x^2+y^2=4$ 相交于 A,B 两点,求弦 AB 的中点的轨迹方程.

本题可用直接法(如点差法)、参数法等.

第 5 次:"2.3.1 双曲线的标准方程"中的例 3

在相距 2000 m 的两个观察站 A,B 先后听到远处传来的爆炸声,已知 A 站听到的时间比 B 站早 4 s,声速是 340 m/s.建立适当的平面直角坐标系,判断爆炸点可能分布在什么样的轨迹上,并求该轨迹的方程.

本题所采用的求轨迹(方程)的方法一般被称为定义法.

基于以上陈述,我们认为作为对散落的明珠的荟萃与整理,非常有必要对选学的"2.5.1 求轨迹的方程"进行系统的学习.那么,为什么要学习参数方程呢?

首先,参数方程与轨迹方程紧密相连.在求轨迹方程的四种重要方法中,参数法占有一席之位,这是作为用代数方法表达曲线的另一种重要形式,体现了对同一数学对象的多重表征,提供了观察数学对象的多重视角.其次,也是基于大单元的双新理念与联系的数学观.我校备课组对参数方程的教学只聚焦在研究圆与椭圆的参数方程,并不涉及直线、双曲线与抛物线的参数方程,但圆与椭圆的参数方程只不过是必修二中学习过的三角恒等式、三角换元等代数知识的几何呈现或迁移应用.懂得这种联系后,学生的数学视野、观察数学现象的眼光、思考数学问题的视角将会得到优化,也会直接影响其将来高三复习的日常学习习惯.

笔者对"2.5.2 简单的参数方程"的教学,设计了如下一些环节(两课时).

环节一:自然衔接,引出概念

上课伊始,作为对"2.5.1 求轨迹的方程"的复习与新知的引出,将教材"2.5.2 简单的参数方程"中的例 4 前置,请学生独立完成.

课本中的例 4:求所有斜率为 1 的直线被椭圆 $\dfrac{x^2}{4}+y^2=1$ 所截得的线段的中点的轨迹.

学生求解本题大概有两种思路,一是点差法(笔者将之归入直接法的一种);二是所谓的参数法.在用法二求解的过程中,学生是主动消去代表截距的字母而获得最终仅含 x,y 的轨迹方程的.教师在与同学们一起反思法二的解题过程时,提请同学们关注中间出现的方程"$\begin{cases}x=-\dfrac{4}{5}b,\\ y=\dfrac{b}{5}\end{cases}(-\sqrt{5}<b<\sqrt{5})$",分析其结构并引出"参数方程"的概念,并将最终求出的方程称为普通方程.这样,通过一道题目,学生初步了解了这两个概念的联系与区别.

环节二:三角换元,旧貌新颜

回到"第 2 章 圆锥曲线"早早学过的圆与椭圆这两种重要曲线,从几何与三角两个角度得到圆(圆心在原点及圆心不在原点)的参数方程,并体会角参数的几何意义,然后辅以简单应用,如"若实数 x,y 满足等式 $x^2+y^2=3$,求 $x+y$ 的最大值"等.再出示问题"若实数

x,y 满足 $\dfrac{x^2}{16}+\dfrac{y^2}{9}=1$,求 $x+y$ 的最大值". 在强烈的结构对比中,顺利从三角知识角度获得一般椭圆的参数方程(此处特意避开了从几何角度对椭圆参数方程的讨论).

环节三:引参搭桥,构建方程

从语文角度来看词语"参数方程",除了要将"方程"二字理解为一对方程联袂组成的方程组之外,如何理解"参数"二字应成为重中之重.

本环节的教学重点是体会在建立曲线的参数方程时如何选择合适的参数,要通过适量的练习让学生体会引参时常用的切入角度,即常以哪些量作为参数.如以下各题:

1. 求所有斜率为 1 的直线被椭圆 $\dfrac{x^2}{4}+y^2=1$ 所截得的线段的中点的轨迹.(可以截距为参数)

2. 过抛物线 $y^2=4x$ 的焦点 F 作直线与抛物线交于 A,B 两点,求线段 AB 的中点 M 的轨迹方程.(可以斜率为参数)

3. 在 $\triangle ABC$ 中,$\angle ABC=90°$,$|AB|=|BC|=4$,顶点 A,B 分别在 y 轴、x 轴的正半轴(含坐标原点)上移动,求顶点 C 的轨迹的参数方程(A,B,C 逆时针排列).(可以角为参数)

4. 动点 M 做匀速直线运动,它在 x 轴和 y 轴方向的分速度分别为 9 和 12,运动开始时,点 M 位于 $A(1,1)$.求点 M 的轨迹的参数方程.(可以时间为参数)

代数中的参数意识、方程意识与几何(特别是平面几何)中的辅助线意识一脉相承,运用得好都可起到"一桥飞架南北,天堑变通途"之效.犹记得 2021 年长宁区高三一模第 19 题,看似平常,却由于缺乏参数意识,令很多同学在考场上折戟沉沙.试题如下:

某公共场所计划用固定高度的板材将一块如图 4.84 所示的四边形区域 $ABCD$ 沿边界围成一个封闭的留观区.经测量,边界 AB 与 AD 的长度都是 20 米,$\angle BAD=60°$,$\angle BCD=120°$.

(1) 若 $\angle ADC=105°$,求 BC 的长(结果精确到米);

(2) 求围成该区域至多需要多少米长度的板材(不计损耗,结果精确到米).

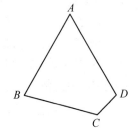

图 4.84

命题者提供的标答如下:

解:(1) 连接 BD,由题意 $\triangle ABD$ 是等边三角形,所以 $BD=20$.

又因为 $\angle ADC=105°$,所以 $\angle DBC=45°$. ············2 分

在 $\triangle BCD$ 中,$\dfrac{BC}{\sin\angle BDC}=\dfrac{BD}{\sin\angle C}$, ············4 分

得 $BC=\dfrac{20\sqrt{6}}{3}\approx 16$(米). ············6 分

(2) 设 $\angle ADC=\theta$,则 $\angle BDC=\theta-\dfrac{\pi}{3}$,$\angle CBD=\dfrac{2\pi}{3}-\theta$.

在 $\triangle BCD$ 中,$\dfrac{CD}{\sin\angle CBD}=\dfrac{BC}{\sin\angle BDC}=\dfrac{BD}{\sin\angle C}$,

所以 $BC=\dfrac{40}{3}\sqrt{3}\sin\left(\theta-\dfrac{\pi}{3}\right)$,$DC=\dfrac{40}{3}\sqrt{3}\sin\left(\dfrac{2\pi}{3}-\theta\right)$. ············4 分

所需板材的长度 $=40+\dfrac{40}{3}\sqrt{3}\sin\left(\theta-\dfrac{\pi}{3}\right)+\dfrac{40}{3}\sqrt{3}\sin\left(\dfrac{2\pi}{3}-\theta\right)$

$\qquad\qquad\qquad =40+\dfrac{40}{3}\sqrt{3}\sin\theta.$ ············6 分

答：当 $\angle ADC=\dfrac{\pi}{2}$ 时，所需板材最长为 $40+\dfrac{40}{3}\sqrt{3}\approx 73$（米）． ············8 分

很显然，若基于正弦定理通过解 $\triangle BCD$ 而获得 BC，CD 的长，引入 $\angle ADC=\theta$ 是很重要的一个思维动作，但很遗憾，考场上想到这一层的同学非常少. 若原题的第(2)小问这样出：设 $\angle ADC=\theta$，求围成该区域至多需要多少米长度的板材（不计损耗，结果精确到米），则得分率将会提高很多.

那么，怎样才能"无中生有"想到这一"设"呢？一要靠平时的训练（就像前面所讲的对各种参数的体会），二要靠基于经验的揣摩. 就本题而言，至少有两处可以催生这一"设". 首先是第(1)小问的铺垫. 我们知道，一题两问或一题三问的解答题的命题规律一般是先处理一个具体的不含参数的问题来让学生热身，以体会新背景或新定义的具体含义，再过渡到较为抽象的或一般的情形. 此时处理具体问题所采用的方法或所获得的结论极有可能会对抽象的一般的问题的求解提供启发，甚至可以直接使用其结论. 比如本题的第(1)小问"若 $\angle ADC=105°$，求 BC 的长". 而第(2)问依然需要 BC 的长，却不知道 $\angle ADC$ 的大小，但还要用到它，那自然就想到把它设为 θ 后使用即可. 其次要揣摩题目的问法，比如第(2)小问中的"至多需要多少米"很明显是与"最大值"有关的，这就涉及函数，那当然需要自变量！因此引入恰当的自变量就成为自然.

当然，就长宁区的这道题来讲，阅卷发现，也有不少同学选择了余弦定理. 即便如此，为了节省书写时间，更为了在写出余弦定理 "$BC^2+CD^2-2BC\cdot CD\cdot\cos 120°=20^2$" 之后能与欲求的 "$BC+CD$" 的最大值很快地建立联系，设 $BC=x$，$CD=y$ 仍十分必要. 此时问题就转化为：已知正实数 x，y 满足 $\begin{cases}x+y>20,\\ x+20>y,\\ y+20>x,\end{cases}$ 且 $x^2+y^2+xy=400$，求 $(x+y)_{\max}$. 然后再通过配方变形、和积互化等方法与均值不等式产生联系就显得比较容易，如下所示：

由 $x^2+y^2+xy=400$ 得 $(x+y)^2-2xy+xy=400$，进而 $(x+y)^2-400=xy$，而 $xy\leqslant\left(\dfrac{x+y}{2}\right)^2=\dfrac{(x+y)^2}{4}$，故 $(x+y)^2-400\leqslant\dfrac{(x+y)^2}{4}$，从而 $\dfrac{3}{4}(x+y)^2\leqslant 400$，$x+y\leqslant\dfrac{40\sqrt{3}}{3}$（当且仅当 $x=y=\dfrac{20\sqrt{3}}{3}$ 时等号成立），所以 $(x+y)_{\max}=\dfrac{40}{3}\sqrt{3}$，即 $(BC+CD)_{\max}=\dfrac{40}{3}\sqrt{3}$.

环节四：一键四联，原理探究

本环节通过创设一键四联画椭圆的动画情境激发学生学习的兴趣，然后理性分析其背后的原理，巩固多种引参之法，最后请学生现场分组用椭圆规画椭圆.

首先创设情境：如图 4.85，在几何画板中，当在作图中点击过"动画点"按钮后，随着圆心 B 在 y 轴上运动，便会同时画出四个色彩各异的椭圆，如图 4.86 所示. 让学生多看几遍后留时间思考其背后的道理.

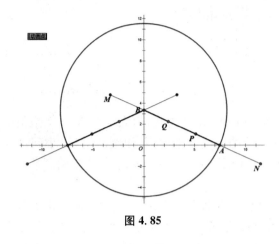
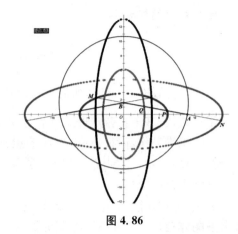

图 4.85　　　　　　　　　　　　　　图 4.86

短暂讨论后同学们形成下面的共识：

(1) 圆 B 的圆心在 y 轴上上下运动，但其半径 r 始终不变，$r=|AB|$.

(2) 随着圆心 B 的运动，定长线段 $|AB|$ 的两个端点分别在 x 轴、y 轴上滑动.

(3) 点 P，Q 均是线段 AB 的内分点，且 $\dfrac{|AP|}{|PB|}$，$\dfrac{|AQ|}{|QB|}$ 在圆心 B 运动的过程中始终不变.

(4) 点 M，N 均是线段 AB 的外分点，且 $\dfrac{|AM|}{|MB|}$，$\dfrac{|AN|}{|NB|}$ 在圆心 B 运动的过程中始终不变.

(5) 动点 P 形成的椭圆的长半轴长为 $|PB|$，短半轴长为 $|AP|$；动点 Q 形成的椭圆的长半轴长为 $|AQ|$，短半轴长为 $|QB|$；动点 M 形成的椭圆的长半轴长为 $|AM|$，短半轴长为 $|MB|$；动点 N 形成的椭圆的长半轴长为 $|BN|$，短半轴长为 $|NA|$.

接下来分四个小组分别思考不同的椭圆到底是如何形成的？或者说四个动点形成的为什么是椭圆？每个小组内的同学都思考同一个椭圆.

以点 P 形成的椭圆为例，我们尝试先求出点 P 的轨迹方程，然后根据方程推证其轨迹确为椭圆. 这涉及如何表示点 P 的坐标.

作为第一种尝试，如图 4.87(a)，我们设 $P(x,y)$，$|AB|=l$（为定值），$A(a,0)$，$B(0,b)$，$\dfrac{|AP|}{|PB|}=\lambda(\lambda>0$，且 $\lambda\neq 1)$（为定值），则 $a^2+b^2=l^2$. 由定比分点坐标公式可得

$$\begin{cases} x=\dfrac{a+\lambda\cdot 0}{1+\lambda}, \\ y=\dfrac{0+\lambda\cdot b}{1+\lambda}. \end{cases} \text{即} \begin{cases} x=\dfrac{a}{1+\lambda}, \\ y=\dfrac{b\lambda}{1+\lambda}. \end{cases}$$

这样我们得到了动点 P 的轨迹的参数方程，a，b 为参数. 此处需说明的是，尽管我们可以借助等量关系 $a^2+b^2=l^2$ 将双参数 a，b 减少为一个参数，但为整齐与简洁起见，我们并不打算这样做.

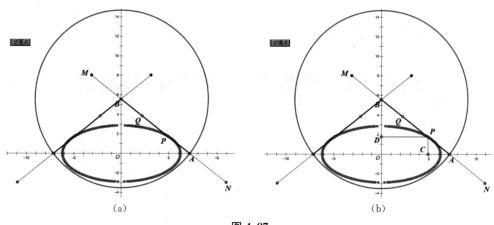

图 4.87

显然,仅凭该参数方程无法探知点 P 的轨迹究竟是什么曲线. 为此需要消去参数 a, b, 这并不困难, 由 $\begin{cases} x = \dfrac{a}{1+\lambda}, \\ y = \dfrac{b\lambda}{1+\lambda} \end{cases}$ 得 $\begin{cases} a = x(1+\lambda), \\ b = \dfrac{1+\lambda}{\lambda} y, \end{cases}$ 代入 $a^2 + b^2 = l^2$ 立得 $[x(1+\lambda)]^2 + \left(\dfrac{1+\lambda}{\lambda} y\right)^2 = l^2$, 将该式化简得 $\dfrac{x^2}{\left(\dfrac{l}{1+\lambda}\right)^2} + \dfrac{y^2}{\left(\dfrac{l\lambda}{1+\lambda}\right)^2} = 1$. 由于 $\lambda \neq 1$, $\dfrac{l}{1+\lambda} \neq \dfrac{l\lambda}{1+\lambda}$, 故该方程对应的曲线为椭圆.

易知,以上推理过程同样适用于动点 Q.

作为第二种尝试, 如图 4.87(b), 过点 P 作 $PC \perp x$ 轴于 C, 作 $PD \perp y$ 轴于 D. 仍设 $P(x, y)$, 再设 $\angle BAO = \varphi$, 则有 $\begin{cases} x = |PB| \cos\varphi, \\ y = |AP| \sin\varphi, \end{cases}$ 此亦为动点 P 的轨迹的参数方程, 其中 φ 为参数. 据 $\cos^2\varphi + \sin^2\varphi = 1$ 可得 $\dfrac{x^2}{|PB|^2} + \dfrac{y^2}{|AP|^2} = 1$, 故动点 P 的轨迹是以 $|PB|$ 为长轴长、$|AP|$ 为短轴长的椭圆.

上述第二种尝试也同样适用于动点 Q.

在上述两种推导方法中,我们依次选择了坐标(横坐标与纵坐标)、角为参数.

对外分点 M, N 的情况可类似处理.

环节五:消参消元,范围梦圆

通过经历环节四的探索过程,学生们更进一步体会了通过"引参搭桥"先寻找到动点坐标(横坐标与纵坐标)之间的间接关系对获得轨迹的重要性,这可能会让学生联想到数列的递推公式与通项公式——当寻求通项公式困难时,可以以退为进,先构建数列的递推公式,再借助一些变形手法由递推公式获得通项公式. 另外,环节四也会带给学生这样的认识:为了获得轨迹之真容,"消参"这一步同样重要.

本环节之意图就是引领学生掌握各种消参的手法以及在消参的过程中对范围变化的高度关注. 通过本环节的学习,学生将会回顾、练习、掌握如下一些常用的消参方法,如加减消参法、代入消参法、利用三角恒等式消参、两式平方相加减消参法、二次消参法等等,与以前学过的函数中、三角中、解几中的各种消元法相互辉映,继续行走在融会贯通的康庄大道上.

从学生的"同题异构"看如何教解题

有一次笔者阅卷,负责的是高二期末考试最后一道解答题,考的内容是解析几何,试题如下.

例 4.43 已知双曲线 $C: \dfrac{x^2}{a^2} - \dfrac{y^2}{b^2} = 1 (a > 0, b > 0)$ 的离心率为 $\dfrac{\sqrt{5}}{2}$,且经过点 $M(2, 0)$.

(1) 求双曲线 C 的渐近线方程;

(2) 若直线 $y = x + 2$ 与双曲线 C 交于 A,B 两点,求 $\triangle ABM$ 的重心 T 的坐标;

(3) 已知过点 $G(x_1, y_1)$ 的直线 $l_1: x_1 x + 4 y_1 y = 4$ 与过点 $H(x_2, y_2)(x_2 \neq x_1)$ 的直线 $l_2: x_2 x + 4 y_2 y = 4$ 的交点 N 在双曲线 C 上,直线 GH 与双曲线 C 的两条渐近线分别交于 P,Q 两点,求证:$4|ON|^2 - |OP|^2 - |OQ|^2$ 为定值,并求出该定值.

尽管笔者在平时教学中反复强调并现场示范如何审题的 12 字原则——对关键条件要"看在眼里,圈在卷上,记在心里",还是有不少同学的第(1)小问只求出双曲线方程 $\dfrac{x^2}{4} - y^2 = 1$,而没求渐近线方程,看来在平时教学中要通过强化训练,让学生多吃点苦头才会促其"痛定思痛",养成好习惯,杜绝晚节不保. 第(2)小问很多同学在解出交点坐标后将功夫花在了"绕着圈子"求重心坐标上,导致赔了时间又丢分. 看来教师在教学中并没有引领学生形成对重心坐标与中点坐标互不分割的系统的认识. 缺乏联系观与系统观指导下的教学习惯是需要以后加以优化的. 俗话说,磨刀不误砍柴工,"讲到这个,想起那个,串成一个,似远无隔"才是应该坚持的正确的教学之道.

让笔者最为感慨的是第(3)小问,命题者给出的参考解答(连给出的评分标准一并抄录)如下(注意原题没有给图,图形是答案中给的,如图 4.88):

(3) 设点 $N(x_0, y_0)$,则 $\dfrac{x_0^2}{4} - y_0^2 = 1$,即 $x_0^2 - 4 y_0^2 = 4$. ············1 分

因为 $N(x_0, y_0)$ 为直线 $l_1: x_1 x + 4 y_1 y = 4$ 和直线 $l_2: x_2 x + 4 y_2 y = 4$ 的交点,所以

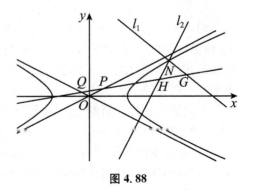

图 4.88

$\begin{cases} x_1 x_0 + 4y_1 y_0 = 4, \\ x_2 x_0 + 4y_2 y_0 = 4, \end{cases}$ 所以点 G, H 都在直线 $x_0 x + 4y_0 y = 4$ 上. 3分

所以 GH 所在的直线方程为 $x_0 x + 4y_0 y = 4$.

将直线 GH 与渐近线方程联立得 $\begin{cases} x_0 x + 4y_0 y = 4, \\ y = \dfrac{1}{2} x, \end{cases}$ 解得 $\begin{cases} x_P = \dfrac{4}{x_0 + 2y_0}, \\ y_P = \dfrac{2}{x_0 + 2y_0}, \end{cases}$ 即

$P\left(\dfrac{4}{x_0 + 2y_0}, \dfrac{2}{x_0 + 2y_0}\right)$, 同理得 $Q\left(\dfrac{4}{x_0 - 2y_0}, \dfrac{-2}{x_0 - 2y_0}\right)$. 5分

所以 $4|ON|^2 - |OP|^2 - |OQ|^2 = 4x_0^2 + 4y_0^2 - \dfrac{16}{(x_0 + 2y_0)^2} - \dfrac{4}{(x_0 + 2y_0)^2} -$

$\dfrac{16}{(x_0 - 2y_0)^2} - \dfrac{4}{(x_0 - 2y_0)^2}$.

因为 $-\dfrac{16}{(x_0 + 2y_0)^2} - \dfrac{4}{(x_0 + 2y_0)^2} - \dfrac{16}{(x_0 - 2y_0)^2} - \dfrac{4}{(x_0 - 2y_0)^2}$

$= -20\left[\dfrac{1}{(x_0 + 2y_0)^2} + \dfrac{1}{(x_0 - 2y_0)^2}\right]$

$= -20 \dfrac{(x_0 - 2y_0)^2 + (x_0 + 2y_0)^2}{[(x_0 + 2y_0)(x_0 - 2y_0)]^2}$

$= -\dfrac{40(x_0^2 + 4y_0^2)}{(x_0^2 - 4y_0^2)^2}$

$= -\dfrac{5(x_0^2 + 4y_0^2)}{2}$, ...7分

所以,

$4|ON|^2 - |OP|^2 - |OQ|^2 = 4x_0^2 + 4y_0^2 - \dfrac{5(x_0^2 + 4y_0^2)}{2} = \dfrac{3}{2}(x_0^2 - 4y_0^2) = 6.$

............8分

所以 $4|ON|^2 - |OP|^2 - |OQ|^2$ 为定值 6.

在介绍学生解答第(3)小问情况之前,笔者想先对该解答发表一点浅见.

由题意我们有 $\begin{cases} x_1^2 + 4y_1^2 = 4, \\ x_2^2 + 4y_2^2 = 4, \end{cases}$ 即 $\begin{cases} \dfrac{x_1^2}{4} + y_1^2 = 1, \\ \dfrac{x_2^2}{4} + y_2^2 = 1, \end{cases}$ 故点 G, H 都在椭圆 $\dfrac{x^2}{4} + y^2 = 1$ 上. 再由

l_1, l_2 的方程分别为 $x_1 x + 4y_1 y = 4$, $x_2 x + 4y_2 y = 4$, 即 $\dfrac{x_1 x}{4} + y_1 y = 1$, $\dfrac{x_2 x}{4} + y_2 y = 1$,

作为教师应该知道此处的直线 l_1, l_2 恰好分别就是椭圆 $\dfrac{x^2}{4} + y^2 = 1$ 在点 G, H 处的切线! 基于这点分析我们作出第(3)小问的示意图见图 4.89.

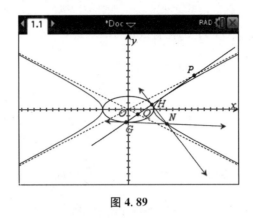

图 4.89

可见,参考答案中给出的图确实只是"示意图",虽不影响后面的解答,做到了"抓主要矛盾,淡化次要因素",但的确是缺乏数学素养的表现,对研读该解答的读者没起到更深的启迪作用,说其是"顾了眼前,丢了未来"似乎并不为过.

值得总结、反思的是学生的解答,它们的同题异构(不同的解题结构)之美(正确与错误之美)在笔者面前呈现了精彩多样的思维世界,也警醒自己今后如何更好地做好"人在心中,题中有人"的教解题教学.

我们先逐个分析一些同学对第(3)小题的解答.

生 1:如图 4.90.

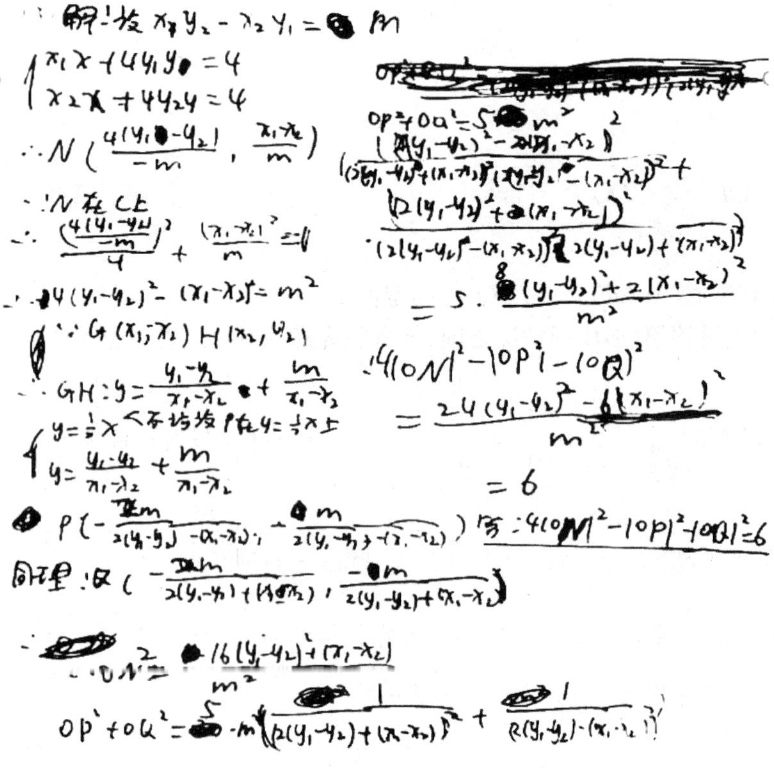

图 4.90

尽管该同学的过程书写中有不少细节错误(如图 4.91 中所标识的),但其总的思路(直来直去地算)和最终算得的结果还是值得肯定的. 尤其是为了化解形式上的烦琐而做了代换操作(设 $x_1y_2-x_2y_1=m$),体现了良好的整体思维. 但若能在这条路上更进一步就更好了,事实上,我们还可再设 $y_1-y_2=s$, $x_1-x_2=t$,则可将生 1 的上述解答优化如下:

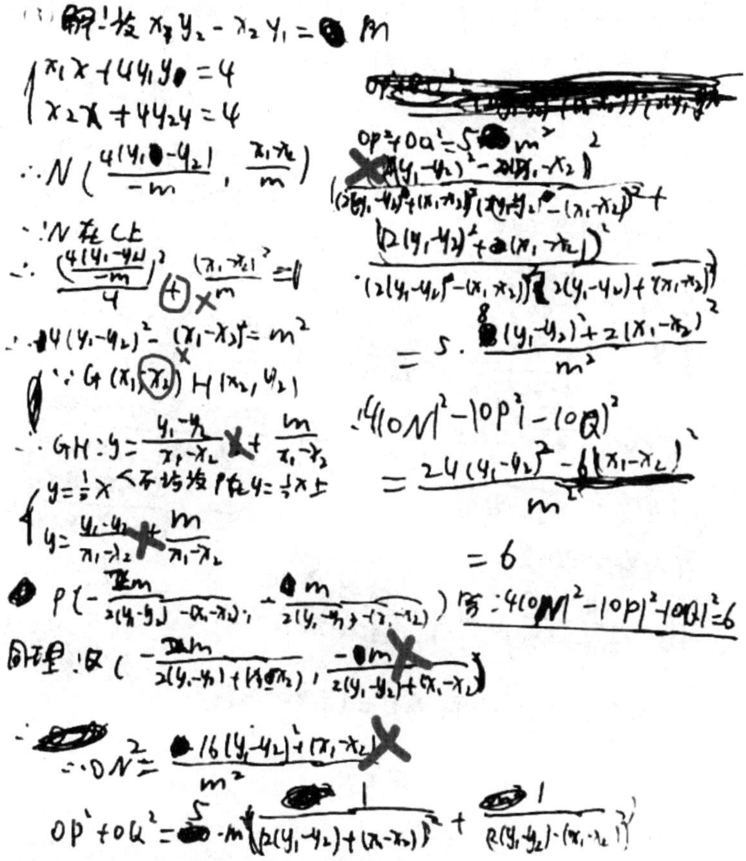

图 4.91

解 设 $x_1y_2-x_2y_1=m$, $y_1-y_2=s$, $x_1-x_2=t$. 由 $\begin{cases}x_1x+4y_1y=4,\\ x_2x+4y_2y=4\end{cases}$ 解得 $N\left(\dfrac{-4s}{m},\dfrac{t}{m}\right)$,代入双曲线方程化简可得 $4s^2-t^2=m^2$. GH 的方程为 $y-y_1=\dfrac{y_1-y_2}{x_1-x_2}(x-x_1)$,即 $y=\dfrac{s}{t}x+\dfrac{m}{t}$. 不妨设 P 在直线 $y=\dfrac{1}{2}x$ 上,由 $\begin{cases}y=\dfrac{1}{2}x,\\ y=\dfrac{s}{t}x+\dfrac{m}{t}\end{cases}$ 解得 $P\left(\dfrac{2m}{t-2s},\dfrac{m}{t-2s}\right)$,同理解得 $Q\left(\dfrac{-2m}{t+2s},\dfrac{m}{t+2s}\right)$. 故

$$|OP|^2+|OQ|^2=\dfrac{5m^2}{(t-2s)^2}+\dfrac{5m^2}{(t+2s)^2}=\dfrac{5m^2(2t^2+8s^2)}{(t^2-4s^2)^2}=\dfrac{10t^2+40s^2}{m^2},$$

从而 $4|ON|^2-|OP|^2-|OQ|^2=\dfrac{64s^2+4t^2}{m^2}-\dfrac{10t^2+40s^2}{m^2}=\dfrac{24s^2-6t^2}{m^2}=6.$

生2:如图4.92.

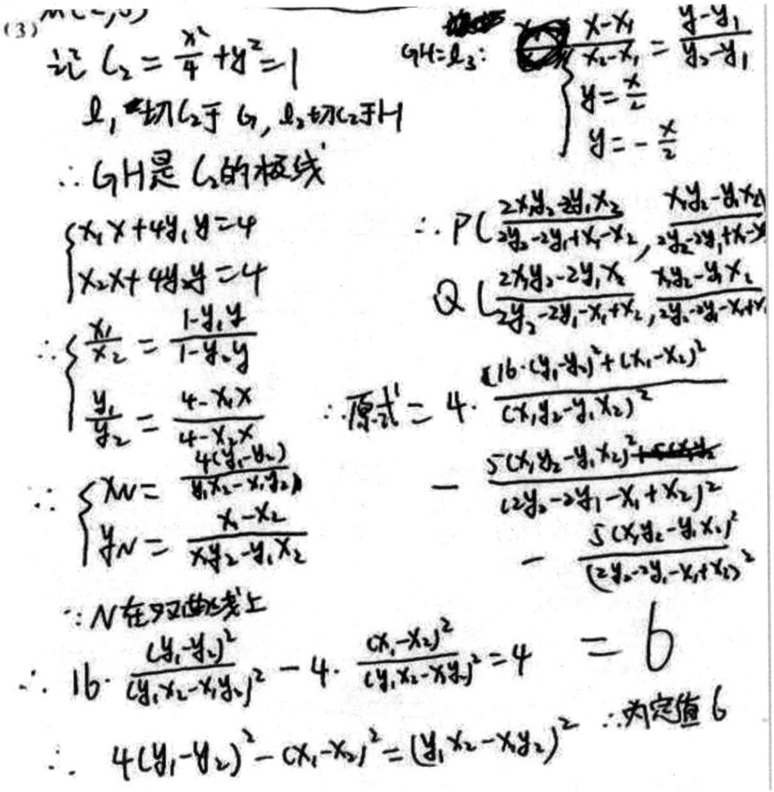

图 4.92

尽管生2看出直线l_1，l_2分别是椭圆$\dfrac{x^2}{4}+y^2=1$在点G，H处的切线，并且还知道"极线"这个概念，但对于后续解题其实并无作用。其解法同生1没有区别，仍是直来直去勇敢地算，虽然没有像生1一样实施整体代换，但中间的过程错误却相对较少，有两处。其一是点Q的纵坐标的分子应为$-(x_1y_2-x_2y_1)$；其二是"原式="后面第二行分式中的分母应为$(2y_2-2y_1+x_1-x_2)^2$。当然，最后对于"为什么等于6"没有适当的说理过程，是一个扣分点。

下面我们再看生3的解答。

生3:如图4.93.

显然，生3解题的切入点非常明确，属"直奔主题"型，即想办法写出直线GH的方程。首当其冲的是对其斜率给予表达，具体方式是两方程相减后借用点$N(x_3,y_3)$的坐标(将点N的坐标在无人提示、无语暗示的情况下用字母表示并不是一件容易想到的事，而想到再用该坐标作为基本量去表示其他量则更难，体现了较高的数学素养)，得到$k_{GH}=\dfrac{y_2-y_1}{x_2-x_1}=$

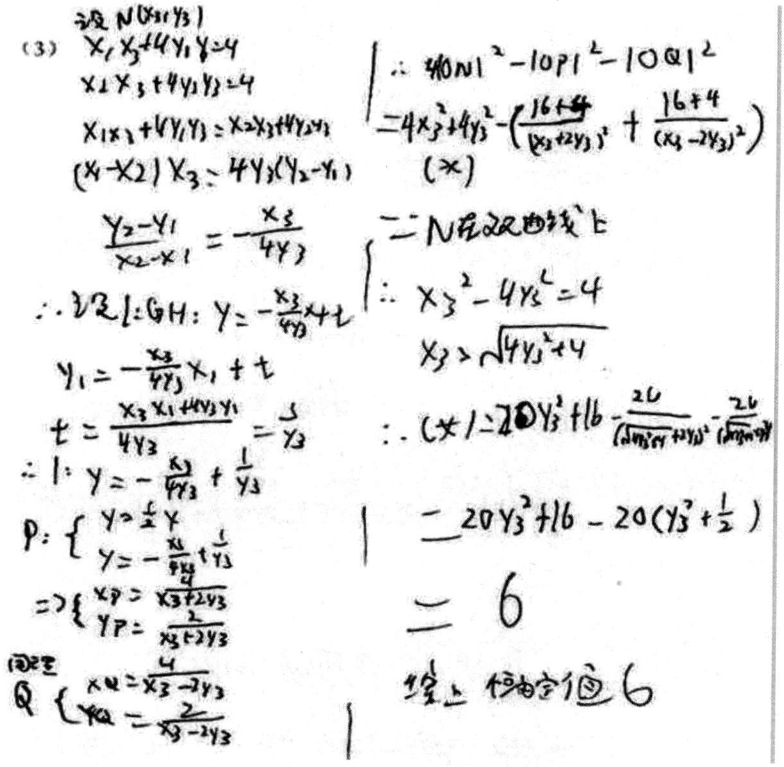

图 4.93

$-\dfrac{x_3}{4y_3}$. 接下来生 3 的操作回到了初中,即先用斜截式写出直线 GH 的方程 $y=-\dfrac{x_3}{4y_3}x+t$,再把 G(或 H)的坐标代入求出 $t=\dfrac{x_3x_1+4y_3y_1}{4y_3}$. 难能可贵的是,生 3 发现此处的分子为定值 4! 从而得到 $t=\dfrac{4}{4y_3}=\dfrac{1}{y_3}$. 这样,最终完成了用点 N 的坐标表出 GH 的方程这个重要任务. 有点可惜的是点的纵坐标写错了(尽管这个错误对后续操作有惊无险),应为 $\dfrac{-2}{x_3-2y_3}$. 接下来的计算完全取决于 x_3,y_3 之间等量关系的整体运用,而能想到去寻找它们之间的等量关系体现了解题者这样的哲学思考——它们彼此孤立吗?它们从何处来?让人感到疑惑的是,生 3 在写出 $x_3^2-4y_3^2=4$ 之后,又紧接着写了 $x_3=\sqrt{4y_3^2+4}$(还把等号写成了大于号),这就犯了不该犯的错误. 以至于后面就出现了同样错误的下式:

$$(*)=20y_3^2+16-\dfrac{20}{(\sqrt{4y_3^2+4}+2y_3)^2}-\dfrac{20}{(\sqrt{4y_3^2+4}-2y_3)^2}.$$

看来,生 3 的整体思维数学素养还有继续提升的空间.

生 4:如图 4.94.

尽管生 4 也有好几处计算错误以及过程缺失,但我们能从中读出该生把一个陌生问题

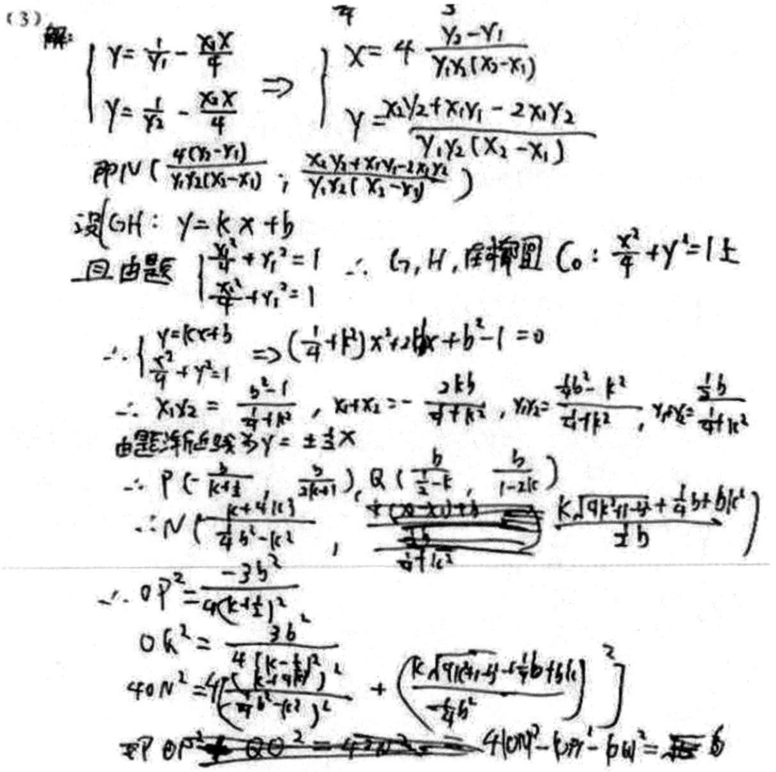

[图 4.94: 手写解答图]

竭力转化为平时常练的基本方法、基本套路上去的良苦用心,比如直接设出直线 GH 的方程,将其与椭圆方程联立,从而回归到十分熟悉的韦达定理的轨道上来. 但不是非常过关的计算能力拉了他的后腿! 下面我们利用该生的思路完整地写一下解题过程,将会看到,过程中的很多步骤都是异常亲切的. 至于生 4 过程中的那些细节错误可与下面的过程逐一对照,并参考过程中的部分解读.

分析与解 由 $\begin{cases} x_1 x + 4y_1 y = 4, \\ x_2 x + 4y_2 y = 4, \end{cases}$ 即 $\begin{cases} y = \dfrac{1}{y_1} - \dfrac{x_1 x}{4y_1}, \\ y = \dfrac{1}{y_2} - \dfrac{x_2 x}{4y_2}, \end{cases}$ 解得 $N\left(\dfrac{-4(y_1 - y_2)}{x_1 y_2 - x_2 y_1}, \dfrac{x_1 - x_2}{x_1 y_2 - x_2 y_1} \right)$(生 4 第一行就解错了! 字母运算能力亟待训练).

设 $GH: y = kx + m$(由题意知斜率一定存在),且由题 $\begin{cases} \dfrac{x_1^2}{4} + y_1^2 = 1, \\ \dfrac{x_2^2}{4} + y_2^2 = 1, \end{cases}$ 所以 G, H 在椭圆 $C_0: \dfrac{x^2}{4} + y^2 = 1$ 上. 由 $\begin{cases} y = kx + m, \\ \dfrac{x^2}{4} + y^2 = 1 \end{cases}$ 得 $(1 + 4k^2)x^2 + 8kmx + 4m^2 - 4 = 0$. 在此处生 4 的处

理有两处瑕疵,一是纵截距要换一个字母,比如 m 或 t,而避开字母 b,原因之一是本题第(1)小问中已出现了 b,原因之二是很多学生写着写着就把 b 写成了 6. 第二处瑕疵是求简意识不强,要尽量把分式结构的 $\frac{1}{4}+k^2$ 化成整式结构.

所以 $x_1+x_2=\frac{-8km}{1+4k^2}$, $x_1 x_2=\frac{4m^2-4}{1+4k^2}$,注意此处生 4 又求出了 y_1+y_2, $y_1 y_2$,尽管都正确,但毫无必要,反而耽误了时间,估计是想着能多拿点分数吧.

由题渐近线为 $y=\pm\frac{1}{2}x$,可解得 $P\left(\frac{-2m}{1+2k},\frac{m}{1+2k}\right)$, $Q\left(\frac{2m}{1-2k},\frac{m}{1-2k}\right)$.

而 $\begin{cases} x_N=\dfrac{-4(y_1-y_2)}{x_1 y_2-x_2 y_1}=\dfrac{-4(kx_1-kx_2)}{x_1(kx_2+m)-x_2(kx_1+m)}=-\dfrac{4k}{m}, \\ y_N=\dfrac{x_1-x_2}{x_1 y_2-x_2 y_1}=\dfrac{x_1-x_2}{x_1(kx_2+m)-x_2(kx_1+m)}=\dfrac{1}{m}, \end{cases}$ 代入 $\dfrac{x_N^2}{4}-y_N^2=1$ 计

算可得 $m^2=4k^2-1$. 故有

$$4|ON|^2-|OP|^2-|OQ|^2=\frac{4(16k^2+1)}{m^2}-\frac{10m^2(1+4k^2)}{(1-4k^2)^2}$$

$$=\frac{4(16k^2+1)}{m^2}-\frac{10(1+4k^2)}{m^2}=\frac{24k^2-6}{m^2}=6 \text{ 为定值}.$$

至此,我们发现生 1 至生 4 对第(3)小题提供了三种求解方法,可用表格梳理如表 4.13 所示.

表 4.13

学生	选的基本量	N	P	Q	等量关系	简化运算的小窍门
生 1 生 2	x_1, y_1; x_2, y_2	用基本量表示	用基本量表示	用基本量表示	$4(y_1-y_2)^2-(x_1-x_2)^2$ $=(x_1 y_2-x_2 y_1)^2$	设 $x_1 y_2-x_2 y_1=m$, $y_1-y_2=s$, $x_1-x_2=t$
生 3	x_3, y_3	就是基本量	用基本量表示	用基本量表示	$x_3^2-4y_3^2=4$	$x_i x_3+4y_i y_3=4(i=1,2)$
生 4	k, m	用基本量表示	用基本量表示	用基本量表示	$m^2=4k^2-1$	韦达定理(是学生非常熟悉的整体处理方法)

从基本量的个数来看,生 3 与生 4 都是两个,生 1 与生 2 是四个(代换过后是三个). 那么,生 5 又会给我们带来什么启发呢?

生 5:如图 4.95.

与前述几位最终得到正确结果的学生类似,生 5 的解题过程无一例外地也在诉说着一个共同的问题——计算不过关,粗心又捣乱. 在分秒必争的考场上,缺乏下意识的"随时检查,瞬时检查"习惯时刻导致细节崩盘而致满盘皆输. 如图 4.96 中第一行中间代数式中的 y_1 应为 y_2,这点小小的失误致使紧接着的第二行出错,应为 $(x_1-x_2)x_N=4y_N(y_2-y_1)$. 从而导致后面过程中所有用到直线 GH 方程的地方全部有误.

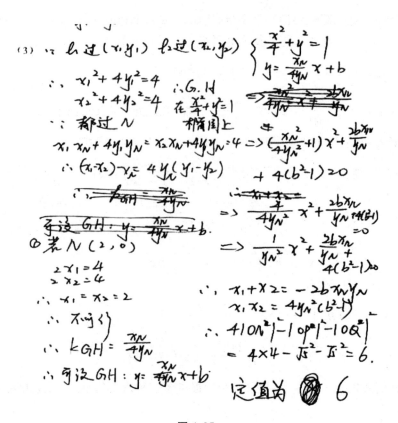

图 4.95

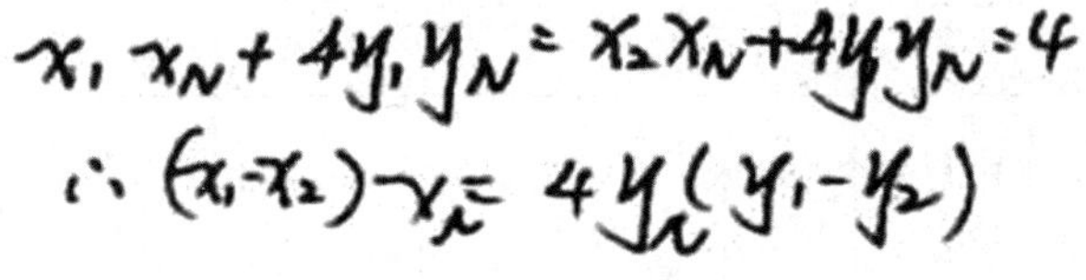

图 4.96

从生 5 提供的整个解题过程来看,他融合了生 3 与生 4 的想法,既想用交点 N 的坐标 x_N, y_N 表示其他量,又想把这个陌生的问题通过直线方程与椭圆方程联立转化为平时做过的与韦达定理有关的熟悉问题. 也确实很努力地呈现了一些联立、消元、写出韦达定理等过程,并且考虑到了字母 x_N, y_N 之间的非孤立性(虽然错用了,不是 $x_N^2+4y_N^2=4$,应为 $x_N^2-4y_N^2=4$),最后也没能就一般情况推出定值.

事实上,生 5 过程中呈现的联立、消元等过程是多余的,因为没有借此获得欲求的点 P 与点 Q 的任何一般信息. 要想继续做下去,还是要么重走生 3 的路,或者重走生 4 的路. 比如,我们可以通过分别联立 $\begin{cases} y=\dfrac{1}{2}x, \\ y=-\dfrac{x_N}{4y_N}x+b \end{cases}$ 与 $\begin{cases} y=-\dfrac{1}{2}x, \\ y=-\dfrac{x_N}{4y_N}x+b \end{cases}$ 解出点 P 和点 Q 的坐标

$P\left(\dfrac{-4by_N}{2y_N-x_N},\dfrac{2by_N}{2y_N-x_N}\right)$, $Q\left(\dfrac{4by_N}{2y_N+x_N},\dfrac{2by_N}{2y_N+x_N}\right)$. 进而得到(其中用到了 x_N, y_N 之间的等量关系 $x_N^2-4y_N^2=4$) $|OP|^2+|OQ|^2=\dfrac{5}{2}b^2y_N^2(x_N^2+4y_N^2)$.

从而 $4|ON|^2-|OP|^2-|OQ|^2=4(x_N^2+y_N^2)-\dfrac{5}{2}b^2y_N^2(x_N^2+4y_N^2)$. 但至此受阻!

字母 b(为了与生5的解法做对照,此处仍保留了 b,但需注意这并非题干中的 b)与 x_N, y_N 之间又有何关系?这是一个难点!事实上,生3很好地解决了这个困难,将 G(或 H)的坐标代入 $y=-\dfrac{x_N}{4y_N}x+b$ 得 $y_1=-\dfrac{x_N}{4y_N}x_1+b$, 故 $b=\dfrac{x_1x_N+4y_1y_N}{4y_N}=\dfrac{4}{4y_N}=\dfrac{1}{y_N}$. 从而我们有

$$4|ON|^2-|OP|^2-|OQ|^2=4(x_N^2+y_N^2)-\dfrac{5}{2}(x_N^2+4y_N^2)=\dfrac{3x_N^2-12y_N^2}{2}=\dfrac{3}{2}\times 4=6.$$

尽管生5整个解题质量逊于生1至生4,但生5有一种想法特别难能可贵,那就是"先特置探路,再一般推理",并且最后也确实用特殊位置做出了正确结果,虽离满分较远,但也令人眼前一亮.

下面我们呈现一些算错定值或没算出结果的同学的过程,并分析一下到底是什么原因造成了这些现象.

生6:如图 4.97.

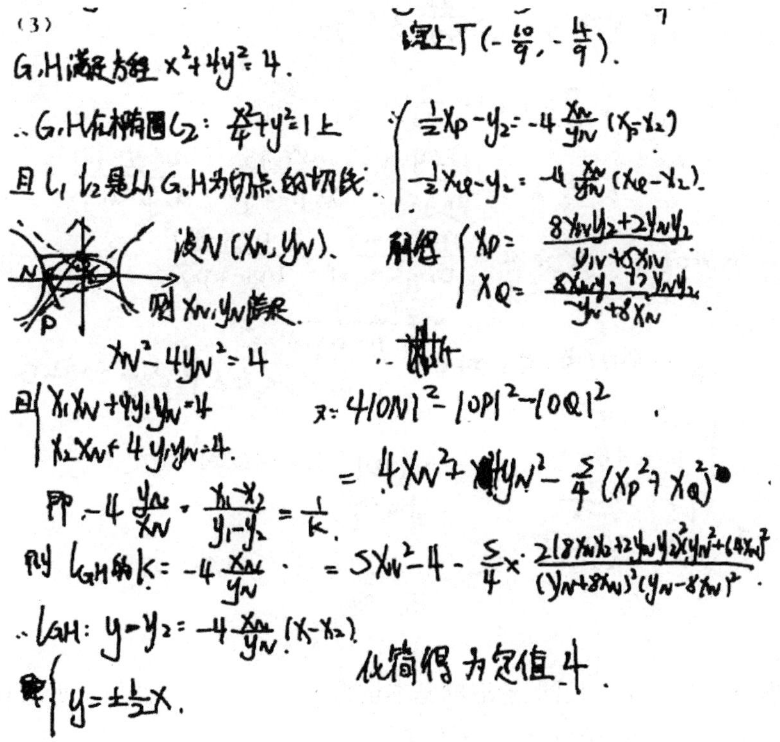

图 4.97

生 6 思路蛮好,与生 3 相同,基本量是点 N 的坐标 x_N, y_N,但大好思路仍然败在了计算上. 在下面这一行就错了(图 4.98),应为 $-\dfrac{x_N}{4y_N}$.

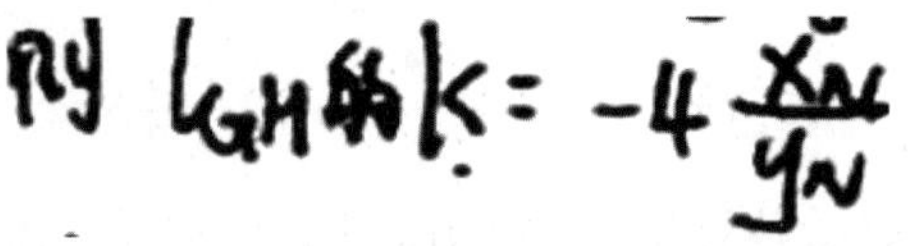

$$\text{则 } l_{GH} \text{ 的 } k = -4\dfrac{x_N}{y_N}$$

图 4.98

并且与生 5 相似,也没能从 GH 的方程中发现其纵截距就是 $\dfrac{1}{y_N}$(当然,把 GH 的方程写错是一个关键原因),从而导致 $|OP|^2$, $|OQ|^2$ 表达式中的字母较多,最后只能猜一个答案写上去,但由于缺乏生 5 的特殊化思维,使得这种猜测变得比较盲目.

生 7:如图 4.99.

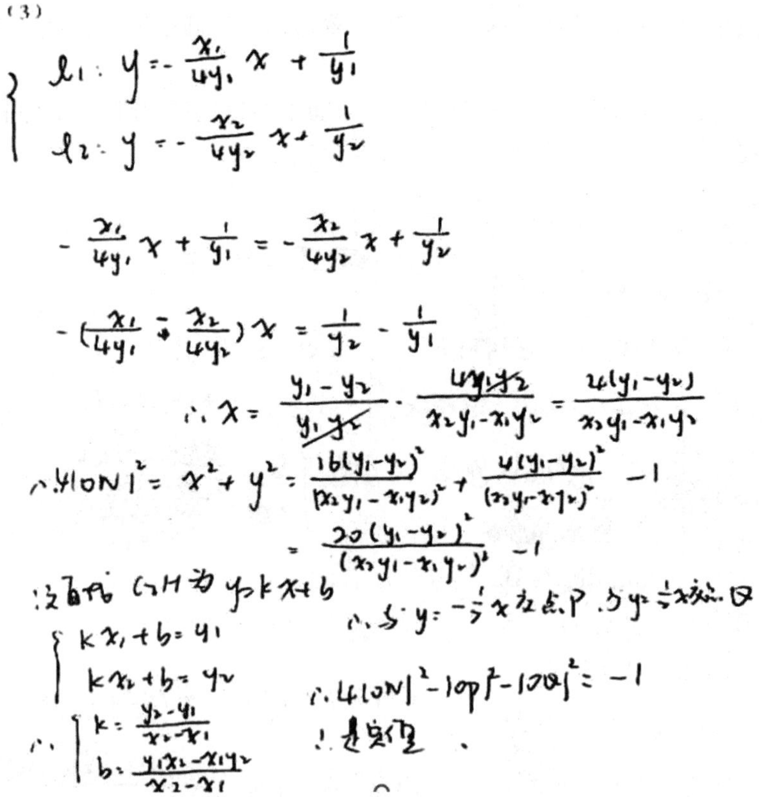

图 4.99

该生的思路与生 1、生 2 相同,选取的基本量为 x_1, y_1; x_2, y_2. 但由于没有用它们表示出 $|OP|^2$, $|OQ|^2$,最后也是随便猜了一个数字.

生 8:如图 4.100(a).

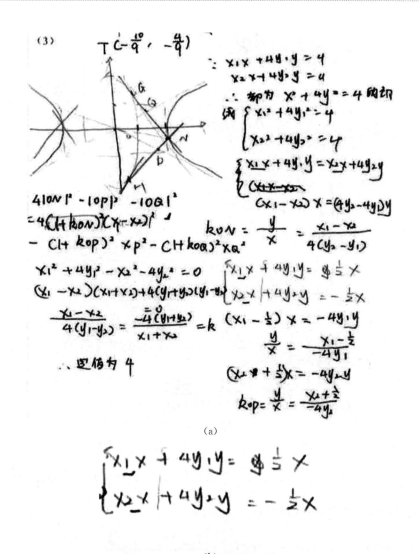

图 4.100

该生有一个优点值得学习,就是"先分析目标",即对式子 $4|ON|^2-|OP|^2-|OQ|^2$ 先行解剖,而且还利用了看似无关的弦长公式.但其分析与求解过程却暴露了好多问题.比如 $4|ON|^2-|OP|^2-|OQ|^2=4(1+k_{ON}^2)x_N^2-(1+k_{OP}^2)x_P^2-(1+k_{OQ}^2)x_Q^2$,显然生 8 的表达是错误的,归根结底还是对公式的结构不熟练,再加上想当然与缺乏瞬时检查习惯而导致错误,痛失该拿的步骤分.另外,列出图 4.100(b)中的式子是明显对题意的误解,是直线 GH 与两条渐近线相交而不是直线 l_1,l_2.

生 9:如图 4.101.

应该说,该生的思维还是不错的,走的是生 4 的思路,求出的 $|ON|^2$,$|OP|^2$,$|OQ|^2$ 的表达式也正确,但由于没找到 k,b(注意此处的 b 不是题干中的 b)之间的关系而导致最后也是盲猜了一个数字(当然也可能在草稿纸上计算了与椭圆方程联立的过程,但没呈现出来).另外,对 $4|ON|^2-|OP|^2-|OQ|^2$ 表达式的化简过程也有错误.应该是 $4|ON|^2-$

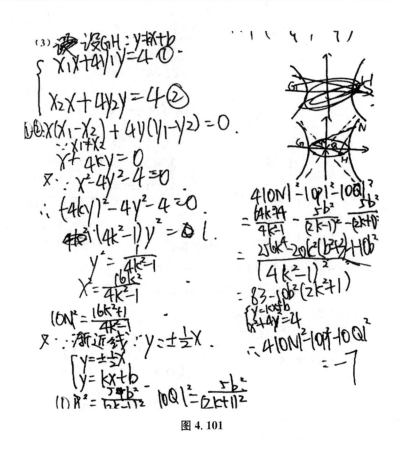

图 4.101

$$|OP|^2 - |OQ|^2 = \frac{256k^4 - 48k^2 - 10b^2 - 40k^2b^2 - 4}{(4k^2-1)^2}.$$ 但笔者并不建议这样做,因为原来对称有序的结构被破坏了,不如就保留

$$4|ON|^2 - |OP|^2 - |OQ|^2 = \frac{4(16k^2+1)}{4k^2-1} - \frac{10b^2(4k^2+1)}{(4k^2-1)^2}.$$

然后待找到 k,b 之间的关系后再代入化简即可.

生 10:如图 4.102.

应该说,生 10 这位同学的数学素养还是比较高的,基本上每一步都踩在关键的得分点上,但可惜的是没写出 x_0, y_0 满足的等量关系,点 Q 的纵坐标也写错了. 可以想象,若再有 5 分钟,算出正确结果"6"估计非难事.

生 11:如图 4.103.

相对于生 10,生 11 的思维稍微有些混乱,但总的还是在正道上行,只是用 k 表示 x_0^2 时算错了(尽管这一步无关紧要),与生 10 类似,生 11 缺的是时间,最后没得到正确结果"6"比较遗憾.

限于篇幅,其他同学的解题过程不再呈现,犯的错误还有:理解错题意,如误将 GH 的方程与双曲线方程联立;把双曲线 $\frac{x^2}{4} - y^2 = 1$ 上的点 N 设为 $(2\sec\theta, \cot\theta)$ 等,体现了审题不清与课外拓展不牢. 还有同学设 GH 的方程为 $x = ny + t$ 也是一种有益的选择.

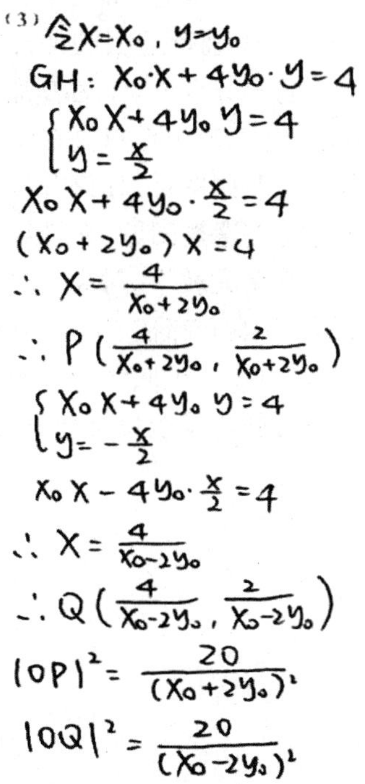

图 4.102 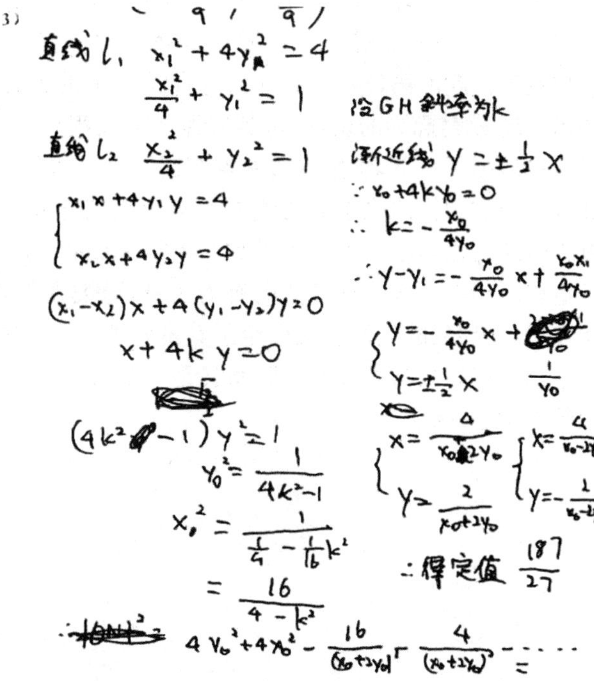　　　　　　　　　　　　　　图 4.103

学生考试现场的答题现状对教师今后的解题教学提出了什么新的要求？

本题第(3)小问中涉及大量的字母运算，对学生来讲有较大的难度．笔者曾在 2013 年 3 月 18 日长宁区名师讲堂上面对全区高二学生做过名为"解析几何中的算与谋——以字母运算为例"的专题讲座，指出了字母运算的一些难点及应对策略．其难点之一在于对点的坐标与直线方程的灵活选择；二是在于发现字母彼此之间的联系，以便实施消元、减元．解题者心中要有基本量思想，懂得如何实现"九九归一""百川归海"（即都用基本量表示）．这就要求教师在教解题时要在如何突破上述难点上下力气．如直线方程的选择，学生学过的直线方程共有五种，即点斜式、斜截式、两点式、点法式、一般式．除此之外，老师们一定还补充过点斜式（或斜截式）的对偶形式 $x - x_0 = m(y - y_0)$（或 $x = ny + t$），教师要在直线方程的灵活选择上有所引领，比如已知经过某个点时常选择点斜式，知道纵截距时常选择斜截式，知道横截距时常选择斜截式的对偶形式．另外，还要知道每种选择的优缺点．更为困难的是当遭遇多字母情境时，如何一步一步地通过理清各种关系，让字母数量逐渐减少，最终达成目标．如抛物线背景下的联立、消元就有别于椭圆或双曲线情境下的联立、消元，前者常把抛物线方程代入直线方程，而后者则反之．在两个变量 x, y 中消去其中一个变量时，椭圆或双曲线背景下常借用直线方程，而抛物线背景下借用抛物线方程则简单很多．再如，在计算弦长时，圆的背景与椭圆、双曲线、抛物线背景完全不同，求圆的弦长时用自己专用的公式会简单很多．在字母运算时，为了使形式不至于太烦琐，常需运用整体思维，如对多次出现的某个整体实施代换等，在前面展示的生 1 的解题过程中有所体现．另外，韦达定理的使用更是频繁出现，要学会多拿步骤分的基本对策，如前述生 4 的解答．对于定点或定值问题要向生 5 学习，通过"特置探路"很快获得定值，又使一般情况下的探索不会迷航．

除了在如何处理字母运算上教授一些基本方法并做针对训练（如开设专题"解几中的字母运算"；每天练一道解几大题等）外，教师的作用还体现在"帮助学生进行适当的课外拓展"。如本节例题的第(3)小问，如何写直线 GH 的方程对于后续解题十分重要，作为教师当然知道 GH 就是椭圆的切点弦，其方程可直接用点 N 的坐标表示。这个知识点只是在学习圆时简单地提了一下，学生这边并没有留下什么印象。作为教师，若有时间的话，建议开设专题课，课题是"圆锥曲线中的切线方程与切点弦方程"，以帮助学生突破这类问题。在推导切线方程时还可以与刚学习过的导数产生紧密联系。这种联系观下的跨单元教学，对高三复习非常重要。事实上，作为求最值的有力工具，导数在与函数有关的所有地方都在发挥着它的独特作用，而导数的几何意义决定了其是处理切线问题的有力工具，但在圆锥曲线而非函数背景下如何将导数与切线产生联系又是一个陌生而困难的话题。为拓展与发散思维起见，值得教师向学生介绍。

一次难忘的课堂生成
——两个计数原理

俗话说"千金难买回头看",回顾过去是为了更好地活在当下、展望未来,经常比较是为了更好地认识彼此、取长补短. 这是 2019 年 3 月 19 日,新教材还没使用,今天要上的是沪教版二期课改教材《高级中学高中三年级(试用本)》(上海教育出版社,2016 年)第 16 章"排列组合二项式定理"的第一节课"两个计数原理". 本来教材中对排列组合的介绍是这样安排的:16.1 计数原理Ⅰ——乘法原理;16.2 排列;16.3 计数原理Ⅱ——加法原理;16.4 组合. 但笔者设计第一节课为"两个计数原理",算是一次教学试验吧.

计划编织一个"李磊同学的北京大学入学之旅"的故事,以文学手法展开对两个原理的学习.

首先依次出示两个引例.

引例 1 李磊赴北京上大学,从上海到北京火车有 4 班,飞机有 3 班,问有几种出行方式?

引例 2 李磊赴北京上大学,先从上海到南京看朋友,再从南京去北京. 上海到南京火车有 3 班,飞机有 2 班,从南京到北京火车有 2 班,飞机有 2 班,问有几种出行方式?

先请学生比较异同,强调欲完成的是什么事情,如何完成,提炼出分类与分步. 再请学生多举一些身边其他的类似例子并加以分析. 最后师生概括出分类加法计数原理与分步乘法计数原理,发展数学抽象核心素养.

李磊在北大入选学生会后的第一件工作是组织文艺汇演,要选主持人. 已知候选人有教师 3 名,女同学 5 名,男同学 8 名.

问题 1 ①只需一个主持人;②需男女学生各一个主持人;③需两个主持人,一位教师一位学生.

可以看到,在问题 1 中,①是只分类,列式为 $3+5+8$;②是只分步,列式为 5×8;③是步中有类,列式为 $3\times(5+8)$. 对每一个小问题的列式,都请学生解释清楚理由,要做的是什么事?怎么做?依据是什么?同样,后面的每一个问题也都务必请学生表达清楚结果与原因.

问题 2 李磊为了便于与师生联系,注册了邮箱,需设置密码.

(1) 设四位密码,只用数字;

(2) 设四位密码,数字、字母均可用;

(3) 设四位、五位或六位密码,只用数字.

在问题 2 中,(1)是只分步,列式为 $10\times10\times10\times10$;(2)是步中有类,列式为 $(10+26)\times(10+26)\times(10+26)\times(10+26)$;(3)是类中有步,列式为 $10^4+10^5+10^6$.

问题 3 将 5 位志愿者分到 3 个岗位,有几种分法?

生 1:$5\times3=15$.

引起了学生的争论,教师说:"你同意他的做法吗?有什么要补充的吗?"

生 2:$3^5=243$.

教师请该生解释 3^5 的含义,并做小结:要做何事?分类分步?分类则加,分步则乘;复合问题,步类相融;紧扣原理,有序作答. 面对一道计数问题,解题者要在头脑中想象出一个场景,勾勒出一个画面,把自己当成决策者,根据原理去完成相应的事情.

此处,用语"想象出一个场景,勾勒出一个画面"取自岳云鹏、孙越相声《非一般的爱情》,是两人谈到何谓相声时给出的一个解释:相貌之相,声音之声,描绘出一个场景,勾勒出一个画面,从而迅速把听众带进来.

教师做完小结后问学生:"还有疑问吗?"在笔者授课的其中一个班级有同学举手说有疑问,教师请另一位同学解释后,继续出示下一个问题(后面列出的同学以其姓代替,教师用"师"代替).

问题 4 在学校运动会上,4 名运动员争夺 3 项比赛的冠军,则获奖情形有(　　)种.

A. 3^4　　　　B. 4^3　　　　C. $3\times2\times1$　　　　D. $4\times3\times2$

钱:能不能并列?

师:可以(备课不足的表现,其实是不可并列的).

蔡:选(C),$3\times2\times1$.(也有人在位子上说选 D……)

皇甫:第 1 项比赛的冠军有 4 种,第 2 项比赛的冠军有 4 种,第 3 项比赛的冠军有 4 种,所以共 $4^3=64$(种),选 B.

这正是教师课前预设的答案(但此时教师并未意识到 4^3 种方法中是不允许并列的),坐在位子上的钱同学不同意这个答案,说应该是 15^3. 说实话,对于 15^3 我一点感觉都没有. 看到好多学生满脸困惑,笔者心里想到了一种引领多数学生(也包括自己)领悟的方法:简单化. 即:拿个简单情形,真的动手列一列. 亲自去尝试,去实践!这是佛陀教化信徒与民众常用的方法.

师:我们先看一个数字更小的情况,3 名运动员争夺 2 项比赛的冠军(一开始说的是 2 名运动员争夺 2 项比赛的冠军,但忽然意识到 $2^2=2^2$,无法区分选项 A 和 B).哪位同学上来算一算?(教师请了沈同学.)

2 分钟后,教师再次启发:有种最直观的方法叫枚举或简称列.

蒋:列是为了不列.

师:蒋老师真伟大.

于是有不少同学都列出来了,其中上黑板的沈同学列举如表 4.14 所示.

表 4.14

	冠军1	冠军2
1	甲	甲

(续表)

	冠军1	冠军2
2	乙	乙
3	丙	丙
4	甲	乙
5	甲	丙
6	乙	甲
7	乙	丙
8	丙	甲
9	丙	乙

不得不说,沈同学素质挺高,连序号都标出来了.

具体化、简单化,退到不失本质的地方.当然,为迎合前面皇甫同学的列式,我们也可将沈同学列举的结构稍做调整,如表 4.15 所示.

表 4.15

	冠军1	冠军2
1	甲	甲
2	甲	乙
3	甲	丙
4	乙	甲
5	乙	乙
6	乙	丙
7	丙	甲
8	丙	乙
9	丙	丙

这样可以赋予列式 3^2 以更加直观的形象.

在上述过程中,笔者注意到坐在位子上的蒋同学好像一直在思索刚才钱同学说的 15^3 这件事.在教师对"问题简单化之后沈同学的列举"做解读时就看到蒋同学和黄同学似乎有话要说,笔者提问了蒋同学,他说不是 3^2,应该是 $7^2=49$(种),黄同学也在点头.然后蒋和黄两位同学不由分说自己都跑到讲台上列了起来.但两位都是用树形图列的,教师不很满意,请他们全部明白地列出来,即把这两项运动的冠军得主究竟是谁具体地写出来.

但此时距下课已经很近了(这是连排课的第一节课),想着请他们下一节课再列吧.于是暂时打断他们,而是请蒋同学先说一个第 10 种,蒋说:比如第一项运动的冠军由甲乙获得,第二项运动的冠军由丙获得.

此时,我忽然意识到应事先约定"**不允许并列**"(当然也不允许退赛).

在连排课的第二节,蒋同学和黄同学很快完成了他们的列举,如表4.16所示.

表 4.16

	冠军1	冠军2
10	甲乙	甲
11	甲乙	乙
12	甲乙	丙
13	甲乙	甲乙
14	甲乙	甲丙
15	甲乙	乙丙
16	甲乙	甲乙丙
…	…	…

综上,共 $(3+3+1)^2=49$(种).

作为教师,心里应该比较清楚,上式其实就是 $(C_3^1+C_3^2+C_3^3)^2=(2^3-1)^2=49$. 因此,对于问题4,4名运动员争夺3项冠军的情形为 $(C_4^1+C_4^2+C_4^3+C_4^4)^2=(2^4-1)^2=15^3$,正是刚才钱同学讲的答案. 一般地,$n$ 名运动员争夺 m 项运动的冠军,若不允许并列,则共有 $(C_n^1)^m=n^m$(种);若允许并列,则共有 $(C_n^1+C_n^2+\cdots+C_n^n)^m=(2^n-1)^m$(种).

情境化,具体化,实践化,退到简单但不失本质的地方!

荷兰数学教育家弗赖登塔尔说:"数学教学就是数学活动的教学."又有数学教育大家说:"数学是做出来的."此处活动的设计权一般在教师,而其目的是为了让学生在做数学中获得更好的体验. 看过著名特级教师马明老师的一节"球的体积",据说实验数学由此发轫. 前几年教高三时遇到浦东新区的一道一模题,讲的是一个平面图形在 x 轴上旋转,笔者就在黑板上用手指现场作图,把图形上某点划过的轨迹清晰地呈现在学生面前,获得了学生的惊呼,加深了学生对旋转过程的认识与理解. 某年教立体几何,为了在正方体中作出某一条线与某一个面的交点,笔者把正方体平放在桌面上,用铁丝现场演示,看到底交在桌面上的哪一点. 此时,交点又从抽象返回直观,从云端回到现实(就像观音菩萨来到我们面前一样),这个交点是看得见摸得着的,可作、可感、可视.

以上,师生共同认识了两个原理,那么学好两个原理之后学什么呢?有老师说:"接下来我们学习排列组合,今天先学习排列."若像这样引入新课,就失去了一次引领学生领悟数学研究方法的好机会,失去了一次基于大单元视角从整体和联系角度把握数学的好机会. 数学知识的展开不外乎有两种基本方式,一种是先一般再特殊,另一种则反之. 比如前者,"先概说再特例"十分常见. 如介绍过三角形的一般概念及内角和定理、两边之和大于第三边等性质之后,就要学习等腰三角形、等边三角形(按边),以及锐角三角形、钝角三角形、直角三角形(按角,其中直角三角形是特殊中的特殊,做了重点研究). 介绍过一般的函数概念后就要继续学习幂函数、指数函数、对数函数、三角函数、数列等特殊函数(沪教版新教材做了一些变化). 介绍过一般的数列概念后就要学习等差数列、等比数列、斐波那契数列等特殊数列(沪教版新教材做了一些变化). 介绍过平面向量分解定理之后就要学习单位正交分解这种特殊分解,进而得到向量的坐标表示.在学习随机变量时,介绍过一般的概率分布概念后,接下来又学习了三类特殊分布:二项分布、超几何分布和正态分布.同样,介绍完处理一般的计数问题的两个原理后,就要学习一些特殊的计数问题,如排列问题、组合问题等.教师通过类比带领学生学会提出问题是核心素养落地的重要之举(留下"问题之白"!即给予学生自己提出问题的时间与机会).

具体到在学习排列数时,推荐的方法是先算几个具体的排列数,学生自然会提出问题:"一般地,$P_n^m=?$"要解决这个问题,可先请学生阐释该符号表达的意思,再勾勒出一个具体的情境,然后用两个原理解决即可.学生可得到这样的体会:符号 P_n^m 的背后是一个场景,是一个过程,也是一个计算的结果.

得到 P_n^m 的一般公式后,教师还可以有什么作为?笔者建议要做好两个特殊化.其一是用该公式去计算先前算的几个具体的排列数,既体会了公式怎么用,也是对知道公式前后计算结果的相互检验.其二是问学生:"此处的 m 可以取哪些值?基于此你能提出什么问题吗?"再次留下"问题之白",以训练学生由一般到特殊的思维习惯.学生可能会提出"我想知道当 m 恰好等于 n 时的结果是什么"等.

P_n^m,P_n^n 的公式都出来后,教师如何推进?笔者建议从比较角度突破.通常学生都知道 $P_n^n > P_n^m$.教师可以追问:"大多少?"在此基础上探究出 P_n^n 与 P_n^m 之间的差异(比如差几项、两者如何互相表示等),进而得到排列数公式的阶乘形式.

身为教师,常常期待精彩的课堂生成.而课堂有无精彩的生成取决于教师的教学理念.首先,正如美国认知教育心理学家奥苏贝尔所说:"如果我不得不将教育心理还原为一条原理的话,我将会说,影响学习最重要的原因是学生已经知道了什么,我们应当根据学生原有的知识状况进行教学."确实,学生已经知道什么,教学总是从这儿开始!其次,南京师范大学涂荣豹教授说:"不断地启发,由远及近地启发,就是不告诉他答案,让学生自己说出来."确实,教师通过对话、交流、追问,常说"同意吗?要补充吗?",就一定可以打开学生的智慧之门,抵达数学思维的彼岸.

简单化
——澄清排列组合认识迷雾的一种对策

以退为进是一种重要的学习与教学策略. 我国著名数学家华罗庚生前曾提出退一步思考的思维方法. 他说:"要善于退、足够地退,退到最原始而不失本质的地方,在退的过程中发现规律,得到启示."他十分推崇这种思维方法,还认为这是学习数学的诀窍. 笔者认为,简单化就是一种具体的以退为进策略,也是促进学生理解的一种有效手段.

南京师范大学涂荣豹教授说:"永远不要告诉,要由远及近地启发,直到学生自己说出来为止."涂教授还强调每节课一定要有一个主问题,然后课堂教学也就进入问题解决模式.

在 2019 年 3 月 27 日上午的第 4 节课上,学生们又争起来了.

这是一节高二数学课,课题是"组合应用题".

题目:从 7 名男生、5 名女生中选出 5 人,分别求符合下列条件的选法种数有多少种:

(1) A 与 B 都不当选;

(2) A 与 B 不全当选;

(3) 至少有 2 名女生当选.

对于第(1)小问,许同学回答:$N = C_{12}^5 - C_2^2 C_{10}^3 = 672$(种).

师:有不同意见吗?李同学,你怎么想?

李同学:我是直接做的,列式为 $N = C_{10}^5 = 252$(种).

师:都不当选的反面是什么?

金同学:都当选或有且只有一个当选.

教师通过列表引导并解释如下:若以√表示当选,以×表示不当选,则有如表 4.17 所示的四种情况.

表 4.17

A	B
√	√
√	×
×	√
×	×

接下来由许同学来完善他刚才的做法,许同学回答:

$$N = C_{12}^5 - C_2^2 C_{10}^3 - C_2^1 C_{10}^4 = 252(种).$$

师：由此看来，学好数学务必先把语文学好，穷举法可帮助我们理清各种可能发生的情况之间的关系．

对于第(2)小问，张同学回答：$N = C_{12}^5 - C_2^2 C_{10}^3 = 672(种)$．

此时，教室中有些许骚动，于是请沈同学来阐述其看法．她想了一会，在进行过自我否定之后认可了张同学的上述式子．接下来，教师指着上述表格问哪些属于不全当选，从而找到其反面情况就是"全部当选"．

促进数学理解的数学教学要慢，不能快．学生心里到底如何想的，教师要通过提问、交流、辩论才能知晓．

教师发现蒋同学好像一直在念叨"至少有2名女生"，于是果断提问了他．该同学显得颇为纠结，后来列出了式子 $N = C_5^2 C_{10}^3 = 1200(种)$．笔者又提问钱同学，他说与蒋同学相同．看来他们根本就不是按照老师预设的分类来思考的，他首先想到的是那种产生大量重复的分步做法！此时我决定暂不指出其做法的问题所在，而是尝试先通过对比启发其发现自己的错误．于是又提问了第一排的陈同学，其实自己心里对陈同学能否做对也没底．

陈同学：我是分类来做的，$N = C_5^2 C_7^3 + C_5^3 C_7^2 + C_5^4 C_7^1 + C_5^5 = 596(种)$．

此时金同学声音很大地说：去杂也可以．于是我让他说．

金同学：$N = C_{12}^5 - C_7^5 - C_5^1 C_7^4 = 596(种)$．

蒋同学和钱同学(几乎同时)：我的做法好像也不错啊？！

确实他们的做法非常自然，也确实难以发现其背后隐藏的问题．此时教师若说"两步不同的取法最终得到的结果可能是完全相同的"估计毫无用处，根本无法找到"为什么会产生重复"的缘故．我决定通过简单化来引导学生发现重复是如何发生的：从3男2女中选3人，至少1名女生，则有几种选法？是 $N = C_5^3 - C_3^3 = 9(种)$，而不是 $N = C_2^1 C_4^2 = 12(种)$．

这12种情形可列表如下(表4.18，男生用A，B，C表示，女生用甲，乙表示)．

表 4.18

第一步	第二步	结果	序号
甲	A, B	甲, A, B	①
甲	A, C	甲, A, C	②
甲	A, 乙	甲, A, 乙	③
甲	B, C	甲, B, C	④
甲	B, 乙	甲, B, 乙	⑤
甲	C, 乙	甲, C, 乙	⑥
乙	A, B	乙, A, B	⑦
乙	A, C	乙, A, C	⑧
乙	A, 甲	乙, A, 甲	⑨与③重复

(续表)

第一步	第二步	结果	序号
乙	B,C	乙,B,C	⑩
乙	B,甲	乙,B,甲	⑪与⑤重复
乙	C,甲	乙,C,甲	⑫与⑥重复

在分步操作的前提下,先是傻傻地列出各种情况(经常进行这种列举是很有必要的,顾泠沅先生说:数学经由直观走向抽象),然后较快地找出重复的三种情况,最后再理性分析在两步操作中为什么会产生重复,学生就会悟到深藏其中的"猫腻",进而在今后的解题实践中有效避开.

在此基础上,教师顺势引导学生总结得出这样的解题经验:"至多至少型"问题宜分类或去杂,慎用分步!

再如,可以以简单情况澄清认识迷雾的其他一些例子:

(1) 4 名运动员争夺 3 项冠军,最终不同的获奖情形有几种?(无退赛不并列)

启智问题:3 名运动员争夺 2 项冠军,最终不同的获奖情形有几种?(无退赛不并列)要求学生从两个角度列出各种情形,第一个角度是生活角度,第二个角度是按照自己所列的式子.一旦学生沉下心来布列出问题的结果,就会在清晰可见的事实面前受到启发、产生顿悟.就像《佛陀》中所展现的,佛陀引导民妇亲自去实践,民妇在不知不觉中就获得了自悟,最后佛陀再从理论上开导其如何获得心灵的解脱与自由,确实胜过万千说教.

(2) 将 6 本不同的书,平均分成三堆,有几种不同的分法?若分成三堆,一堆 1 本,一堆 2 本,一堆 3 本,又有几种分法?

启智问题:将 3 本不同的书平均分成三堆,有几种不同的分法?分成两堆,一堆 1 本,一堆 2 本,又有几种分法?

教师在教学中,若能经常采用简单化、特殊化、生活化例子,再配以列表、类比等,对深化学生的数学理解,催生其数学悟性都具有很好的价值,值得多次尝试.

对"二项式定理"第一课时的教学纪事

这是 2019 年 3 月 29 日,我今日讲"二项式定理",属于定理教学,我用的是对话式教学. 这是初高中衔接的一个重要知识点. 是前面刚刚学过的组合知识与乘法原理的直接应用. 用了涂荣豹教授提倡的"启发式"教学法,问题提出后不停地启发,但要牢牢把握不告诉他(或她)答案这个底线. 对于这节课,深感困惑的是"如何自然地引入?",今天上课时仍然没有很好地解决这个问题.

我不知道如何从前面刚刚学过的排列组合的知识自然引入,以让学生体会到学习本节课的必要性. 就是说前后知识之间的衔接如何恰当地设计.

我是开门见山地引入的:

先分析 $(a+b)^3$ 展开式中每一项前面的系数的规律,然后再回头让学生叙述 $(a+b)^2$ 展开式每一项前的系数. 此处,从简单的二次方的情况出发解释一般规律并不是最佳选择,因为简单情形可能不容易看清事情的真相或规律. 接着让学生自行写出(不经展开)得出 $(a+b)^4$ 的展开式,写好后让语文课代表总结两个字母的幂次的变化规律,所提问的两个教学班的同学,均能独立或在其他同学的帮助下得到"此消彼长"这个词,然后两个班分别另请一位同学总结"变化中的不变"是什么?均能得到是"和不变".

接下来请三位同学上黑板写出一般的二项展开式. 此处,教师不提证明的事,专家说"混而不错". 最后在得出二项展开式之后,问了几个问题:

(1) 该展开式一共有几项?(都知道是有 $n+1$ 项)

(2) (继续追问)没合并同类项前有几项?

对于问题(2),在 A 班先提问的是高同学,他想了一分钟说有 $C_n^0+C_n^1+\cdots+C_n^n$ 项. 然后又提问了贾同学,他说有 2^n 项,继续问他们"怎么想到的". 涂教授说:"不仅要问结果,更要问过程,问背后的思路、想法、思想."其后顺势得出恒等式 $C_n^0+C_n^1+\cdots+C_n^n=2^n$. 但怎么证呢?(在 A 班没学生提出,是老师自己提出的.)提问了何同学,尽管以在 $(a+b)^2=a^2+2ab+b^2$ 中 a,b 可取任意实数作为启发,但还是没回答出来. 最后又提问了付同学,说在二项式定理中取 $a=1,b=1$ 即可.

在 B 班第(2)个问题提出后,钱同学马上答出是"2^n"项. 然后提问张同学,他也回答是 2^n 项并解释了理由. 然后再问"还有没有其他想法?"并提示:不计算,直接从展开式上看出来. 然后提问了宋同学,她回答得很好,说是 $C_n^0+C_n^1+\cdots+C_n^n$. 于是得到一个恒等式,可请学生回答(课上是教师自己写出来的) $C_n^0+C_n^1+\cdots+C_n^n=2^n$. 此时钱同学说:"怎么证呢?"我说刚才不是证过了吗? 他说刚才是看出来的,是同一件事情的两个不同结果,不算证明. 我说"你将了我一军". 然后引导学生继续分析二项式定理,得出其中的字母 a, b 可以取任意实数,由此引导同学们看如何对这两个字母取值就可证明上式了. 此时,我们可以看到数学后进生的先进一面,成绩较弱的金同学说"取 $a=b=1$",但钱同学又说:"这是特值法,不严密吧?!" 我再引导他:"由一般导出特殊严密吗?" 他终于承认"是严密的". 自此,也快下课了. 没来得及做练习就下课了.

执教这么多年,一直有个深深的困惑,就是"自己上课总是时间不够用". 观南京师范大学附属中学陶维林老师的课"直线与圆的位置关系",学生讨论、活动、练习得那么充分,还请四个人上黑板板演,还请人评价,还有练习,他为什么时间这么充足呢? 常常感到不可思议! 要好好分析专家,改善自己!

本节课作为定理教学的第一课时,没有练习这个环节总归是个缺憾! 是否我语速过慢的品性影响了呢? 哪些环节拖沓了呢? 如何增加让学生上黑板板演这个重要环节?

以上是自己独立的备课、上课,没参考任何资料. 也是在学习于漪老师的"一课三备法". 于漪老师的"一篇课文,三次备课"的原型经验是:第一次备课——摆进自我,不看任何参考书与文献,全按个人见解准备教案. 第二次备课——广泛涉猎,仔细对照. "看哪些东西我想到了,人家也想到了. 哪些东西我没有想到,但人家想到了,学习理解后补进自己的教案. 哪些东西我想到了,但人家没想到,我要到课堂上去用一用,是否我想的真有道理,这些可能会成为我以后的特色." 第三次备课——边教边改,在设想与上课的不同细节中,区别顺利与困难之处,课后再次"备课",修改教案. 三次备课,三个关注重点(自我经验、文献资料、课堂现实)和两次反思(经验与理念、设计与现实). 课后我从两方面反思了自己,首先是自己比较困惑的引入环节,从网上找到了下面这些引入方式:

(1) 让学生做几个简单的与本节课有关的问题,比如 $(a+b)(x+y+z)$ 展开后一共有几项? $(a+b)^2$ 展开后所得的式子中 a^2b^3 的系数是什么? 等等.

(2) 老师说今天来给大家上课,紧张的连星期几都忘了,然后问 15 天后是星期几(并让学生解释),8^{2016} 天后的那一天是星期几? 2^{2007} 后的那一天是星期几? 并声称如果今天是星期一的话我知道 8^{2016} 与 6^{2016} 后的那一天都是星期二.

(3) 教师从完全平方公式引入,并让学生写出三次方的展开式、四次方的展开式,学生不会,老师说我会,于是随手写出来,再问五次方的展开式,学生不会,老师说我会,并随手写出来……问大家想知道为什么吗?

(4) 模仿华东师范大学《数学教学》杂志 2019 年第 2 期上刊载的那节"一元一次方程"课(此处介绍略),精心设置问题,自然引入.

(5) 从介绍物理学家、数学家牛顿引入本节课,为了更好地研究微积分,涉及二项式的展开问题,今天就来学习它.

其次,我询问了自己带教的见习教师陶老师,并让她与她自己所在学校的数学特级教师张老师的课做比较. 陶老师的回复如下:我听了您的"二项式定理"这节课很有感触,从展开式各项的系数开始,运用了之前学习的组合数的知识,推导了二项式定理,整节课都很自然. 在我看来,和张老师的课的区别在于两点:①老师您的课上封闭式的问题比较多,学生的回答大多有一个正确的答案;张老师的课上可能会有一些开放式的问题. ②和学生的互动上. 您的课上大多是指定学生回答;张老师课上更多是学生"插嘴",问和答的节奏都要更快一些.陶老师讲得很有道理,这正是自己以后努力完善的切入点.看印度电视连续剧《佛陀》时深深被悉达多·乔达摩悟道前满眼的疑问所打动,只有强烈地渴求完善自己,才会最终开悟成佛.于漪老师说"一辈子做教师,一辈子学做教师",吾辈当牢记于心,自觉践行.

教学中道与术的平衡

——多问学生，直面问题，改变风格

教师经常会遭遇这样的尴尬，通过阅读理论书籍、听专家讲座，认识到要让学生在做中学习数学，要让数学知识在教师的引领下由学生"再创造"出来，教师要带着学生经历知识发生、发展、完善的过程，要感悟知识背后的数学思想，体会数学与哲学、文学等学科之间的紧密联系.教师也很认真地将之付诸实践，常常自我感觉自己的讲课观点高、背后的"道"被解剖得十分透彻，看起来学生听得也很投入，但学生、家长最为看中的考试分数却暗淡无色、平淡无奇.问题出在哪儿呢？

还有一些现象也是令教师特别头痛的.比如学生的计算能力低下常常犯错、上课总有些学生打盹、课后作业常常不会做等，原因是什么？怎么改善？

如果教师养成常与学生交流的习惯，这些问题产生的原因以及完善的措施将不难获知.我曾私信请课代表同学对我的教学做过分析，并提些意见或建议.以下是他们的回复.

（1）课代表邓同学：我了解到的是一些同学觉得上课讲得偏慢（语速和讲的题目数量）.以前他们的老师是会把知识点讲完后带着做完例题，只留课后练习.但现在他们觉得做作业难度有点大.大家觉得讲快一点反而能集中思想，慢了容易散掉，然后想睡觉.还有就是他们比较想听老师对周末卷、考试卷还有一些作业的分析.现在很多题目都是您请同学讲，会花掉很长时间，而且有时候同学讲的时候因为口齿不清、声音轻等原因，很多同学还是听不明白.

对于老师您的教学其实我们没有不喜欢，只是上学期个别同学觉得换了老师不太适应，现在基本都觉得挺好的.我个人建议作业讲评还是可以批好发下来先订正，然后我统计好要讲的，用碎片化时间讲方法及注意点就好，不用一步步计算.

（2）课代表付同学：我从我们班同学那里听到的是同学们觉得题目讲得有点少，他们觉得有些题目是真的一下子思考不出来，想要点拨一下，希望课上能够多讲点例题，通过题目再多总结一些经验.

自我反思下来，其实我的问题就出在以前专家所讲的"练习与例题的一致性"这一块，没有老师在课堂上的例题引领，就让学生课后做题确实有违教育规律！至于总有些同学在我的课上打盹，要从自身讲课的语速上找问题，尽管这种习惯不是一下子能改得过来，但必须尊重学生的感受，直面问题，敢于改变自己的这种所谓的教学风格.我校特级教师、正高级教师李校长曾很严肃地指出，教师不要总抱怨学生的数学计算能力弱，要找到原因并创设条件训练学生的计算能力.比如，在很大程度上来说，学生的计算能力弱是因为其专注力不够.你想想,平时做作业的时候,与同学聊聊天、说说话,何谈专注力?而专注力不够当然很容易犯一些想当然的低级错误.针对这种现象,教师每周可专门拿出一节正课来训练学生的专注力,讲得具体点,就是让学生在这节课上做一套"强基训练题",教师批好后通过"画正字"认真统计每道题学生错的情况,再用类似的题目跟进训练,长期坚持,学生的专注力自会得以改善,而且学生的基础慢慢就会越打越牢.俗话说,基础不牢,地动山摇,打牢了基础自然就会带来考试分数的良性循环.

偶然在哔哩哔哩看过一个讲《素书》的视频,有一句话让我瞬间开悟,作者说:"《素书》与传统国学最大的一个区别是,传统国学只讲道,而《素书》讲了很多术."从实用角度来讲,《九章算术》比只讲道的《几何原本》要优秀得多.虽说大道至简,但面对高中这些数学新手,很多"道"岂是一时半会悟得到的.处理好道与术的平衡是确保教育教学效果优秀永远的要义!法国应用数学家皮埃尔-西蒙·拉普拉斯曾对人们提出过这样的忠告:读读欧拉吧,他是我们所有人的老师.我要说,问问学生吧,他们是解开教学困惑永远的钥匙.教学中的各种不如意,往往可以在学生的反馈中找到答案.比如从前面学生所讲的诉求中,我们会得到"教师不能重道而轻术"这样的教训.

就笔者的体会,在教学过程中,"术中点道,实践理论相合"可能是比较好的做法.具体来讲,教师在分析完题目后,要养成在联系中引领总结的教学习惯.为学生提炼出具体解法(术)背后的"贯通之道",如涓涓细流融汇进学生的认知结构,构筑起他们认知结构中的理论大厦.教师在每一次讲"术"时,把该"术"是如何被想到的,把理论大厦中的什么理论催生了该"术"讲清楚,这样每一次讲解题术的过程,都是"用理论指导实践,用实践丰富理论"的过程,长此以往,学生将在"用道指引术,用术丰富道"的道术互搏之路上走得越来越稳健而持久.

年轻时看《射雕英雄传》,常惊叹于老顽童周伯通被困在桃花岛洞时独创的左右互搏术.这是一套上等的绝妙武学,相当于将人一分为二,分心二用,左手和右手可以同时出不同的招数,使得一个人的战斗力可以成倍增加.教师研习教学这门武功时也要学会左右互搏术,不可左手韶华右手沧桑,而要道术兼修,方能使得武功日增.

关于道与术,人民教育出版社章建跃博士在文章《数学教育之"取势""明道""优术"》中认为[①],数学课首先要"教好数学","教好数学"的内涵是"使学生在掌握数学知识的过程中学会思考",而明"数学之道"是"教好数学"的首要前提,明"思维之道"才能落实"教好数学"."术"是"明道"后转化而来的高效方法.对解题教学,章博士认为"解题教学的根本目的是提高学生分析和解决问题的能力",并给出了教师如何培养良好的解题教学习惯的几条建议:

(1)精选例题.给学生出一道题,自己先做十道题.看解答而不做题,没有切身体验,很难使例题典型、精彩,并会造成"该讲的讲不出,不该讲的拼命讲"的后果.

(2)要求学生认真读题、审题,并要给足时间.提醒学生关注"本题涉及哪些基本概念?""得出结论需要哪些条件?"等.当前普遍的做法是,老师替学生读题,读完就问"本题属于什么题型?",接着就问"某某同学,你说该怎么解?",这是导致学生不良解题习惯的根源.

(3)与学生一起分析题意,交流解题思路,教师适时画龙点睛.当前,老师包办例题解答、学生重复模仿解题的做法比比皆是,这是不懂学生学习规律的表现.

---

① 章建跃.章建跃数学教育随想录[M].杭州:浙江教育出版社,2017:538.

（4）叫几位学生板演，让其他学生动手解答，教师巡视、观察."老师板演学生看"的做法，忘记了"饭要亲自吃"的常识，剥夺了学生自主实践、独立思考的机会，结果肯定是"讲过练过的不一定会，没讲没练的肯定不会".

（5）评价学生的板演．先让学生做自我评价、相互评价，教师再"画龙点睛".

（6）问一问："还有不同的方法吗?"追问一下："你是怎么想到的?"

（7）解题后的回顾、反思．问一问："你认为解这类题目的一般步骤是什么?"只有让学生时刻把"举一反三""触类旁通"放在心上，经常实践，学会独立思考，才能使他们掌握在考场上取胜的法宝.

学习李庾南老师的结构化板书

南通市启秀中学的特级教师李庾南是最令我佩服的老师,今年85岁的李庾南老师仍然站在南通市启秀中学的讲台上,六十七载,她的一生都耕耘在三尺讲台.她创立了影响全国的"自学·议论·引导"教学法,几乎获得了一名教师所能得到的所有荣誉,赢得了同行和学生的一致尊敬.

近些年,伴随着"自学·议论·引导"教学法的深入推广,李庾南老师又提出了"学法三结合,学材再建构,学程重生成"的"三学"崭新构思.

网上看过李老师的多节公开课,给我留下深刻印象的是李老师的"结构化板书",这种板书,清晰地说明了学生认知结构中原有的知识与新知识的关联,用最基本的常识性的概念来勾勒整体轮廓,彰显"学材建构"真功夫,不断向学生传递、渗透数学研究方法,引导学生逐步在"学会"中"会学".

例如,在"三角形全等的条件"第1课时中,李老师最终呈现在黑板上的完整板书如图 4.104 所示.

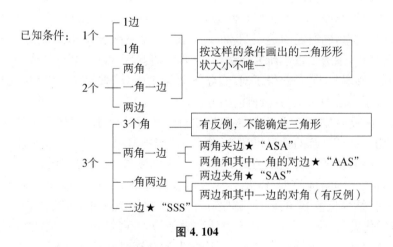

图 4.104

这是组织学生探究全等三角形的条件.基于定义来判定两个三角形全等"太麻烦"了,因为学生用全等三角形的定义判定两个三角形全等时需要验证六个对应关系:三组边分别相等、三个角分别相等.由此可以引导学生思考如何减少条件来判定两个三角形全等.从板书上可以看出,如果只明确一或两个对应元素或条件,是不能确定两个三角形的全等关系的,通过学生画图举反例即可,然后探究三个元素的不同情形.这里体现了不同层级的分类讨论方法,向学生传递的是有序研究全等三角形判定的思路.当然,该板书内容不一定写在"主板区"位置,可以根据情况写在副板区作为思路的"草稿分析".

再如,在"平行线分线段成比例定理"这节课,李老师的板书如图4.105所示:

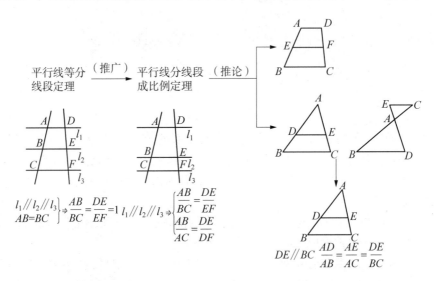

图 4.105

从上述板书可以看出"平行线分线段成比例定理"可以由"平行线等分线段定理"生长而来,将平行线分线段成比例定理"特殊化"(比如在黑板上删减、擦除一些线条)为梯形、三角形中平行线的基本图形,得出成比例线段,进一步思考、挑战较难命题(平行于三角形一边的直线,截得的三角形与原三角形相似).此外,该课板书不但让学生厘清了这些基本图形及性质定理的"源流"关系,同时还渗透了"特殊到一般,一般到特殊"的数学思想."结构化板书"体现着学材再建构,渗透了数学研究方法,并且是伴随着教学进程渐次生成的.

通过上网查阅资料,笔者获得了对"自学·议论·引导"教学法及"结构化板书"的一些认识,下面记录了自己的认识与些许体会:

(1)"结构化板书"体现的是学材再建构."自学·议论·引导"教学法的课堂操作要义是"三学",作为"三学"之首的学材再建构,提倡从"照本宣科"走向"用教材教".作为新授课教学的学材再建构,备课功夫更多的则要用在"结构化板书"的构思与设计上.上文提供的案例,在教材上都找不到结构原型,需要教师根据教材理解、学情理解、教学理解来预设和优化.备课阶段对"结构化板书"的设计、调整和优化,常常是备课主要用时所在.

(2)"结构化板书"渗透着数学研究方法."教是为了不教",数学教学也应该有这样的教学追求.如何通过教一个具体的数学概念,让学生学会探究同类数学概念,这就需要向学生传递分享研究数学的路径和方法.如,研究全等三角形的判定方法,李老师不只是"突然""直接"让学生研究"边边边""边角边""角边角"的判定方法,而是基于"怎样减少全等三角形的判定条件"能更"省事"的目标来判定两个三角形全等.所以,由板书能看出教师带领学生依次分析1个条件、2个条件、3个条件相等时能否判定两个三角形全等,这样最后聚焦在几个

"基本事实"("边边边""边角边""角边角")上,再进行提炼、简化与符号表示,学生经历上述研究全过程,不只是掌握了全等三角形的判定方法,更重要的是学会了有序分类讨论、研究陌生问题的方法.

（3）"结构化板书"伴随教学进程渐次生成.李老师"结构化板书"的案例都是该课小结阶段的最后形态,而板书都是从无到有、渐次生成、调整修改、不断优化而成的.

（4）"结构化板书"中的"连线"并不一定在教学进程中即时连接,也可以在小结阶段进行连接,这样可以让学生感觉到整节课学习的很多内容,在最后阶段得到"连接",往往会让学生对本课所学数学知识的结构化关系有更深的印象.可以分别呈现开课阶段、课中阶段的板书设计,更清楚地说明我们倡导的"结构化板书"是如何渐次呈现、不断调整和优化生成的.

有时李老师又将学生的课堂生成成果采集到板书的相应位置,体现板书是师生共同参与、完善生成的.往往只要在课堂最后阶段看一眼板书,就能大致看出一个教师对教学内容的理解深度,看出这节课学生的参与度如何,甚至也可评价该教师的专业基本功.

要想学到结构化板书的灵魂,我们需要从"学材再建构"入手,精心设计具有"自学·议论·引导"教学风格的"结构化板书",多看李老师或她徒弟的课例,认真领会李老师"自学·议论·引导"教学法的本质,避免只是追求形似,而不能入神.在深刻领会李老师"结构化板书"的基础上,再逐渐形成自己的板书风格.

与思维导图不同的是,李老师的"结构化板书"聚焦一节具体的课.受李老师的启发,并结合单元教学思想,笔者进行了单元视角下的结构化板书教学的尝试.后面给出的板书在实际教学时是横着排列的.

案例1 函数单元各课可沿着图4.106展开教学,最后单元结束时呈现出完整的图.

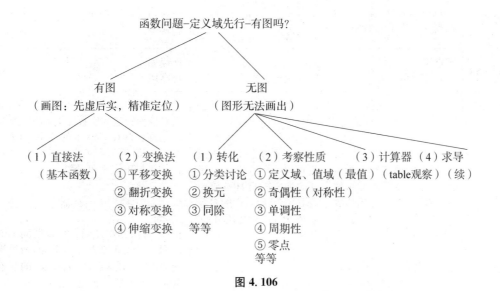

图4.106

案例 2 三角小单元(不含三角函数)各课教学可沿着图 4.107 展开教学,最后单元结束时呈现出完整的图.

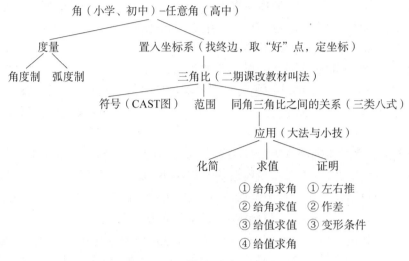

图 4.107

笔者也常在板书中使用表格.

案例 3 选择性必修二第 7 章"概率初步(续)"7.3 节的教学可沿着表 4.19 展开各课教学.

表 4.19

7.3 常用分布(两点分布是特殊的二项分布,不再单独列出)			
	二项分布	超几何分布	正态分布
典型情境	一枚硬币连续抛 10 次,出现 4 次正面的概率	90 件正品 10 件废品,随机抓 7 件,至少有一件次品的概率	身高超过 181 cm 的男性占男性人口的比例
随机变量	离散型 出现正面的次数	离散型 取到的次品数	连续型 身高值
定义	独立地重复一个成功概率为 p 的伯努利试验 n 次,其成功次数的分布称为二项分布,亦称成功次数 X 服从二项分布 $B(n, p)$	从一个装有大小与质地相同的 a 个白球、b 个黑球的袋中随机且不放回地取 n 个球,其中的白球数的分布称为超几何分布	设 X 是一个取实数值的随机变量. 如果对任何给定的实数 a 与 $b(a<b)$,X 落在区间 (a, b) 上的概率 $P(a < X < b)$ 等于三条直线: $y = 0$,$x = a$,$x = b$ 与正态密度函数 $\varphi_{\mu, \sigma^2}(x) = \frac{1}{\sqrt{2\pi\sigma^2}} e^{-\frac{(x-\mu)^2}{2\sigma^2}}$ 的图像所围的区域面积(或者简称作此函数在该区间上的面积),那么 X 服从正态分布,或更准确地说,X 服从参数为 μ, σ^2 的正态分布,记为 $X \sim N(\mu, \sigma^2)$

(续表)

	二项分布	超几何分布	正态分布
分布列	$P(X=k) = C_n^k p^k (1-p)^{n-k}$	略	略
数字特征（期望与方差）	$E[X] = np$ $D[X] = np(1-p)$	$E[X] = \dfrac{a}{a+b}n$ $D[X] = \dfrac{abn(a+b-n)}{(a+b)^2(a+b-1)}$ （方差不作要求）	(1) 3σ 原则： $P(\mu-\sigma < X < \mu+\sigma) \approx 0.6826$; $P(\mu-2\sigma < X < \mu+2\sigma) \approx 0.9544$; $P(\mu-3\sigma < X < \mu+3\sigma) \approx 0.9974$. (2) 标准正态分布的分布函数 $\Phi(x) = \dfrac{1}{\sqrt{2\pi}} \int_{-\infty}^{x} e^{-\frac{t^2}{2}} dt$ 具有性质 $\Phi(-x) = 1 - \Phi(x)$
证明	$E[X]$（用定义法或性质法可证） $D[X]$（用性质法可证）	$E[X]$（用性质法可证,用到结论"抽签时抽到好签的概率与抽签顺序无关"）	利用 $\dfrac{X-\mu}{\sigma} \sim N(0,1)$
练习	见教材 7.3.1 节后练习	见教材 7.3.2 节后练习	见教材 7.3.3 节后练习
联系	两点分布重复 n 次就是二项分布,二项分布中当 $n=1$ 时就是两点分布. 超几何分布中每次放回再取就是二项分布;在取件数量对总件数微不足道时,超几何分布近似为二项分布. 当 $n > 50$, np 和 $n(1-p)$ 均大于 5 时二项分布近似为正态分布		

案例 4 选择性必修二第 8 章可沿着图 4.108 展开各课教学,最后单元结束时呈现出完整的图.

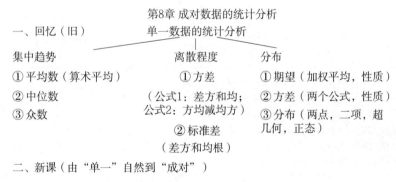

图 4.108

案例 5 高三专题复习课"函数性质与恒成立"可按表 4.20 所示板书,缓缓呈现内容.

表 4.20

函数 $f(x)$, $x \in D$	代数条件	几何性质	函数名称	相关变式	否定形式	代表函数或相应例子
等式恒成立	$f(-x) = f(x)$ ($\forall x \in D$)	图像关于 y 轴对称	偶函数	$f(x) - f(-x) = 0$	$\exists x_0 \in D, -x_0 \notin D$ 或 $f(-x_0) \neq f(x_0)$	$y = x^2$ 等
	$f(-x) = -f(x)$ ($\forall x \in D$)	图像关于原点对称	奇函数	$f(x) + f(-x) = 0$	$\exists x_0 \in D, -x_0 \notin D$ 或 $f(-x_0) \neq -f(x_0)$	$y = \dfrac{1}{x}$ 等
	$f(x + T) = f(x)$ ($\exists T \neq 0$, $\forall x \in D$)	图像每隔 T 重复出现	周期函数	$f(x) = f(x - T)$ 再如 ($a \neq 0$): $f(x+a) = k - f(x)$, $f(x+a) = -\dfrac{k}{f(x)}$, $f(x+a) = \dfrac{1-f(x)}{1+f(x)}$ 等等	$\forall T \neq 0, \exists x_0 \in D, x_0 + T \notin D$ 或 $f(x_0 + T) \neq f(x_0)$	三角函数
	$f(x) = f(2a - x)$ ($\forall x \in D$)	图像关于直线 $x = a$ 对称	轴对称函数	$f(a+x) = f(a-x)$	$\exists x_0 \in D, 2a - x_0 \notin D$ 或 $f(x_0) \neq f(2a - x_0)$	抛物线
	$f(x) + f(2a - x) = 2b$ ($\forall x \in D$)	图像关于点 (a, b) 对称	中心对称函数	$f(a+x) + f(a-x) = 2b$	$\exists x_0 \in D, 2a - x_0 \notin D$ 或 $f(x_0) + f(2a - x_0) \neq 2b$	一元三次函数
典型例题	$f(x)$ 是 **R** 上的奇函数,且恒有 $f(x+2) = -f(x)$. (1) 求证:$f(x)$ 是以 4 为周期的周期函数; (2) 当 $0 \leqslant x \leqslant 1$ 时,$f(x) = x$,求 $f(7.5)$; (3) 在(2)的条件下,求 $f(x)$ 在 $[-1, 3]$ 上的解析式; (4) 求证:函数 $f(x)$ 的图像关于直线 $x = 1$ 对称; (5) 在(2)的条件下,求 $f(x)$ 的解析式					
不等式恒成立	$\forall x_1, x_2 \in I \subseteq D$,当 $x_1 < x_2$ 时,恒有 $f(x_1) < f(x_2)$	从左向右看图像在 I 上逐渐上升	严格增函数	$\dfrac{f(x_1) - f(x_2)}{x_1 - x_2} > 0$	$\exists x_1, x_2 \in I$,当 $x_1 < x_2$ 时,$f(x_1) \geqslant f(x_2)$	略
	$\forall x_1, x_2 \in I \subseteq D$,当 $x_1 < x_2$ 时,恒有 $f(x_1) > f(x_2)$	从左向右看图像在 I 上逐渐下降	严格减函数	$\dfrac{f(x_1) - f(x_2)}{x_1 - x_2} < 0$	$\exists x_1, x_2 \in I$,当 $x_1 < x_2$ 时,$f(x_1) \leqslant f(x_2)$	略

(续表)

函数 $f(x)$, $x \in D$	代数条件	几何性质	函数名称	相关变式	否定形式	代表函数或相应例子
一些联系	(1) 若直线 $x=a$, $x=b(a \neq b)$ 均为对称轴，则 $T=2\|a-b\|$ 是其一个周期； (2) 若 $(a,0)$, $(b,0)(a \neq b)$ 均为对称中心，则 $T=2\|a-b\|$ 是其一个周期； (3) 若 $(a,0)$, $x=b(a \neq b)$ 分别是一个对称中心、对称轴，则 $T=4\|a-b\|$ 是其一个周期.					

李庾南老师说"课比天大"，对数学老师而言，板书的意义与作用尤其重大. 见过李老师的"角(第1课时)"的板书(图4.109).

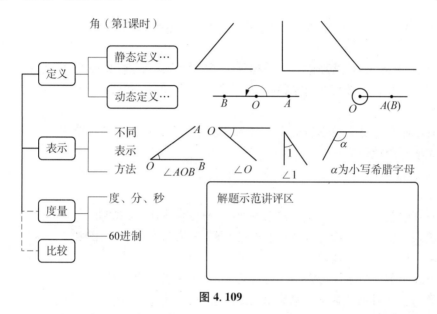

图 4.109

从上面寥寥数行的板书清晰可见角的学习路径是：定义、表示、度量、大小比较. 当然，后续课时还会学习与角有关的概念，比如角的平分线、互余、互补等. 作为几何图形初步的教学内容，角的内容看似简单，但角及其相关概念多而复杂，通过结构化板书可以让知识更有序、有条理. 若要教出几何味道，在几何入门阶段把学生领进几何大门，则需更高的教学立意，李老师上面的板书就是如此，简单明了、意味深长、美不胜收.

参考文献

［1］中华人民共和国教育部.普通高中数学课程标准(2017年版).人民教育出版社,2017.

［2］史宁中,王尚志.普通高中数学课程标准(2017年版)解读.高等教育出版社,2018.

［3］中华人民共和国教育部.普通高中数学课程标准(2017年版2020年修订).人民教育出版社,2020.

［4］上海市教育委员会教学研究室.上海市高中数学学科教学基本要求(试验本).华东师范大学出版社,2021.

［5］上海市教育委员会教学研究室.高中数学单元教学设计指南.人民教育出版社,2018.

［6］普通高中教科书 数学 必修第一册.上海教育出版社,2022.

［7］普通高中数学教学参考资料 必修第一册.上海教育出版社,2022.

［8］普通高中教科书 数学 必修第二册.上海教育出版社,2022.

［9］普通高中数学教学参考资料 必修第二册.上海教育出版社,2022.

［10］普通高中教科书 数学 必修第三册.上海教育出版社,2022.

［11］普通高中数学教学参考资料 必修第三册.上海教育出版社,2022.

［12］普通高中教科书 数学 选择性必修第一册.上海教育出版社,2022.

［13］普通高中数学教学参考资料 选择性必修第一册.上海教育出版社,2022.

［14］普通高中教科书 数学 选择性必修第二册.上海教育出版社,2022.

［15］普通高中数学教学参考资料 选择性必修第二册.上海教育出版社,2022.

［16］师前.掌中求索——高中学习中的TI技术.复旦大学出版社,2011.

［17］师前.师说高中数学拓展课.复旦大学出版社,2016.

［18］师前.高中数学教学"三思".上海交通大学出版社,2018.

［19］周国正,郭兆年,王长芬.留白式课堂的实践探索.上海教育出版社,2018.

［20］王华,任升录.高中数学核心知识的认知与教学策略.上海教育出版社,2020.

［21］王华,汪晓勤.中小学数学"留白创造式"教学——理论、实践与案例.华东师范大学出版社,2023.

［22］鲍建生,周超.数学学习的心理基础与过程.上海教育出版社,2012.

［23］杨之,汪杰良.返璞归真 滋兰树蕙——特级教师曾容数学教学探幽.华东理工大学出版社,2020.

［24］孙四周.现象教学.吉林教育出版社,2018.
［25］章建跃.章建跃数学教育随想录(上、下卷).浙江教育出版社,2017.
［26］约翰·杜威.我们怎样思维·经验与教育.姜文闵,译.人民教育出版社,2010.
［27］陈之华.芬兰教育全球第一的秘密.中国青年出版社,2011.

图书在版编目(CIP)数据

走在理解数学的路上/师前著. —上海：复旦大学出版社,2024.3
ISBN 978-7-309-17108-2

Ⅰ.①走… Ⅱ.①师… Ⅲ.①中学数学课-教学研究 Ⅳ.①G633.602

中国国家版本馆 CIP 数据核字(2023)第 233995 号

走在理解数学的路上
师　前　著
责任编辑/梁　玲

复旦大学出版社有限公司出版发行
上海市国权路 579 号　邮编：200433
网址：fupnet@fudanpress.com　http://www.fudanpress.com
门市零售：86-21-65102580　团体订购：86-21-65104505
出版部电话：86-21-65642845
常熟市华顺印刷有限公司

开本 787 毫米×1092 毫米　1/16　印张 25　字数 608 千字
2024 年 3 月第 1 版
2024 年 3 月第 1 版第 1 次印刷

ISBN 978-7-309-17108-2/G·2551
定价：62.50 元

如有印装质量问题，请向复旦大学出版社有限公司出版部调换。
版权所有　　侵权必究